vie microbienne du sol et production végétale

Pierre Davet

INSTITUT NATIONAL DE LA RECHERCHE AGRONOMIQUE
147, rue de l'Université - 75338 Paris Cedex 07

MIEUX COMPRENDRE

© INRA, Paris 1996   ISBN : 2-7380-0648-5   ISSN : 1144-7605

Avant-propos

Ce livre n'a certes pas la prétention d'être un traité d'écologie microbienne du sol. Il se propose simplement de donner un aperçu aussi clair et complet que possible des relations étroites qui existent entre les microorganismes du sol et le développement des végétaux. Ouvrage de culture générale, il décevra sans doute les nombreux spécialistes dont il ne fait qu'effleurer les domaines d'investigation. Cependant, à une époque où le travail de recherche exige une spécialisation de plus en plus poussée des chercheurs, il ne m'a pas semblé inutile d'esquisser une synthèse permettant de dégager quelques idées générales «car il est bien plus beau de savoir quelque chose de tout que de savoir tout d'une chose» (Pascal, *Pensées*).

Le texte, conçu pour être lu comme un ensemble, se divise en trois parties qui s'enchaînent logiquement. La première partie définit les principales caractéristiques du monde souterrain et décrit les microorganismes qui y vivent ainsi que les contraintes auxquelles l'environnement les soumet. La deuxième partie montre comment l'action des microorganismes peut modifier le milieu physico-chimique, les équilibres microbiologiques et le développement des plantes. La troisième partie envisage quelques moyens d'intervention permettant de limiter la prolifération des microorganismes nuisibles et de tirer le meilleur parti de l'activité des microorganismes auxiliaires.

Le nombre des références bibliographiques a été limité à l'essentiel de façon à ne pas alourdir le texte et, pour rendre la lecture plus facile, les informations qui ne sont pas considérées comme nécessaires pour une première approche ont été présentées dans des encadrés ou en petits caractères dans le corps de l'exposé. Pour une étude plus approfondie au contraire, un choix d'ouvrages de synthèse portant sur des aspects particuliers est proposé à la fin de chaque chapitre. Un index alphabétique détaillé permet par ailleurs d'entrer directement dans le texte si l'on désire des renseignements sur un sujet précis.

Claude Alabouvette, Michèle Davet-Frésia, Eric Ducelier et Christian Martin ont accepté de lire l'intégralité d'une première rédaction de ce manuscrit qui s'est largement enrichi de leurs remarques. Madame M.-M. Coûteaux, Messieurs J. Dalmasso, S. Gianinazzi, J. Guttierez, T. Heulin, D. Mousain, J. Schmit et P. Signoret ont bien voulu corriger les chapitres correspondant à leurs spécialités. Avec B. Digat, J.-J. Drevon, S. Kreiter, P. Normand, Christine Poncet et la photothèque de l'INRA, ils ont contribué à l'illustration photographique. Josiane Peyre, enfin, a délaissé la pratique de la mycologie pour mettre en forme, avec une infinie patience, les versions successives de cet ouvrage. Que tous en soient bien sincèrement remerciés.

Ce livre s'adresse à mes amis praticiens et ingénieurs de terrain, aux jeunes chercheurs et aux étudiants dont l'attente m'a encouragé à m'engager dans cette entreprise. Mais il est dédié avant tout à la mémoire de Gérard Canal, maraîcher à Saint Estève. C'est pour répondre, trop tard, aux questions que son ardente curiosité lui faisait constamment poser que cette tâche a été entreprise.

Montpellier, avril 1995

Table des matières

Les effets des microorganismes

Les possibilités d'intervention

Introduction

Les premiers êtres vivants qui sortirent définitivement de l'océan primitif, il y a 400 millions d'années, pour partir à la conquête des terres émergées, étaient des organismes chlorophylliens. Sur ces rochers encore arides et déserts ils édifièrent les premiers assemblages de molécules organiques terrestres à partir d'eau, de sels minéraux et du gaz carbonique atmosphérique. Leurs descendants, toujours aussi frugaux, sont aujourd'hui encore la source de toute vie à la surface de la terre. Les plantes sont en effet des **producteurs primaires** de biomasse : elles synthétisent, grâce à leur aptitude à transformer l'énergie du soleil en énergie chimique, l'ensemble des molécules organiques dont elles ont besoin. Ces molécules, et l'énergie qu'elles contiennent, sont les éléments indispensables du développement de toute une succession d'organismes non-photosynthétiques. Des animaux herbivores ainsi que des organismes parasites vont en effet utiliser ce matériel pour l'édification de leur propre substance. Beaucoup de ces **consommateurs primaires** seront, plus tard, la proie de **consommateurs secondaires** qui pourront, à leur tour, être victimes de prédateurs et d'autres parasites.

Une faible partie du carbone incorporé dans la matière organique est minéralisée par la respiration des plantes et des animaux. Le reste, constitué par les débris végétaux non consommés, les déjections et les cadavres d'animaux, s'accumule à la surface du sol : 1 ha de sol forestier reçoit ainsi chaque année de 1 à 4 t de matière organique (masse sèche) en zone tempérée, de 12 à 20 t en zone tropicale humide. Mais les végétaux sont incapables de réutiliser les éléments immobilisés dans ces déchets : ils ne peuvent assimiler que des sels minéraux. C'est alors qu'interviennent les microorganismes **décomposeurs**. Capables de venir à bout des molécules les plus complexes, ils se chargent d'assurer le retour à l'état minéral de la matière organique résiduelle. Sans eux, les restes organiques s'accumuleraient jusqu'à l'épuisement du dioxyde de carbone atmosphérique, immobilisant les éléments minéraux fondamentaux et interdisant de ce fait la poursuite du développement végétal, et par conséquent de la vie. Les décomposeurs jouent donc un rôle de recyclage tout à fait essentiel dans le fonctionnement des écosystèmes (fig. 1).

La productivité primaire d'un territoire, souci primordial d'un agronome, dépend du climat et de la richesse du sol en éléments assimilables par les plantes. Elle est donc en partie conditionnée par un recyclage correct de la matière organique : un écosystème, naturel ou cultivé, ne fonctionne normalement que si la vie microbienne y est active. Les microorganismes du sol s'acquittent le plus souvent de leurs fonctions de manière si satisfaisante que l'on a tendance à oublier à quel point leur rôle est important. Il arrive cependant, parfois, que la mécanique s'emballe ou bien s'enraye, sous l'effet de facteurs naturels ou d'interventions humaines intempestives. On observe alors une baisse rapide de la fertilité et une dégradation de la structure du sol.

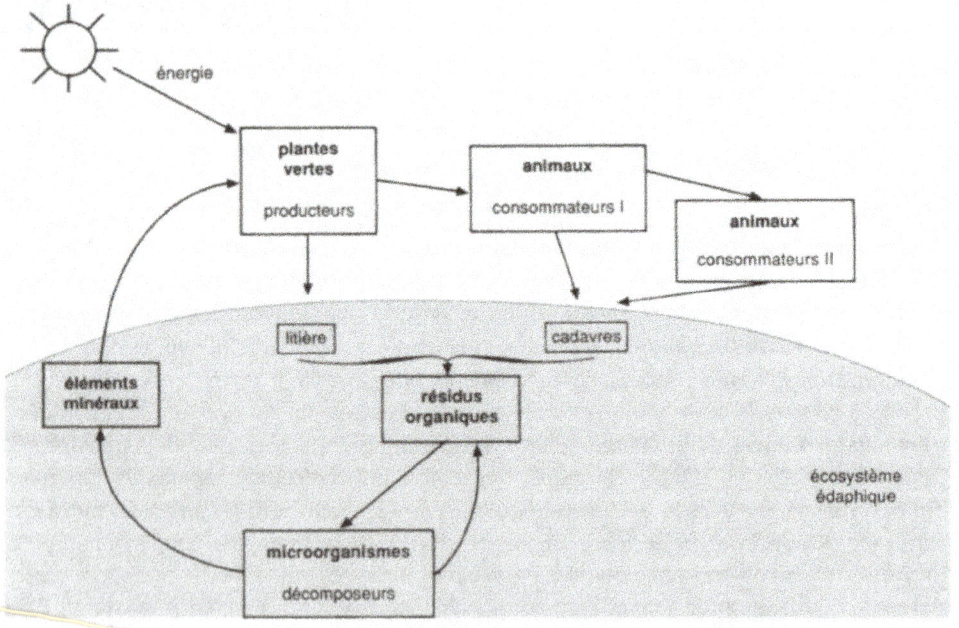

Figure 1. Les groupes trophiques et les transferts d'énergie dans l'écosystème terrestre.

Tous les microorganismes du sol ne sont pas, malheureusement, des décomposeurs de matière organique morte. Certains sont aussi des consommateurs et s'en prennent directement à la matière vivante. Les racines des végétaux sont ainsi exposées à un grand nombre de parasites contre lesquels il est toujours difficile de lutter. D'autres microorganismes ont dépassé le stade du parasitisme et ont réussi à établir avec leurs hôtes végétaux des relations d'assistance mutuelle. La microfaune et la microflore peuvent être elles-mêmes victimes de prédateurs microbiens qui jouent un rôle important dans l'équilibre des communautés.

Le bon fonctionnement des plantes, l'état sanitaire des cultures et, par suite, la production de ressources alimentaires, dépendent ainsi à plus d'un titre de la vie microbienne du sol. Le but de cet ouvrage est de présenter quelques-unes de ces interactions. La plupart des phénomènes sont le résultat d'équilibres complexes. Pour les interpréter correctement, il est nécessaire de connaître d'abord le cadre dans lequel ils se produisent. Nous caractériserons donc dans un premier temps l'écosystème édaphique (du grec *édaphos* = sol). Un écosystème est constitué par l'ensemble des communautés d'êtres vivants (et par les rapports qui les unissent) dans un espace délimité, défini par ses caractéristiques physico-chimiques et par ses conditions environnementales. Après avoir décrit les principaux groupes d'habitants du sol et le cadre dans lequel ils évoluent, nous envisagerons donc leurs relations avec leur environnement, puis leurs rapports entre eux et avec les plantes, en nous intéressant plus particulièrement aux plantes cultivées. Nous chercherons enfin comment intervenir pour tirer le meilleur parti des microorganismes auxiliaires du sol ou pour lutter contre les organismes défavorables, et d'une façon générale pour agir sur les équilibres microbiens de manière à améliorer la production végétale.

Quelle que soit l'échelle à laquelle on le considère, tout écosystème a besoin, pour fonctionner, d'un apport extérieur permanent d'énergie. A l'échelle de la Terre, c'est le soleil qui constitue la source unique et irremplaçable de toute activité vitale (fig. 1).

C'était du moins ce que l'on croyait jusqu'à la découverte, en 1977, de communautés animales vivant au fond des mers dans une obscurité absolue à proximité des sites hydrothermaux, le long des dorsales océaniques. On a dû admettre rapidement, mais non sans quelque stupéfaction, que la matière organique utilisée par ces peuplements n'était pas d'origine photosynthétique. C'est l'oxydation du sulfure d'hydrogène des eaux thermales qui fournit toute l'énergie nécessaire au fonctionnement du système. Cette réaction est assurée par des Bactéries qui, vivant en association étroite avec des Invertébrés, sont à la base d'une longue chaîne alimentaire.

Une surprise encore plus extraordinaire attendait les microbiologistes en 1986, avec la découverte à Movilé, en Roumanie, d'une grotte souterraine complètement isolée du monde extérieur depuis, semble-t-il, plusieurs millions d'années. Dans cette grotte vivent des microorganismes, des Mollusques et des Arthropodes. Ici encore, l'énergie nécessaire au fonctionnement de l'écosystème n'est pas d'origine photosynthétique mais provient de l'oxydation, par des Bactéries (*Thiobacillus* et *Beggiatoa*), des eaux sulfureuses du sous-sol.

Quelques ouvrages généraux sur la microbiologie du sol

ALEXANDER M., 1977 - *Introduction to soil microbiology* (2ème édition). John Wiley and Sons, New York.

DOMMERGUES Y. et MANGENOT F., 1970 - *Ecologie microbienne du sol*. Masson, Paris.

LYNCH J.M., 1983 - *Soil biotechnology : microbiological factors in crop productivity*. Blackwell Scientific Publications, Oxford.

METTING F. B. (Ed.), 1993 - *Soil microbial ecology. Applications in agricultural and environmental management*. Marcel Dekker Inc., New York.

PAUL E. A. et CLARK F. E., 1989 - *Soil microbiology and biochemistry*. Academic Press, San Diego.

PESSON P. (Ed.), 1971 - *La vie dans les sols. Aspects nouveaux. Etudes expérimentales*. Gauthier - Villars, Paris.

WALKER N. (Ed.), 1975 - *Soil microbiology*. Butterworths, London.

Le milieu «sol»

Le sol est le milieu meuble où s'ancrent les racines et dans lequel elles puisent l'eau et les éléments minéraux nécessaires à la croissance et au développement des végétaux. Ce n'est qu'une infime pellicule à la surface de la croûte terrestre, formée au cours des temps géologiques par une lente transformation des roches-mères initiales sous l'effet de phénomènes physiques, chimiques et biologiques dont l'action se poursuit de nos jours. La genèse et l'évolution des sols sont étudiées par les pédologues, la fertilité par les agronomes. Nous ne considèrerons dans ce chapitre que les aspects de ce milieu particulier qui sont directement en rapport avec la vie microbienne.

Le sol est un milieu minéral poreux : gaz et liquides peuvent y circuler. On y distinguera donc trois «compartiments» physiques : un compartiment solide, un compartiment liquide et un compartiment gazeux.

Mais le sol n'est pas seulement un substrat physico-chimique, c'est aussi un support de vie, créatrice de matière organique. Aux trois fractions précédentes il nous faudra donc ajouter pour décrire le sol un compartiment organique dans lequel nous séparerons la matière organique vivante, métaboliquement active, de la matière organique morte.

C'est donc finalement un ensemble de cinq fractions différentes qui, pour nous, constituera le sol (fig. 2).

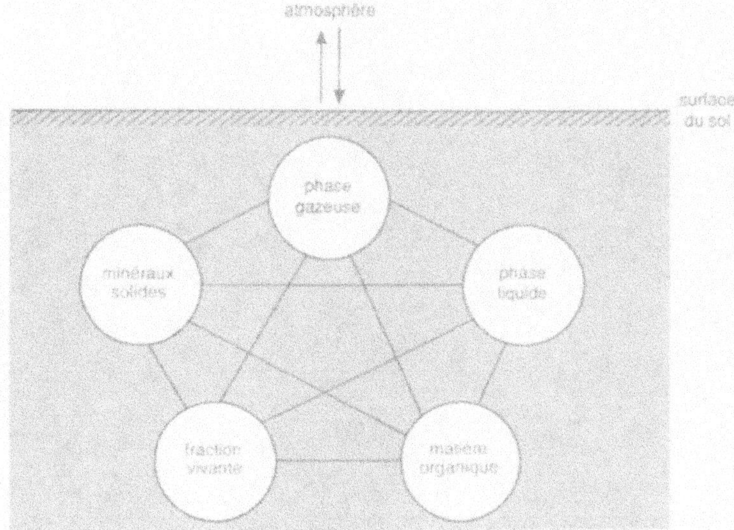

Figure 2. Les 5 compartiments du sol. Chacun des traits symbolise une possibilité d'interaction (d'après Morel, 1989).

Des transferts de substances et d'énergie ont lieu en permanence, non seulement entre ces divers compartiments, mais aussi entre chacun d'eux et le milieu extérieur : échanges gazeux, échanges de température, chutes de pluie-évaporation-drainage, apports de résidus animaux et végétaux, etc.

En examinant successivement les éléments de cet ensemble, nous n'oublierons donc pas qu'aucun d'entre eux ne peut être en réalité considéré indépendamment des autres.

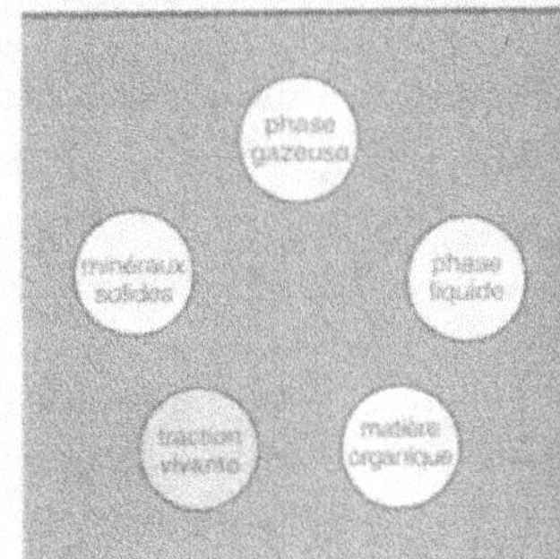

1

Les compartiments inertes

La fraction minérale solide

Elle représente à elle seule 93 à 95 % du poids total du sol. Elle est composée d'éléments de tailles très diverses provenant de la fragmentation plus ou moins poussée de la roche-mère originelle. On les classe, en fonction de leur volume, en cailloux, graviers, sables grossiers, sables fins et limons (tabl. 1). L'altération et la transformation de ces éléments minéraux de base donnent naissance à une autre catégorie de particules, de taille encore plus fine que les limons (moins de 2µm) : ce sont les argiles. La composition granulométrique (c'est-à-dire les proportions relatives des sables, limons et argiles, déterminées après rupture des agrégats et dispersion de l'argile) caractérise la **texture** du sol. La texture d'un sol conditionne certaines de ses propriétés physiques : ainsi un sol de texture sableuse ou sablo-limoneuse est plus perméable à l'eau et plus facile à travailler qu'un sol de texture argilo-limoneuse ou argileuse.

Parmi les particules élémentaires du sol, les argiles jouent un rôle si important sur le plan biologique qu'il est indispensable de les étudier de plus près.

Tableau 1. Classement des particules minérales du sol en fonction de leur taille.

Catégorie	diamètres extrêmes
Graviers	de 2 à 20 mm
Sable grossier	de 0,2 à 2 mm
Sable fin	de 0,02 à 0,2 mm
Limon	de 0,002 à 0,02 mm
Argile	moins de 0,002 mm

Les argiles

Très schématiquement, ce sont des minéraux constitués par des feuillets de structure microcristalline empilés les uns sur les autres. Ces feuillets peuvent être fortement liés les uns aux autres par des liaisons hydrogène : c'est le cas de l'illite et de la kaolinite. Dans d'autres types d'argiles, la cohésion est assurée par des forces relativement faibles (forces de Van der Waals par exemple). Les feuillets peuvent alors s'écarter et des molécules d'eau, contenant des substances dissoutes, peuvent pénétrer dans les espaces interfoliaires : l'argile gonfle. C'est le cas des smectites, groupe auquel appartiennent par exemple la montmorillonite et la beidellite.

Chaque feuillet est lui-même formé de deux ou trois couches superposées. Dans chaque couche un ion métallique occupe le centre d'une figure géométrique à trois dimensions dont les sommets sont des ions oxygène ou hydroxyles (fig. 3). Théoriquement, l'ensemble est disposé de telle façon que les charges positives de l'ion central (Si^{4+}, Al^{3+} ou Fe^{3+}) soient complètement neutralisées par les charges négatives des anions. Cependant, ces microcristaux ne sont pas parfaits et il arrive fréquemment que des ions métalliques centraux soient remplacés par des cations de valence inférieure : par exemple Al^{3+} se substitue à Si^{4+}, Fe^{2+} ou Mg^{2+} à Al^{3+}. L'équilibre n'est alors plus assuré et des charges négatives apparaissent à la surface des feuillets. Certaines liaisons peuvent être rompues sur les bords des feuillets. La présence d'ions hydroxyles (en milieu alcalin) peut alors entraîner l'apparition de charges négatives, et celle d'ions Al^{3+} (en milieu acide) l'apparition de charges positives sur les arêtes des particules. Ajoutons que certaines argiles formées sur des cendres volcaniques (allophanes) portent des charges positives en surface.

Du fait de leur charge et de leur ténuité, de telles particules forment, lorsqu'elles sont mises en suspension dans l'eau, une suspension colloïdale stable : elles demeurent indéfiniment dispersées. Cette stabilité est due à la répulsion qu'exercent les unes sur les autres les charges négatives. Si l'on ajoute à l'eau une solution d'un électrolyte, on constate que les particules précipitent. On dit qu'elles floculent. On peut considérer en première approximation que, sous l'effet de l'électrolyte, les forces de répulsion entre particules ont été atténuées et que les forces d'attraction entre atomes (forces de Van der Waals) l'ont emporté. La nature et la concentration de l'électrolyte sont les principaux paramètres à prendre en compte dans les phénomènes de floculation.

Une autre propriété très importante résulte de la charge électro-négative des argiles, qui les rend aptes à contracter des liaisons électrostatiques avec les protons, les cations métalliques et, d'une façon générale, toutes les particules chargées positivement. Ces liaisons sont réversibles et les cations fixés peuvent être remplacés par d'autres cations présents dans la phase aqueuse du sol : ils sont échangeables. La **capacité d'échange** des cations, exprimée en milli-équivalents (méq) pour 100 g, est une propriété caractéristique de chaque type d'argile. Elle est par exemple beaucoup plus élevée pour une smectite (plus de 100 méq/100g) que pour une argile comme la kaolinite (moins de 10 méq/100g).

Outre ces liaisons électrostatiques, d'autres forces peuvent se manifester à la surface des feuillets d'argile : liaisons hydrogène, forces de Van der Waals, liaisons de coordination, etc. L'ensemble de ces forces d'attraction est parfois désigné par le terme général de **sorption.**

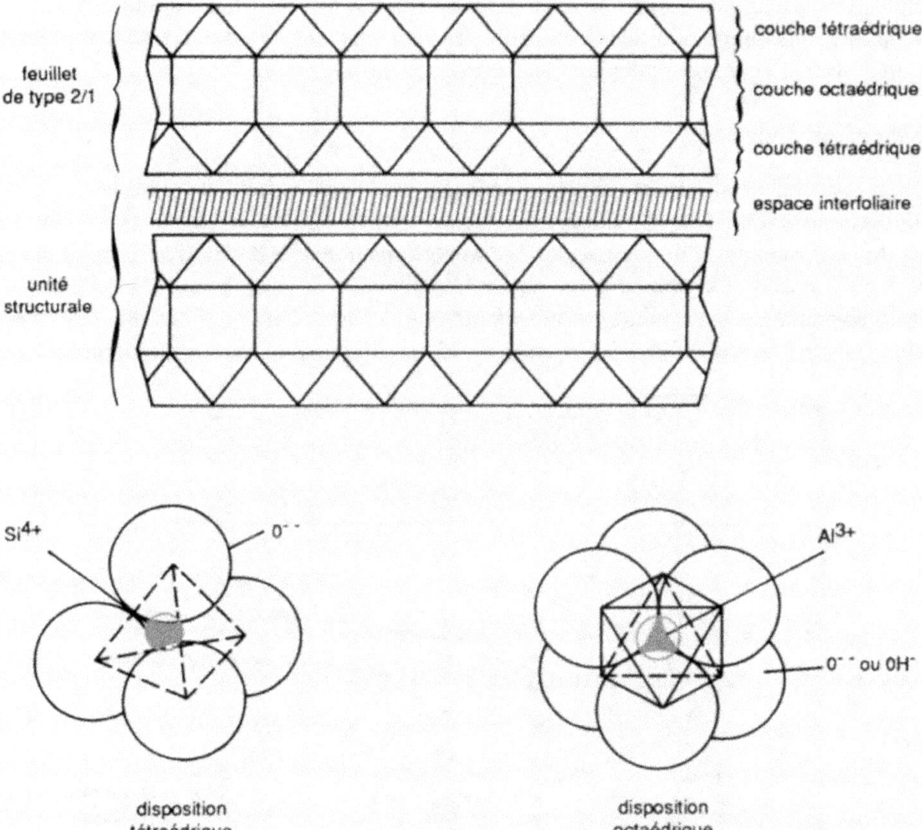

Figure 3. Schéma structural d'une argile de type 2/1, comme l'illite ou la montmorillonite. Chaque feuillet de cette argile est constitué de 2 couches tétraédriques et d'une couche octaédrique. Dans la disposition tétraédrique, un ion Si^{4+} (en vert) occupe le centre d'un tétraèdre dont les sommets sont des ions O^{--} ou OH^-. Dans les deux cas, les charges négatives en excès sont compensées par les charges positives des cations voisins car ces structures sont placées les unes à côté des autres pour former une couche dans laquelle certains des sommets sont mis en commun. Les feuillets sont séparés par des intervalles, les espaces interfoliaires. L'ensemble constitué par un feuillet et un espace interfoliaire constitue l'unité structurale de l'argile (Morel, 1989).

Conséquences des propriétés des argiles

Capacité d'échange et effet tampon

La constitution des argiles et leur aptitude à échanger des ions H^+ contre d'autres cations leur confère un pouvoir tampon qui évite aux organismes présents dans la phase liquide du sol de subir de brusques variations de pH. Cet effet tampon est d'autant plus prononcé que la capacité d'échange est plus grande : le pouvoir tampon de la montmorillonite est plus élevé que celui de la kaolinite. Plus généralement, le pouvoir absorbant des argiles leur permet de constituer une réserve d'éléments minéraux très importante et assure une régulation de l'approvisionnement de la phase liquide du sol. Bien entendu, ce phénomène concerne en premier lieu la nutrition des végétaux et, à ce titre, il a été intensément étudié. Mais il intéresse également les microorganismes.

Rétention d'eau

Grâce aux multiples liaisons (de type chimique ou électrostatique) susceptibles de s'établir entre les feuillets ou les cations des espaces interfoliaires et les molécules d'eau, les argiles sont capables d'emmagasiner de grandes quantités d'eau de façon réversible (fig. 4). Cette capacité d'hydratation est particulièrement élevée chez les argiles dont les surfaces particulaires sont grandes (argiles gonflantes). Ce caractère, qui atténue les irrégularités des précipitations dues au climat, est lui aussi favorable à la vie microbienne.

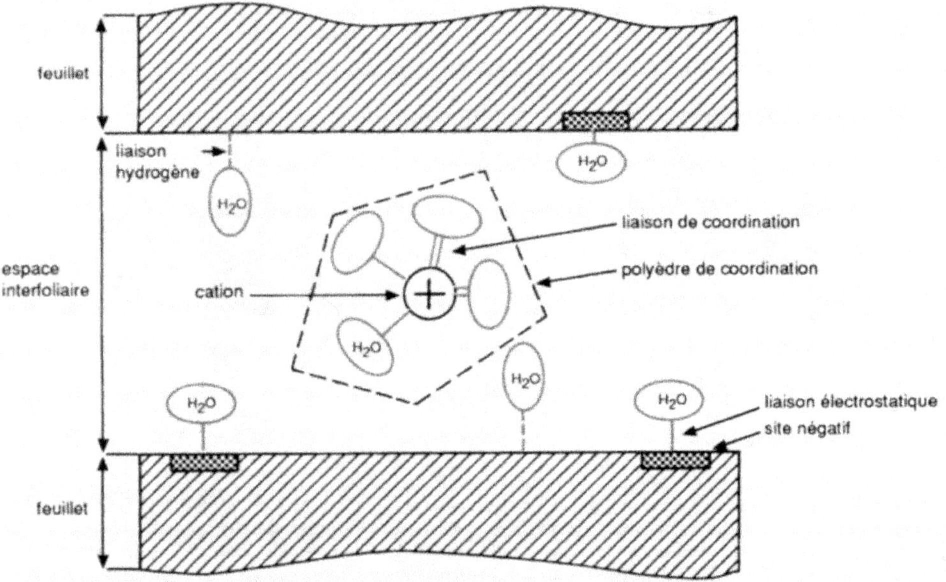

Figure 4. Liaisons possibles de l'eau interfoliaire (Morel, 1989).

Adsorption de composés organiques

Les argiles peuvent retenir non seulement des ions minéraux, mais aussi des molécules organiques. Cette rétention a un double effet : elle empêche l'entraînement par lessivage de ces composés (la plupart des substances organiques migrent peu en profondeur) ; elle les met aussi temporairement à l'abri d'une dégradation par les microorganismes ou par les enzymes du sol. Il semble que cet effet protecteur ne soit pas dû seulement à un piégeage des molécules entre les feuillets d'argile, hors de portée des microorganismes. On a pu montrer en effet qu'une protéine comme la catalase, même lorsqu'elle est adsorbée sur la face externe d'une particule argileuse, et donc facilement accessible, n'est pas biodégradée. Il semblerait d'une part que les acides aminés terminaux par où les exopeptidases pourraient commencer le clivage de la protéine soient masqués par la sorption ;

d'autre part que la liaison avec l'argile modifie la configuration stérique de la molécule, rendant les endopeptidases incapables de reconnaître leurs sites spécifiques d'attaque (Stotzky, 1980). Ce changement de la disposition dans l'espace de la molécule de catalase adsorbée paraît confirmé par l'observation que cette enzyme est quatre fois plus active lorsqu'elle est liée qu'à l'état libre : dans la nouvelle configuration résultant de l'adsorption, les sites actifs de l'enzyme pourraient être plus facilement accessibles à leurs substrats. La modification de la réactivité des molécules adsorbées, par rapport à leur comportement en solution, paraît être un phénomène assez général auquel les chimistes portent un intérêt croissant. Des molécules plus petites (acides aminés, peptides) peuvent aussi être adsorbées. Elles sont plus facilement utilisables que les protéines mais, pour être transportées à l'intérieur des cellules et métabolisées, il faut que leur affinité pour les perméases qui assurent leur passage à travers les membranes microbiennes soit plus grande que leur affinité pour leur substrat argileux (Dashman et Stotzky, 1986). L'utilisation de ces molécules est donc réservée aux seules espèces capables de les désorber.

Cette matière organique adsorbée n'est pas définitivement fixée. Des changements ponctuels de l'environnement (modifications du pH, arrivée de certains cations), des phénomènes mécaniques d'abrasion dus au passage des racines, à la microfaune ou au travail du sol, peuvent entraîner la désorption des molécules et leur remise en circulation dans la solution du sol. Des alternances de cycles humidité-sécheresse ou gel-dégel peuvent avoir le même effet (Stotzky, 1980).

On peut ainsi considérer que la fraction argileuse du sol se comporte comme une sorte d'entrepôt dans lequel serait mise en réserve une partie des ressources nutritives, assurant de cette façon aux microorganismes aussi bien qu'aux racines des plantes un plus grand étalement dans le temps de la disponibilité des nutriments.

Effet sur la structure du sol

La phase liquide du sol peut être assimilée à une solution d'électrolytes dans laquelle les cations les plus fréquents sont généralement les ions Ca^{++} et H^+. Les argiles sont donc à l'état floculé, et ceci assure au sol une bonne structure, facilitant la circulation de l'eau et les échanges gazeux. Ces conditions sont favorables au développement des racines comme à la vie microbienne.

La matière organique inerte

Origine

Elle provient de l'activité de tous les organismes présents à la surface ou à l'intérieur du sol. Une partie de cette matière organique est produite par des organismes vivants : déjections animales, exsudats racinaires et litière végétale, polysaccharides microbiens. Le reste est constitué par les débris des végétaux morts, les cadavres d'animaux, les cellules microbiennes lysées. L'essentiel de la matière organique parvenant dans le sol est d'origine végétale : l'apport constitué par le renouvellement annuel des feuilles dans une forêt tempérée représente plusieurs tonnes de matière sèche par hectare.

Les substances solubles, de faible poids moléculaire, sont rapidement utilisées et/ou minéralisées. Le reste est progressivement transformé en composés très complexes, de poids moléculaire élevé, de couleur foncée, globalement appelés **humus**. Ce terme, qui ne correspond pas à une substance chimique bien précise, désigne cependant un matériau dont les propriétés sont assez bien définies.

Propriétés de l'humus

Elles sont très voisines de celles des argiles, bien que les mécanismes qui en sont responsables soient parfois différents.

Les composés humiques peuvent porter des charges positives (créées par la protonation d'une fonction amine) mais ils sont en général chargés négativement (par suite de l'ionisation de l'hydrogène des groupes carboxyles et hydroxyphénols) et, comme les argiles, ils peuvent attirer réversiblement des cations. La capacité d'échange de l'humus est très importante, en moyenne 2 à 3 fois plus élevée que celle des smectites. Les phénomènes qui règlent les processus d'échange sont cependant plus compliqués que dans le cas des argiles ; ils varient avec l'ion métallique et avec le pH. Du fait de cette capacité d'échange, et aussi de la présence de groupes carboxyles R-COOH, les substances humiques se comportent comme des acides faibles et possèdent un grand pouvoir tampon. Les acides humiques ont la faculté d'adsorber un grand nombre de composés organiques et ils peuvent emmagasiner des quantités d'eau considérables (jusqu'à 20 fois leur poids). Enfin, comme les argiles, les composés humiques sont des colloïdes. Ils se présentent sous forme floculée en présence des acides et des sels minéraux du sol.

Le complexe argilo-humique

En fait, plus de la moitié (et parfois la totalité) de la matière organique du sol est associée à l'argile avec laquelle elle forme des complexes très stables. Les particules d'argile se trouvent en général enrobées par une pellicule de matière organique. Divers types de liaisons chimiques ou physico-chimiques assurent la cohésion de ces complexes. Des hydroxydes polymérisés de fer, d'aluminium ou de manganèse qui sont, eux, chargés positivement, peuvent encore renforcer la stabilité de l'ensemble en jouant le rôle de ponts entre particules de charges négatives.

La structure du sol

Définition

La manière dont sont disposées les unes par rapport aux autres les particules minérales élémentaires constitue une caractéristique du sol que l'on appelle la **structure**. La structure normale d'un sol apte à la culture est une structure fragmentaire : le sol est constitué de petits grains ou **agrégats**, eux-mêmes agglomérés en mottes. La structure est bonne si, dans un sol sec exposé à la pluie, les agrégats n'éclatent pas sous l'action des gouttes.

L'éclatement d'un agrégat en sous-unités qui elles-mêmes se dispersent peut en effet entraîner la formation d'une croûte et l'obturation des pores dans la partie supérieure du profil. La stabilité de la structure dépend en partie de phénomènes ioniques et électrostatiques : un sol riche en ions Ca^{++} est moins facilement dispersable qu'un sol où les cations monovalents sont abondants. Mais la structure dépend aussi de la constitution des agrégats. Chacun des petits grains (macro-agrégats) est formé par l'assemblage d'éléments de base, de taille inférieure ou égale à 250 μm : les micro-agrégats.

Les micro-agrégats

Ils représentent la plus petite unité cohérente du sol. Formés de grains de sable, de limon et de quelques particules d'argile et de matière organique, ils ne se dispersent pas en présence d'eau. Leur cohésion est due à l'action conjuguée de **ciments minéraux** et de **liants organiques**. Les ciments minéraux sont constitués par les argiles et par des hydroxydes métalliques. Les liants organiques comprennent des produits de nature essentiellement polysaccharidique, directement liés à la présence des racines (mucigel) et des microorganismes (capsules bactériennes, mucus des Algues et des Champignons), à durée de vie assez courte, et des substances plus complexes dues aux transformations microbiennes de la matière organique en humus et contenant de nombreux noyaux aromatiques. Ces substances, associées à des cations métalliques polyvalents, forment avec l'argile des «moellons» très stables. La nature hydrophobe de certains des colloïdes humiques renforce la résistance des micro-agrégats à l'effet dispersif de l'eau.

Le rôle capital joué par les liants d'origine microbienne dans la stabilité des agrégats a été confirmé par un grand nombre d'études. Nous citerons seulement ici une expérience de Hénin (1944) qui consiste à apporter du glucose et du sulfate d'ammoniaque à des échantillons de sol de la Station expérimentale de Versailles. Ces sources simples de carbone et d'azote n'ont aucun effet direct sur la structure du sol, mais elles stimulent l'activité microbienne. Trois semaines d'incubation suffisent pour que les composés organiques synthétisés par la flore microbienne améliorent de façon très nette la structure du sol. Cette amélioration se traduit par une augmentation du pourcentage d'agrégats stables proportionnelle à la quantité de glucose introduite dans le sol (tabl. 2). La contribution des microorganismes à la stabilité de la structure des sols est traitée plus en détail p. 133.

Les macro-agrégats

La réunion de plusieurs micro-agrégats constitue un macro-agrégat. Il est vraisemblable que des phénomènes mécaniques sont en partie à l'origine de ces constructions ainsi que de la réunion des macro-agrégats en mottes de tailles variées : action des vers de terre, pression exercée par les racines, tassements. Les macro-agrégats, de taille comprise entre 250 μm et quelques mm, sont des assemblages moins durables et plus lâches que les micro-agrégats. La cohésion de ces ensembles est assurée par des ciments minéraux et organiques et par un réseau de très petites racines, mais il semble que les Champignons du sol jouent aussi un rôle important.

Tableau 2. Pourcentage d'agrégats stables dans des échantillons d'un sol de Versailles incubés pendant trois semaines à 25 % d'humidité en présence de 10 % de $(NH_4)_2SO_4$ et de quantités croissantes de glucose (d'après Hénin, 1944).

Pourcentage de glucose ajouté	0	0,05	0,1	0,5	1	3
Horizon A (superficiel, organique)	7	7	6	12	22	45
Horizon B (évolué, argileux)	2	2	4	10	20	40

Les agrégats, biotope hétérogène

Les micro-agrégats ne sont pas assemblés de façon jointive. Il existe entre eux et à l'intérieur des amas qu'ils constituent des espaces par où peuvent circuler l'air et la solution du sol. Les Champignons sont plutôt localisés à l'extérieur de ces amas, tandis que les

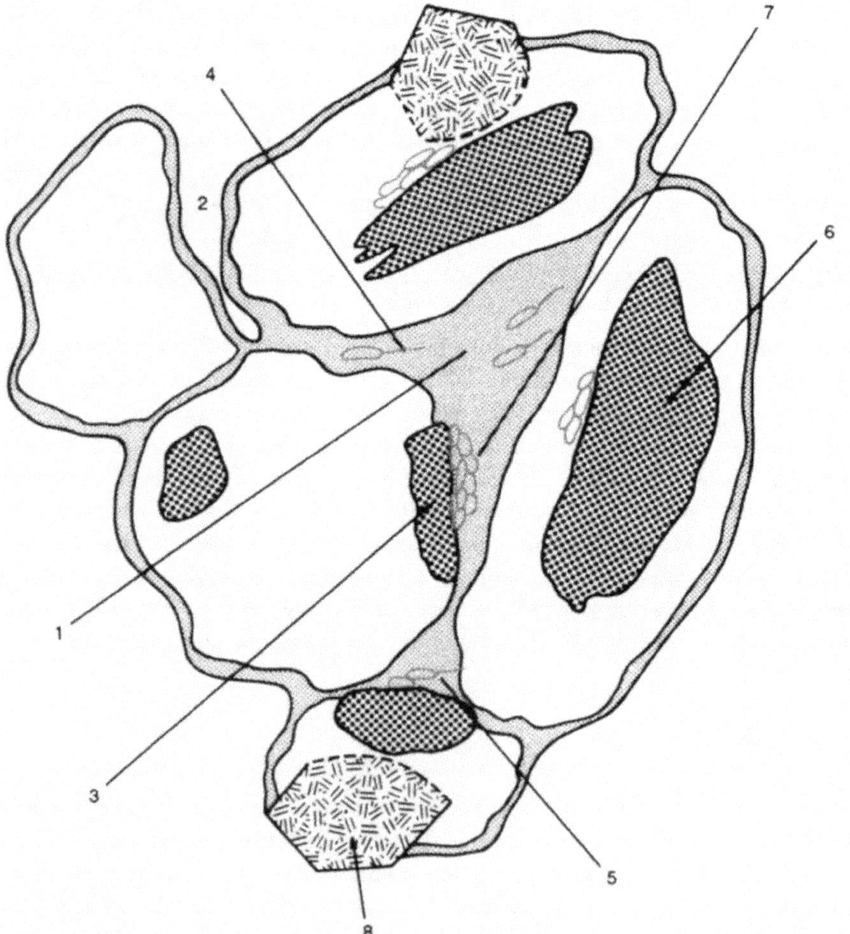

Figure 5. Différents biotopes possibles à l'intérieur d'un macro-agrégat formé de 5 micro-agrégats, eux-mêmes constitués de grains de quartz, de débris organiques et d'une matrice amorphe. Les filaments mycéliens qui consolident l'ensemble n'ont pas été représentés. 1 : phase liquide. 2 : phase gazeuse. 3 : matière organique. 4 : site aérobie. 5 : site microaérobie. 6 : site anaérobie. 7 : colonie bactérienne (en vert). 8 : grain de quartz.

Bactéries adhèrent aussi bien à leurs faces internes qu'à leur façade externe. On peut aussi trouver des Bactéries dans les cavités qui se forment à l'intérieur des macro-agrégats, libres ou liées à quelques débris organiques (fig. 5 et 6). Si les pores qui relient ces cavités au milieu extérieur sont plus petits que la taille des Bactéries, celles-ci y demeurent captives jusqu'à la désagrégation de l'amas. Cette séquestration peut les mettre à l'abri de la prédation par les Amibes ou les Nématodes et permettre le développement de colonies rassemblant un grand nombre d'individus. Si les pores sont obturés par l'eau capillaire ou par des ciments, le milieu à l'intérieur de l'agrégat devient rapidement totalement anaérobie.

Dans le moindre grain de terre peuvent donc coexister des habitats très différents. A l'extérieur la matière organique, facilement accessible, sera utilisée rapidement par des organismes aérobies sans avoir le temps de beaucoup évoluer. A l'intérieur, dans des conditions proches de l'anaérobiose, elle sera consommée lentement par une microflore peu active, et elle pourra subir une évolution plus poussée. Les populations présentes dans le **compartiment externe**, exposées aux prédateurs, soumises à de brutales variations de l'environnement, ne pourront subsister que si elles ont un fort taux de croissance et de reproduction. Les populations du **compartiment interne**, plongées dans un bain d'argile et de polysaccharides, sont protégées des fluctuations extérieures, mais elles devront, pour se maintenir dans ce milieu confiné, se contenter d'un développement ralenti. Cependant, la répartition des espèces entre les deux compartiments correspond en partie seulement à une spécialisation écologique. En fait, dans une large mesure, elle est purement passive : les Bactéries, liées au substrat sur lequel elles se développent, peuvent se trouver, ou non, enrobées et emprisonnées dans une microstructure. La différence entre les compartiments interne et externe est ainsi davantage (du moins à l'origine) une différence d'activité métabolique qu'une différence microfloristique.

La mise en culture d'un sol et, particulièrement, les travaux de labour qui l'accompagnent entraînent un bouleversement de cette situation. On observe une diminution du nombre de macro-agrégats et, parallèlement, une diminution de la matière organique et de la biomasse, principalement de la biomasse mycélienne (Gupta et Germida, 1988). Ces résultats suggèrent que le défrichement et la mise en culture, en améliorant le degré d'aération

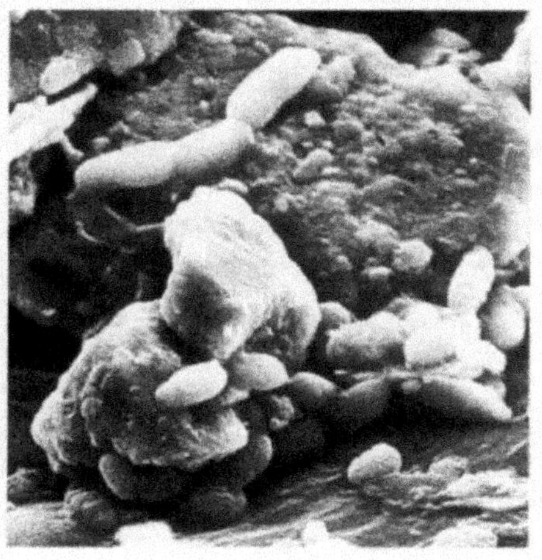

Figure 6. Bactéries se développant sur des particules organo-minérales à la surface d'une blessure d'un tubercule de pomme de terre (cliché B. Tivoli et E. Lemarchand, photothèque INRA).

du sol, entraînent une minéralisation plus intense de la matière organique, suivie d'une réduction des populations microbiennes et en particulier des Champignons, avec pour conséquence une diminution de la stabilité des macro-agrégats.

La phase liquide

Définition et composition

Toute l'eau que reçoit un sol après une pluie ou une irrigation ne s'écoule pas par gravité vers les horizons inférieurs. Un volume plus ou moins important reste retenu : dans les pores du sol, par capillarité, et à la surface du complexe argilo-humique, par les forces de liaison que nous avons évoquées précédemment. Un sol donné a ainsi une certaine **capacité de rétention** de l'eau. Celle-ci varie avec la texture du sol : plus un sol contient de sable, plus sa capacité de rétention est faible. Pour un sol donné, elle varie aussi avec son degré de compaction. C'est cette eau retenue qui constitue la phase liquide du sol.

L'eau du sol n'est pas pure, mais contient une grande variété de substances en solution : des sels minéraux, des complexes organo-métalliques et des composés organiques d'origines diverses. La nature de ces composés peut varier au cours du temps en fonction des prélèvements ou des apports dus à la flore et aux microorganismes, eux-mêmes liés aux conditions climatiques. La concentration des solutés varie en outre selon le degré d'humidité du sol. La pression osmotique de la **solution du sol** reste cependant faible : elle demeure en moyenne inférieure à 0,1 MPa, ce qui correspond à une solution très diluée. La présence du complexe absorbant argilo-humique amortit en partie les variations trop brutales.

Disponibilité de l'eau

La quantité d'eau contenue dans un échantillon de sol peut être exprimée en grammes d'eau pour 100 g de sol sec. Pour la déterminer, il suffit de mesurer la masse d'eau perdue par l'échantillon après dessication (à 105°C pour obtenir l'évaporation des molécules d'eau liée). C'est une mesure facile à faire et commode pour comparer plusieurs états d'humectation d'un même sol. Mais elle ne donne aucune indication sur le degré de disponibilité de l'eau de ce sol pour les plantes et les microorganismes. Ainsi, une teneur en eau de 15 % représente à peu près la capacité de rétention d'un sol sablo-limoneux : dans ce sol saturé, l'eau sera facilement disponible. Mais pour une teneur en eau identique, dans un sol argileux dont la capacité de rétention est bien plus élevée, les plantes commenceront à flétrir.

Il est donc indispensable d'utiliser une mesure qui tienne compte du travail nécessaire pour extraire du sol l'eau qui y est retenue.

Pour amener une molécule d'eau liée à l'état libre, il faut en effet fournir un travail, appelé le **potentiel hydrique** total, destiné à compenser le potentiel gravitaire (dû à la pesanteur, et négligeable), le potentiel osmotique (peu important, nous l'avons vu), et le potentiel matriciel.

Ce que l'on mesure couramment est en fait le **potentiel matriciel**. Pour matérialiser l'effet de succion exercé par ces forces dans un sol non saturé, on peut imaginer le dispositif suivant (fig. 7). Une bougie de porcelaine poreuse, reliée à un tube en U, est introduite dans le sol. Au début de l'expérience, le tube est rempli d'eau jusqu'au niveau de la bougie. On constate que la hauteur de l'eau dans le tube diminue progressivement jusqu'à un niveau d'équilibre : ce déplacement du niveau de l'eau est le résultat du travail des forces matricielles.

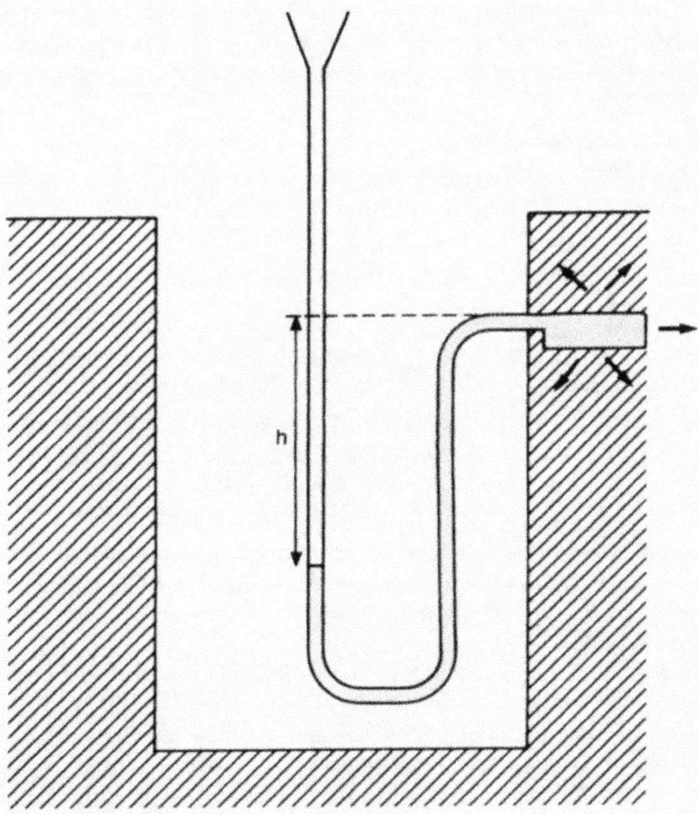

Figure 7. Tube manométrique permettant de mettre en évidence la succion exercée par un sol commençant à se dessécher : $pF = \log h_{cm}$.

On a longtemps utilisé pour représenter le potentiel matriciel la valeur de la dénivellation h (fig. 7) exprimée en cm ou plus exactement, pour éviter de manipuler des chiffres trop considérables, le logarithme de ce nombre : le **pF**.

Le potentiel peut aussi être exprimé en fonction de la porosité du sol par la formule empirique suivante :

$$pF = \log 0,15 - \log r$$

où r représente le rayon des capillaires, exprimé en cm. Ce sont les pores d'un rayon de 6 à 0,2 μm qui jouent le rôle le plus important dans la rétention de l'eau.

Comment mesurer le potentiel matriciel d'un sol

Au laboratoire on utilise un extracteur à plaque. L'échantillon, préalablement saturé d'eau, est disposé en couche mince sur une plaque de porcelaine poreuse, dans une enceinte fermée, et soumis à une pression d'air de façon à chasser une partie de l'eau qu'il contient. On détermine alors la teneur en eau de l'échantillon. On recommence l'opération plusieurs fois avec des échantillons soumis à des pressions différentes. On peut ainsi construire une courbe caractéristique du sol étudié, qui donne la correspondance entre la pression exercée et la quantité d'eau retenue par le sol. Connaissant la teneur en eau du sol (facile à mesurer) on peut, grâce à une telle courbe, en déduire le potentiel matriciel. Ainsi, dans l'exemple présenté ci-dessous, une teneur en eau de 20 % correspond à un potentiel matriciel de 1 bar ou 0,1 MPa.

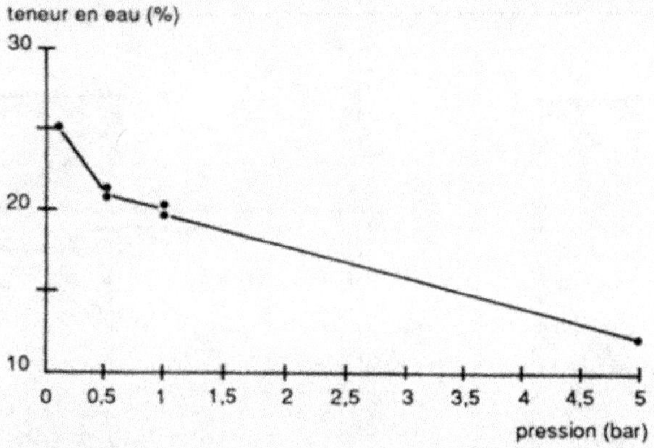

Pour de petits échantillons, on peut obtenir des mesures très précises à l'aide des microsondes à effet Peltier. Ce sont des psychromètres à thermocouple qui déterminent, à température contrôlée, la tension de vapeur de l'eau, d'où l'on peut déduire le potentiel hydrique.

Dans un sol en place, on peut utiliser un tensiomètre. Cet appareil est constitué d'une bougie poreuse que l'on introduit dans le sol après l'avoir remplie d'eau. Les forces matricielles exercent une succion sur l'eau, qui sort de la bougie pour pénétrer dans le sol. Ce départ se traduit par une dépression, mesurable à l'aide d'un manomètre. Toutefois, si le sol devient trop sec, la colonne d'eau entre la bougie et le manomètre risque d'être interrompue par des bulles. En sol sec, il est préférable d'utiliser une technique fondée sur la mesure du passage d'un courant électrique entre deux électrodes. Les électrodes, proches l'une de l'autre, sont enrobées dans un petit cube de plâtre dont la teneur en eau s'équilibre avec la teneur en eau du sol. La résistance au passage du courant augmente quand l'humidité diminue. Cet appareil permet des mesures satisfaisantes jusqu'au point de flétrissement.

Les sondes à neutrons, qui peuvent aussi être utilisées sur le terrain, ne mesurent pas des tensions, mais des masses d'eau. On mesure en fait la quantité d'atomes d'hydrogène présents dans un volume de sol, considérant l'hydrogène de la matière organique comme négligeable par rapport aux atomes contenus dans l'eau.

On peut, par ailleurs, avoir une estimation du potentiel osmotique en mesurant la conductivité électrique de la solution du sol : la relation entre les logarithmes de ces deux paramètres est approximativement linéaire.

On a tendance désormais à remplacer la notion de pF par une expression normalisée du potentiel hydrique en mégapascals. Ces valeurs sont des nombres négatifs puisqu'il s'agit en fait d'une succion (tabl. 3).

Tableau 3. Correspondance entre diverses expressions du potentiel hydrique d'un sol.

pF	Pression* exprimée		Valeurs repères
	en bars	en MPa	
1	0,01	0,001	Sol saturé
2	0,1	0,01	
3	1	0,1	Capacité de rétention
4	10	1	
4,2	15	1,5	Point de flétrissement
5	100	10	
5,8	650	65	Limite de l'activité microbienne

* Les valeurs des pressions sont en fait des nombres négatifs car elles correspondent à une succion.

Le pH du sol

Lorsque l'on parle du pH d'un sol, c'est en fait du pH de sa phase aqueuse qu'il s'agit. La présence d'ions H_3O^+ dans la phase liquide est le résultat de multiples réactions et d'échanges permanents entre cette phase et les phases solide (complexe absorbant) et gazeuse (gaz carbonique). Ces réactions peuvent être très différentes à un moment donné entre deux sites très proches d'un même sol. Ainsi, la minéralisation de l'azote organique sous l'action de Bactéries ammonifiantes fait apparaître des ions NH_4^+, et le pH peut augmenter au voisinage immédiat des colonies bactériennes. D'un autre côté, la fermentation en conditions anaérobies de débris végétaux riches en glucides conduit à la production d'acides organiques, ce qui abaisse localement le pH. De plus, comme nous l'avons vu, les feuillets d'argile sont capables de capter des protons : le pH à leur voisinage immédiat peut être nettement inférieur (d'une unité ou plus) à celui de la solution qui les baigne.

Le pH que l'on mesure sur un échantillon de sol n'est donc que la moyenne très approximative des pH de tous les microsites de cet échantillon. En général satisfaisante pour l'agronome, cette mesure n'est pas toujours assez fine pour permettre au microbiologiste d'interpréter tous les phénomènes qu'il observe, particulièrement au voisinage des racines (voir p. 211).

La phase gazeuse

Définition

La phase gazeuse occupe les pores du sol, dans la mesure tout au moins où ceux-ci ne sont pas déjà envahis par la phase liquide. On peut estimer qu'en moyenne les pores

Comment mesurer le pH d'un sol

En pratique, c'est le pH d'une dilution de la solution du sol que l'on mesure.

La méthode la plus simple consiste à ajouter de l'eau au sol et à mesurer le pH du surnageant avec l'électrode d'un pH-mètre, après agitation et décantation. Le mélange sol plus eau doit être fait dans des proportions bien définies : 1 partie de sol pour 2,5 parties d'eau, en poids. L'eau doit être désionisée.

Cependant une quantité importante de protons est retenue par les charges électro-négatives des argiles. On remplace donc parfois l'eau par une solution d'électrolytes. Les cations de l'électrolyte s'échangent avec les ions H^+ fixés sur le complexe adsorbant et passent dans la solution. Le pH mesuré dans ces conditions est toujours inférieur au pH mesuré à l'eau, la différence pouvant atteindre et même parfois dépasser une unité.

On utilise couramment dans les laboratoires d'analyses de sol une solution normale de KCl. Mais la plupart des auteurs anglo-saxons préfèrent employer une solution 0,01 M de $CaCl_2$, avec un rapport sol/eau de 1/2.

Le pH mesuré dépend aussi de la quantité de CO_2 dissous dans la solution du sol : un échantillon de sol sec, dans lequel l'air circule facilement, a un pH plus élevé qu'un échantillon du même sol prélevé après une pluie et utilisé aussitôt.

Il est donc indispensable de bien préciser les conditions dans lesquelles on opère. Le tableau suivant illustre l'ampleur des variations auxquelles on s'expose si les techniques de mesure ne sont pas standardisées : on peut voir que, selon la méthode choisie, le sol peut être considéré comme acide, neutre ou alcalin !

Conditions				Proportions sol / liquide			
Liquide de dilution	Agitation préalable	Place de l'électrode	Degré d'aération	Saturation	1/1	1/2	1/5
Eau	oui	surnageant	normal	7,7	7,8	8	8,2
Eau	non	surnageant	normal		8,1	8,2	8,5
Eau	non	suspension	normal		8,2	8,4	8,4
Eau	oui	surnageant	10 % CO_2			6,1	
Eau	oui	surnageant	sol séché			7,3	
KCl N	oui	surnageant	normal	6,4	6,4	6,4	6,4
$CaCl_2$ 0,01M	oui	surnageant	normal	7,3	7,3	7,3	7,3

Effets du protocole de mesure sur les valeurs du pH d'un sol argilo-limoneux (d'après Smiley et Cook, 1972).

d'un diamètre supérieur à 75 µm sont occupés par la phase gazeuse tandis que les pores de diamètre compris entre 0,2 et 30 µm sont remplis par l'eau capillaire, les canaux intermédiaires constituant un domaine mixte. Les pores les plus fins sont formés essentiellement par les micro-espaces existant entre les particules minérales et entre les agrégats irrégulièrement empilés. Les pores de grand diamètre sont surtout constitués par les canaux subsistant à l'emplacement des racines après leur mort et par les galeries des animaux fouisseurs. Vers de terre et fourmis jouent un rôle considérable dans la constitution et la maintenance d'un véritable réseau de distribution d'air dans toute l'épaisseur de la couche arable. La pédofaune respire directement dans l'at-

mosphère du sol alors que les échanges gazeux des racines et des microorganismes, qui sont en général recouverts d'un film liquide, se font plutôt par l'intermédiaire des gaz dissous dans la solution du sol. La présence d'une phase gazeuse est indispensable dans la mesure où elle permet le renouvellement des gaz dissous, mais ce sont surtout les gaz dissous qui ont un rôle biologique important. Notons que la solubilité des gaz est variable : l'oxygène est par exemple environ 40 fois moins soluble dans l'eau que le dioxyde de carbone à la température de 20°C. La solubilité augmente lorsque la température diminue.

Il n'y a pas de discontinuité physique entre l'atmosphère terrestre extérieure et l'atmosphère du sol. Cependant, du fait de la lenteur des phénomènes de diffusion, leur composition est très différente. L'atmosphère du sol ne contient en moyenne que 15 à 18 % d'oxygène. Mais ceci, comme dans le cas du pH, ne représente qu'une valeur globale. Cette teneur peut tomber à 2 % au voisinage des racines, et à beaucoup moins encore dans des culs de sac remplis d'eau ou dans des poches confinées à l'intérieur des agrégats. La teneur en dioxyde de carbone varie en moyenne entre 0,3 et 5 %, ce qui est 10 à 150 fois supérieur aux valeurs de l'atmosphère extérieure.

On trouve encore dans la phase gazeuse du sol des gaz qui sont rares ou absents à l'air libre : des oxydes d'azote, de l'ammoniac, de l'éthylène, du méthane, et des traces d'un très grand nombre de composés pour la plupart encore très mal connus, émis par les racines ou par des microorganismes. Certains au moins de ces composés, bien que présents à des taux infimes, semblent jouer un rôle important d'inhibiteurs ou de transmetteurs d'informations, d'autres sont stimulants.

Le potentiel d'oxydo-réduction

Les réactions métaboliques de tous les êtres vivants requièrent de l'énergie. Cette énergie est fournie par des cascades d'oxydations et de réductions qui font passer de l'hydrogène ou des électrons d'un composé donneur réduit qui devient oxydé à un accepteur oxydé qui devient réduit. Chaque réaction d'oxydo-réduction est donc le résultat final de deux réactions simultanées :

$$1. \quad \text{Réd. 1} \longrightarrow \text{Ox. 1} + ne^-$$

$$2. \quad \text{Ox. 2} + ne^- \longrightarrow \text{Réd. 2}$$

ce qui donne :

$$3. \quad \text{Réd. 1} + \text{Ox. 2} \longrightarrow \text{Ox. 1} + \text{Réd. 2}$$

Chaque couple Réd.-Ox. particulier est caractérisé par un potentiel d'oxydo-réduction mesurable à l'aide d'une électrode et exprimé en millivolts. On le désigne généralement par le terme de E_h. Pour qu'un système Réd.-Ox. puisse en oxyder un autre, il faut qu'il ait un potentiel d'oxydo-réduction supérieur. Par exemple, le potentiel d'oxydo-réduction du couple Fe^{3+}/Fe^{2+} est supérieur à celui du couple I^-/I_3^- : le fer ferrique pourra donc oxyder l'iodure, c'est-à-dire en recevoir des électrons, selon la réaction :

$$2\ Fe^{3+} + 3\ I^- \longrightarrow 2\ Fe^{2+} + I_3^-.$$

Comment mesurer le potentiel d'oxydo-réduction d'un sol

Pour comparer entre eux différents systèmes Réd.- Ox. il est nécessaire de disposer d'un système de référence. Celui-ci est constitué par l'électrode normale à hydrogène. Cette électrode se compose d'un fil de platine immergé dans une solution acide à pH = 1 (contenant donc des ions hydrogène) surmontée d'hydrogène gazeux. L'ensemble forme un système Red.- Ox. dont l'équilibre peut s'écrire :

$$H^+ + e^- \rightleftharpoons 1/2\ H_2$$

Dans la pratique, l'électrode à hydrogène, trop peu maniable, est remplacée par une électrode au calomel, préalablement étalonnée par rapport à l'électrode normale.

On peut aussi trouver la valeur du potentiel d'oxydo-réduction par le calcul en utilisant la formule de Nernst :

$$E_h = E_0 + \frac{RT}{nF} \mathrm{Log}\ \frac{(Ox)}{(Réd)} - 0,059\ \frac{m}{n}\ pH$$

E_0 est le potentiel normal d'oxydo-réduction, caractéristique du couple (par définition, $E_0 = 0$ pour le couple H^+ - H_2 à pH = 0, sous une pression d'H_2 de 0,1 MPa) ; R est la constante des gaz parfaits, T est la température absolue et F la constante de Faraday ; n et m sont respectivement le nombre d'électrons et le nombre d'ions H^+ échangés ; (Ox) est la concentration de la forme oxydée et (Réd) celle de la forme réduite du couple.

La lecture de cette formule permet de constater que le potentiel d'oxydo-réduction varie légèrement selon le pH. Il diminue quand le pH augmente. A pH constant, le potentiel d'oxydo-réduction est d'autant plus bas que le milieu est plus réducteur.

On tend désormais à remplacer l'expression E_h par l'expression P_E, calquée sur la formulation du pH :

$$P_E = - \log\ (e^-).$$

P_E varie dans le même sens que E_h. Ces deux expressions sont liées par la relation : $P_E = \frac{E_h}{59}$, E_h étant exprimé en mV.

A l'intérieur d'une cellule vivante ces transferts sont assurés par des molécules organiques : par exemple les pyrimidines ($NADH/NAD^+$, $NADPH/NADP^+$) et les flavoprotéines pour l'hydrogène, les cytochromes et les ferrédoxines pour les électrons. Le passage des électrons ou de l'hydrogène d'un transporteur à un autre (du NADH aux flavoprotéines par exemple) se fait, comme dans le cas des sels minéraux, depuis les couples ayant un faible potentiel d'oxydo-réduction vers des couples ayant un potentiel supérieur.

Pour tous les organismes aérobies, l'oxygène est l'accepteur final d'électrons. Cependant, en l'absence d'oxygène, un grand nombre de Bactéries normalement aérobies peuvent utiliser d'autres accepteurs terminaux d'électrons, comme les nitrates ou les sulfates. Ces Bactéries sont dites anaérobies facultatives. Les Bactéries anaérobies strictes constituent une troisième catégorie de microorganismes, qui ne supportent pas la présence d'oxygène.

Pour un complément d'information sur la fraction inerte du sol

BRADY N. C., 1984 - *The nature and properties of soils* (9ème éd.). Mac Millan, New York.

CAILLERE S., HENIN S. et RAUTUREAU M., - 1982 - *Minéralogie des argiles*. Tome 1 : Structure et propriétés physico-chimiques. Tome 2 : Classification et nomenclature. Masson, Paris.

CALLOT G., CHAMAYOU H., MAERTENS C. et SALSAC L., 1982 - *Mieux comprendre les interactions sol-racine. Incidence sur la nutrition minérale.* INRA, Paris.

DUCHAUFOUR P., 1984 - *Pédologie*. Masson, Paris.

MOREL R., 1989 - *Les sols cultivés*. « Technique et Documentation », Lavoisier, Paris.

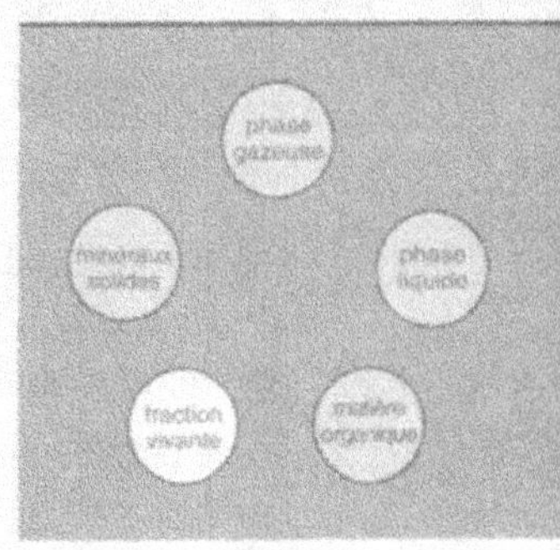

2

Les composants vivants du sol

Le mot «sol» n'évoque, trop souvent, que le substrat minéral dans lequel les plantes plongent leurs racines. Il est difficile d'imaginer qu'il constitue un milieu de vie, au même titre par exemple que les océans, et l'on s'étonne à l'idée que les vers de terre puissent passer la totalité de leur existence en un tel habitat. En effet l'observation courante fait plutôt apparaître le sol comme un lieu de passage : les larves de nombre d'insectes y font un séjour plus ou moins long avant de s'en échapper pour gagner l'air libre ; beaucoup d'entre elles révèlent leur présence souterraine par les dégâts qu'elles provoquent en dévorant les parenchymes racinaires. On sait aussi, depuis les travaux de Pasteur sur le charbon des moutons (dû à *Bacteridium anthracis*) et les études sur l'épidémiologie des maladies infectieuses, que le sol peut servir de réservoir à un grand nombre d'agents pathogènes en attente d'un hôte nouveau. Mais c'est seulement à une époque relativement récente que l'on a commencé à considérer que le sol constituait aussi l'habitat permanent d'une multitude d'êtres vivants dont le nombre de représentants connus augmente d'année en année.

Nous allons passer en revue dans ce chapitre les principaux groupes d'habitants du sol. La plupart sont microscopiques : ils appartiennent au monde immense et mal défini des **microorganismes**. D'autres, à peine visibles à l'oeil nu, constituent la **microfaune**.

On s'est aperçu dès le XIXe siècle que la traditionnelle séparation des êtres vivants entre végétaux et animaux n'avait plus de sens dès lors qu'il s'agissait de microorganismes. On observe parmi eux, en effet, tous les intermédiaires possibles entre des organismes chlorophylliens immobiles, comparables aux plantes vertes, et des organismes mobiles, ingérant des proies comme des animaux ; d'autres microorganismes encore ne possèdent ni la chlorophylle des végétaux ni le mouvement et la capacité d'ingestion des animaux. Aussi les systématiciens sont-ils désormais d'accord pour classer les microorganismes dans des règnes distincts du règne animal et du règne végétal. Les limites entre les grands groupes biologiques ne sont malheureusement pas nettes et aucune des classifications proposées n'est totalement satisfaisante. Il faut sans doute en prendre son parti et admettre que le monde des êtres vivants n'a pas été conçu selon un plan d'ensemble rigoureusement élaboré.

La classification proposée par Whittaker en 1969 paraît l'une des plus commodes (fig. 8). Les microorganismes, définis comme des êtres vivants unicellulaires, ou multicellulaires mais ne formant pas de tissus différenciés, sont répartis en trois règnes. Les plus simples, qui ne possèdent ni organelles intracellulaires ni noyau bien individualisé, appartiennent au règne des **Procaryotes** (ou Monères). Tous les autres microorganismes sont des **Eucaryotes** : ils ont, comme les végétaux et les animaux, un noyau différencié, des mitochondries et éventuellement d'autres organelles. Le règne des **Champignons** comprend des organismes généralement filamenteux et plurinucléés qui se nourrissent par absorption des éléments nutritifs présents dans le milieu environnant. Bien que les Champignons supérieurs ne soient plus, à proprement parler, des microorganismes puisqu'ils forment des organes reproducteurs volumineux, par tous leurs autres caractères ils sont semblables aux Champignons microscopiques. Le règne des **Protistes** est un grand ensemble polyphylétique qui rassemble tous les autres microorganismes. Leur nutrition est assurée par photosynthèse, absorption ou ingestion.

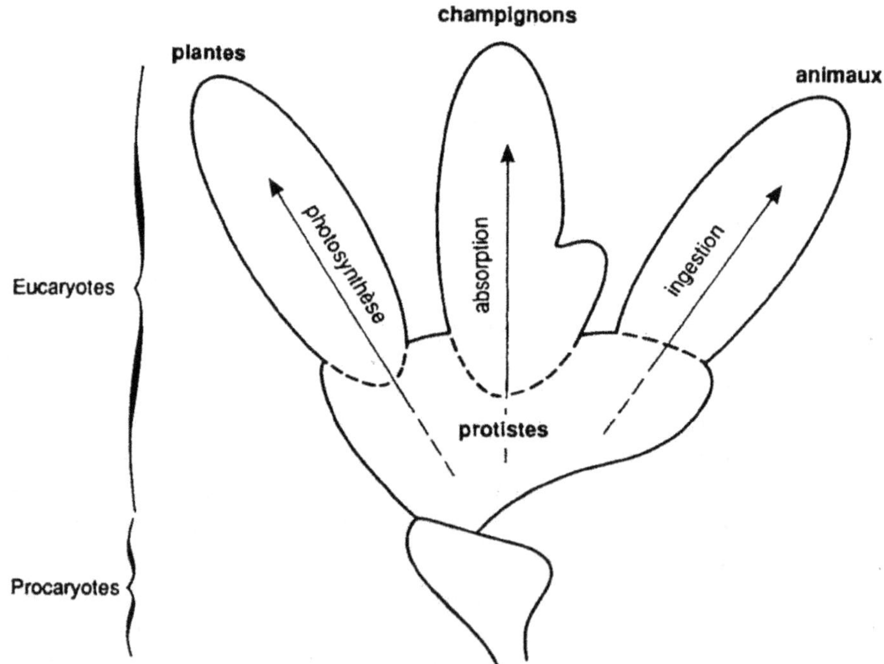

Figure 8. Répartition des êtres vivants en 5 règnes selon le schéma de Whittaker (1969).

On regroupe fréquemment les microorganismes (Procaryotes, Protistes, Champignons) sous l'appellation de «microbes». Etymologiquement, ce mot signifie «qui vit très peu de temps». En fait, certaines formes microbiennes (endospores, kystes) peuvent survivre très longtemps.

Le sol abrite aussi de nombreux représentants du règne animal. Nous n'évoquerons ici que les groupes qui, par leur taille et leur activité, interviennent directement dans les équilibres microbiens. Il s'agit des Nématodes, des Acariens et des Collemboles.

Les Procaryotes

Ce règne comprend l'ensemble des **Bactéries** ainsi que quelques organismes proches comme les Mollicutes et les Cyanobactéries. Ce sont les plus petits êtres vivants connus : leurs dimensions sont en moyenne de 1 à 2 x 1,5 à 4 µm mais l'écart entre les valeurs minimales et maximales est considérable. Ainsi, la taille des Mycoplasmes est de l'ordre de 0,1 µm tandis que certaines Bactéries filamenteuses atteignent une longueur de 1 mm.

Le rôle des Bactéries dans les écosystèmes, et dans le sol en particulier, est d'une extraordinaire importance. Aussi est-il indispensable de leur consacrer quelques pages.

Appareil nucléaire

Comme chez tous les êtres vivants, toutes les informations nécessaires au fonctionnement et à la multiplication des Procaryotes sont codées par des gènes constitués d'acide désoxyribonucléique (ADN). Chez les Procaryotes, les gènes (une Bactérie en possède environ un millier) sont disposés sur un double brin d'ADN pelotonné sur lui-même qui, une fois déplié, a la forme d'un anneau. Ce chromosome circulaire unique n'est pas séparé du cytoplasme par une membrane nucléaire : c'est ce caractère qui différencie les Procaryotes du reste des êtres vivants.

A côté de ce chromosome qui assure en quelque sorte la stabilité des caractères de l'espèce, on rencontre fréquemment des molécules d'ADN plus petites, également circulaires, portant un nombre restreint de gènes (en moyenne une centaine) : ce sont des **plasmides**. Les gènes portés par les plasmides ne sont pas indispensables au fonctionnement de la cellule mais ils confèrent très souvent aux individus qui les possèdent des avantages sélectifs dans des milieux hostiles ou inhabituels : résistance aux métaux lourds, résistance aux antibiotiques, production de toxines, aptitude à dégrader des substrats complexes, etc. Plusieurs plasmides peuvent coexister dans une même cellule, certains en plusieurs exemplaires.

Les Bactéries se reproduisent par division binaire : après une période de croissance (qui peut durer moins d'une heure en conditions optimales) le chromosome se réplique en deux chromosomes identiques et une cloison se forme au milieu de la cellule, donnant ainsi naissance à deux cellules-filles équivalentes. La réplication des plasmides accompagne celle des chromosomes.

Un phénomène qui, pour de nombreux auteurs, s'apparente à la sexualité est connu chez les Bactéries : c'est la **conjugaison**. Sous l'action d'un facteur F codé par un plasmide, une cellule donneuse peut s'associer à une cellule réceptrice et lui céder tout ou partie de son chromosome. Des plasmides peuvent aussi passer d'une cellule donneuse à une cellule receveuse (de la même espèce, d'une espèce voisine ou même d'un genre différent) au contact de laquelle elle se trouve. Tout un lot d'informations génétiques peut être ainsi transmis d'un seul coup d'un individu à un autre, puis de proche en proche à une population tout entière, grâce à ce phénomène de conjugaison. La variabilité qui en résulte constitue pour les populations microbiennes un formidable outil d'adaptation, s'ajoutant à la variabilité résultant des mutations qui, elles, sont ponctuelles et n'entraînent que de légères modifications phénotypiques.

Mais ce n'est pas tout. Les Procaryotes sont parfois parasités par des virus appelés phages qui, en général, les détruisent mais qui peuvent aussi, dans certaines circonstances, modifier directement ou indirectement leur comportement. Ces phénomènes sont la **conversion** et la **transduction**. Ils seront traités p. 79. Les changements phénotypiques qu'ils entraînent peuvent concerner la résistance à des antibiotiques ou la production de toxines ou d'antigènes, ou d'autres activités métaboliques.

Enfin, dans certaines conditions, des fragments d'ADN (libérés par la mort d'une Bactérie) peuvent s'introduire dans une autre Bactérie et s'intégrer à son chromosome : c'est la **transformation**, qui porte rarement sur plus d'un caractère.

Retenons que l'ensemble de ces mécanismes confère aux populations bactériennes une très grande plasticité, cette aptitude à évoluer ayant pour corollaire, à l'échelle de l'individu, une certaine labilité des caractères phénotypiques. Ces échanges de matériel génétique ne sont toutefois possibles qu'entre individus en phase de développement actif.

Enveloppes

Le cytoplasme des Procaryotes est délimité par une membrane cellulaire semi perméable qui permet à la cellule à la fois d'assurer ses échanges avec le milieu extérieur et de maintenir constants son pH interne et sa concentration en sels minéraux et en métabolites.

A l'extérieur de la membrane cellulaire se trouve presque toujours une paroi rigide qui protège la cellule et lui donne sa forme caractéristique. L'absence ou la présence de cette paroi ainsi que sa composition chimique sont un critère très important de la classification des Procaryotes (tabl. 4). Chez les Bactéries mobiles, la paroi est traversée par des filaments très fins provenant du cytoplasme : les cils ou les flagelles, qui permettent les déplacements par des mécanismes encore mal connus.

Parfois, la paroi est elle-même entourée par une couche plus ou moins épaisse de polyosides muqueux ayant une forte affinité pour l'eau. On la nomme **capsule** lorsque ses contours sont bien définis, **couche muqueuse** lorsque ses limites sont imprécises. La capsule n'est pas indispensable au fonctionnement normal de la Bactérie, mais elle assure, quand elle existe, une fonction de protection : contre la dessication, contre les phages, et même contre des prédateurs. Chez certaines espèces, plusieurs centaines de Bactéries sont parfois réunies à l'intérieur d'une capsule commune.

Chez certaines Bactéries comme les *Bacillus* et les *Clostridium*, et dans des conditions d'environnement défavorables, il se différencie à l'intérieur de la cellule, à l'issue de processus métaboliques très complexes, une endospore au cytoplasme dense, déshydraté, entourée d'une paroi épaisse, constituée de plusieurs enveloppes superposées. Ces endo-

Tableau 4. Classification des Procaryotes selon la nature de leur paroi.

Nature de la paroi		Type d'organisme
Pas de paroi	Mollicutes	
Paroi de peptidoglucane (N - acétylglucosamine + acide acétylmuramique + acide diaminopimélique + autres acides aminés)		
	• paroi souple	Myxobactéries
		Spirochètes
	• paroi rigide	Rickettsies
		Chlamydies
		Eubactéries
		Cyanobactéries
Paroi sans peptidoglucane (plusieurs types différents)		Archébactéries

spores manifestent une remarquable résistance aux agents chimiques (antibiotiques, antiseptiques) et physiques (pression, dessication, U.V., chaleur). Il faut par exemple chauffer pendant 4 h à 100°C les endospores de *B. thermophilus* pour parvenir à les tuer.

Nutrition

Les cellules bactériennes ont besoin de matériaux de base pour construire leurs molécules organiques : du carbone et de l'azote, du phosphore, du soufre, divers autres éléments minéraux, éventuellement des facteurs de croissance. Certaines sont capables d'utiliser le carbone sous sa forme minérale : le dioxyde de carbone atmosphérique ou dissous dans l'eau est l'élément de départ de toutes leurs synthèses organiques. On les qualifie d'**autotrophes**. Le plus grand nombre a besoin de composés organiques déjà synthétisés par d'autres organismes. Ce sont des **hétérotrophes**.

L'énergie nécessaire au fonctionnement de la machinerie bactérienne est d'origine lumineuse ou chimique. Dans le premier cas, l'énergie lumineuse est captée par des pigments de même nature que les chlorophylles et les pigments caroténoïdes. Dans le second cas l'énergie provient de réactions d'oxydo-réduction. Dans chacune de ces catégories on trouve des espèces capables d'utiliser le carbone minéral ou ayant besoin de carbone organique.

En définitive, on peut classer les Bactéries en fonction de leurs besoins énergétiques et nutritionnels comme l'indique le tableau 5.

Il est très important de noter que les Bactéries n'ont aucune possibilité d'ingérer les aliments dont elles se nourrissent. Pour être utilisés, les nutriments doivent obligatoirement d'abord traverser la paroi, puis la membrane cytoplasmique. Ceci n'est possible que pour des composés solubles et de faible poids moléculaire. Les nutriments de poids moléculaire élevé (comme par exemple la cellulose ou des molécules protéiques) doivent préalablement être fragmentés en éléments plus petits par des enzymes que les Bactéries excrètent dans le milieu extérieur. L'hydrolyse des molécules et la diffusion de leurs fragments jusqu'à la Bactérie sont impossibles dans un milieu non hydraté. On voit ainsi à quel point la présence de l'eau est indispensable au développement bactérien.

Tableau 5. Classification des Bactéries suivant leur source d'énergie et leur aptitude à utiliser ou non le carbone minéral (CO_2).

			Source d'énergie	
			Lumineuse	Chimique
			Bactéries photosynthétiques	Bactéries chimiosynthétiques
Source de carbone	CO_2	Bactéries autotrophes	photolithotrophes	chimiolithotrophes
	organiques	Composés hétérotrophes	Bactéries photoorganotrophes	chimiorganotrophes

Le passage des nutriments à l'intérieur de la cellule n'est généralement pas le résultat d'une simple diffusion. Il est assuré par une catégorie particulière de protéines enzymatiques, les perméases. Elles permettent non seulement aux molécules nutritives de pénétrer très rapidement dans le cytoplasme, mais aussi de s'y accumuler en concentrations dépassant largement celles de la solution du sol.

Chimiotaxie

C'est une propriété des cellules mobiles d'orienter leurs déplacements en fonction d'un gradient de concentration chimique. La chimiotaxie est positive ou négative selon que les Bactéries sont attirées ou repoussées. Mais il est nécessaire, pour qu'il y ait une réponse, que la membrane cellulaire possède les récepteurs correspondants, de sorte que seulement un nombre limité de composés chimiques sont attractifs ou répulsifs. Un même récepteur peut généralement reconnaître plusieurs molécules analogues.

De la même façon, certaines Bactéries sont sensibles à des gradients d'oxygène ou de température.

Ces phénomènes impliquent que les microorganismes ne sont pas répartis au hasard dans le sol. Nous verrons par exemple que les *Rhizobium* sont attirés sélectivement par les extrémités des racines des Légumineuses.

Exigences écologiques

La variété des innombrables espèces est si grande que, considérées dans leur ensemble, les Bactéries semblent pouvoir prospérer dans les milieux les plus divers : à très basse température ou dans des sources d'eau brûlante, à l'air libre ou en l'absence totale d'oxygène, en milieu alcalin ou à des pH proches de zéro. Mais cette extraordinaire aptitude du monde microbien à coloniser tous les milieux ne doit pas masquer le fait qu'une espèce particulière de Bactérie ne peut généralement se développer que dans des conditions d'environnement très précises. Dans le sol, on rencontre surtout des Bactéries mésophiles (température optimale entre 20 et 40°C), préférant des pH neutres ou légèrement alcalins. Des Bactéries courantes du cycle du soufre, comme *Thiobacillus thiooxidans*, peuvent cependant supporter des pH très acides. Comme nous l'avons déjà remarqué, des Bactéries anaérobies peuvent voisiner avec des aérobies strictes.

Classification

L'extrême diversité du monde bactérien et la connaissance encore imparfaite que nous en avons rendent difficile l'établissement d'une classification aussi cohérente que celles qui sont utilisées pour les règnes végétal et animal. Le problème est encore compliqué par la difficulté de définir exactement ce qu'est une espèce chez les Procaryotes. En effet, l'espèce est généralement considérée comme l'ensemble des individus dont le croisement donne des individus semblables aux parents et fertiles. Mais en l'absence d'une véritable sexualité, cette définition n'a plus de sens. En outre, par suite des multiples possibilités d'échanges de portions d'ADN entre Bactéries, il existe un continuum génétique d'une espèce à une autre, voire d'un genre à un autre. Une espèce, chez les Procaryotes, n'est donc plus qu'un regroupement en partie arbitraire de microorganismes ayant en commun un grand nombre de caractères.

Certains des critères utilisés pour définir ces groupements sont très anciens, comme par exemple la morphologie ou la coloration par la méthode de Gram. Pratiquée depuis plus de cent ans, la coloration de Gram permet, on le sait maintenant, de différencier les Bactéries qui ont une paroi unique glycoprotéique (Gram-positives) des Bactéries possédant une paroi complexe avec une enveloppe externe phospholipidique (Gram-négatives).

Les Bactéries sont étalées sur une lame de verre et fixées à la chaleur. Après lavage et séchage, la préparation est colorée par une solution de violet de gentiane, puis par une solution iodo-iodurée de Lugol. L'excès de colorant est éliminé par un lavage rapide à l'eau distillée. On fait ensuite une différenciation à l'alcool. En présence d'éthanol, les Bactéries Gram-négatives perdent leur coloration violette tandis que les Gram-positives la retiennent. On rince à nouveau à l'eau distillée, puis on fait une sur-coloration à la fuchsine basique. Les Bactéries Gram-négatives prennent alors une couleur rose. La préparation doit être observée au microscope directement, sans lamelle.

On peut aussi utiliser le fait que les Bactéries Gram-négatives possèdent une aminopeptidase capable d'hydrolyser la L-alanine-4-nitroanilide (Cerny, 1976). La nitroaniline formée colore le milieu en jaune en quelques minutes. Les Bactéries Gram-positives ne réagissent pas, ou très peu.

D'autres critères, introduits plus récemment, font appel à des propriétés biochimiques. Ils peuvent être complétés par une étude des protéines par électrophorèse ou des profils d'acides gras obtenus par chromatographie en phase gazeuse, et par des techniques faisant appel à la sérologie ou à la biologie moléculaire (hybridations d'ADN, détermination de la proportion de guanine et de cytosine par rapport à l'adénine et à la thymine dans l'ADN chromosomique, comparaison des ARN ribosomiques).

L'ouvrage de base pour l'étude de la classification des Procaryotes est le *Bergey's Manual*. On distingue généralement :

- les Procaryotes sans paroi, parasites d'animaux ou de végétaux (Mollicutes : *Spiroplasma*) ;

- les Bactéries possédant une paroi à deux couches, dont une constituée de peptidoglucanes (en général Gram-négatives) ;

- les Bactéries possédant une paroi épaisse contenant des peptidoglucanes (généralement Gram-positives) ;

- les Archébactéries, sans peptidoglucanes, très différentes des microorganismes précédents.

Les Mollicutes ne sont pas des microorganismes du sol. Leur ADN ne s'hybride pas avec celui des autres Bactéries, ce qui montre qu'il s'agit d'organismes génétiquement très éloignés.

Les Bactéries Gram-positives et Gram-négatives, parfois appelées Eubactéries ou Bactéries proprement dites, sont les plus largement répandues. En voici quelques exemples :

Bactéries photolithotrophes
Bactéries vertes : Chlorobactériacées.
Bactéries pourpres : Thiorhodacées.
Anaérobies strictes, elles oxydent le sulfure d'hydrogène en soufre en présence de radiations rouges ou infra-rouges et ne produisent pas d'oxygène :

$$CO_2 + 2H_2S \longrightarrow (CH_2O) + H_2O + 2S$$

Bactéries photoorganotrophes
Bactéries pourpres non soufrées : Athiorhodacées.

Bactéries chimiolithotrophes
Bactéries nitrifiantes :

$$NH_4^+ \longrightarrow NO_2^- \quad \textit{Nitrosomonas}$$
$$NO_2^- \longrightarrow NO_3^- \quad \textit{Nitrobacter}$$

Bactéries acidifiantes du cycle du soufre :

$$S^{--} \longrightarrow S \longrightarrow SO_4^{--} \quad \textit{Thiobacillus}$$

Bactéries oxydant le fer et le manganèse : *Galionella, Leptothrix*.
Toutes ces Bactéries sont aérobies et jouent un rôle important dans les cycles minéraux.

Bactéries chimioorganotrophes du sol

• *Bactéries mobiles sans flagelle (Myxobactéries)*
Leur paroi souple leur permet de se déplacer par glissement. Ce sont d'actifs destructeurs de la matière organique. Elles produisent des mucus pigmentés. Bactéries cellulolytiques : *Cytophaga*.

• *Coques et bacilles Gram-négatifs aérobies*
- Pseudomonadacées, à flagelles polaires : *Pseudomonas* (fig. 9).
- Azotobactéracées, à cils péritriches ou polaires. Elles sont capables de fixer l'azote de l'air : *Azotobacter, Beijerinckia, Azospirillum*.

- Rhizobiacées, à flagelles polaires ou subpolaires : *Rhizobium* et *Bradyrhizobium*, capables de fixer l'azote atmosphérique lorsqu'ils vivent en symbiose avec des Légumineuses ; *Agrobacterium*, producteurs de galles ou de proliférations racinaires.

• *Bacilles Gram-négatifs anaérobies facultatifs*

Entérobactériacées, mobiles par cils péritriches ; peuvent réduire les nitrates en nitrites : *Erwinia*, parasites de plantes.

• *Bacilles Gram-négatifs anaérobies*

Desulfovibrio : réduit les sulfates en sulfures.

• *Coques et bacilles Gram-positifs sporogènes*

Ils peuvent former des endospores. Bacillacées : *Bacillus* (aérobies) et *Clostridium* (anaérobies), *Thermoactinomyces*.

• *Bactéries corynéformes*

Bactéries Gram-positives de formes variées. Corynébactériacées : *Clavibacter*, *Curtobacterium flaccumfaciens*, *Rhodococcus fascians*, parasites de plantes, *Cellulomonas*, dégradant la cellulose, *Arthrobacter*, souvent impliqués dans la dégradation de produits organiques d'origine industrielle.

• *Actinomycètes*

Ces Bactéries Gram-positives forment des filaments ramifiés et émettent des conidies, ce qui les a fait longtemps considérer comme des Champignons. Elles jouent un rôle actif dans la décomposition des litières. Beaucoup synthétisent des antibiotiques.

- Actinomycétacées : *Actinomyces*, produisant peu de mycélium ;

- Streptomycétacées : *Streptomyces*, morphologiquement très proches des Champignons ;

- Micromonosporacées : *Micromonospora*, dégradant la cellulose et la chitine ;

- Frankiacées : *Frankia*. Ces Bactéries vivent en symbiose avec des arbres appartenant à plusieurs familles botaniques tropicales (Casuarinacées) et tempérées (Bétulacées, Eléagnacées, Rhamnacées). Elles forment des nodosités sur les racines, capables de fixer l'azote atmosphérique.

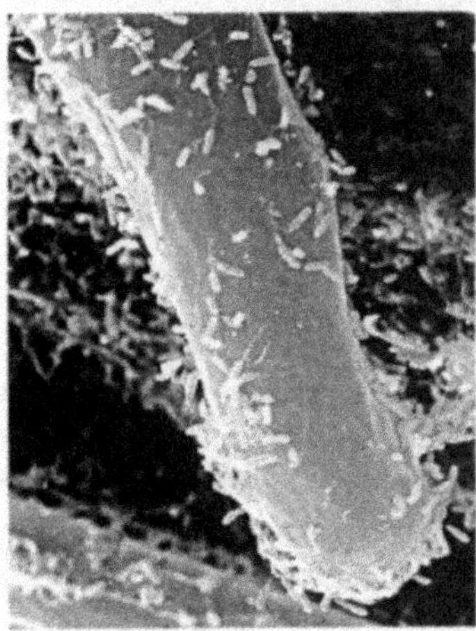

Figure 9. Cellules de *Pseudomonas solanacearum* à la surface d'un poil absorbant de tomate (cliché J. Schmit, INRA).

Les Cyanobactéries, pourvues de pigments chlorophylliens, se rattachent à ces groupes.
Présentes en faible quantité dans tous les sols, elles peuvent, dans certaines circonstances,
jouer un rôle très important.

> Les Cyanobactéries sont des Procaryotes qui possèdent de la chlorophylle a (mais pas de
> chloroplastes) et qui, en présence de lumière, sont capables de synthétiser leurs composés
> organiques à partir du CO_2 atmosphérique. Tout comme les végétaux supérieurs, elles pro-
> duisent de l'oxygène au cours de cette opération.
>
> Plusieurs espèces ont aussi une nitrogénase qui leur permet de fixer l'azote atmosphérique.
> Leurs exigences nutritives sont donc réduites au minimum : de l'air, de la lumière et de
> l'eau. Encore faut-il observer que leurs besoins en eau peuvent être très limités puisque cer-
> taines forment à la surface des rochers ou des sols désertiques des croûtes qui se satisfont
> des rosées matinales.
>
> Les Cyanobactéries vivent à l'état isolé ou demeurent associées en filaments. Leurs parois
> sont parfois épaissies par une capsule polysaccharidique ; parfois elles sont minces et les
> cellules peuvent se déplacer par glissement comme les Myxobactéries. On observe dans
> certains groupes un début de spécialisation en cellules végétatives, cellules reproductrices
> et hétérocystes fixateurs d'azote.
>
> Dans des écosystèmes tels que les rizières, les Cyanobactéries fixatrices d'azote peuvent
> contribuer de façon notable à la fertilisation azotée. Parmi les espèces les plus intéressantes,
> citons : *Anabaena azotica, Aulosira fertilissima, Tolypothrix tenuis*.

Enfin les Archébactéries considérées, comme leur nom l'indique, comme des formes
extrêmement anciennes, ont un rôle non négligeable dans l'écologie microbienne du sol.

> Elles sont tellement différentes des autres Procaryotes qu'il serait sans doute préférable de
> les ranger dans un règne à part : leurs parois ont une composition variable selon les genres,
> mais ne contiennent jamais de peptidoglucane ; leurs membranes et leurs ARN ribosomaux
> sont différents et la neutralité électrique de leur ADN est assurée par des histones, comme
> chez les Eucaryotes, et non par des polyamines.
>
> Elles sont adaptées à des milieux extrêmes : sources chaudes et acides (certaines enzymes
> des Thermoacidophiles fonctionnent encore à 130 °C !), saumures (Halobactériacées), envi-
> ronnements totalement privés d'oxygène (Méthanogènes des boues, des décharges et du
> rumen).
>
> On considère qu'elles représentent des survivants des premières formes de vie apparues sur
> la terre, à une époque où l'environnement devait être proche de ces conditions devenues
> aujourd'hui extrêmes.

Isolement et dénombrement des Bactéries du sol

Pour obtenir des Bactéries du sol, il suffit de mettre quelques grammes de terre en suspension dans de l'eau. Après agitation puis décantation, on étale quelques gouttes du surnageant à la surface d'un milieu de culture gélosé approprié. La quantité de Bactéries
étant considérable, c'est toujours des dilutions de la suspension initiale que l'on met en
culture. On obtient alors des colonies séparées les unes des autres, chacune provenant en
principe d'une seule Bactérie.

Extraction des Bactéries du sol

Un bon exemple de la difficulté d'extraire les Bactéries du sol est donné par Steinberg (1987). Un échantillon de sol limono-argileux est soumis à 20 lavages successifs. A chaque lavage, une partie aliquote du surnageant est prélevée, diluée et étalée dans des boîtes de Petri pour un dénombrement.

Le premier lavage fournit $6,88 \times 10^7$ Bactéries par g de sol sec. Le nombre de Bactéries désorbées diminue régulièrement jusqu'au dixième lavage, puis se stabilise comme le montre le graphique ci-dessous.

Le vingtième lavage donne encore $3,3 \times 10^6$ Bactéries par g.

Après le vingtième lavage, le sol est broyé et des dilutions de ce broyat sont aussi mises en culture. Cette nouvelle opération permet d'extraire encore $1,5 \times 10^8$ Bactéries par g, soit à peu près autant que l'ensemble des lavages précédents.

La quantité totale de Bactéries dénombrées est $4,8 \times 10^8$ par g de sol sec. Un tiers provient du compartiment interne (broyage), les deux tiers du compartiment externe (lavages).

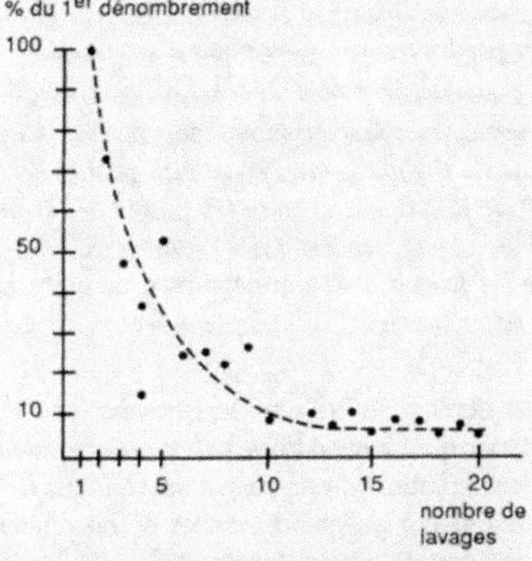

Microflore totale désorbée du sol après 20 lavages successifs, exprimée en pourcentage du nombre obtenu après le premier lavage.

On devrait ainsi pouvoir obtenir une représentation claire de la flore bactérienne d'un sol. En fait, un inventaire de cette sorte se heurte à de multiples problèmes :

- il est à peu près impossible de mettre en suspension toutes les Bactéries présentes dans un échantillon. La plupart adhèrent fortement aux particules du sol et sédimentent avec elles, beaucoup demeurent emprisonnées à l'intérieur des agrégats. Il est nécessaire, pour les libérer, de broyer finement les micro-agrégats ou de les pulvériser par sonication, avec le risque d'en détruire une partie (*cf.* encadré ci-dessus).

- les Bactéries fixées sur des particules forment des petits amas d'une dizaine de cellules très difficiles à disperser. Dans ces conditions, une colonie isolée ne provient pas forcément d'une Bactérie unique (Ozawa et Yamagushi, 1986).

- certaines Bactéries ont des exigences nutritives particulières. Il n'existe aucun milieu capable de satisfaire simultanément les besoins de toutes les espèces. Pour contourner cette difficulté on peut, au lieu de les mettre en culture, compter directement les Bactéries sur une membrane après les avoir colorées. Mais l'observation est souvent difficile et il n'est pas toujours possible de distinguer les cellules vivantes de celles qui sont mortes.

- la microscopie électronique a révélé la présence dans le sol de très nombreuses cellules naines, de taille inférieure à 0,4 µm, que l'on a pendant longtemps considérées comme des Bactéries mortes. On s'est aperçu récemment que dans la majorité des cas leur génome était intact et qu'elles pouvaient être considérées comme vivantes (Bakken et Olsen, 1989). Mais on est pour le moment totalement incapable de les faire pousser sur un milieu artificiel.

- comme nous l'avons déjà vu, des Bactéries anaérobies peuvent coexister avec des Bactéries aérobies dans le même échantillon de sol. On a même montré que des Bactéries strictement aérobies et des Bactéries strictement anaérobies pouvaient être présentes et actives dans une même particule (Marty et Bianchi, 1992). Les conditions de mise en culture ne seront forcément pas les mêmes pour chaque catégorie.

Millar et Casida (1970) ont proposé d'évaluer la biomasse bactérienne en extrayant du sol l'acide muramique, constituant caractéristique des parois. Après hydrolyse alcaline, l'acide muramique donne de l'acide lactique que l'on peut doser. Cette méthode ne permet cependant pas de faire la différence entre les parois des Bactéries vivantes et celles des Bactéries mortes. D'autre part, les Bactéries Gram-positives contiennent dix fois plus d'acide muramique que les Bactéries Gram-négatives, ce qui complique l'interprétation des résultats. Enfin, les Archébactéries, qui ne possèdent pas d'acide muramique, ne sont pas prises en compte.

Ainsi, près d'un siècle et demi après les premiers travaux de Pasteur, nous connaissons encore fort mal les Bactéries qui vivent dans le sol. Il est néanmoins possible d'avoir une idée approximative de leur nombre en comparant les résultats de dénombrements effectués dans diverses conditions par un grand nombre de chercheurs. La plupart des estimations aboutissent à une quantité comprise entre 10^7 et 10^{10} unités par g de sol dans les horizons riches en matière organique. La densité du peuplement décroît en général lorsque la profondeur augmente. Connaissant les dimensions moyennes et la densité du cytoplasme bactérien, il est possible d'en déduire la biomasse fraîche que cela représente. On aboutit au chiffre extraordinairement élevé de 2,5 à 10 t par ha !

Les Eucaryotes

Caractères généraux

Les Eucaryotes, qu'il s'agisse de microorganismes unicellulaires, de Mammifères ou de Végétaux supérieurs, ont en commun des caractères qui en font un groupe beaucoup plus homogène que les Procaryotes malgré leur apparente diversité. Nous allons évoquer brièvement ces caractères avant d'étudier quelques groupes d'Eucaryotes habitants du sol.

Appareil nucléaire

Le noyau, contenant un nucléole et de l'ADN réparti dans un nombre déterminé de chromosomes, est séparé du cytoplasme par une membrane nucléaire. Au moment de la division de la cellule, les chromosomes s'individualisent et subissent le phénomène de la mitose qui permet à chaque cellule-fille de recevoir un lot équivalent d'ADN chromosomique.

La plupart des Eucaryotes ont aussi une reproduction sexuée. La fusion de deux gamètes de polarité sexuelle différente, contenant un seul exemplaire de chacun des chromosomes, donne naissance à un oeuf ou zygote qui possède deux lots de chromosomes. Le passage de la phase à 2N chromosomes (phase diploïde) à la phase à N chromosomes (phase haploïde) doit obligatoirement avoir lieu avant la fécondation suivante. Cette réduction s'opère grâce à une opération particulière de division du noyau, **la méïose**. Le cycle de toutes les espèces eucaryotes est caractérisé par l'alternance de ces deux formes haploïde et diploïde, dont la durée relative varie considérablement selon les organismes.

Principales organelles

Le cytoplasme des Eucaryotes contient de multiples éléments figurés dont le nombre et l'aspect varient avec l'âge de la cellule. Leur structure complexe et leur rôle n'ont pu être élucidés qu'avec l'aide de la microscopie électronique.

Chaque organelle est délimitée par une membrane lipoprotéique qui l'isole de la masse cytoplasmique. La présence d'organelles dans la cellule eucaryote entraîne donc une augmentation considérable des surfaces membranaires. Le réticulum endoplasmique forme un réseau extrêmement dense de cavités aplaties. Il joue un rôle important dans l'élaboration et le transport des molécules organiques et dans la formation des membranes. Une partie du réticulum endoplasmique est tapissée de ribosomes, petits globules constitués de protéines et d'acides ribonucléiques (ARN) qui assurent l'assemblage des acides aminés en peptides. Le réticulum endoplasmique est en relation avec l'enveloppe périnucléaire et avec l'appareil de Golgi. L'appareil de Golgi, constitué par l'interconnexion de plusieurs groupes de petites citernes empilées, intervient dans l'activité métabolique, en particulier dans la synthèse des glycoprotéines. Il est peu différencié chez les Champignons. Les lysosomes sont des vésicules contenant des hydrolases ; ils assurent les processus de digestion.

Toutes les cellules possèdent des mitochondries, petits éléments de la taille d'une bactérie qui jouent un rôle primordial dans le métabolisme énergétique (oxydo-réductions et réactions de phosphorylation). Les mitochondries contiennent leur propre ADN et se divisent de façon autonome.

Dans le cytoplasme des Eucaryotes photosynthétiques on trouve aussi des chloroplastes, sortes de disques aplatis qui contiennent des chlorophylles a, b ou c et divers autres pigments. Ce sont les sièges de la transformation de l'énergie lumineuse en énergie chimique, processus à la base de la synthèse de tous les composés organiques. Comme les mitochondries, les chloroplastes ont un ADN particulier et se répliquent indépendamment de la cellule.

Bases de la classification

On distingue parmi les Eucaryotes :

- des êtres simples, unicellulaires ou composés de cellules assemblées en thalles mais non différenciées : les Champignons et les Protistes ;

- des êtres complexes pluricellulaires dont les cellules, très spécialisées, forment des tissus constituant eux-mêmes des organes : les Végétaux et les Animaux.

Les Champignons

Les Champignons peuvent être définis comme des microorganismes hétérotrophes filamenteux et immobiles. Si l'hétérotrophie est la règle générale, le caractère filamenteux n'est cependant pas un critère absolu puisque beaucoup de Champignons, dont certains ont une grande importance pratique, se présentent sous forme unicellulaire : ce sont les Levures, ainsi que plusieurs groupes de Champignons inférieurs. De même, si l'absence de mobilité est totale chez les Champignons dits supérieurs, chez certains autres groupes la dispersion est assurée par des zoospores flagellées et d'autres groupes encore, rassemblant des organismes non filamenteux, sont caractérisés par la possibilité de mouvements amiboïdes et revendiqués à ce titre par les zoologistes. Enfin, si tous les Champignons filamenteux et les Levures possèdent une paroi rigide, la plupart des autres groupes n'en ont pas.

Ces quelques considérations suffisent pour montrer que le règne des Champignons constitue en fait un ensemble très hétérogène et regroupe sans doute assez artificiellement des êtres vivants dont les ancêtres n'avaient guère de traits communs.

Néanmoins, l'importance numérique et le rôle joué par les divers groupes ne sont pas du tout les mêmes et lorsque, par la suite, nous parlerons de Champignons, c'est presque toujours des organismes filamenteux «typiques» qu'il s'agira.

Il est donc indispensable que nous disions quelques mots sur ces filaments, qui sont plus correctement appelés des hyphes.

Les hyphes

Ce sont des sortes de tuyaux plus ou moins larges (2 à 15 µm), de diamètre généralement constant pour une espèce donnée, contenant le cytoplasme. Leur rigidité est assurée par une paroi faite de fibrilles de chitine ou de cellulose, plongées dans une matrice constituée de polymères de glucose (glucanes) ou de mannose (mannanes) et de protéines. L'ensemble peut être enrobé par un mucilage. Les proportions relatives de ces composants varient selon la position systématique des espèces (tabl. 6). Les parois sont souvent imprégnées de mélanines qui leur donnent une couleur brune. Les mélanines sont des molécules complexes contenant de la tyrosine et des noyaux phénoliques polymérisés. Proches de la lignine par leur structure chimique, elles entrent, après la mort des Champignons, dans la composition de l'humus auquel elles apportent l'azote de la tyrosine. Les parois mélanisées sont plus résistantes à l'hydrolyse enzymatique que les parois non pigmentées.

Tableau 6. Liaison entre la composition chimique des parois et la position systématique des Champignons. Ce tableau exprime des tendances générales plutôt que des caractères absolus, en particulier pour les Mastigomycètes.

Nature de la paroi	Classes de Champignons
Pas de paroi	Myxomycètes
Cellulose	Mastigomycètes
Chitine	Zygomycètes
Glucanes + Mannanes	Ascomycètes (Levures)
Glucanes + Chitine	Autres Ascomycètes
	Basidiomycètes
	Deutéromycètes

Les hyphes ne sont jamais cloisonnées chez les Oomycètes et les Zygomycètes. Dans d'autres classes de Champignons, des cloisons transversales solidaires de la paroi se forment à intervalles irréguliers et divisent les hyphes en segments. Mais il n'y a pas de discontinuité dans la masse cytoplasmique car ces cloisons sont toujours incomplètes et ne s'opposent pas aux échanges entre compartiments.

Les hyphes ne se développent que par croissance de leurs extrémités, jamais par allongement intercalaire. Ce mode d'élongation apicale peut être considéré comme caractéristique des Champignons. En arrière de l'apex se forment des ramifications qui s'allongent puis se divisent à leur tour, constituant ainsi un **mycélium**. La situation des ramifications par rapport à l'apex et l'angle qu'elles forment avec l'hyphe principale sont des caractéristiques de l'espèce.

Le cytoplasme et les noyaux

Le cytoplasme contient des organelles, comme c'est le cas chez tous les Eucaryotes. Il est parcouru par des **courants cytoplasmiques** dirigés vers la zone apicale. Ce flux, facile à observer chez les Champignons dépourvus de cloisons, assure un apport de nutriments et probablement d'hormones aux parties en croissance. Un courant en sens inverse, ou cyclose, beaucoup moins net, permet sans doute un retour d'informations vers la base et une régulation des flux.

Le cytoplasme est bordé par une membrane constituée de phospholipides, de protéines et de stérols. L'ergostérol est un composant caractéristique de la membrane cytoplasmique des Champignons à mycélium cloisonné. Les Oomycètes, non cloisonnés, ne sont pas capables de le synthétiser.

Aspects génétiques

Chaque article du mycélium contient plusieurs noyaux. Si les noyaux sont tous identiques, le Champignon est homocaryotique et génétiquement homogène. Dans un mycélium dicaryotique, deux noyaux haploïdes de types différents coexistent et se divisent au même rythme, assurant dans ce cas aussi une stabilité du phénotype. Mais il arrive aussi que deux ou plusieurs noyaux différents soient présents simultanément et se divisent indépendamment les uns des autres : le mycélium est dans ce cas hétérocaryotique. Il en resulte que les proportions relatives des noyaux peuvent être modifiées et donc que les caractères phénotypiques du Champignon peuvent varier au cours du temps. Le caractère hétérocaryotique pourrait cependant n'être que peu durable, car trop instable. Les hétérocaryons se forment soit par mutation de certains des noyaux d'un homocaryon, soit à la suite d'anastomoses d'hyphes de composition génétique différente.

L'**anastomose** est un phénomène particulier aux Champignons supérieurs : deux hyphes se dirigent l'une vers l'autre, leurs parois se résorbent au point de contact et les cytoplasmes fusionnent, mettant ainsi en commun leur matériel nucléaire et cytoplasmique (fig. 10). L'anastomose est en général régulée par plusieurs gènes : on connaît par exemple cinq gènes de compatibilité différents chez *Cryphonectria parasitica*, l'agent du chancre du châtaignier. Lorsqu'on confronte deux isolats, il est nécessaire, pour que leurs hyphes fusionnent, qu'ils possèdent les mêmes allèles sur tous les loci concernés. On dit dans ce cas que les deux isolats appartiennent au même groupe d'anastomose. Si un ou plusieurs allèles diffèrent, l'anastomose est rare ou impossible : les isolats appartiennent à des groupes distincts. Les isolats réunis dans un même groupe d'anastomose peuvent donc être considérés comme génétiquement plus proches que des isolats de la même espèce appartenant à des groupes d'anastomose différents. Cette propriété est utilisée dans les études de dynamique des populations et d'épidémiologie. Elle a aussi des conséquences pratiques dont nous verrons un exemple p. 323.

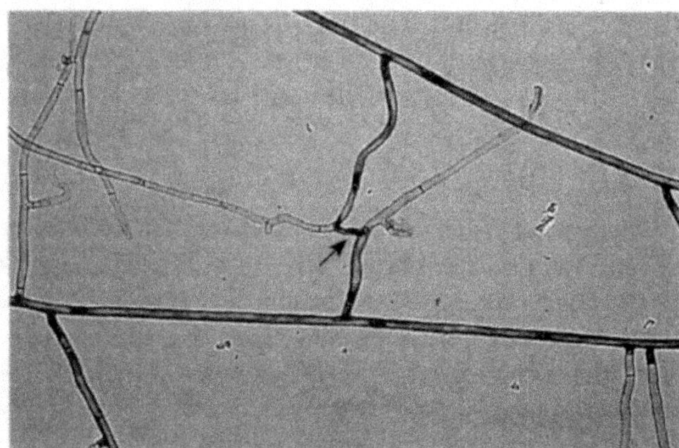

Figure 10. Anastomose entre deux hyphes de *Rhizoctonia solani* compatibles. La flèche indique l'endroit où les filaments ont fusionné (cliché P. Davet, INRA).

Comme chez les Bactéries, des informations génétiques peuvent être portées par des éléments extérieurs au noyau. Des plasmides, des virus et des fragments d'ARN à double brin ont ainsi été mis en évidence chez quelques Champignons. Tous ces gènes cytoplasmiques sont transmissibles par anastomose.

Les Champignons ont des modes de reproduction sexuée qui font appel à des mécanismes très divers aboutissant à la fusion de deux noyaux haploïdes qui forment un **zygote** diploïde. Ce zygote est généralement pourvu de parois épaisses qui lui permettent de survivre pendant une période défavorable. L'importance des phases haploïde et diploïde varie considérablement selon les groupes, mais il y a toujours à un moment ou à un autre, lorsque la reproduction sexuée existe, une méiose et donc une recombinaison des stocks de gènes.

Il peut y avoir aussi recombinaison des gènes après fusion de deux noyaux haploïdes d'un hétérocaryon, sans qu'il y ait eu fécondation. Ce phénomène de parasexualité est connu chez certains Deutéromycètes, Champignons qui par ailleurs ne semblent plus capables de reproduction sexuée.

Formes asexuées de multiplication et de conservation

La reproduction sexuée ne joue généralement qu'un rôle modeste dans la dissémination des Champignons, comparée à la voie asexuée. La plupart des espèces est en effet capable de former des **spores**, soit à l'intérieur de sporocystes (chez les Champignons inférieurs et à thalle non cloisonné), soit sur des ramifications différenciées du mycélium (conidiophores). Bien que ce mode de dispersion soit surtout efficace pour des Champignons à développement aérien (tout le monde a observé les nuages de spores qu'une colonie de *Botrytis cinerea* peut émettre), beaucoup de Champignons du sol ont aussi recours à ce type de propagation. La dissémination dans le sol est assurée non plus par le vent mais par la microfaune et les eaux de pluie et d'irrigation (fig. 11).

En conditions défavorables, le cytoplasme d'un article d'une hyphe peut se condenser et s'entourer d'une membrane très épaisse, formant une **chlamydospore**. Chez certains Champignons, des organes particuliers, les **sclérotes**, se forment par ramification intensive du mycélium. Ces sclérotes sont souvent constitués d'une masse centrale dense, non pigmentée, faite d'hyphes étroitement entrelacées contenant des substances de réserve, et d'un cortex mélanisé jouant un rôle protecteur. C'est le cas par exemple chez *Sclerotinia minor* et *Sclerotium rolfsii*. Souvent, ces sclérotes doivent passer par une phase de maturation avant d'être aptes à germer.

Nutrition

Les Champignons sont des hétérotrophes : ils utilisent des composés organiques comme sources de carbone. Comme chez les Bactéries, la digestion des grosses molécules doit commencer dans le milieu extérieur car seules les molécules de taille relativement petite peuvent franchir les parois et gagner le cytoplasme. La panoplie enzymatique des Champignons est extrêmement riche et leur permet d'utiliser, plus efficacement encore que les Bactéries, les substrats les plus complexes : cellulose, lignine, kératine, acides humiques... Plusieurs études, récemment résumées par Wainwright (1988), montrent d'autre part qu'ils sont capables de tirer parti de très faibles traces de carbone organique, y compris lorsqu'elles sont présentes uniquement sous forme de vapeurs dans l'atmosphère.

Chez certains Champignons les éléments nutritifs peuvent être transportés à une grande distance de l'endroit où ils ont été absorbés ou élaborés. Le transport est assuré par des **rhizomorphes**, organes constitués d'hyphes assemblées parallèlement, liées les unes aux autres par des anastomoses et parfois protégées par une zone corticale mélanisée. Les rhizomorphes sont fréquents chez les Champignons décomposeurs d'arbres forestiers et frui-

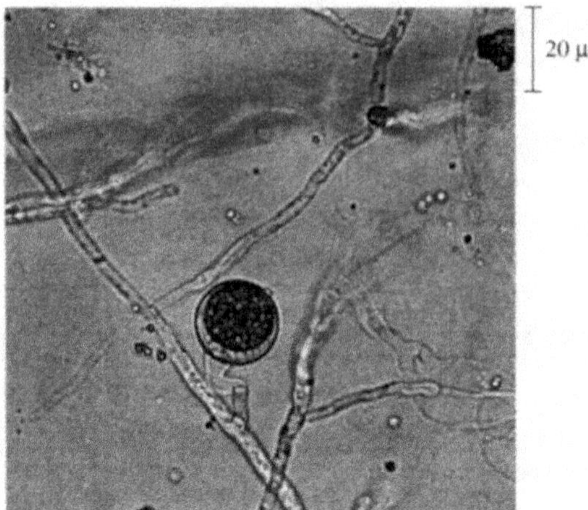

20 µm

Mycélium non cloisonné et oospore de *Pythium ultimum* (cliché G. Forbes, INRA).

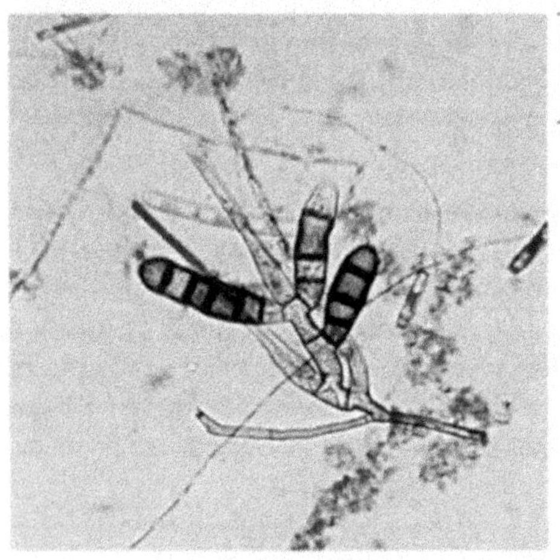

50 µm

Endoconidies (hyalines, cylindriques) et chlamydospores (brunes, multiloculaires) de *Chalara elegans* (cliché M. Sailly, photothèque INRA).

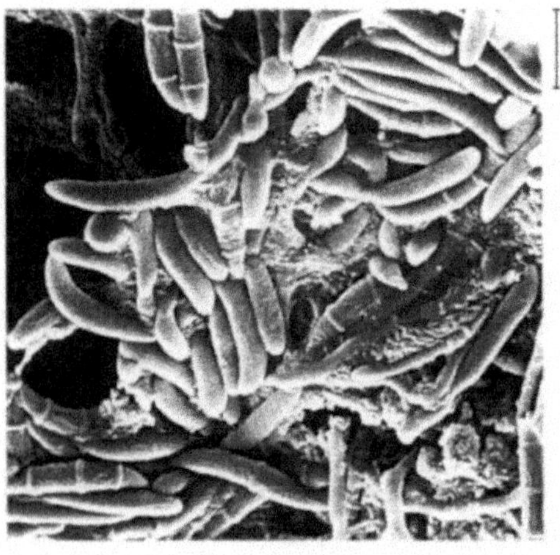

20 µm

Macroconidies en forme de croissant de *Fusarium roseum* var. *sambucinum* (cliché B. Tivoli et E. Lemarchand, photothèque INRA).

Figure 11. Quelques exemples de Champignons du sol.

tiers (*Armillaria mellea* et *A. ostoyae* en sont les plus redoutables représentants). Ils leur permettent, à partir d'un tronc ou d'une souche servant de base de départ, d'aller à la recherche d'une autre souche en traversant des zones dépourvues de ressources nutritives. Certains rhizomorphes peuvent avoir plusieurs mètres de longueur.

Dans les circonstances ordinaires, l'oxydation des molécules organiques fournit l'énergie dont les Champignons ont besoin. Mais, lorsque ces substrats sont présents en trop faible quantité, beaucoup d'espèces peuvent aussi tirer leur énergie de l'oxydation d'ions ou de minéraux tels que S, NH_4^+, H_2, Mn^{++}, et réserver la totalité du substrat organique à la fourniture de carbone. Il semblerait même que, dans ces conditions, un Champignon banal comme *Fusarium oxysporum* soit capable de fixer le dioxyde de carbone atmosphérique, se comportant ainsi comme un chimioautotrophe.

Chimiotaxie et chimiotropisme

Chez les Myxomycètes et les Mastigomycètes qui, à un moment de leur cycle, émettent des zoospores flagellées, on observe un phénomène de chimiotaxie, tout comme chez les Bactéries et les Protozoaires. Les zoospores des *Pythium* et des *Phytophthora*, Champignons parasites des racines, sont par exemple attirées par les acides aminés des exsudats racinaires et par l'éthanol.

Chez les Champignons proprement filamenteux il semble que la croissance apicale des hyphes puisse être influencée par des signaux hormonaux. Ainsi, les organes reproducteurs de deux Zygomycètes de même espèce et de polarités sexuelles opposées s'attirent mutuellement puis s'unissent ; les hyphes de deux mycéliums compatibles d'Ascomycètes ou de Basidiomycètes se dirigent l'une vers l'autre pour s'anastomoser. L'existence d'une réponse à des signaux trophiques est encore controversée. Les Champignons paraissent se développer en prospectant systématiquement l'espace autour d'eux plutôt que croître dans des directions privilégiées. Un chimiotropisme semble bien exister cependant chez les Oomycètes, dont les hyphes sont attirées par les acides aminés.

Exigences écologiques

On a cru pendant longtemps que l'oxygène était indispensable au développement des Champignons. On s'est ensuite aperçu que beaucoup d'espèces banales pouvaient, au moins temporairement, s'en passer et utiliser d'autres accepteurs d'électrons. Dans ces conditions, elles ont souvent besoin d'un apport extérieur de vitamines. Des micromycètes du sol, comme *Fusarium oxysporum, F. solani* ou *Geotrichum candidum*, peuvent avoir une croissance normale sous une atmosphère d'azote en présence de glucose et d'azote minéral (Tabak et Cooke, 1968). Il y a seulement une vingtaine d'années, des Champignons anaérobies stricts ont été mis en évidence, d'abord dans le rumen des ruminants, puis dans le tube digestif d'autres herbivores. Cellulolytiques, ils semblent pouvoir être rattachés aux Chytridiomycètes.

Les Champignons ont besoin d'humidité, mais leurs exigences sont moins élevées que celles des Bactéries. C'est pourquoi ils sont en général plus nombreux et plus actifs qu'elles dans les couches superficielles du sol, qui se dessèchent rapidement. Les Champignons à mycélium non cloisonné sont les plus sensibles à la dessication : leur développement cesse lorsque le potentiel hydrique descend au-dessous de - 4 MPa. Les Champignons à mycélium cloisonné supportent en moyenne jusqu'à - 10 MPa. Cependant, les *Aspergillus* et les *Penicillium* peuvent en général se développer à des potentiels hydriques de l'ordre de -20 MPa. Le record est détenu par un *Xeromyces* qui supporte - 65 MPa (rappelons que la succion qu'il doit exercer dans ce cas pour extraire de l'eau du milieu est équivalente en valeur absolue à 650 fois la pression atmosphérique !).

Les exigences thermiques de la très grande majorité des Champignons permettent de les considérer comme des mésophiles : ils se développent entre 10 et 40°C. Un petit nombre d'espèces, actives dans les premières phases des processus de compostage, ont un optimum de développement de 40 à 45°C, mais elles ne supportent pas plus de 60°C. Un autre groupe, aussi restreint, croît à basse température (entre - 5 et + 10°C). Ainsi, certains parasites des céréales comme les *Typhula* et *Gerlachia nivalis* peuvent se développer sous la neige.

Les Champignons supportent généralement bien les pH acides et, dans de telles conditions, sont plus compétitifs que les Bactéries pour l'exploitation d'un substrat. On trouve donc davantage de Champignons que de Bactéries dans les sols acides. On ne doit cependant pas, pour autant, les considérer comme des organismes acidophiles : ce n'est pas, en effet, dans les sols à pH bas que l'on dénombre le plus de Champignons. En fait, ces organismes semblent pouvoir se développer dans des limites de pH environnementaux assez larges. Beaucoup possèdent, d'ailleurs, une gamme d'enzymes capables d'attaquer un même substrat à des pH différents : ainsi trouve-t-on chez *Colletotrichum coccodes*, parasite des racines de la tomate, des polygalacturonases hydrolysant les pectines à des pH de 4,5 à 6 et des transéliminases qui attaquent ce même substrat à des pH de 8 à 9 (Davet, 1976 a).

Classification

La classification actuelle, qui s'appuie sur des considérations morphologiques et sur le mode de reproduction, est pratique mais insatisfaisante. Elle réunit en effet des organismes avec et sans paroi, certainement très éloignés les uns des autres. Parmi les Champignons pourvus de paroi ou Eumycètes, coexistent également des organismes sans beaucoup de points communs comme les Oomycètes d'une part, les Ascomycètes et les Basidiomycètes d'autre part. Enfin, la classe des Deutéromycètes est tout à fait artificielle puisque, contrairement aux autres groupements, les espèces y sont rangées en fonction de leur mode de reproduction asexuée. Certains Champignons peuvent ainsi figurer, sous des noms différents, à la fois parmi les Ascomycètes ou les Basidiomycètes et parmi les Deutéromycètes, selon que l'on prend en considération leur reproduction sexuée ou leur reproduction asexuée. Lorsque les deux types de reproduction sont connus, on doit normalement désigner le Champignon par le nom de sa forme sexuée. Mais la règle admet beaucoup d'exceptions : on continue ainsi à parler de *Fusarium solani* (forme classée dans les Deutéromycètes) plutôt que d'*Hypomyces solani* (forme sexuée, Ascomycète) et de *Rhizoctonia solani* (Deutéromycète) plutôt que de *Thanathephorus cucumeris* (Basidiomycète).

Les grandes lignes de la classification des Champignons sont indiquées dans le tableau 7.

Tableau 7. Classification des Champignons. Les Myxomycètes sont parfois rattachés aux Protozoaires. Les Oomycètes ont des caractères originaux qui les rapprochent de certains Protistes.

Paroi	Cloisons	Zoospores	Forme sexuée	Classe		
non	non	variable	variable	Myxomycètes		
oui	non	oui (2 flagelles)	Oospore	Oomycètes	Mastigomycètes	Eumycètes
oui	non	oui (1 flagelle)	Zygote	Chytridiomycètes		
oui	non	non	Zygote	Zygomycètes	Amastigomycètes	
oui	oui	non	Asque	Ascomycètes		
oui	oui	non	Baside	Basidiomycètes		
oui	oui	non	non	Deutéromycètes		

Isolement et dénombrement des Champignons du sol

La méthode des suspensions-dilutions, mise au point pour l'isolement des Bactéries, est également utilisable pour les Champignons. Les dilutions successives sont incorporées dans le milieu de culture gélosé maintenu en surfusion à 40°C, puis réparties dans des boîtes de Petri. On s'efforce généralement d'éviter le développement concurrentiel des Bactéries en acidifiant le milieu ou en y ajoutant des antibiotiques. La technique des suspensions-dilutions a l'inconvénient de favoriser les Champignons à forte sporulation au détriment des espèces présentes seulement sous forme de mycélium. On peut essayer d'y remédier en mettant directement en culture des micro-agrégats après tamisage fin de l'échantillon. Les fragments organiques retenus sur le tamis peuvent aussi, après lavage, être mis en incubation sur milieu nutritif gélosé.

Comme toujours dans ce type d'analyse les organismes qui se développent sur le milieu gélosé ne donnent qu'une idée très approximative des populations réellement présentes dans l'échantillon de sol étudié. L'erreur peut être non seulement de nature qualitative, parce que le substrat nutritif peut ne pas convenir à certains Champignons, mais aussi quantitative.

En effet, s'il est facile de définir ce qu'est un individu dans le cas d'un organisme unicellulaire comme une Bactérie ou une Amibe, et donc (théoriquement) de faire des dénombrements, le problème est bien plus difficile lorsqu'il s'agit d'un Champignon filamenteux. Si par exemple l'échantillon de terre contient un thalle A, porteur d'un conidiophore ayant produit 10 conidies, on pourra compter après incubation 10 colonies du Champignon A. Mais si un thalle B, de développement équivalent, a différencié un conidiophore producteur de 100 conidies, 100 colonies du Champignon B pourront apparaître sur le milieu de culture : devra-t-on en déduire que le Champignon B est 10 fois plus abondant que le Champignon A, ou que sa biomasse était 10 fois plus élevée dans l'échantillon ? Si d'autre part l'échantillon contient un Champignon C stérile, le nombre de colonies de C pourra varier de 1 à n selon que son mycélium aura été plus ou moins fragmenté au cours de la préparation de la terre. Les estimations de biomasse déduites du comptage de colonies sur des milieux d'isolement doivent donc être considérées comme très approximatives et interprétées avec précaution.

Une méthode beaucoup plus fiable, mais qui exige une patience considérable, consiste à mesurer la longueur des filaments mycéliens présents autour des agrégats ou sur les débris organiques. Les calculs aboutissent à des longueurs d'hyphes comprises en général entre 100 et 1000 m par g de sol !

Avec le perfectionnement des techniques d'analyse il est désormais possible d'envisager une approche chimique d'évaluation de la biomasse fongique, par dosage de composés caractéristiques comme la chitine (après élimination de la microfaune) ou l'ergostérol (sachant que dans ce cas les Oomycètes ne sont pas pris en compte).

Malgré les réserves énoncées plus haut, la plupart des estimations de biomasse sont concordantes et aboutissent à des valeurs comprises entre 1 et 10 t/ha. Les Champignons du sol représentent donc une biomasse aussi importante que celle des Bactéries.

Les Protistes

Il est commode de distinguer parmi les Protistes les **Algues**, dotées de chloroplastes, et les **Protozoaires**, dépourvus de chloroplastes, mobiles et capables de phagocytose. Cette séparation, fondée sur des critères fonctionnels, est en fait artificielle. Il existe en effet de nombreuses formes intermédiaires (comme par exemple les Euglénophytes) et chacun des deux groupes comprend lui-même plusieurs rameaux divergents.

Les Algues

Caractères généraux

La distinction fondamentale entre les Algues et les Protozoaires repose (malgré les réserves précédentes) sur la présence des chloroplastes grâce auxquels les Algues peuvent utiliser l'énergie lumineuse pour synthétiser leurs constituants cellulaires à partir d'eau et d'éléments minéraux dissous. Dans la conversation courante, le terme d'algue s'applique plutôt à des organismes aquatiques évoquant des végétaux terrestres par l'aspect et la taille. Certaines Algues peuvent mesurer plusieurs dizaines de mètres. Ces individus remarquables ne doivent cependant pas faire oublier que la majorité des espèces vit à l'état unicellulaire ou sous forme de filaments constitués de quelques cellules, et appartient pleinement au monde microbien. Leurs dimensions moyennes sont de quelques µm.

La paroi cellulaire, s'il y en a une, est souple et de nature protéique (Euglènes), ou rigide et constituée de cellulose ou d'autres polysaccharides, ou de pectine imprégnée de silice (Diatomées). Des matrices polysaccharidiques exocellulaires enveloppent généralement les parois. La plupart des Algues microscopiques sont mobiles ; elles se déplacent par des déformations de leurs cellules ou grâce à des flagelles. Certaines possèdent un organite photosensible qui leur permet de s'orienter par rapport à la lumière.

Reproduction

Les Algues unicellulaires se multiplient couramment par division binaire. Lorsque les conditions sont favorables, ce processus peut être très rapide. Dans certaines circonstances, un individu, haploïde, peut se transformer tout entier en un gamète qui va fusionner avec une autre cellule apparemment semblable mais de polarité opposée, formant ainsi un zygote. Après méiose et retour au stade haploïde, plusieurs cycles de multiplication asexuée peuvent à nouveau se succéder.

Beaucoup d'autres formes de reproduction sexuée peuvent se rencontrer chez les Algues, culminant en complexité avec l'apparition d'organes spécialisés, les gamétanges, produisant des gamètes mâles mobiles ou des gamètes femelles immobiles. Mais il s'agit alors de formes pluricellulaires marines de grande taille comme, par exemple, les Fucus.

Nutrition

Les Algues sont des organismes photosynthétiques. Elles sont donc, en règle générale, autotrophes mais, bien entendu, il existe des exceptions à cette règle. Quelques espèces ont par exemple besoin de vitamines ou de facteurs de croissance qu'elles sont incapables d'élaborer (formes auxotrophes). D'autres régressent vers un comportement hétérotrophe en l'absence de lumière. A l'obscurité, elles peuvent utiliser des molécules organiques simples présentes dans l'environnement (glucides, acétate, pyruvate). Elles pourraient donc théoriquement se développer dans les couches profondes du sol ; il est cependant peu probable qu'elles soient compétitives, dans ces conditions, vis-à-vis des autres microorganismes du sol. Certaines Algues dépourvues de paroi sont même capables de phagocytose. On estime que 40 à 50% des Algues du sol sont ainsi des hétérotrophes facultatives.

Exigences écologiques

Bien que typiquement aquatiques et jouant, à ce titre, un rôle considérable dans la fixation du dioxyde de carbone atmosphérique par les océans, les Algues sont aussi présentes dans tous les sols. Les formes terrestres, toutes microscopiques, sont particulièrement résistantes à la dessication. Elles pullulent rapidement à la surface du sol dès que l'humidité est suffisante : il est facile d'en observer autour des goutteurs dans les cultures où l'on a installé un système d'irrigation localisée. Négligeables dans les cultures ordinaires, les Algues peuvent poser de véritables problèmes dans les exploitations maraîchères «horssol» et particulièrement dans les cultures sur film nutritif liquide (NFT), qui leur conviennent parfaitement. Elles peuvent alors obstruer les filtres et les injecteurs et entrer en compétition avec les plantes pour les éléments minéraux. Les genres les plus couramment rencontrés dans ces conditions sont *Ulotrix, Scenedesmus* et *Chlamydomonas* (ainsi qu'*Oscillatoria*, une Cyanobactérie). Il est très difficile de s'en débarrasser car les produits algicides sont presque tous phytotoxiques (Coosemans, 1993). Le meilleur remède est d'éviter autant que possible l'arrivée de la lumière dans les rigoles d'irrigation.

Les polysaccharides qui revêtent les cellules sont assez comparables à ceux des capsules bactériennes. Outre leur fonction probable de réserves d'eau et, éventuellement, de carbone, on pense qu'ils jouent aussi un peu le même rôle que des flotteurs, en permettant aux Algues de rester fixées aux particules de la surface du sol et en les empêchant d'être entraînées en profondeur (Barclay et Lewin, 1985).

Les Algues peuvent se contenter de faibles intensités lumineuses, ce qui leur permet d'avoir un comportement autotrophe actif à plusieurs millimètres au-dessous de la surface, particulièrement dans les sols riches en particules de quartz translucides (la lumière peut diffuser jusqu'à plus de 2 cm dans certains sols). Elles sont, dans cette situation, mieux protégées de la dessication.

Le pH du sol a une influence sur la composition floristique : les Diatomées prédominent dans les sols neutres ou alcalins, les Algues jaune-vert et les Chlorophycophytes dans les sols acides.

Classification

Elle repose d'une part sur la nature des pigments qui, outre la chlorophylle a et éventuellement les chlorophylles b et c, sont présents dans les cellules et leur donnent leur couleur caractéristique (Algues rouges, Algues brunes,....) ; d'autre part sur les particularités des cycles de développement. Il est inutile de détailler ici la classification des Algues. Les espèces adaptées à la vie terrestre appartiennent aux embranchements suivants :

- Euglénophytes : cellules sans paroi rigide, 1 à 3 flagelles (*Euglena*) ;

- Chlorophycophytes (Chlorophycées) : Algues vertes, formes terrestres unicellulaires (2 flagelles) ou filamenteuses (*Chlamydomonas, Chlorella, Chlorococcum*) ;

- Chromophycophytes : Algues jaune-vert ou brunes (Diatomées).

Isolement et dénombrement des Algues du sol

On peut observer et dénombrer les Algues *in situ* ou, comme les Champignons, sur des lames préparées selon les techniques de Rossi-Cholodny ou de Jones et Mollison.

La méthode de Rossi-Cholodny consiste à entrouvrir le sol pour y introduire une lame de verre pour préparation microscopique. La lame, dont une face est fermement pressée contre le sol, est maintenue en place 2 à 3 semaines. Elle est ensuite retirée avec précaution et débarrassée des particules minérales et organiques qui l'encombrent, puis fixée à la chaleur et colorée avec de l'érythrosine en solution phénolique avant d'être observée au microscope.

Dans la technique de Jones et Mollison, on part d'une suspension de sol finement broyé que l'on incorpore dans de l'eau gélosée. Une goutte de cette suspension gélosée est déposée sur une lame possédant un puits calibré (une cellule d'hématimètre par exemple) et recouverte d'une lamelle. Après solidification de la gélose, on dispose d'un film d'épaisseur et de dimensions connues que l'on peut transposer sur une lame ordinaire et observer après séchage et coloration.

Dans une suspension hétérogène, les Algues peuvent être distinguées grâce à la propriété que possède la chlorophylle d'émettre une fluorescence rouge lorsqu'elle est illuminée par de la lumière bleue ou ultra-violette. Les Algues peuvent aussi être séparées des Bactéries et concentrées dans les suspensions par centrifugation différentielle. Il est également possible de les mettre en culture à partir de dilutions de sol. On utilise comme substrat de la terre stérilisée, ou une solution minérale liquide ou gélosée additionnée d'anti-biotiques (la bacitracine élimine les Cyanobactéries).

L'importance des populations varie fortement d'un sol à un autre et, pour un même sol, en fonction de la saison, le maximum étant atteint au début du printemps et le minimum à la fin de l'automne dans les régions tempérées. Les dénombrements s'échelonnent, selon les auteurs, entre 10^2 et 10^9 cellules par g de sol, les estimations les plus courantes étant de l'ordre de quelques milliers de cellules/g.

On peut déduire la biomasse des comptages. On peut aussi envisager de l'estimer à par-tir de la quantité de chlorophylle extraite du sol. Mais on ne peut, dans ce cas, faire la dis-tinction entre les Algues proprement dites et les Cyanobactéries. La biomasse algale représente en moyenne 100 à 500 kg/ha.

Les Protozoaires

Ces organismes unicellulaires se distinguent donc des Algues parce qu'ils sont hétéro-trophes et capables de se déplacer. Leur taille est très variable : de quelques millièmes de mm chez certaines formes parasites à quelques mm chez des Ciliés comme les *Stentor*. Les dimensions moyennes sont de l'ordre de quelques dizaines de μm.

Cytoplasme et noyaux

Le cytoplasme, bordé par une membrane lipoprotéique, contient un nombre considérable d'organites qui assurent des fonctions très variées : respiratoire (mitochondries), sécré-trice (appareil de Golgi), musculaire (fibres contractiles), squelettique (microtubules), digestive et excrétrice (vacuoles), organisatrice (centrosome). La cellule est généralement nue mais elle peut être protégée par des plaques externes (**test** ou **thèque**) et renforcée par un endosquelette, souvent de nature siliceuse.

Un individu contient normalement un noyau. Dans quelques groupes de Protozoaires ce noyau peut se multiplier tandis que la masse cytoplasmique s'accroît, formant un **plas-mode** parfois volumineux : plus de 1 cm chez certains Foraminifères. Tous ces noyaux sont équivalents. A un moment du cycle, le plasmode se fragmente en schizozoïtes uni-nucléés capables de former chacun un nouvel individu. Chez les Ciliés, chaque individu contient normalement deux noyaux, mais ils ne sont pas équivalents. L'un de ces noyaux, de grande taille, polyploïde, assure le contrôle des fonctions trophiques ; l'autre noyau, petit, est responsable de la sexualité et de la transmission du patrimoine génétique.

Reproduction

Les Protozoaires ont presque toujours une voie de reproduction asexuée. Il s'agit le plus souvent d'une division binaire à l'issue de laquelle deux cellules-filles se forment à par-tir de l'individu initial (Amibes, Paramécies). Il peut y avoir aussi, comme nous venons de le voir au paragraphe précédent, fragmentation d'un plasmode en plusieurs schi-zozoïtes ou enfin, plus rarement, bourgeonnement à partir d'une cellule-mère, un peu comme cela arrive chez les Levures. Lorsque les conditions sont favorables, une Amibe ou une Paramécie peut se diviser toutes les 6 ou 8 heures.

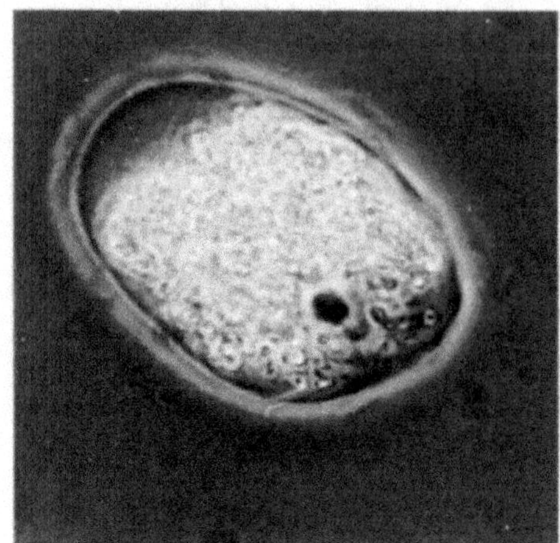

Thecamoeba granifera

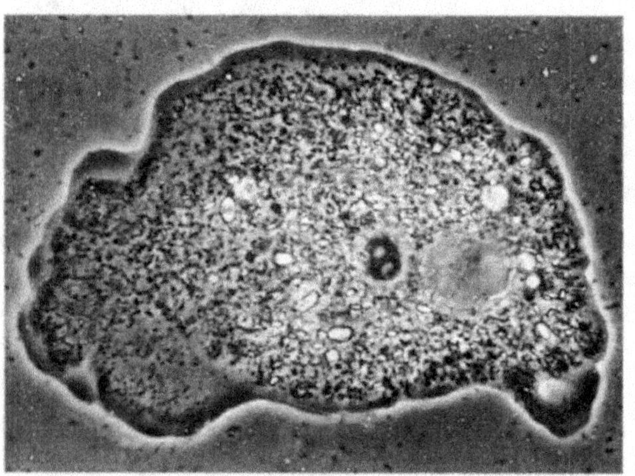

Cashia mycophaga

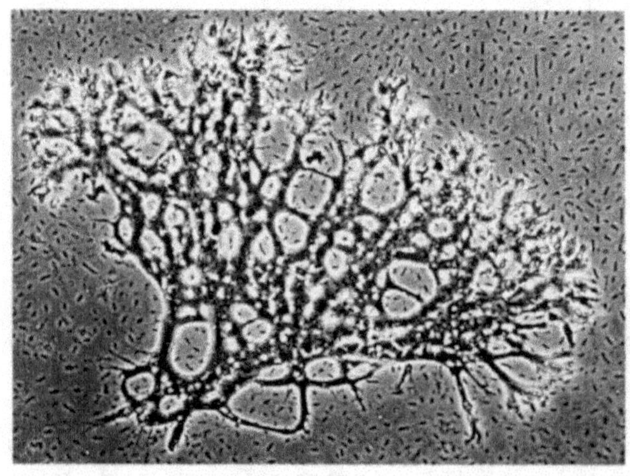

Leptomyxa reticulata.

Figure 12. Quelques Protozoaires du sol (clichés M. Pussard, INRA).

La reproduction sexuée, selon les groupes, est absente (Amibes), occasionnelle (Flagellés) ou systématique (Sporozoaires). Elle résulte de la fusion de deux gamètes chez lesquels on observe parfois un dimorphisme sexuel marqué. L'importance relative des phases haploïde et diploïde est extrêmement variable. Les cycles de reproduction les plus complexes se rencontrent chez les formes parasites.

Formes de conservation

Lorsque les conditions deviennent défavorables, beaucoup de Protozoaires ont la faculté de s'enkyster. Après une lyse des organites cellulaires et parfois une ou plusieurs divisions du noyau, le cytoplasme élabore des produits de réserve puis se déshydrate, tout en s'enveloppant d'une coque protectrice épaisse très résistante aux agents extérieurs. Ces **kystes** jouent donc un rôle tout à fait analogue à celui des endospores des Bactéries. Ils sont capables de résister à une sécheresse prolongée (plusieurs années), à des acides dilués (24 heures) ou à des températures extrêmes (1 heure à 80 ou 100°C, plusieurs heures à très basse température). Le désenkystement est généralement lent et paraît nécessiter la diffusion, à travers la paroi, de produits du métabolisme bactérien.

Nutrition

Consommateurs de matière organique, ils peuvent avoir un régime très varié. La plupart d'entre eux sont capables d'ingérer leur nourriture. Certains se nourrissent, par pinocytose, de substances organiques présentes en solution dans le milieu extérieur : la membrane s'invagine et emprisonne une gouttelette de solution dans une vacuole qui s'individualise et pénètre dans le cytoplasme. Elle y fusionne avec des lysosomes qui y déversent leur contenu enzymatique, devenant ainsi une vacuole digestive. Les éléments nécessaires au développement microbien sont absorbés tandis que les résidus non utilisables sont rejetés à l'extérieur par un processus symétrique du précédent. D'autres Protozoaires se nourrissent de débris organiques ou de microorganismes vivants qu'ils ingèrent grâce à un mécanisme analogue. Il s'agit dans ce cas de phagocytose. Chez certaines espèces, un orifice d'entrée permanent joue le rôle d'une cavité buccale. Les proies sont constituées par des Bactéries, des Algues, d'autres Protozoaires, des Levures ou des spores de Champignons, des cellules animales (par exemple des hématies). La proie est parfois plus grosse que le prédateur (Nématodes, hyphes mycéliennes) et il y a alors, semble-t-il, prélèvement de fragments ou lyse localisée. C'est le cas chez certaines Amibes consommatrices de Champignons. Les Amibes mycophages font preuve de nettes préférences trophiques dans leur régime.

Les cellules sont capables d'orienter leurs mouvements en fonction de stimulus de nature trophique ou sexuelle (chimiotaxie).

Exigences écologiques

Les Protozoaires sont, dans leur majorité, aérobies mais certains peuvent se développer en anaérobiose (dans le rumen par exemple). C'est dans le milieu aquatique qu'ils sont les plus répandus. L'eau libre (ou un milieu aqueux comme les tissus d'un organisme parasité) leur est en effet indispensable. Ils ne sont cependant pas rares dans le sol où l'on rencontre des représentants de tous les groupes à formes libres. Les Flagellés et les Rhizopodes sont les plus fréquents (fig. 12). Ils se déplacent dans l'eau retenue dans les micropores et à la surface des microagrégats. Leur rôle dans la régulation des équilibres microbiens a été, et demeure encore, largement sous-estimé : la masse des Bactéries ingérées annuellement par les Protozoaires du sol est en effet de l'ordre de 6 t/ha (Stout et Heal, 1967). Les formes les plus petites, comme les *Colpoda* (Ciliés) ou les *Naegleria* (Amibes) sont les plus actives car elles peuvent plus facilement s'immiscer dans les pores du sol où se trouvent les colonies microbiennes. Les formes terricoles ont la possibilité de résister à la sécheresse en s'enkystant rapidement. Les températures modérées (10-30°C) conviennent le mieux à leur développement. Plusieurs espèces de Protozoaires du sol se montrent très ubiquistes et se retrouvent dans des conditions climatiques très différentes. On attribue parfois aux Amibes à thèques une préférence pour les sols acides ; il en existe cependant des espèces exclusivement calcicoles.

Le genre *Phytomonas*, proche des Trypanosomes, a la particularité de se développer dans le système vasculaire de certaines plantes tropicales, dont il provoque le flétrissement.

Classification

Elle repose à la fois sur le type de locomotion, le mode de vie (parasitaire ou non) et la présence d'un ou plusieurs noyaux. Les Protozoaires constituent en fait un ensemble hétérogène regroupant un peu artificiellement des rameaux qui ont sans doute divergé très tôt et n'ont que peu de points communs. Les principaux groupes sont indiqués dans le tableau 8.

Tableau 8. Classification simplifiée des Protozoaires.

Groupes principaux (phylums)	Caractères	Exemples
Rhizopoda	locomotion par pseudopodes	Amibes nues Amibes à thèques Foraminifères
Labyrinthomorpha	cellules fusiformes associées en réseau	*Labyrinthula*
Actinopoda	pseudopodes et expansions cellulaires rétractiles symétrie centrale	Radiolaires
Mastigophora	déplacement grâce à des flagelles	Diatomées *Leptomonas,* *Phytomonas,* *Trypanosoma*
Sporozoa	parasites à cycle complexe	*Plasmodium*
Ciliophora	présence de cils, deux types de noyaux	Ciliés *Paramecium, Stentor,* *Tetrahymena, Vorticella*

Isolement et dénombrement des Protozoaires

Les empreintes de sol obtenues sur des lames de verre selon la technique de Rossi - Cholodny permettent une étude qualitative *in situ* qui met en évidence surtout les formes peu mobiles. Les Amibes à thèque silico-organique (Thécamoebiens) peuvent être extraites spécifiquement par des techniques de flottation : après fixation de l'échantillon et coloration du cytoplasme pour rendre le comptage plus facile, le sol est mis en suspension dans de l'eau. Une agitation assez violente (par barbotage par exemple) permet de dissocier les agrégats de terre et de décoller les thèques. Une partie aliquote de la suspension est alors filtrée sur une membrane, puis le comptage est fait au microscope après éclaircissage du filtre. La population de Thécamoebiens dénombrée selon cette méthode dans l'horizon humique superficiel (A_0) d'un sol de forêt tempérée est comprise entre 29 000 et 41 000 individus vivants par g de sol sec (Coûteaux, 1967). Il est possible aussi de procéder à des mises en culture selon des techniques proches de celles de la bactériologie ou de la mycologie, en ensemençant des particules de terre dans des milieux liquides ou sur des substrats gélosés. Cette méthode convient plus particulièrement à l'étude des formes bactériophages. Il est même possible de rendre le substrat sélectif par l'apport d'une souche particulière de Bactéries.

En fait, comme pour tous les groupes dont nous avons déjà parlé, aucune de ces techniques ne permet d'avoir une idée exacte des populations de Protozoaires réellement présentes dans les sols. On peut cependant avancer des estimations de l'ordre de 10^8 à 10^9 individus par m^2, et considérer que des biomasses de 150 à 700 kg par ha représentent des chiffres moyens. Les Amibes nues et les Flagellés sont les formes les plus abondantes. Les Amibes peuvent constituer jusqu'à 90 % de ces populations.

La microfaune

Bien qu'il n'ait aucune valeur systématique, le terme de microfaune est commode pour désigner les plus petits des animaux qui vivent dans le sol. Pour certains auteurs, ce terme concerne seulement les animaux dont la taille est inférieure à 200 µm ; d'autres font de la microfaune un ensemble plus vaste dans lequel ils admettent des animaux atteignant 1 à 2 mm. C'est dans cette deuxième acception que nous utiliserons ce mot. La microfaune comprend, dans ce cas, des **Nématodes**, des **Arthropodes** de très petite taille et quelques autres animaux d'importance très secondaire.

Les Nématodes

Caractères généraux

Les Nématodes appartiennent à l'embranchement des Némathelminthes. Ces vers se distinguent des Plathelminthes ou vers plats par leur forme en fuseau et l'aspect circulaire de leur section transversale. Ces deux embranchements se différencient eux-mêmes des Annélides, plus évolués, par le fait que leur feuillet embryonnaire mésodermique se développe peu et ne donne pas naissance à une cavité coelomique, mais à un tissu mésenchymateux plus ou moins lâche. Les Nématodes, qui représentent la classe la plus importante, possèdent une bouche munie de dents, de râpes ou d'un stylet, prolongée par un tube digestif qui débouche sur un anus à l'autre extrémité du corps. L'appareil excréteur et le système nerveux sont très rudimentaires. Les Nématodes n'ont ni appareil circulatoire ni appareil respiratoire : la cuticule, perméable aux gaz, assure les échanges entre le milieu intérieur et l'extérieur. Cette cuticule, épaisse, formée de plusieurs couches distinctes, joue un rôle protecteur très important. Mais elle n'est pas extensible, de sorte que la croissance des animaux nécessite quatre mues successives.

Certains Nématodes parasites d'animaux peuvent atteindre une très grande taille : 30 cm par exemple chez la femelle d'*Ascaris megalocephala*. Les Nématodes du sol qui, seuls, nous intéressent, sont toujours très petits : de 200 µm à 1 ou 3 mm de longueur et de 10 à 40 µm de diamètre, en moyenne.

Reproduction et développement

La reproduction se fait uniquement par voie sexuée. Les sexes sont distincts. Après l'accouplement les spermatozoïdes, non flagellés, remontent dans les oviductes par des mouvements amiboïdes et fécondent les ovules. Les oeufs s'entourent alors d'une double membrane, puis d'une troisième enveloppe d'origine maternelle. Certaines formes sont parthénogénétiques. Quelques espèces présentent des adultes hermaphrodites.

Chez les petits Nématodes, les divisions cellulaires s'arrêtent dès la fin des stades embryonnaires. Le nombre de cellules constituant chaque organe est donc fixé très tôt, et il est constant pour une espèce donnée. La croissance ultérieure de l'animal se fait par hypertrophie des cellules, comme chez les Rotifères. En cas de lésion, il n'y a donc pas de possibilité de régénération des tissus. Quatre stades larvaires et quatre mues se succèdent avant l'arrivée à l'état adulte. Les deux premières mues peuvent avoir lieu avant l'éclosion de l'oeuf.

Formes de conservation

L'oeuf, dans sa triple coque, est bien protégé des conditions extérieures. D'autre part, chez les Rhabditida, les individus arrivés au troisième stade larvaire sont capables de s'enkyster à l'intérieur des enveloppes du stade précédent. En atmosphère sèche, les Nématodes enkystés font preuve de capacités de survie tout à fait étonnantes : certaines espèces peuvent résister à une immersion de quelques heures dans de l'hélium liquide (- 272°C !) aussi bien qu'à un chauffage à 80°C, et subsister à l'état de **vie ralentie** à la température

Figure 13. Femelles (blanches) et kystes (gris ou noirs) d'*Heterodera schachtii* (cliché G. Caubel, photothèque INRA).

ambiante pendant plusieurs années. Chez les *Heterodera*, l'enkystement est une étape normale du cycle biologique : la paroi des kystes est constituée, dans leur cas, par la cuticule desséchée et tannée des femelles mortes, qui enveloppe les oeufs (fig. 13). L'éclosion de ces espèces parasites est stimulée par les exsudations des racines de la plante-hôte.

Nutrition

Les Nématodes sont des consommateurs de matière organique vivante. Beaucoup de Nématodes du sol sont parasites de plantes et causent des dégâts importants aux cultures. Certains piquent les cellules et prélèvent leur contenu à l'aide de leur stylet. D'autres provoquent une dédifférenciation des cellules attaquées, qui se transforment en tissus nourriciers (fig. 14). Les formes libres se nourrissent d'Algues, de Bactéries ou de spores de Champignons. Un seul individu peut engloutir plusieurs milliers de Bactéries en une minute. Mais une partie des Bactéries ou des spores ingérées peut traverser le tube digestif sans subir de dommage et être rejetée à quelque distance du lieu où elles ont été prélevées. Ces Nématodes ont ainsi un double rôle de régulation et de dispersion des populations microbiennes. D'autres espèces vivent aux dépens du mycélium de Champignons dont elles sucent le contenu cellulaire. Elles ont souvent des préférences alimentaires marquées : ainsi *Aphelenchus avenae* est particulièrement amateur du Champignon parasite *Rhizoctonia solani*. D'autres espèces enfin sont prédatrices de la microfaune : Protozoaires, Rotifères ou autres Nématodes.

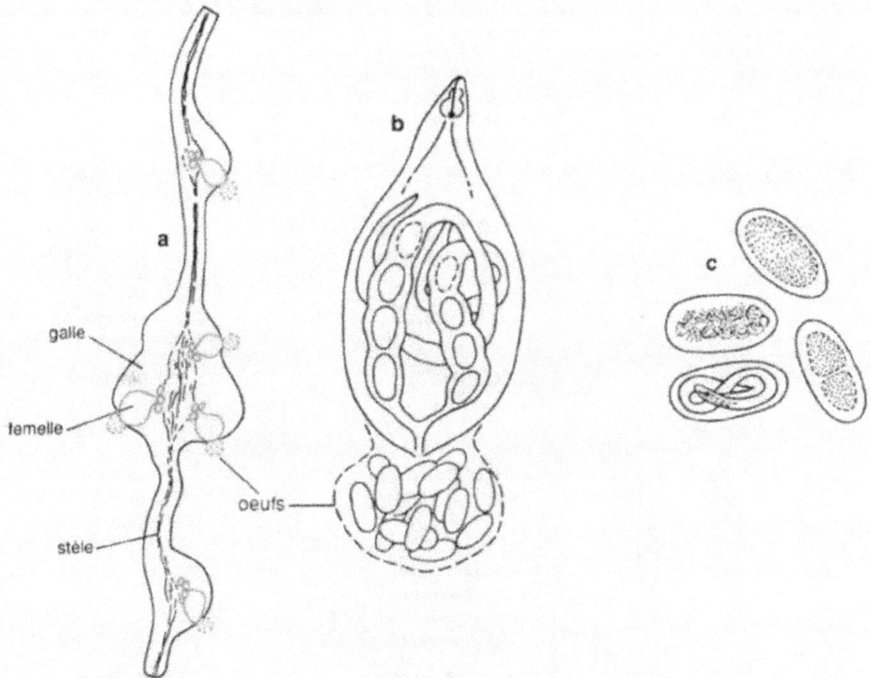

Figure 14. Nématodes à galles (*Meloidogyne*) d'après Messiaen *et al.*, 1991 : a. radicelle déformée par une attaque de *Meloidogyne* (en coupe longitudinale) ; b. femelle adulte de *Meloidogyne*, avec sa masse d'oeufs ; c. oeuf de *Meloidogyne* à divers stades de développement embryologique.

Exigences écologiques

Les Nématodes sont présents sous toutes les latitudes et dans tous les milieux, depuis les glaciers jusqu'aux sources thermales chaudes. Ils ont, comme les Protozoaires, besoin d'eau libre pour mener une vie active, aussi les milieux aquatiques sont leurs habitats de prédilection. Mais ils sont également très nombreux dans le sol où ils se satisfont des pellicules d'eau retenues par le complexe argilo-humique. Ils sont présents surtout dans les 10 à 20 cm supérieurs, mais on observe des migrations verticales des populations au cours de l'année en fonction du degré de dessication du sol. Leur aptitude à se maintenir en état de vie ralentie leur permet de résister aux périodes de sécheresse et de coloniser même les sols désertiques. Peu exigeants au point de vue du pH, ils supportent également les fortes variations de température. Pour une même espèce, l'optimum thermique peut varier selon le stade de développement.

Classification

La présence ou l'absence d'organes sensoriels (phasmides par exemple), l'anatomie de l'appareil excréteur, la morphologie des pièces buccales et le mode de vie sont les principaux critères qui permettent de distinguer les classes et les ordres de Nématodes. Les groupes les plus importants sont indiqués dans le tableau 9.

Tableau 9. Quelques groupes de Nématodes d'importance économique.

Principaux groupes	Caractères	Exemples
Phasmidia	présence de phasmides, canaux excréteurs latéraux bouche à 3 ou 6 lèvres oesophage non cylindrique	
Tylenchida	stylet rentrant carnivores ou phytophages (dans ce cas, surtout endoparasites sédentaires)	*Anguina, Tylenchus, Ditylenchus, Pratylenchus, Heterodera, Meloidogyne, Aphelenchus, Aphelenchoides*
Rhabditida	pas de stylet	*Rhabditis*
Strongylida		strongyles
Ascaridida	parasites d'animaux	ascaris et oxyures
Spirurida		filaires
Aphasmidia	pas de phasmides canaux excréteurs non latéraux ou absents oesophage non en massue	
Dorylaimida	parasites de végétaux (surtout migrateurs ectoparasites)	*Xiphinema Trichodorus Longidorus*
Dioctophymatida	parasites d'animaux	

Récolte et dénombrement des Nématodes du sol

Diverses techniques ont été utilisées pour extraire les formes non fixées de Nématodes du sol. La plus simple et la plus facile à mettre en oeuvre tire parti de l'aptitude de ces animaux à se déplacer dans l'eau (fig. 15). D'autres techniques consistent à laver le sol au-dessus de tamis à mailles de plus en plus serrées, en présence de contre-courants qui empêchent les animaux de sédimenter avec les particules minérales. Les suspensions de Nématodes peuvent être ensuite, éventuellement, centrifugées. Pour les dénombrements, 1 ml d'une suspension est déposé dans une cellule hématimétrique et observé au microscope. Il est nécessaire de prélever un grand nombre d'échantillons élémentaires pour obtenir une estimation convenable car la répartition des Nématodes dans le sol est très hétérogène.

La plupart des Nématodes du sol peuvent être maintenus artificiellement au laboratoire sur des milieux gélosés ou sur des fragments végétaux.

Par la diversité des espèces et par le nombre des individus, les Nématodes sont les constituants les plus importants de la biomasse animale des sols. Sous climat tempéré, leur biomasse moyenne est de l'ordre de 150 kg/ha. Leur nombre peut dépasser 200 milliards par hectare, représentant alors une biomasse de 200 à 400 kg.

Les vers de terre, qui sont des Annélides, constituent une biomasse bien plus considérable que les Nématodes. Malgré leur importance agronomique et leur rôle dans la pédogénèse, nous n'en parlerons pas ici puisque, de par leur grande taille, ils n'appartiennent ni à la microfaune ni même à la mésofaune. Contrairement aux Nématodes, leur diversité spécifique est très faible, surtout dans les régions septentrionales.

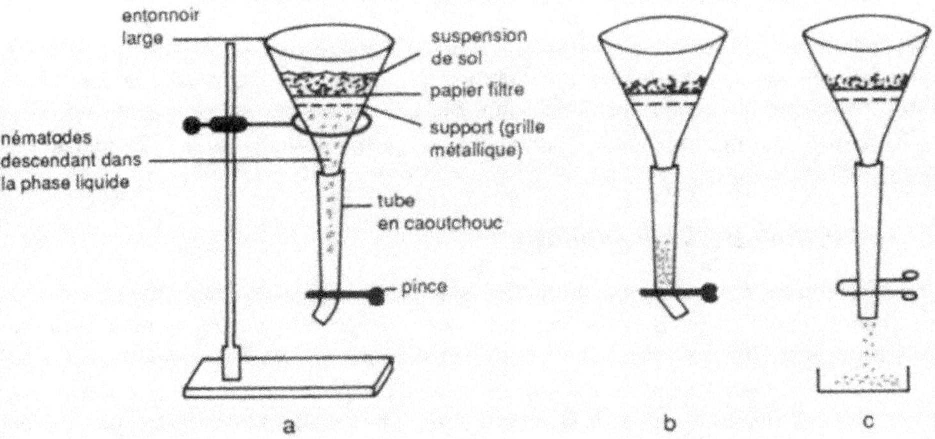

Figure 15. Principe de la méthode de récolte des Nématodes du sol. L'échantillon de sol en suspension dans de l'eau est versé dans un entonnoir dont le fond contient une grille métallique supportant un papier filtre. Un morceau de tube souple, fermé par une pince, est adapté à l'entonnoir (a). Les Nématodes (en vert) nagent et traversent le papier filtre. Au bout de quelques heures, la plupart sont rassemblés à l'extrémité inférieure du tube (b). On peut les recueillir en desserrant la pince pour laisser s'écouler les quelques ml dans lesquels ils sont en suspension (c).

Les microarthropodes : Collemboles et Acariens

Les microarthropodes sont, par leur taille, à la limite de la microfaune *stricto sensu* et de ce que l'on appelle communément la mésofaune. Ce sont de petits animaux à peine visibles à l'oeil nu, de taille comprise entre 0,2 et quelques mm. Leur corps est protégé par un squelette externe constitué de plaques chitineuses. Ils sont obligés, pour croître, de renouveler leur carapace à l'occasion de mues.

Les deux groupes de microarthropodes les mieux représentés dans le sol sont les **Collemboles** et les **Acariens**.

Les Collemboles : caractères généraux

Ce sont des **Insectes** peu évolués, dépourvus d'ailes (aptérygotes) et parvenant à la taille adulte sans subir de métamorphoses (amétaboles). On a trouvé dans des grès du Dévonien des fossiles proches des types actuels, ce qui permet de les considérer comme les plus anciennes formes d'Insectes connues.

Les Collemboles possèdent trois paires de pattes allongées portées par les segments thoraciques, six segments abdominaux et une sorte de béquille (*furca*) accrochée sous le quatrième segment. Développée chez les espèces qui vivent à la surface du sol, la furca leur permet, en se détendant, de faire des bonds de plusieurs centimètres. Les échanges respiratoires se font à travers la cuticule. Certaines espèces possèdent des trachées rudimentaires.

En cas d'agression les Collemboles peuvent émettre, par des pores plus ou moins bien individualisés, un liquide à effet répulsif.

Reproduction et développement des Collemboles

Les Collemboles se reproduisent sans s'accoupler. Les femelles se fécondent en frottant leur abdomen sur les spermatophores déposés préalablement sur le sol par les mâles. Après l'éclosion des oeufs, les larves subissent un nombre de mues variable selon les espèces, mais leur morphologie se modifie très peu jusqu'au stade adulte. On connaît des cas de parthénogenèse.

Nutrition des Collemboles

Les Collemboles se nourrissent surtout de Bactéries, d'Algues, de filaments et de spores de Champignons. Leurs choix alimentaires sont en général éclectiques mais certaines espèces peuvent être très spécialisées. Ainsi, *Proisotoma minuta* et *Onychiurus eucarpatus* dévorent *in vitro Rhizoctonia solani* mais négligent *Laetisaria arvalis* (Lartey *et al.*, 1989) ; quant à *Trichoderma harzianum* et *T. virens*, ils semblent exercer sur eux le même effet toxique que la fausse orange ou l'ammanite phalloïde sur les consommateurs humains. Les Collemboles consomment aussi les débris végétaux accumulés à la surface du sol, avec une préférence pour les fragments déjà dégradés par la microflore, et jouent un rôle important dans la décomposition de la matière organique. Ils ne digèrent pas la cellulose et la lignine. Il existe des espèces carnivores : elles se nourrissent de Nématodes, d'oeufs de divers animaux et éventuellement d'autres Collemboles.

Habitat et exigences écologiques des Collemboles

Certaines espèces sont mieux adaptées que d'autres à la vie à la surface du sol. Elles sont fortement pigmentées et velues, possèdent un organe saltatoire développé, de longues antennes et des yeux composés. Les espèces proprement terricoles vivent à quelques centimètres de profondeur ; elles sont bien représentées jusqu'à 15 cm. Elles sont petites, peu pigmentées et moins velues ; leurs antennes sont courtes, la furca et les yeux sont peu développés, mais elles possèdent des organes sensoriels complexes.

D'une façon générale les Collemboles aiment les habitats humides et supportent mal la chaleur sèche. En été ils s'enfoncent dans le sol pour éviter la dessication des horizons superficiels. Mais ils peuvent remonter rapidement à la faveur d'un orage pour s'alimenter dans les régions supérieures du profil, plus riches en microorganismes. Ils préfèrent généralement aussi les températures modérées (10 à 30°C). C'est pourquoi, dans les régions tempérées, leurs périodes d'activité maximale sont le printemps et l'automne. Il existe cependant quelques espèces parfaitement adaptées au froid qui vivent à la surface des glaciers jusque dans les régions polaires.

En cas de submersion temporaire du sol, les Collemboles peuvent maintenir leurs échanges respiratoires pendant plusieurs heures grâce aux poils dont leur corps est recouvert. Ces poils retiennent de l'air et l'animal se trouve ainsi à l'intérieur d'une sorte de bulle dans laquelle de l'oxygène de la phase liquide peut diffuser.

Classification des Collemboles

On distingue deux sous-ordres :

- les Arthropléones, qui ont un corps allongé avec une segmentation nette. La majorité des espèces du sol appartient à ce groupe (genres *Onychiurus, Hypogastrura, Isotomiella, Folsomia, Tomocerus*).

- les Symphypléones, caractérisés par un corps globuleux et une segmentation peu apparente. Ils comprennent surtout des espèces épigées (genres *Sminthurus, Dicyrtoma, Megalothorax*).

Les Acariens : caractères généraux

Contrairement aux Crustacés, aux Myriapodes et aux Insectes, les **Arachnides**, auxquels se rattachent les Acariens, n'ont pas d'antennes mais possèdent des chélicères, organes en forme de griffes ou de pinces (fig. 16), sur la partie antérieure du corps. Chez les Acariens la partie postérieure du corps n'est pas segmentée et elle est réunie à la partie antérieure. Il y a quatre paires de pattes. La respiration se fait généralement par des trachées. Le corps porte divers organes sensoriels dont le rôle n'est pas toujours encore parfaitement clair.

Reproduction et développement des Acariens

L'accouplement n'est pas le seul mode de fécondation. Beaucoup de mâles déposent leur semence sur des spermatophores, comme c'est le cas chez les Collemboles. Les pontes sont rarement abondantes. Cinq mues sont en général nécessaires pour parvenir au stade adulte, qui est atteint après plusieurs semaines, voire plusieurs mois. Au stade nymphal, certaines espèces ont la faculté de se fixer par une ventouse ou par des sécrétions collantes

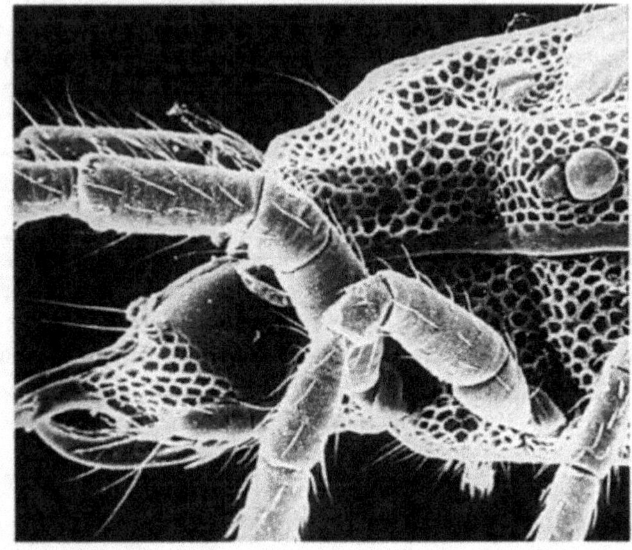

Figure 16. Acariens du sol (clichés R. Cléva et Y. Coineau, Muséum d'Histoire Naturelle). Ci-dessus : partie antérieure de *Labidostoma luteum* vue au microscope électronique à balayage, montrant les chélicères destinées à la capture des proies. Ci-dessous : exemple d'adaptation au milieu. L'Acarien *Gordialycus tuzetae*, qui vit dans le sable sur le littoral languedocien, est filiforme.

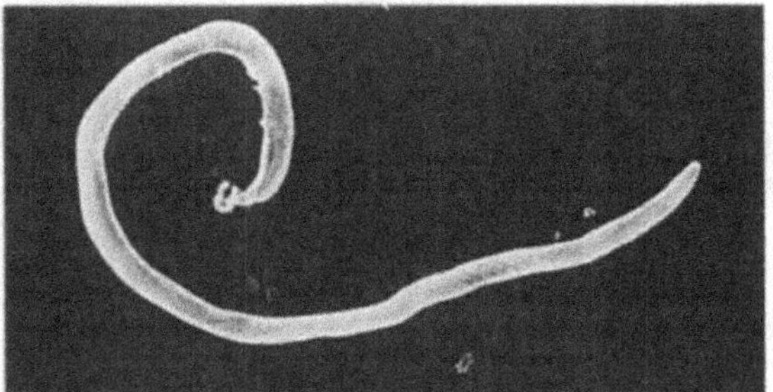

à la surface d'un autre organisme de taille supérieure (Insecte, Myriapode,......) qui les entraîne dans ses déplacements. Ce phénomène, connu sous le nom de **phorésie**, contribue à la dispersion des populations.

Quelques espèces conservent des lambeaux de l'exuvie de la mue précédente fixés sur leur nouvelle enveloppe. Des grains de terre s'accumulent peu à peu sur ces lambeaux, ce qui confère un aspect étrange aux animaux qui les portent.

Nutrition des Acariens

Les Acariens du sol sont des consommateurs très actifs de débris végétaux : la ration quotidienne de litière des Oribates peut atteindre le cinquième de leur propre poids. A ce titre, ils jouent un rôle important dans les premiers stades des processus de décomposition de la matière végétale. D'autres espèces préfèrent se nourrir d'Algues ou de Champignons.

D'autres encore sont prédateurs et consomment des Nématodes, des Collemboles, des larves d'autres Insectes, ou même d'autres Acariens.

Habitat et exigences écologiques des Acariens

Les Acariens sont surtout nombreux dans les couches superficielles du sol (entre 0 et 5 centimètres), mais certains peuvent vivre beaucoup plus profondément dans les sols bien structurés ; l'adaptation aux habitats profonds comporte une diminution de la taille et une élongation du corps (fig. 16), caractères qui leur permettent de se déplacer dans les pores du sol. Ils supportent beaucoup mieux la sécheresse que les Collemboles et demeurent actifs en été. Dans le groupe des Oribates, les Phthiracarides peuvent s'enrouler complètement sur eux-mêmes à la façon des Cloportes. Ce mécanisme les protège à la fois de la dessication et, en cas de danger, des prédateurs.

Ils s'accommodent de tous les types de sols. Certaines espèces sont cependant particulièrement abondantes dans les sols acides.

Classification des Acariens

Les Acariens (fig. 17) constituent une sous-classe des Arachnides. On les divise en deux super-ordres, selon que leurs poils tégumentaires contiennent ou non de l'actinopiline.

- Anactinotrichidés (pas d'actinopiline). Les Gamasides, qui sont des prédateurs, en sont les principaux représentants, avec les Ixodes (qui comprennent les Tiques).

- Actinotrichidés (présence d'actinopiline). Parmi eux, les Oribates représentent à eux seuls en moyenne 70 % des Acariens du sol. Les autres ordres sont les Actinédides (ou Prostigmates) et les Acaridides (ou Astigmates).

Récolte et dénombrement des microarthropodes

Les techniques sont les mêmes pour l'ensemble des petits Arthropodes. L'extraction peut se faire par voie humide, comme pour les Nématodes, ou par voie sèche. Le principe de ces méthodes, qui comprennent plusieurs variantes, est le suivant :

- *extraction par voie sèche :* l'échantillon de sol est réparti sur 2,5 à 4 cm d'épaisseur au-dessus d'une grille de tamis à mailles d'au moins 1 mm, reposant sur un grand entonnoir (fig. 18). Le tube de l'entonnoir plonge dans une éprouvette contenant de l'éthanol à 70 % (ou un simple revêtement collant si l'on souhaite récupérer les animaux vivants). Au fur et à mesure que l'humidité diminue à la surface de l'échantillon, les Arthropodes s'enfoncent et ils finissent par tomber dans l'éprouvette. La dessication du sol peut être accélérée par une source de chaleur placée à quelque distance au-dessus de l'entonnoir, mais elle doit rester très progressive. On ne recueille cependant jamais qu'une partie des spécimens, même après plusieurs jours d'attente, et les formes inactives (oeufs, larves) restent dans l'échantillon de sol. L'intérêt de cette technique, mise au point par Berlese au début du siècle, et de ses nombreuses variantes, est de permettre des récoltes échelonnées dans le temps. On peut ainsi constater, par exemple, que les Acariens tombent dans le tube plus tard que les Collemboles, ce qui confirme leur meilleure adaptation aux environnements secs.

- *extraction par lavage :* les colloïdes du sol sont dispersés par du pyrophosphate ou de l'hexamétaphosphate de sodium. L'échantillon est ensuite passé sur des tamis à mailles de plus en plus serrées. Les dépôts restant sur chaque tamis sont remis en suspension : les Arthropodes, non mouillables, flottent à la surface. On peut remplacer l'eau par des solutions dont on ajuste la densité de façon à faciliter la séparation des animaux et des sédiments. On peut, par cette méthode, récupérer aussi bien les formes actives que les formes immobiles.

Les animaux peuvent être ensuite identifiés et dénombrés sous la loupe binoculaire. L'identification au niveau de l'espèce nécessite souvent l'utilisation de préparations microscopiques.

Les Acariens sont les plus nombreux des Arthropodes du sol. Ils sont généralement plus abondants en forêt que dans les sols de prairie. Les populations, dans les terrains non cultivés, varient de 50 000 à 500 000 par m^2 ; elles sont plus réduites en sol cultivé, de l'ordre de 30 000 par m^2, ce qui représente une biomasse d'environ 3 kg par ha.

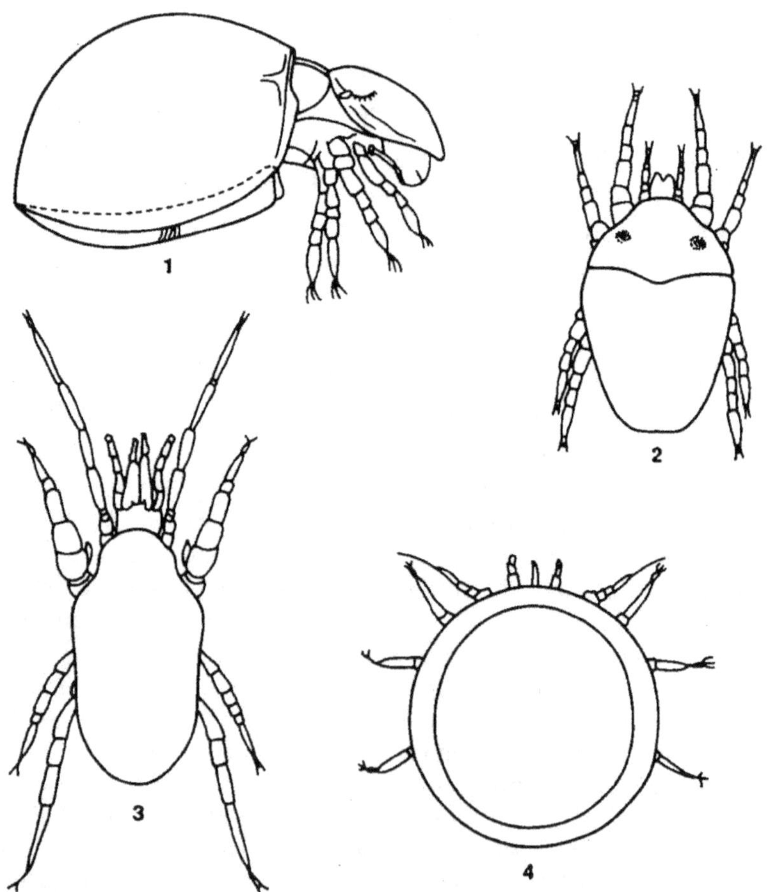

Figure 17. Exemples d'Acariens du sol (d'après Owen Evans *et al.*, 1961). 1 : Oribatide ; 2 : Actinédide ; 3 : Gamaside ; 4 : Mésostigmate.

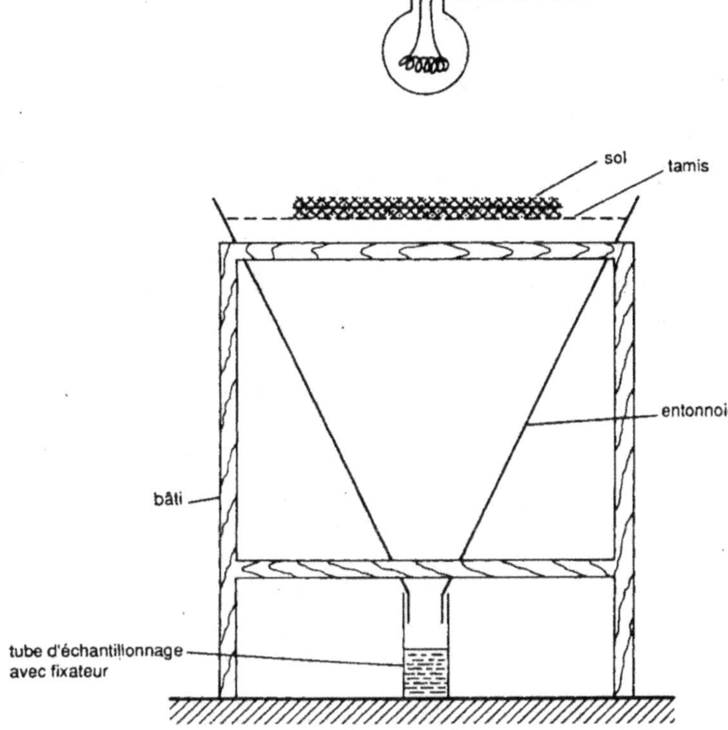

Figure 18. Schéma de l'appareil conçu par Berlese pour extraire les petits Arthropodes du sol par voie sèche.

Les Collemboles sont, après les Acariens, le groupe d'Arthropodes le mieux représenté. Ils supportent mieux le travail du sol et, d'une façon générale, les perturbations de l'environnement que les Acariens, de sorte que le rapport nombre d'Acariens / nombre de Collemboles peut servir d'indicateur du degré de dégradation de la biocénose. Le nombre de Collemboles est de l'ordre de 10 000 à 200 000 par m^2, soit une biomasse inférieure à 2 kg par ha. Ils vivent groupés en colonies, ce qui rend l'échantillonnage délicat.

Autres composants de la microfaune

La microfaune du sol comprend d'autres animaux que les Nématodes et les petits Arthropodes, mais leur nombre et leur rôle peuvent être considérés comme négligeables. Les principaux groupes sont les suivants :

- **Rotifères :** longs de 0,2 à 1 mm, ils constituent un phylum à part. Ils sont extrêmement résistants à la dessication et, une fois déshydratés, peuvent supporter des conditions de milieu très hostiles. Ils se nourrissent de Bactéries, de Protistes et de Nématodes. On en compte de 5×10^4 à 10^6 par m^2 dans les couches supérieures du sol, ce qui représente une biomasse moyenne de l'ordre de 2,5 kg par ha.

- **Tardigrades :** proches des Arthropodes mais cependant différents, ils vivent surtout dans les litières humides. Leur taille ne dépasse pas 1 mm. Comme les Rotifères, ils sont extrêmement résistants à la dessication. Ils consomment le contenu des cellules végétales ou sont prédateurs de Protozoaires, de Rotifères ou de Nématodes. Il y en a environ 10^4 à 2×10^5 par m², soit une biomasse moyenne de 1 kg par ha.

- **Turbellariés :** ce sont des petits vers plats de l'embranchement des Plathelminthes, d'environ 1 mm de long. On les appelle aussi Géoplanaires. Ils sont prédateurs de Protistes, de Rotifères et de Nématodes. Ils sont beaucoup moins répandus dans les sols que les deux groupes précédents.

Malgré la difficulté et l'imprécision des techniques de dénombrement, les estimations de biomasse fournissent des ordres de grandeur et permettent de classer les principaux groupes de microorganismes par ordre d'importance. Dans un sol arable avec un pH voisin de la neutralité, on peut considérer que la répartition est proche de celle indiquée dans la figure 19. Dans un sol acide, les Champignons seraient dominants.

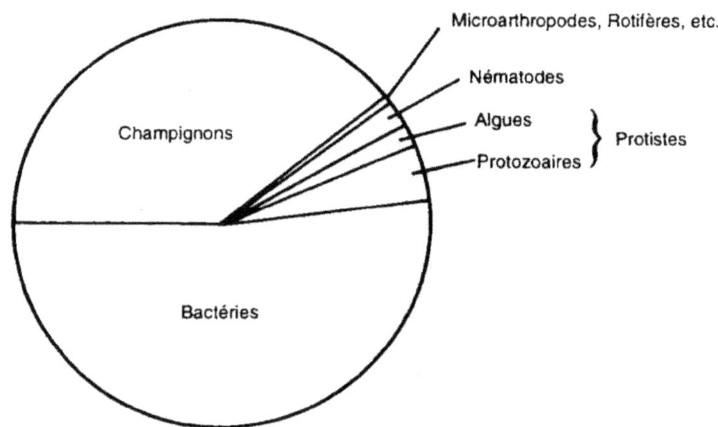

Figure 19. Importance relative des biomasses des groupes de microorganismes dans un sol de pH neutre (schéma indicatif établi d'après les estimations moyennes les plus courantes).

Les virus

Définition

La question se pose toujours de savoir si les virus sont des portions d'informations génétiques dérégulées et échappées d'ensembles nucléiques plus complexes, ou bien des organismes particuliers parvenus à un degré de parasitisme absolu. En effet, ils sont obligatoirement parasites et intracellulaires, ils n'ont pas de métabolisme, ils ne croissent pas et ne peuvent se répliquer qu'en utilisant la machinerie biomoléculaire de leur hôte. Ils sont constitués d'un seul type d'acide nucléique (ADN ou ARN) entouré d'une coque protéique, la **capside**, elle-même parfois revêtue d'une enveloppe lipo-protéique dont une partie au moins provient des membranes de la cellule-hôte. L'ensemble, extrêmement petit (en moyenne moins de 0,1 µm de diamètre), traverse facilement les filtres capables de retenir les Bactéries, d'où le nom de virus filtrants qui leur fut tout d'abord donné. La plupart des êtres vivants : Bactéries, Champignons, Plantes, Animaux, peuvent être parasités par des virus.

Multiplication des virus

Les mécanismes de pénétration, de réplication et de dispersion ont été particulièrement étudiés chez les virus des Bactéries (ou **bactériophages**). La pénétration est précédée par une phase d'adsorption qui fait intervenir des phénomènes d'attraction électrostatique ; elle nécessite la présence de récepteurs spécifiques lipopolysaccharidiques situés sur la membrane bactérienne ou sur ses appendices (flagelles, pili). A la spécificité des récepteurs de la cellule hôte correspond une spécificité de l'organe d'attachement de la particule virale. Une fois fixé sur la Bactérie, le phage «injecte» son acide nucléique à l'intérieur de la cellule tandis que sa capside protéique demeure à l'extérieur. Le fonctionnement de la Bactérie est alors entièrement détourné au profit du parasite. De l'acide nucléique et des protéines sont synthétisés en vrac, puis s'assemblent au cours d'un processus de maturation pour former de nouveaux bactériophages, libérés par centaines après rupture de la paroi bactérienne. L'ensemble de ces opérations ne dure que quelques dizaines de minutes.

Chez les Végétaux, l'infection n'est possible que si les tissus viennent juste d'être blessés : les cellules sont apparemment à l'abri tant que leur paroi cellulosique reste intacte. Il suffit de très petites lésions qui, dans la plupart des cas, sont provoquées par des piqûres d'Insectes, d'Acariens ou de Nématodes, parfois aussi par des Champignons. On connaît encore très mal les étapes de la pénétration. La synthèse de l'acide nucléique viral commence après la décapsidation. La réplication, pour chaque catégorie de virus, est associée à une structure cellulaire déterminée : membrane cytoplasmique, mitochondries, chloroplastes, etc. Le cycle complet des virus des végétaux exige plus de temps que celui des bactériophages (plusieurs heures) mais chaque cellule infectée libère beaucoup plus de particules infectieuses (en moyenne 10^6).

La lysogénie

Dans certains cas, les Bactéries infectées ne sont pas tuées et continuent à croître et à se multiplier normalement. Le bactériophage est alors dit «tempéré». On a pu montrer que son acide nucléique, au lieu de se répliquer de façon autonome, s'intègre dans le chromosome bactérien et se multiplie en même temps que lui comme s'il faisait partie du patrimoine génétique de la cellule : le virus est devenu un **prophage** (fig. 20). L'équilibre Bactérie-prophage peut durer indéfiniment, de génération en génération. Mais il peut aussi se rompre spontanément : un grand nombre de particules virales se forment alors et lysent leur cellule-hôte. Par allusion à cette potentialité de lyse, les Bactéries porteuses de prophages sont dites lysogènes. La fréquence de cet accident est très faible ; les autres Bactéries de la population n'en sont pas affectées et continuent à transmettre le prophage à leur descendance.

Transduction et conversion

Au moment de la maturation des phages, des fragments d'ADN bactérien peuvent se trouver inclus avec une partie des gènes viraux dans des protéines capsidiques. Après la lyse de la cellule ils pourront pénétrer dans d'autres Bactéries et s'insérer dans leur génome,

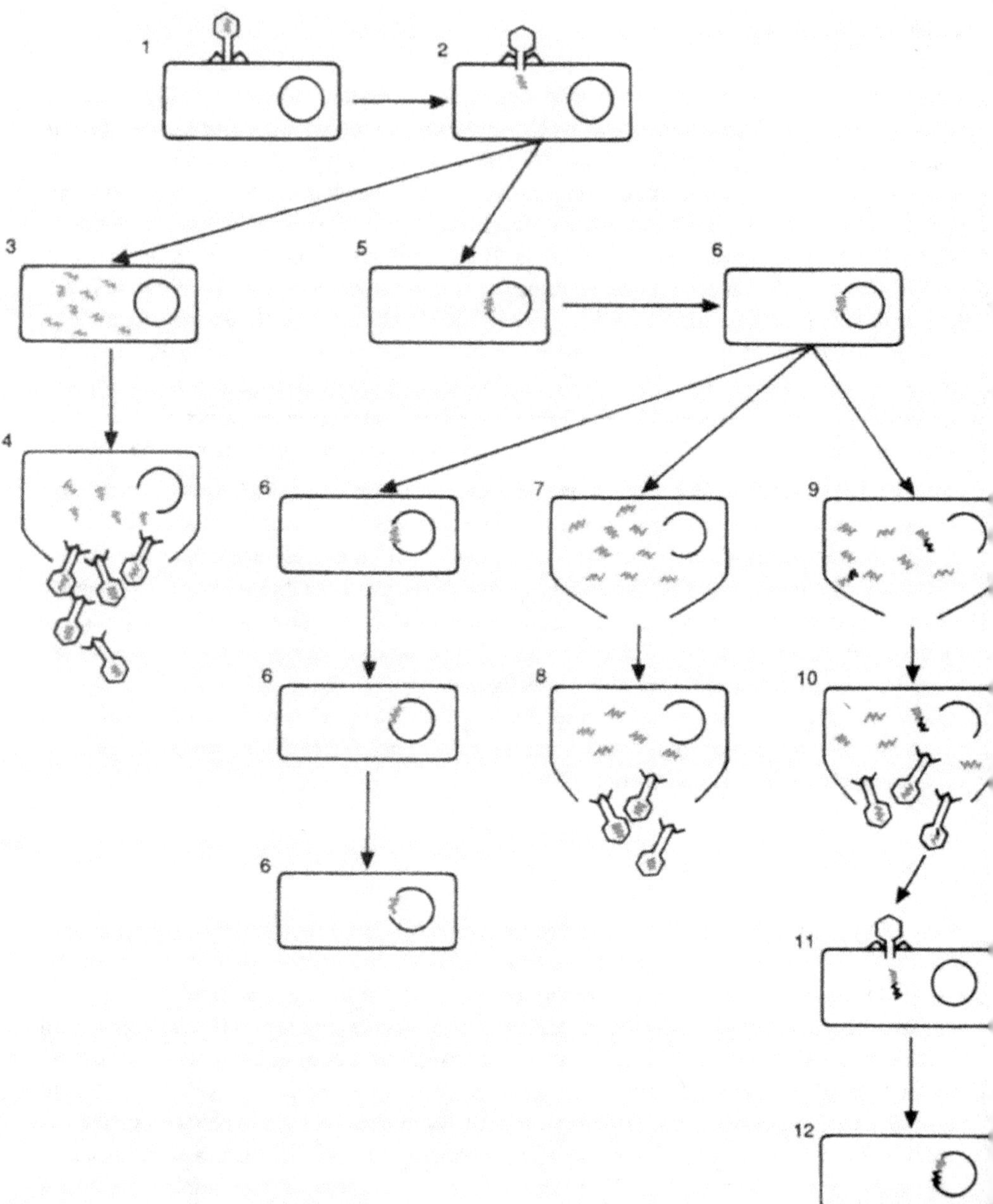

Figure 20. Schéma illustrant les différentes situations qui peuvent se présenter après l'infection d'une Bactérie par un bactériophage.

Après adsorption du phage (1) et pénétration de l'acide nucléique viral dans la cellule (2), il y a, si le bactériophage est virulent, multiplication (3) et libération de nouveaux virions avec lyse de la cellule infectée (4). Si le phage est tempéré, son génome peut s'intégrer au génome cellulaire (5). Le virus persiste, sous forme de prophage, dans la descendance de la Bactérie (6). Il peut cependant y avoir, à un moment donné, induction du cycle de multiplication (7), aboutissant à la libération de bactériophages (8). L'ADN proviral n'est pas toujours excisé correctement et entraîne parfois un fragment d'ADN bactérien (9). Les phages qui en résultent (10) introduisent dans leurs nouveaux hôtes cet ADN étranger (11) qui peut éventuellement s'y exprimer : il y a eu transduction (12).

conférant aux cellules réceptrices des caractères des cellules donneuses. Ce phénomène est la **transduction** (fig. 20).

La **conversion** concerne les Bactéries lysogènes. Celles-ci peuvent acquérir des propriétés nouvelles par suite de leur infection par un phage tempéré. Dans ce cas, c'est le génome du prophage lui-même qui transmet aux Bactéries lysogènes ce caractère nouveau. Des cas de conversion ont été observés chez les *Pseudomonas* et les *Xanthomonas*.

Ecologie des virus

Les virus libres, placés hors d'une cellule vivante et à la lumière sont rapidement inactivés. Mais, dans le sol, ils peuvent, une fois adsorbés, conserver longtemps leur pouvoir infectieux. Trop gros pour s'intercaler entre les feuillets d'argile, ils se fixent sur leurs arêtes ou sur les surfaces des particules colloïdales, avec une certaine spécificité. Ils peuvent également demeurer à l'abri dans des tissus infectés, même morts. Ainsi, après six mois d'enfouissement, des racines de tabac contaminées par le virus de la Mosaïque du tabac peuvent encore constituer une source d'infection pour des plantes sensibles. Même un virus très labile comme celui de la Mosaïque du concombre peut se maintenir longtemps dans des racines de plantes infectées laissées dans le sol et être transmis, par leur intermédiaire, à la culture suivante (Pares et Gunn, 1989).

Un certain nombre de virus parasites de plantes sont transmis par des **vecteurs** qui, bien souvent, jouent aussi un rôle dans leur conservation (voir p. 253). Par exemple, les Nématodes du groupe des Trichodorides peuvent conserver et transmettre le Tobacco Rattle Virus pendant plusieurs mois ; les virus filamenteux des Graminées se maintiennent pendant au moins 2 ans dans les spores enkystées de *Polymyxa graminis*, de même que le Potato Mop Top Virus dans les kystes de *Spongospora subterranea*.

Les organes souterrains des plantes

Introduction

Le sol n'est pas seulement le support d'une vie microbienne intense. C'est aussi le milieu où a lieu la germination des graines de la grande majorité des végétaux. C'est le substrat dans lequel ils ancrent leurs racines et d'où ils retirent, grâce à elles, l'eau et les sels minéraux qui leur sont nécessaires. Les racines des plantes sont donc des habitants du sol à part entière. Elles jouent de ce fait un rôle capital dans les équilibres microbiens et ne peuvent pas être négligées par le microbiologiste. De même, le botaniste ou l'agronome ne peuvent se permettre d'ignorer les effets exercés par les microorganismes sur les plantes par l'intermédiaire des racines.

Rappel de l'anatomie des racines

On distingue à l'extrémité d'une racine une coiffe, elle-même entourée d'un mucilage polysaccharidique (fig. 21). La coiffe et le mucilage jouent respectivement le rôle d'un

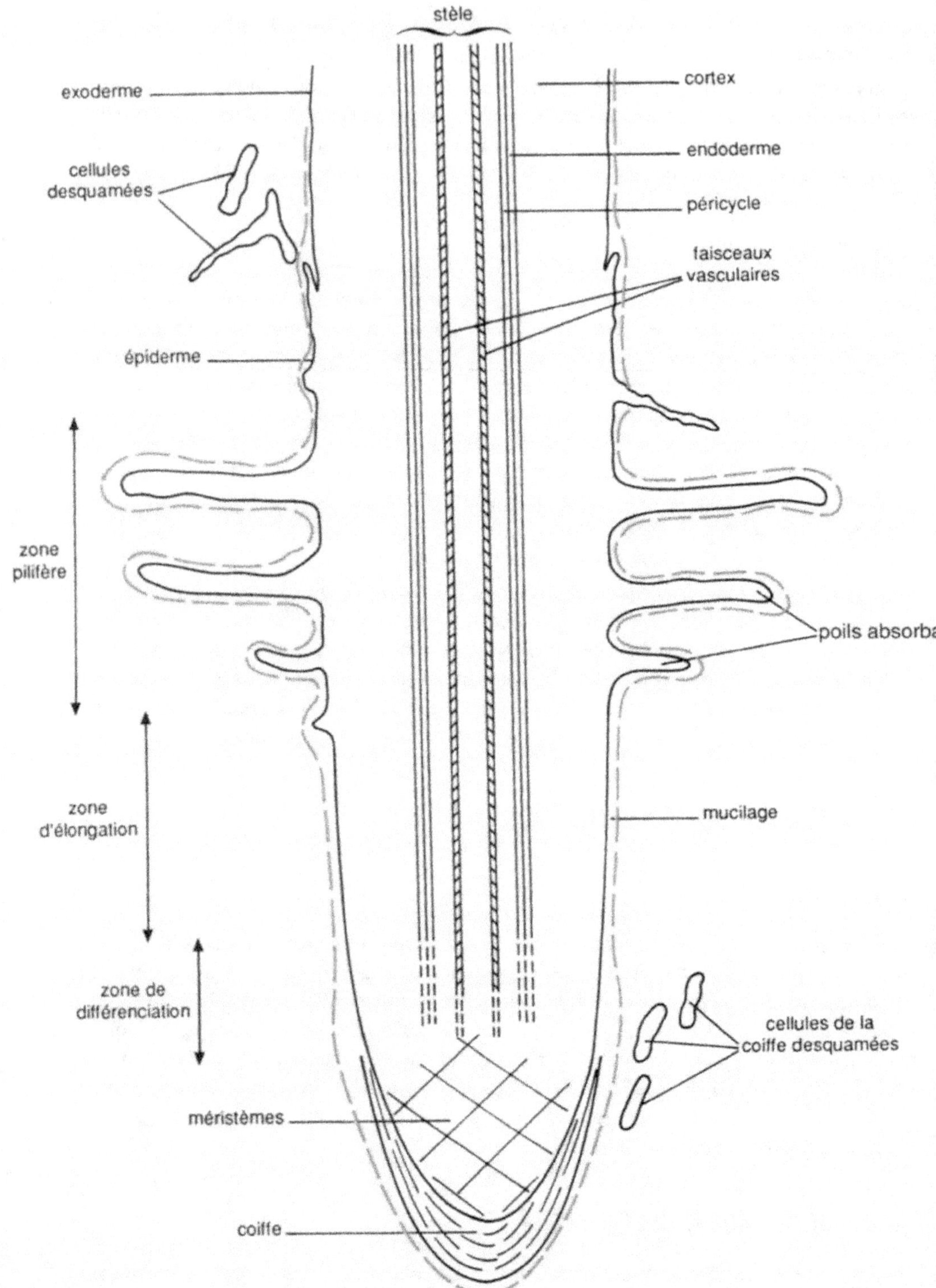

Figure 21. Coupe longitudinale schématique d'une racine (échelle non respectée).

bouclier et d'un lubrifiant destinés à permettre la pénétration de l'organe dans le sol sans dommage pour les tissus situés juste derrière. Ces tissus sont en effet particulièrement précieux puisque ce sont des méristèmes, sources de toutes les nouvelles cellules de la racine. La partie apicale du méristème produit les cellules de la coiffe et du manteau. Le manteau, une sorte de gaine prolongeant la coiffe, est constitué d'une ou plusieurs couches de cellules séparées les unes des autres (la lamelle moyenne a disparu) mais néanmoins associées à la racine.

On considère encore généralement que les cellules que l'on observe au voisinage immédiat des racines sont des cellules desquamées [*sloughed root cells*] mortes ou sénescentes, provenant de la coiffe et de l'épiderme. En fait, il s'agit surtout de cellules du manteau [*border cells*], mais ces cellules sont difficiles à observer en place. En effet, en milieu sec, elles sont maintenues autour de la racine par une matrice mucilagineuse et se confondent avec l'épiderme ; en présence d'eau, cette matrice gonfle et elles se dispersent alors très rapidement. Ce manchon cellulaire fugace semble bien constituer un tissu particulier, dont les fonctions sont encore mal connues (Hawes et Brigham, 1991). Les cellules ne se divisent pas mais peuvent survivre longtemps dans le sol à l'état isolé et demeurer métaboliquement actives : elles peuvent synthétiser des phosphatases, des phytoalexines et diverses protéines.

Les cellules méristématiques plus éloignées de l'apex donnent naissance aux futurs tissus. Après un grand nombre de divisions, les cellules initiales s'allongent et se différencient. L'élongation est précédée par une excrétion de protons, de sorte que le pH est nettement plus bas autour de la zone d'élongation que dans les sites voisins : la différence peut excéder une unité (Pilet *et al.*, 1983). L'étanchéité de cette région à croissance rapide est difficile à assurer et des fluides provenant de l'intérieur de la racine diffusent dans le milieu extérieur : ce sont les exsudats racinaires. En arrière de la zone d'élongation se trouve la zone pilifère, formée par l'allongement de certaines des cellules de la couche cellulaire externe (épiderme). La paroi très fine des poils absorbants et la grande surface qu'ils occupent en font un site privilégié (mais non exclusif) d'absorption des éléments nutritifs. Ils sont généralement enrobés d'une gaine mucilagineuse et leurs parois sont souvent relativement riches en **lectines**. Les lectines sont des glycoprotéines qui jouent, comme nous le verrons, un rôle important dans les phénomènes de reconnaissance entre organismes. Les poils absorbants ne vivent que quelques jours, de sorte que la zone pilifère conserve des dimensions à peu près constantes et se déplace dans le sol à la même vitesse que l'apex racinaire. Les poils absorbants et l'épiderme desquamé sont remplacés par la couche de cellules sous-jacentes dont les parois s'imprègnent de subérine imperméable.

La racine comprend alors deux zones (fig. 22) : à l'intérieur, un cylindre central contenant les vaisseaux du xylème et du phloème, des tissus parenchymateux, des méristèmes, et éventuellement des tissus de soutien sclérifiés ; à l'extérieur, protégée par un exoderme subérisé, une zone corticale constituée d'un tissu parenchymateux. Ce parenchyme sert généralement à emmagasiner les réserves de la plante. Sa texture est parfois assez lâche et laisse des méats importants entre les cellules, permettant des échanges gazeux avec l'extérieur. Chez une plante aquatique, comme le riz, un véritable tissu conducteur, l'aérenchyme, assure une diffusion de l'oxygène depuis l'atmosphère jusqu'aux extrémités

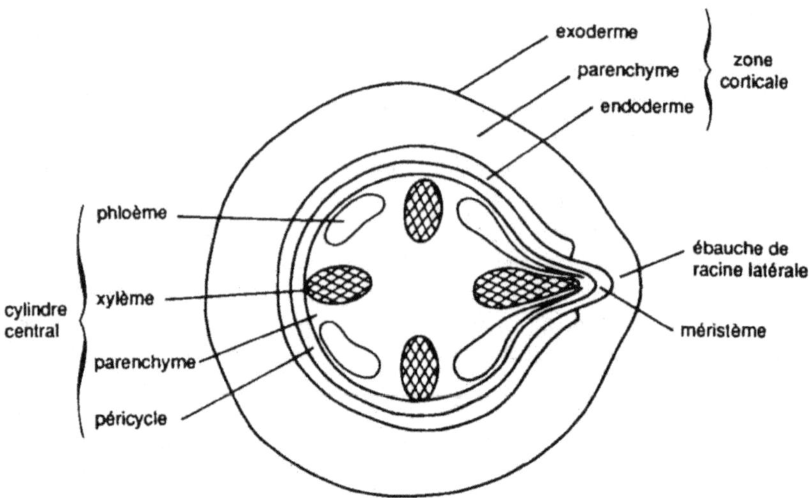

Figure 22. Coupe transversale d'une jeune racine au niveau de la formation d'une racine latérale.

des racines. L'assise corticale la plus profonde, à la limite du cylindre central, est l'**endoderme** (fig. 22). Une couche épaisse de subérine se dépose sur les parois radiales des cellules endodermiques (barrière de Caspary), puis sur leurs parois tangentielles. Certaines cellules échappent toutefois à ce dépôt tangentiel, permettant ainsi, par leur intermédiaire, un passage de métabolites entre le cylindre central et la zone corticale.

Le développement s'arrête généralement à ce stade chez les plantes annuelles. Chez les plantes pérennes, la racine poursuit son accroissement en épaisseur grâce aux méristèmes situés dans le cylindre central. La zone corticale primaire se déchire et disparaît. Elle est remplacée par une écorce secondaire, le périderme, en partie subérisée. Ainsi les racines, comme les tiges, s'allongent seulement par leurs extrémités mais croissent en épaisseur sur toute leur longueur. Les racines latérales sont initiées par l'assise méristématique qui se trouve à la périphérie du cylindre central, le péricycle. L'ébauche de racine se développe de l'intérieur vers l'extérieur en traversant l'endoderme, le parenchyme cortical et l'exoderme, rompant la continuité du revêtement protecteur (fig. 22). Chaque émission de racine latérale se traduit donc par une blessure, source d'exsudats abondants et site d'entrée privilégié de microorganismes parasites.

Fonctions des racines

A leurs fonctions d'ancrage et d'absorption, les racines ajoutent un rôle d'emmagasinage. Les réserves nutritives, accumulées dans les parenchymes racinaires pendant la phase végétative, sont massivement mobilisées au moment de la phase reproductive. Il s'ensuit, chez certaines plantes, des modifications brutales du fonctionnement des racines, qui peuvent fortement perturber l'équilibre qu'elles tentent de maintenir avec les microorganismes qui les entourent. Nous en verrons des exemples p. 252.

Le renouvellement des racines

Le système racinaire est en perpétuelle évolution. Chez une plante jeune, il s'allonge et se ramifie rapidement. L'élongation de la racine principale est de l'ordre de quelques millimètres à quelques centimètres par jour. Elle peut atteindre 9 cm/j chez le blé ou le maïs. Les racines secondaires croissent plus lentement. Chez le tournesol, l'allongement moyen du système racinaire dans les 10 premiers cm du sol est ainsi de 72 cm/j/dm^3 pendant les premières semaines de la vie de la plante (Maertens et Bosc, 1981).

Mais ces racines se renouvellent en permanence. Chez les Monocotylédones, la radicule issue de la graine a une durée de vie limitée. Chez les céréales par exemple, elle est rapidement remplacée par des racines adventives qui apparaissent d'abord sur les premiers noeuds, à la base de la plantule, puis sur les noeuds suivants, constituant le plateau de tallage (fig. 23). D'une façon plus générale, chez toutes les plantes, la plupart des radicelles meurent quelques jours après avoir été formées, sans qu'il soit clairement possible de savoir si cette disparition est due à un environnement physique hostile, à des attaques parasitaires ou à une sénescence naturelle. Il semble bien toutefois que leur durée de vie soit limitée, les circonstances défavorables ne faisant qu'avancer une mort déjà programmée. Chez le coton par exemple, Huisman (1982) a établi que 50 % des tissus racinaires disparaissaient en 100 jours et que, pendant les deux derniers tiers du développement, il y avait un équilibre entre la formation de nouvelles racines et la disparition des anciennes. Lorsque la plante approche de la maturation, la production de nouvelles racines décroît puis s'arrête complètement. On observe alors une diminution rapide de la masse racinaire (fig. 24).

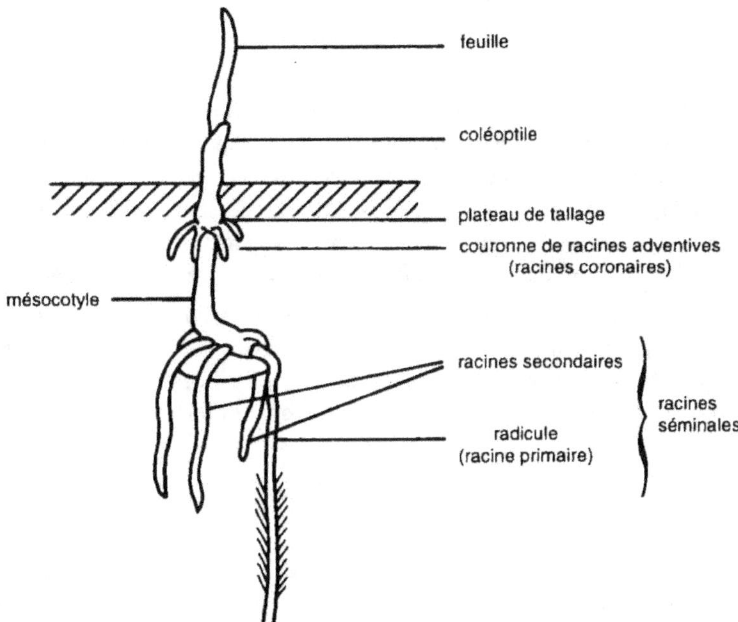

Figure 23. Schéma du développement du système racinaire lors de la germination d'un grain de maïs (Monocotylédone). Les racines séminales disparaissent vers le stade 5 - 6 feuilles ; l'alimentation de la plante est alors assurée par les racines coronaires.

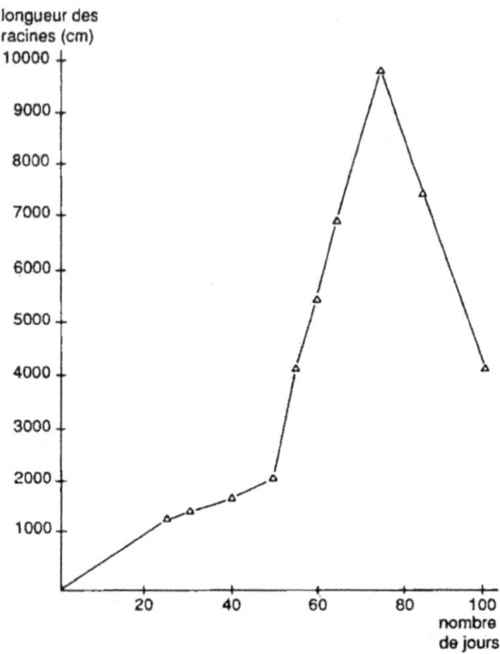

Figure 24. Évolution, avec l'âge des plantes, de la longueur des racines mesurée dans une colonne de 1 dm^2 de section, découpée sous une ligne de tournesols (d'après Maertens et Bosc, 1981).

Il résulte de ce mode de développement du système racinaire que, bien qu'immobiles, les plantes sont en fait capables d'explorer plus intensivement le sol que les plus actifs des microorganismes. Ceci leur permet de renouveler leurs sources d'approvisionnement en exploitant constamment de nouveaux milieux. Mais ce phénomène a deux autres conséquences importantes : cette prospection incessante augmente considérablement les chances de rencontre entre racines et microorganismes ; les cellules des racines mortes représentent de précieuses ressources nutritives pour les habitants du sol.

Les études d'enracinement posent de gros problèmes techniques et sont de ce fait assez rares. On dispose cependant d'estimations de la biomasse des racines dans divers écosystèmes. Sous une forêt tempérée, la masse sèche de racine est, par exemple, de l'ordre de 2 t/ha ; sous une prairie en sol frais, elle est d'environ 12 t/ha.

Les autres organes souterrains

Les tubercules sont des tiges souterraines modifiées. Ils emmagasinent des réserves et, dans les régions tempérées et froides, assurent la conservation de la plante pendant l'hiver. Les rhizomes sont aussi des tiges mais, par leur forme, ils ressemblent à des racines à développement horizontal. Leurs fonctions sont les mêmes que celles des tubercules. Ils participent en outre à l'ancrage des plantes dans le sol. Les bulbes sont constitués par des feuilles modifiées, portées par un plateau qui est l'équivalent d'un rhizome. Ces feuilles spécialisées, épaissies, non chlorophylliennes, sont des organes de réserve et de conservation pendant les saisons froides ou sèches.

Ces organes souterrains n'ont jamais une fonction d'absorption. Ce rôle est rempli par les racines adventives (généralement privées de poils absorbants) dont ils sont pourvus.

Pour un complément d'information sur les composants vivants du sol

- *Les Bactéries*

GOTO M., 1992 - *Fundamentals of bacterial plant pathology.* Academic Press, London.

LARPENT J.P. et LARPENT-GOURGAUD M., 1985 - *Eléments de microbiologie.* Hermann, Paris.

LECLERC H., IZARD D., HUSSON M.O., WATTRE P. et JAKUBCZAK E., 1988 - *Microbiologie générale.* Doin, Paris.

- *Les Champignons*

AINSWORTH G. C. et SUSSMAN A. S. (Ed.), 1965 - 1968 - *The Fungi. An advanced treatise.* Tome 1 : the fungal cell. Tome 2 : the fungal organism. Tome 3 : the fungal population. Academic Press, New York.

CARLILE M. J. et WATKINSON S. C., 1994 - *The Fungi.* Academic Press, London.

DEACON J. W., 1980 - *Introduction to modern mycology.* Blackwell Scientific Publications, London.

GOVI G., 1986 - *Introduzione alla micologia.* Edagricole, Bologne.

INGOLD C. T. et HUDSON H. J., 1993 - *The biology of fungi* (6ème édition). Chapman & Hall, London.

MOREAU F., 1952 - 1953 - *Les Champignons. Physiologie, morphologie, développement et systématique,* 2 vol. Paul Lechevalier, Paris.

- *Les Protistes*

- Algues microscopiques :

BOROWITZKA M. A. et BOROWITZKA L. J. (Ed.), 1988 - *Micro-algal biotechnology.* Cambridge University Press, Cambridge.

METTING B., 1981 - The systematics and ecology of soil Algae. *Bot. Rev.* 47, 195 - 312.

- Protozoaires :

BACHELIER G., 1978 - *La faune des sols. Son écologie et son action.* ORSTOM, Paris.

DARBYSHIRE J.F. (Ed.), 1994 - *Soil Protozoa.* C.A.B. International, Wallingford.

PUSSARD M., 1991 - Faune du sol et microflore. 1 - Modèle animal et paradoxe fonctionnel. 2 - Saprophagie, prédation et médiation chimique. *Agronomie* 11, 315 - 324 et 411-422.

de PUYTORAC P., GRAIN J. et MIGNONT J.P., 1987 - *Précis de Protistologie.* Boubée, Paris.

• *La microfaune*

- Nématodes :

FRECKMAN D. W. et CASWELL E. P., 1985 - The Nematodes in agroecosystems. *Annu. Rev. Phytopathol.* 23, 275 - 296.

DROPKIN V. H., 1980 - *Introduction to plant nematology.* John Wiley and Sons, New York.

VEECH J. A. et DICKSON D. W. (Ed.), 1987 - *Vistas on Nematology.* Society of Nematologists, Hyattsville, Maryland.

- Arthropodes :

BACHELIER G., 1978 - *La faune des sols. Son écologie et son action.* ORSTOM, Paris.

BUTCHER J. W., SNIDER R. et SNIDER R. J., 1971 - Bioecology of edaphic Collembola and Acarina. *Annu. Rev. Entomol.* 16, 249 - 288.

EISENBEIS G. et WICHARD W., 1987 - *Atlas on the biology of soil Arthropods.* Springer - Verlag, Berlin.

• *Les Virus*

CORNUET P., 1987 - *Eléments de virologie végétale.* INRA, Paris.

GIRARD M. et HIRTH L., 1989 - *Virologie moléculaire.* Doin, Paris.

• *Les racines*

FOSTER R. C., ROVIRA A. D. et COCK T. W., 1983 - *Ultrastructure of the root - soil interface.* American Phytopathological Society, Saint Paul, Minnesota.

GREGORY P. J., LAKE J. V. et ROSE D. A. (Ed.), 1987 - *Root development and function.* Cambridge University Press, Cambridge.

WAISEL Y., ESHEL A. et KAFKAFI U. (Ed.), 1991 - *Plant roots : the hidden half.* Marcel Dekker Inc., New York.

FELDMAN L. J., 1984 - Regulation of root development. *Annu. Rev. Plant Physiol.* 35, 223-242.

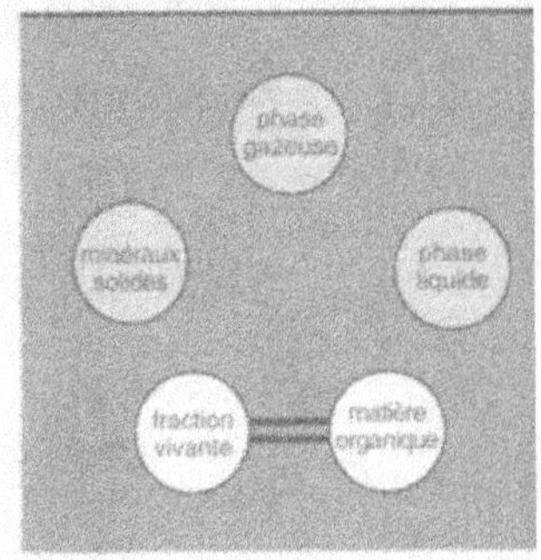

3

L'activité biologique du sol

La biomasse

Introduction

La quantité de matière vivante présente dans le sol est la **biomasse**. La relative stabilité de cette biomasse est le résultat d'équilibres dynamiques : à tout instant des organismes naissent, se multiplient, meurent. Les microorganismes dégradent des substrats, synthétisent de la matière organique nouvelle, puis sont à leur tour lysés. Leur nombre total varie, dans des limites plus ou moins larges, en fonction des conditions environnementales et de toutes les interventions extérieures. La composition qualitative et quantitative de la biomasse est une des caractéristiques qui contribuent à définir un sol mais, d'un autre côté, cette composition résulte en partie de la nature physico-chimique et de la structure de ce sol. Le maintien de la biomasse est assuré par les apports nutritionnels provenant de la végétation. Il dépend d'une très grande quantité de réactions métaboliques assurées par des **enzymes**. Certains de ces processus sont communs à tous les organismes, comme les réactions d'oxydo-réduction. D'autres systèmes enzymatiques ne sont mis en oeuvre que dans des groupes particuliers : organismes cellulolytiques, fixateurs d'azote par exemple.

L'évaluation de la biomasse ou la mesure d'une activité enzymatique à un moment donné et, plus encore, leur variation dans le temps, peuvent apporter des informations précieuses sur le fonctionnement de l'écosystème. Il est donc important d'envisager comment on peut estimer l'activité biologique d'un sol, traduite en termes de biomasse ou d'activité enzymatique.

Méthodes directes d'évaluation de la biomasse

Le principe en est très simple : il suffit d'observer des échantillons de sol au microscope, de compter toutes les cellules bactériennes et de mesurer tous les fragments mycéliens et toutes les spores de champignons. L'opération, répétée un nombre suffisant de fois, permet de déterminer des volumes de Bactéries et de Champignons (hôtes principaux du sol) et, connaissant leur densité, de calculer les masses correspondantes. La réalisation en est toutefois compliquée. Le sol est un milieu opaque et encombré où les observations sont difficiles. Outre son caractère fastidieux, cette procédure a l'inconvénient de ne pas distinguer les organismes vivants de ceux qui sont morts. Le problème peut en principe être résolu par l'emploi de colorants fluorescents comme l'isothiocyanate et le diacétate de fluorescéine ou le chélate d'europium, qui émettent de la lumière dans les cellules vivantes lorsqu'ils sont excités par une source ultra-violette, mais l'interprétation des observations n'est pas toujours facile.

Les méthodes qui reposent sur des dénombrements de colonies après mise en culture de suspensions de sol diluées s'apparentent à des méthodes directes puisqu'elles ont pour but de donner une estimation du nombre d'individus présents dans l'échantillon (*cf.* chap. 2). Leur imprécision est très grande et elles ne sont guère utilisées pour des calculs de biomasse.

Méthodes indirectes d'évaluation de la biomasse

Ces méthodes ne cherchent pas à connaître directement le nombre de microorganismes présents dans un échantillon de sol, mais à évaluer une activité très générale que l'on suppose commune à tous. Elles ont donc l'avantage de ne concerner que des organismes vivants. On fait implicitement le postulat que plus l'activité mesurée dans le sol est intense, plus les organismes responsables de cette activité sont nombreux, ce qui ne peut être considéré comme une règle absolue. Cependant ces méthodes, avant d'être validées, sont étalonnées par comparaison avec des méthodes classiques de détermination directe ou après incorporation au sol de quantités connues de microorganismes, et les résultats montrent que le postulat de départ se trouve confirmé dans la plupart des cas.

Dans ces évaluations de biomasse, les résultats sont presque toujours exprimés en masses de carbone organique.

Dosage du carbone minéralisé

Le dioxyde de carbone représente le stade final de l'oxydation des substrats organiques et les méthodes les plus anciennes et encore les plus couramment employées d'estimation de la biomasse consistent à doser le dégagement de dioxyde de carbone résultant de l'activité microbienne. Ce dosage, autrefois réalisé avec des réactifs chimiques, peut maintenant être effectué directement par spectrophotométrie en infra-rouge, ce qui simplifie considérablement les procédures. Cependant les microorganismes ne sont pas les seules sources de dioxyde de carbone dans le sol et il convient, bien entendu, de tenir compte de la respiration des racines et aussi, éventuellement, de l'apport d'origine abiotique dû aux roches carbonatées.

Dans la méthode de **fumigation-incubation** (Jenkinson et Powlson, 1976), on tue d'abord les microorganismes de l'échantillon de sol par une fumigation au chloroforme. Ce biocide ne modifie pas la solubilité de la matière organique non microbienne mais détruit la perméabilité sélective des membranes des cellules dont le contenu devient accessible. Après la fumigation on réensemence avec une très petite quantité du sol original. La recolonisation de l'échantillon stérilisé est très rapide. Le développement microbien se traduit par un intense dégagement de dioxyde de carbone, beaucoup plus important que le volume émis par un échantillon de sol identique non soumis à une fumigation préalable. Cet accroissement F est attribué à l'utilisation, par les microorganismes réensemencés, de la biomasse B tuée par la fumigation. Une partie seulement du carbone de la biomasse B est minéralisée et transformée en dioxyde de carbone, le reste étant incorporé dans la biomasse néoformée.

On a donc $F = KB$, d'où $B = \dfrac{F}{K}$.

La valeur de K a été déterminée expérimentalement à plusieurs reprises : elle est de l'ordre de 0,4 lorsque l'incubation a lieu à 22°C. Cette méthode est assez longue car le dégagement de dioxyde de carbone doit être mesuré pendant 10 jours.

La méthode de **fumigation-extraction** permet d'obtenir des résultats beaucoup plus rapidement. Elle consiste à doser, après fumigation par le chloroforme, le carbone organique provenant de la biomasse microbienne lysée. L'extraction et le dosage du carbone peuvent être automatisés, ce qui permet le traitement d'un grand nombre d'échantillons (Wu *et al.*, 1990). La biomasse $B = k (C_1 - C_0)$. C_1 représente le carbone organique du sol chloroformé et C_0 est le carbone organique d'un échantillon témoin de même masse. La méthode de fumigation-extraction permet également un dosage de l'azote de la biomasse.

Une autre façon de procéder consiste à mesurer l'augmentation du dégagement de dioxyde de carbone provoquée par l'incorporation dans un échantillon de sol d'un substrat organique. C'est la méthode dite de **respiration rapide**. On choisit pour cela un substrat très facilement métabolisable comme le glucose. Les quantités maximales de dioxyde de carbone émises en début d'essai sont une fonction linéaire de la biomasse du sol (Anderson et Domsch, 1978) : $x = ay + b$ où x est la biomasse exprimée en mg de carbone pour 100 g de sol et y est le taux maximum initial de dioxyde de carbone exprimé en ml pour 100 g de sol et par h.

Dosage de l'ATP

L'adénosine 5'triphosphate (ATP) sert aux transferts d'énergie à l'intérieur des cellules de toutes les catégories d'organismes. Rapidement hydrolysée à la mort des cellules, l'ATP constitue un bon marqueur des organismes vivants. Son dosage a la particularité de mettre en oeuvre la réaction de bioluminescence que l'on peut observer chez les lucioles. La bioluminescence requiert de l'énergie. Elle résulte de l'action enzymatique de la luciférase sur un substrat, la luciférine, après son activation par l'ATP. L'émission lumineuse, mesurable avec un photomètre, est proportionnelle à la quantité d'ATP. Après dosage de l'ATP, on calcule la biomasse à partir d'une formule de type : biomasse $B = K (ATP)$. Le coefficient K de cette équation n'a évidemment pas la même valeur que ceux du paragraphe précédent.

L'ATP doit être extraite rapidement, avant qu'elle ne soit hydrolysée ou qu'elle ne se fixe sur le complexe adsorbant du sol. Il est possible de s'affranchir des problèmes de méthodologie posés par l'utilisation du couple luciférine-luciférase en dosant directement l'ATP par CLHP (Prévost *et al.*, 1991).

Ammonification de l'arginine

La plupart des microorganismes sont capables d'utiliser des acides aminés comme sources de carbone, en libérant de l'ammoniac. Les essais d'étalonnage ont montré que l'ammonification n'est réalisée que par des microorganismes métaboliquement actifs et que, parmi divers acides aminés, c'est l'arginine qui donne la meilleure réponse. Il suffit donc, pour avoir une estimation de la biomasse, de mesurer la quantité d'ammoniac dégagée après l'introduction dans le sol d'une quantité connue d'arginine (Alef et Kleiner, 1986).

Mesure de l'activité des systèmes transporteurs d'électrons (activité déhydrogénasique)

L'activité biologique générale repose sur des cascades d'oxydo-réductions. Dans les systèmes aérobies, c'est l'oxygène qui représente l'accepteur final. Mais il est possible de remplacer l'oxygène par un oxydant organique facile à réduire par les microorganismes : le chlorure de triphényltétrazolium. Une fois réduit, ce composé soluble incolore devient du triphénylformazan insoluble de couleur rouge. Il est facile d'en faire un dosage colorimétrique après extraction par du méthanol. Le chlorure de iodophényl-nitrophényl-phényltétrazolium, encore plus sensible, permet d'opérer en présence d'oxygène (Trevors, 1984) aussi bien qu'en conditions anaérobies.

De même, un très grand nombre de microorganismes du sol peut utiliser le diméthyl-sulfoxyde (DMSO) comme accepteur d'électrons et le réduire en diméthyl-sulfure (DMS). Plus la biomasse est abondante, plus il apparaît de DMS dans les conditions de l'essai. L'échantillon doit être mis en incubation en absence d'oxygène, sous une atmosphère d'azote. Le DMS, volatil, est dosé par chromatographie en phase gazeuse. Cette méthode, très sensible, a l'avantage d'être utilisable même avec de très petits échantillons ou dans des sols où la biomasse est faible (Sparling et Searle, 1993) et elle est indépendante de l'activité des racines.

Dosage des phospholipides

Les phospholipides entrent dans la composition de toutes les membranes cellulaires, et ils sont rapidement dégradés après la mort des cellules. On peut les doser à l'aide d'une méthode colorimétrique assez simple à mettre en oeuvre, après les avoir extraits par un mélange de chloroforme et d'éthanol tamponné à pH = 4. Les résultats sont très bien corrélés aux valeurs de biomasse fournies par le dosage de l'ATP (Hill *et al.*, 1993). Cette méthode s'annonce prometteuse pour évaluer la biomasse de groupes microbiens particuliers : en séparant par chromatographie les composants lipidiques extraits du sol, il est en effet possible de doser sélectivement certains acides gras qui constituent des marqueurs biologiques (Zelles *et al.*, 1992).

Autres techniques

D'autres techniques peuvent être envisagées, comme la microcalorimétrie ou le dosage des acides nucléiques ou de certains nucléotides. Mais on ne peut pas faire la distinction entre l'ADN des cellules vivantes et celui des cellules mortes. Nous avons aussi évoqué dans le chapitre précédent des méthodes limitées à des groupes microbiens particuliers : dosage de l'acide muramique, de la chitine, de l'ergostérol, etc.

Le grand nombre de méthodes proposées indique clairement qu'aucune n'est totalement satisfaisante dans toutes les conditions. Selon les types de sol et les niveaux d'activité de la microflore, les différentes estimations de biomasse peuvent être bien, médiocrement ou pas du tout corrélées. Le choix de la méthode doit par conséquent être décidé en fonction des conditions d'expérimentation et du but recherché.

Techniques spécifiques pour l'observation d'un organisme déterminé

Au lieu de suivre l'évolution de l'ensemble de la biomasse, on peut souhaiter étudier le comportement d'une espèce, voire d'une souche particulière.

L'une des techniques les plus simples consiste à utiliser une souche possédant une résistance à un produit toxique (le plus souvent un fongicide ou un antibiotique). Les dénombrements sont faits après isolement sur un milieu de culture rendu sélectif par l'incorporation du toxique.

On peut aussi faire des observations *in situ* en utilisant l'immunofluorescence. On prépare pour cela un sérum en injectant à un lapin des antigènes spécifiques du microorganisme étudié. Après purification, les anticorps sont couplés à de l'isothiocyanate de fluorescéine. Observées en lumière ultra-violette, les cellules reconnues par cette préparation émettront une fluorescence caractéristique. On peut encore utiliser des techniques immuno-enzymatiques (ELISA) en couplant les anticorps du sérum préparé précédemment à une enzyme. On utilise généralement la phosphatase acide qui hydrolyse le paranitrophénylphosphate en donnant un composé jaune brun. Sur la plaque de microtitration, seules les cupules contenant la bactérie marquée seront colorées.

Il est également possible d'utiliser des gènes marqueurs introduits dans les microorganismes par des vecteurs appropriés. Les plus courants sont les gènes *Gus* et *lac Z* qui dirigent la synthèse d'une ß-glucuronidase et d'une ß-galactosidase, respectivement. En présence d'un substrat convenable, ils signalent leur présence, donc celle du microorganisme, par l'apparition d'une réaction colorée. Un gène codant pour la bioluminescence a parfois aussi été utilisé.

Les techniques d'hybridation de l'ADN après amplification permettent une détection très sensible, et très spécifique si les sondes sont bien choisies. Mais elles ne permettent pas de savoir si l'acide nucléique mis en évidence provient de cellules mortes ou vivantes.

Mesures d'activités enzymatiques spécifiques

Lorsqu'il s'agit d'évaluer non plus l'activité biologique globale du sol, mais celle d'une catégorie particulière de microorganismes, on s'adresse à des activités enzymatiques que ce **groupe fonctionnel** possède en propre. Pour cela, on introduit en général dans le sol une quantité connue d'un substrat et l'on mesure, dans des conditions d'incubation précises, sa disparition ou l'apparition de produits de dégradation (comme, par exemple, l'ammoniac). On peut de cette façon étudier l'activité d'organismes pectinolytiques, cellulolytiques, fixateurs d'azote ; l'ammonification ou la nitrification ; la sulfo-oxydation ou la sulfato-réduction ; la biodégradation d'un pesticide, etc. L'emploi de substrats marqués au ^{14}C peut permettre un suivi plus précis des voies métaboliques. Les protocoles peuvent être aussi variés que les systèmes enzymatiques étudiés. La seule règle générale est de prendre en compte, dans les manipulations et dans l'interprétation des résultats, la possible activité des enzymes du sol.

Les enzymes du sol

Introduction

A côté des synthèses et des dégradations résultant de l'activité des microorganismes, de la flore et de la faune, le sol est le siège d'une activité enzymatique propre, non directement liée à des réactions métaboliques. Cette activité, soupçonnée dès la fin du XIXe siècle, peut être mise en évidence après une stérilisation qui doit être à la fois suffisante pour éliminer toute activité biologique, et assez douce pour ne pas dénaturer les protéines enzymatiques. La chaleur est donc exclue. L'antiseptique le plus couramment employé est le toluène. Le chloroforme, l'azoture de sodium et l'irradiation aux rayons gamma sont parfois aussi utilisés. Le choix de la méthode de stérilisation dépend de la catégorie d'enzymes que l'on veut étudier car chacune a des inconvénients.

Origine des enzymes du sol

Les enzymes du sol proviennent en partie des plantes et des animaux, mais il est communément admis qu'elles sont en majorité d'origine microbienne. En effet, comme nous l'avons déjà signalé, chez les microorganismes la digestion commence à l'extérieur de la cellule, sous l'action d'enzymes qui traversent les membranes et sont ainsi libérées dans le milieu extracellulaire. D'autres enzymes, en général de poids moléculaire plus élevé, demeurent à l'intérieur des cellules, tout au moins tant qu'elles sont vivantes, ou liées à leurs membranes. Après leur mort, la lyse des parois les met, elles aussi, au contact du milieu extérieur. Une partie reste attachée aux fragments de membranes : après inclusion d'un échantillon de sol on peut, par des techniques d'histochimie, mettre en évidence des activités enzymatiques spécifiques dans ces fantômes de cellules. Les autres passent directement dans la phase aqueuse du sol. En fait, les enzymes ne demeurent pas longtemps libres dans la solution du sol. Comme toutes les molécules organiques, elles peuvent en effet servir de substrat à des microorganismes et disparaître ; elles peuvent aussi être dégradées par les protéases du sol ou subir une dénaturation physico-chimique ; elles peuvent enfin s'adsorber sur le complexe argilo-humique. Dans ce cas elles sont, soit piégées à l'intérieur des feuillets d'argile, soit enrobées de matière organique, soit encore fixées sur les surfaces externes des particules minérales ou organiques (fig. 25).

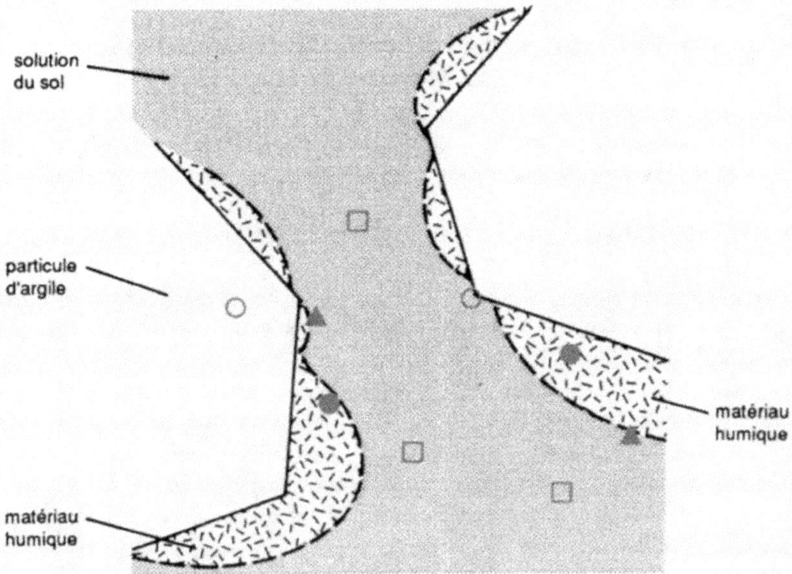

Figure 25. Localisation probable des enzymes du sol (d'après Burns, 1978). ● : enzyme enrobée de matériaux humiques ; ○ : enzyme adsorbée sur une particule d'argile ou piégée à l'intérieur des feuillets ; ▲ : enzyme retenue à la surface d'une pellicule de colloïdes humiques ; □ : enzyme libre dans la solution du sol, à durée de vie limitée.

Les principales enzymes mises en évidence dans le sol sont les suivantes :

- *oxydoréductases :* déhydrogénases, glucose-oxydase, aldéhyde-oxydase, uricase, phénol-oxydases, ascorbate-oxydase, catalase, peroxydase, nitrate-réductase.

- *transférases :* dextrane-sucrase, lévane-sucrase, aminotransférase, rhodanèse.

- *hydrolases :* carboxylestérase, arylestérase, lipase, phosphatase, nucléases et nucléotidases, phytase, arylsulfatase, amylase, cellulase, laminarinase, inulase, xylanase, dextranase, lévanase, polygalacturonase, maltase, α et ß galactosidases, α et ß glucosidases, invertase, protéinases et peptidases, asparaginase, glutaminase, uréase, pyrophosphatase.

- *lyases :* décarboxylases.

Conséquences de l'adsorption des enzymes

Ces phénomènes d'adsorption, qui varient en fonction de nombreux paramètres (nature des colloïdes argilo-humiques, structure et poids moléculaire de l'enzyme, pH, composition ionique du milieu...) ont des conséquences importantes :

- *protection contre la dégradation :* l'activité des enzymes adsorbées n'est pas atténuée par des modifications brutales des conditions environnementales qui, par ailleurs, réduisent fortement l'activité des enzymes libres (Lähdesmäki et Piispanen, 1992), et leur durée de vie est considérablement plus longue. L'exemple le plus connu est celui de l'uréase qui, incluse dans la fraction organique du sol, résiste à la dénaturation par la chaleur et à la protéolyse. On a mis en évidence une activité uréasique dans des sols de

Les différentes causes de disparition d'un composé organique dans le sol

Une expérience déjà ancienne de Durand (1966) illustre bien la diversité des mécanismes mis en jeu dans la disparition d'un substrat organique, même simple, dans le sol.

Trois échantillons d'un même sol sont comparés. L'un d'eux sert de témoin et les autres subissent chacun l'un des traitements suivants :
- stérilisation par la chaleur, qui tue les microorganismes et dénature les enzymes ;
- stérilisation par apport de toluène, qui inhibe les microorganismes sans dénaturer les enzymes.

On incorpore dans chaque échantillon une même quantité d'acide urique, on les met en incubation dans des conditions standard et l'on dose le composé à intervalles réguliers. On constate qu'en absence de toute activité enzymatique, d'origine biotique ou abiotique, une partie de l'acide urique disparaît sous l'effet de processus physico-chimiques (courbe 1). Lorsque seuls les microorganismes sont inhibés, l'hydrolyse par l'uricase du sol s'ajoute aux phénomènes physico-chimiques (courbe 2). La courbe 3 (en vert) représente le résultat global dû à l'ensemble des processus de dégradation.

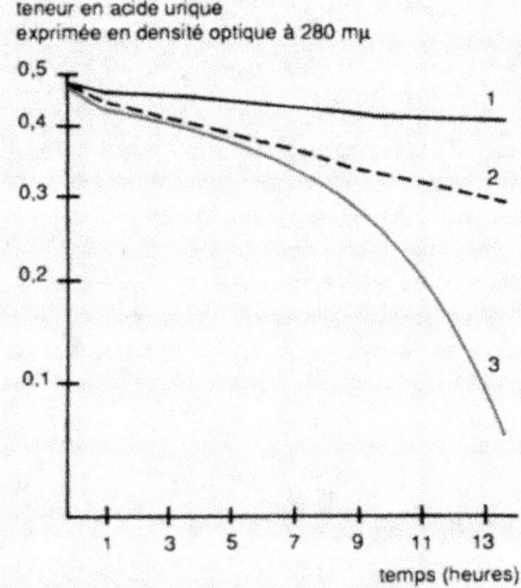

l'Alaska gelés depuis 9 000 ans et donc dépourvus de toute vie (Skujins et Mc Laren, 1969) ! La phosphatase a, elle aussi, une très longue persistance dans le sol. La protection des molécules enzymatiques peut être due à des causes physiques : inaccessibilité, modification de structure. Elle peut provenir aussi de l'effet inhibiteur des composés aromatiques (tanins, acides humiques) présents dans l'adsorbant organique. Il en résulte que la mise en évidence d'une activité enzymatique dans un sol n'implique nullement que ce sol est le siège d'une activité biologique concomitante.

Plusieurs études réalisées avec l'uréase ont montré qu'un sol ne peut mettre en réserve qu'une quantité déterminée d'enzyme. Au-delà d'un **seuil** (dont la valeur dépend du type de sol) l'uréase en excès n'est pas emmagasinée et est rapidement dégradée (Zantua et Bremner, 1977). La capacité de stockage augmente, *grosso modo*, avec la teneur en matière organique.

- *modifications d'activité :* la protection des enzymes contre la biodégradation s'accompagne souvent d'une réduction de leur activité, parce qu'elles se trouvent hors de portée de leurs substrats ou parce qu'elles sont elles-mêmes inhibées par des composés organiques. L'inhibition est généralement réversible et varie selon la composition en cations de la solution du sol. On connaît aussi des cas où l'adsorption stimule au contraire l'activité catalytique : nous avons déjà cité l'exemple de la catalase qui, adsorbée sur de la montmorillonite, est quatre fois plus active que la catalase libre (Stotzky, 1974).

Importance écologique

Les microorganismes du sol sont confrontés à un double problème : les nutriments sont rares et ce sont souvent de grosses molécules insolubles (de la cellulose par exemple) qui ne peuvent traverser les membranes et pénétrer dans le cytoplasme qu'après avoir été découpées en molécules plus petites. Pour réaliser cette fragmentation l'organisme doit donc synthétiser et sécréter des enzymes extracellulaires. Mais encore faut-il que le substrat soit bien effectivement présent. Les microorganismes n'ont aucune possibilité de le détecter. Les voici donc en quelque sorte placés devant le dilemme suivant : ou bien «faire le pari» qu'un substrat adéquat est disponible ou se présentera à court terme et synthétiser des enzymes, avec le risque d'épuiser leurs réserves si le pari est perdu ; ou bien économiser ces réserves en demeurant en vie ralentie, avec le risque de manquer l'arrivée d'un substrat consommable. Selon Burns (1982) les enzymes du sol offrent la possibilité de sortir de ces deux impasses. Adsorbées sur les polymères organiques dans le milieu extérieur, protégées de la dégradation mais actives, elles peuvent, dès qu'un substrat adéquat se présente, agir sur lui et amorcer son clivage, libérant ainsi dans la phase aqueuse du sol quelques molécules solubles de petite taille. Ces molécules vont diffuser jusqu'à la cellule, franchir ses parois et servir de signal inducteur de la synthèse d'enzymes. La réaction ainsi amorcée se poursuit alors au profit de la cellule (fig. 26).

Si cette hypothèse est exacte, les enzymes immobilisées sur le complexe organo-minéral auraient donc un rôle écologique très important puisqu'elles permettraient aux microorganismes de réaliser des économies d'énergie considérables. Dans ce schéma, on peut définir une activité métabolique globale du sol qui serait constituée par la somme de multiples activités fortement intégrées provenant des cellules microbiennes vivantes, des enzymes extracellulaires libres et adsorbées, et des processus physicochimiques.

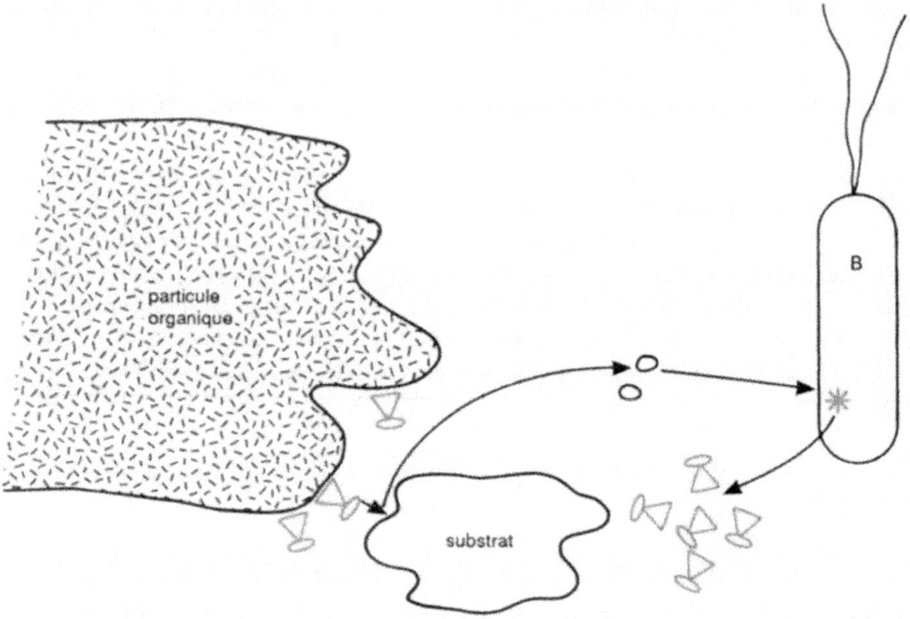

Figure 26. Les enzymes ⊠ adsorbées à la surface d'une particule organique détachent du substrat insoluble quelques molécules d'un oligomère soluble O (du cellobiose, par exemple, à partir de débris cellulosiques). Ces molécules peuvent diffuser à l'intérieur de la cellule bactérienne B et servir d'inducteur à l'élaboration des enzymes (cellulases, dans cet exemple) nécessaires à la dégradation du substrat (d'après Burns, 1982).

Pour un complément d'information sur l'activité biologique du sol

BURNS R. G. (Ed.), 1978 - *Soil enzymes*. Academic Press, London.

BURNS R. G. et SLATER H., 1982 - *Experimental microbial ecology*. Blackwell Scientific Publications, Oxford.

JENKINSON D. S. et LADD J. N., 1981 - Microbial biomass in soil : measurement and turnover. In *Soil Biochemistry*, vol. 5, E. A. PAUL et J. N. LADD Ed., Marcel Dekker, New York, p. 415-471.

SPARLING G. P., 1985 - The soil biomass. *Dev. Plant Soil Sci.* 16, 223 - 262.

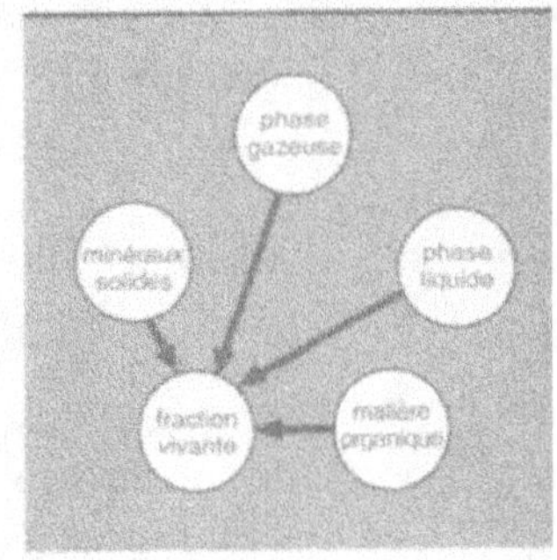

4

Les effets du milieu sur les microorganismes

Disponibilité de l'eau

L'eau est un corps chimique indispensable au déroulement des processus métaboliques. Elle a aussi de multiples effets mécaniques ou physiques : abondante, elle augmente la disponibilité des éléments solubles et facilite les déplacements des microorganismes mobiles à la recherche de substrats ou de proies ; rare, elle permet de meilleurs échanges gazeux avec l'atmosphère extérieure et un plus rapide renouvellement de l'oxygène. L'inertie thermique de l'eau exerce en outre un très important effet tampon sur les fortes variations de la température : pour élever de 1°C la température d'1 g d'eau, il faut 5 fois plus de calories que pour 1 g de sol sec.

Les variations de la teneur en eau ont donc des répercussions considérables sur l'activité biologique du sol. Partant d'un sol normalement humidifié, nous verrons successivement quels sont les effets de la dessication, puis de la réhydratation et enfin de la submersion.

Effets de la dessication

Réduction des populations

Une forte dessication entraîne toujours la mort d'un grand nombre d'individus. L'intensité du phénomène augmente avec la valeur du potentiel hydrique atteint, la durée de la période de sécheresse et la température. Elle est atténuée dans les sols riches en humus et en argiles gonflantes comme la montmorillonite. Le taux de survie des microorganismes dépend en grande partie de leur état physiologique : la fraction la plus jeune et la plus active de la biomasse, celle qui se trouvait en pleine phase exponentielle de croissance au moment de la déshydratation, est la plus vulnérable ; la fraction parvenue à l'état stationnaire ou dormante est au contraire peu touchée. La première fraction correspond dans son ensemble à la microflore du biotope que nous avons appelé le compartiment externe, tandis que la seconde appartient essentiellement au compartiment interne. Dans les régions semi-arides où le sol subit régulièrement une sécheresse prolongée et intense, la flore microbienne à croissance rapide du compartiment externe semble cependant avoir acquis une résistance à la dessication et ne pas être beaucoup plus affectée que la microflore à développement lent (Van Gestel *et al.*, 1993).

La microfaune s'accomode mal de la sécheresse mais chaque groupe a mis au point des stratégies d'adaptation : les Collemboles s'enfoncent dans le sol à la recherche de l'humidité, les Nématodes s'enkystent, les Acariens se recouvrent de téguments protecteurs.

Réduction de l'activité microbienne

L'activité microbienne diminue régulièrement avec la disponibilité de l'eau (fig. 27).

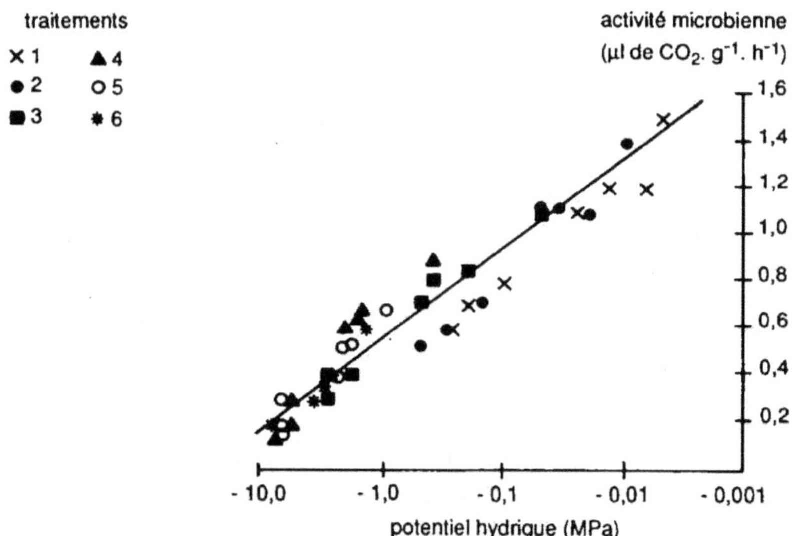

Figure 27. Relation entre le potentiel hydrique et la respiration. Le sol, réparti en 6 lots, a été ajusté au début de l'essai à des potentiels de -0,005 ; -0,01 ; -0,05 ; -0, 41 ; -1,0 et -1,5 MPa (traitements 1 à 6, respectivement). On a ensuite mesuré simultanément, au cours d'une période d'incubation de 37 j à 25°C, la respiration (par chromatographie en phase gazeuse) et le potentiel hydrique (par un hygromètre à thermocouple). D'après Orchard et Cook, 1983.

Les Bactéries sont en moyenne plus sensibles que les Champignons. Leur activité, faible aux alentours du point de flétrissement (- 1,5 MPa) s'arrête vers -6 à -8 MPa, mais il existe de fortes variations selon les groupes taxonomiques. Les Bactéries Gram-négatives, aux parois minces, sont en général moins résistantes que les Bactéries Gram-positives, à l'abri de parois épaisses. La finesse de la paroi peut être compensée dans certains cas par la présence d'une capsule polysaccharidique protectrice. La capsule de *Xanthomonas campes-*

tris, par exemple, est constituée d'un réseau tridimensionnel de xanthane capable de retenir 180 fois son poids d'eau. En atmosphère sèche, ce réseau se déshydrate progressivement en s'aplatissant (Robert et Schmit, 1982). Les Actinomycètes et les Cyanobactéries sont plus résistants que la moyenne. Les *Azotobacter* sont au contraire très sensibles. D'une façon générale, la fixation de l'azote atmosphérique s'arrête dès que le potentiel descend au - dessous de -1 MPa. La nitrification diminue au-dessous de ce seuil et s'arrête vers -5 MPa. Les microorganismes responsables de l'ammonification, plus résistants, poursuivent leur activité jusque vers -6 MPa et parfois bien au-delà (Dommergues et Mangenot, 1970).

Le seuil limite d'activité pour les Champignons est de l'ordre de - 20 MPa, mais ici encore on observe une large variabilité selon les espèces (Griffin, 1972). Les *Aspergillus* et les *Penicillium*, très communs dans les sols, sont très résistants à la sécheresse : leurs spores sont capables de germer à des potentiels hydriques de -30 MPa. Certains Champignons sont encore plus résistants : le champion dans ce domaine paraît être *Xeromyces bisporus*, capable de développement jusqu'à une tension de -65 à -69 MPa!

Conséquences du dessèchement du sol

La cessation de l'activité nitrifiante précède l'arrêt de la formation d'azote ammoniacal à partir de la matière organique. Il en résulte une accumulation d'azote ammoniacal dans le sol pouvant dans certaines conditions conduire à une perte d'azote sous forme d'ammoniac gazeux. Ce phénomène est aggravé dans les régions de fort ensoleillement par une ammonification non biologique due au rayonnement infra-rouge qui détruit les liaisons formées entre l'ion NH_4^+ et les complexes organiques (Dommergues, 1962). On observe simultanément une augmentation des formes assimilables du potassium, du manganèse, du phosphore et du soufre (Dommergues et Mangenot, 1970) sans que la raison en soit encore clairement établie. La rupture des agrégats, conséquence mécanique de la dessication, pourrait être à l'origine de la remise en circulation d'éléments nutritifs temporairement séquestrés.

Effets d'une réhydratation

La réhumectation d'un sol sec entraîne une rapide reprise de l'activité microbienne qui, pendant quelques jours, est très supérieure à celle d'un échantillon du même sol conservé constamment humide. L'émission de dioxyde de carbone s'accroît considérablement, jusqu'à 40 fois le niveau initial (Orchard et Cook, 1983), traduisant une intense minéralisation du carbone organique (une partie du carbone organique est aussi minéralisée par voie non biologique). La minéralisation de l'azote organique augmente parallèlement à celle du carbone (Van Gestel *et al.*, 1993). La dénitrification peut conduire à des pertes nettes d'azote. L'activité diminue progressivement avec l'épuisement des ressources et retombe, après 2 à 3 semaines, à un niveau égal ou inférieur à celui du sol témoin non desséché.

Cette intensification de l'activité microbienne dans un sol séché puis réhumidifié est due à la consommation de matériaux qui n'étaient pas disponibles avant la phase de dessication : substrats libérés par la fragmentation des agrégats, molécules organiques désorbées, cellules microbiennes tuées par la sécheresse. La succession de plusieurs cycles de sécheresse suivie de réhumidification (comme cela est fréquent en climat méditerranéen) risque d'entraîner un appauvrissement des réserves azotées et une diminution de la qualité de la matière organique assurant la stabilité des sols.

Effets de la submersion

Généralités

La submersion, si elle persiste, entraîne un profond bouleversement des équilibres biologiques. Les populations de Champignons régressent considérablement et cèdent la place aux Bactéries ; les Arthropodes terrestres sont éliminés. (Cet effet a été utilisé à plusieurs reprises pour combattre des parasites : l'inondation des bananeraies pendant 6 mois, avant plantation, a ainsi été pratiquée avec succès par Stover (1962) pour lutter contre la maladie vasculaire du bananier due à *Fusarium oxysporum* f. sp. *cubense*. En France, on inonde encore les vignes pendant l'hiver dans la plaine de Narbonne, pour éviter les attaques du *Phylloxera* des racines sur les plants non greffés). Dans la phase liquide, des Algues se développent et un zooplancton apparaît. Certains Nématodes peuvent s'accomoder de sols hydromorphes.

La microflore est d'abord essentiellement aérobie. Mais l'oxygène diffuse lentement dans l'eau et l'évolution des communautés microbiennes va dépendre du degré d'oxygénation du milieu, en d'autres termes du potentiel d'oxydo-réduction. Nous pourrons comprendre plus aisément la succession des équilibres qui s'établissent, au fur et à mesure que l'on tend vers l'anaérobiose, en prenant l'exemple d'une rizière. Des situations équivalentes peuvent aussi bien se rencontrer dans des sols accidentellement inondés, ou déficients en oxygène à la suite d'une trop forte compaction ou d'un apport massif de matière organique. A une échelle différente, de tels équilibres se mettent également en place à l'intérieur des agrégats.

Submersion prolongée : exemple de la rizière

L'exposé qui suit repose en grande partie sur la synthèse de Watanabe et Furusaka (1980).

La couche liquide

Les champs sont submergés après le repiquage du riz (fig. 28). Dans l'eau se développent des Bactéries qui consomment les particules organiques détachées de la surface du sol, et surtout des Algues, servant de nourriture à un zooplancton. Cette flore, d'abord composée de Chlorophycées et de Diatomées, est progressivement remplacée par des Cyanobactéries filamenteuses, puis unicellulaires, au fur et à mesure que l'ensoleillement diminue avec le développement de la culture (Roger et Reynaud, 1976). Grâce à l'activité photosynthétique de la micro et de la macroflore, la quantité d'oxygène dissous dans l'eau augmente pendant les heures d'ensoleillement tandis que la concentration en dioxyde de carbone diminue, entraînant une élévation du pH. La nuit, le phénomène inverse se produit : l'oxygène est consommé et la respiration dégage du dioxyde de carbone qui abaisse

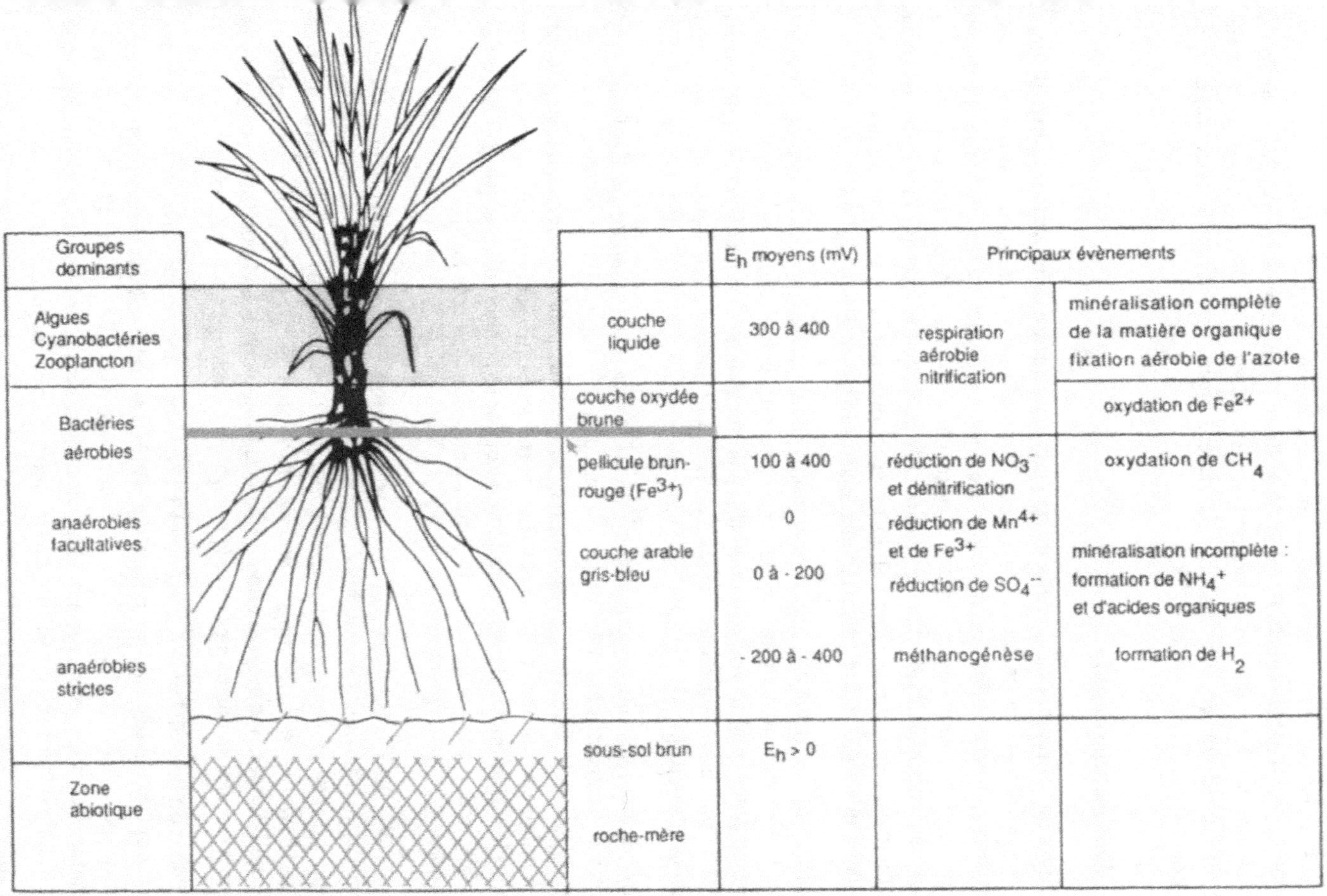

Groupes dominants		E_h moyens (mV)	Principaux évènements	
Algues Cyanobactéries Zooplancton	couche liquide	300 à 400	respiration aérobie nitrification	minéralisation complète de la matière organique fixation aérobie de l'azote
Bactéries aérobies	couche oxydée brune			oxydation de Fe^{2+}
	pellicule brun-rouge (Fe^{3+})	100 à 400	réduction de NO_3^- et dénitrification	oxydation de CH_4
anaérobies facultatives		0	réduction de Mn^{4+} et de Fe^{3+}	
	couche arable gris-bleu	0 à - 200	réduction de SO_4^{--}	minéralisation incomplète : formation de NH_4^+ et d'acides organiques
anaérobies strictes		- 200 à - 400	méthanogénèse	formation de H_2
Zone abiotique	sous-sol brun	$E_h > 0$		
	roche-mère			

Figure 28. Profil d'un sol de rizière et principales caractéristiques biologiques et physicochimiques des différents niveaux (d'après Watanabe et Furusaka, 1980).

le pH. Plusieurs espèces de Cyanobactéries sont capables d'utiliser l'azote atmosphérique, mais la quantité fixée par les populations naturelles est très variable : elle oscille entre 0,4 et plus de 40 kg d'azote/ha. La moyenne est de l'ordre de 30 kg/ha, ce qui représente un apport d'azote non négligeable et explique le maintien d'une productivité élevée dans les monocultures de riz traditionnelles. Le rendement de cette fertilisation naturelle peut être amélioré en ensemençant la rizière avec des souches sélectionnées de Cyanobactéries (voir p. 148 et p. 285).

La couche arable

Le riz plonge ses racines dans une boue où l'oxygène diffuse de plus en plus difficilement avec la profondeur. La présence chez cette plante d'un tissu lacuneux particulier, l'**aérenchyme**, qui permet des échanges gazeux directs entre les racines et l'atmosphère lui évite de souffrir d'asphyxie et autorise d'autre part le maintien de conditions relativement aérobies au voisinage immédiat des racines. Notons que les échanges gazeux peuvent aussi bien avoir lieu du sol vers l'atmosphère et que, par cette voie, se dégagent préférentiellement les gaz réduits dans la zone anaérobie (Buresh *et al.*, 1993).

L'anaérobiose augmente à la fois avec le temps écoulé depuis la mise en eau de la rizière et avec l'éloignement de la surface du sol. L'intensité de l'anaérobiose est reflétée par les valeurs du potentiel d'oxydo-réduction (E_h) : au fur et à mesure que E_h décroît, le milieu devient de plus en plus réducteur et les Bactéries ont davantage de difficulté à trouver un accepteur d'électrons.

Ce sont d'abord les nitrates qui sont réduits. Un très grand nombre de Bactéries sont capables de réaliser la première étape, qui conduit à la formation de nitrites. Les autres étapes de la dénitrification : apparition d'oxydes d'azote, puis d'azote gazeux, sont le fait d'un nombre plus restreint d'espèces. Les pertes dues à la dénitrification peuvent être compensées, si le milieu devient plus réducteur, par la fixation d'azote par des Bactéries anaérobies telles que les *Clostridium*, abondantes dans les sols de rizière sur les débris organiques.

A des valeurs inférieures du potentiel réd-ox, on observe une réduction du fer et du manganèse. Les sels ferriques sont réduits enzymatiquement en sels ferreux solubles qui donnent à la boue sa couleur gris-bleu caractéristique. Des Bactéries anaérobies facultatives banales (*Pseudomonas, Bacillus, Enterobacter*) aussi bien que des anaérobies strictes (*Clostridium*) opèrent cette réduction. La nature biologique et l'importance pratique de la réduction des sels manganiques en sels manganeux sont sujettes à discussion.

Si la valeur du potentiel réd-ox continue à s'abaisser et devient négative, ce sont alors les sulfates qui captent des électrons. La réduction des sulfates est due à un petit nombre de Bactéries spécialisées (*Desulfovibrio, Desulfotomaculum*). Le sulfure d'hydrogène formé peut endommager les racines du riz. Heureusement, dans la plupart des cas, il se combine au fer réduit pour former du sulfure de fer, non toxique, qui précipite.

Des valeurs du potentiel réd-ox inférieures à -200 mV permettent le développement d'Archébactéries qui réduisent les acides organiques et le dioxyde de carbone en produisant du méthane. Au fur et à mesure qu'il gagne la couche d'eau superficielle, ce méthane est oxydé par des Bactéries aérobies, de sorte que le dégagement gazeux est généralement faible, sauf si la température et le degré d'anaérobiose sont élevés.

Le sous-sol

Au-dessous de la couche arable fine, riche en matière organique, inondée et réductrice, se trouve un sous-sol que les labours n'atteignent pas. Cette région, à structure plus grossière, n'est pas saturée en eau et elle n'est pas réductrice. Bien au contraire, elle est généralement riche en sels métalliques oxydés, insolubles. Cette zone est lentement attaquée par les Bactéries anaérobies strictes et facultatives de la couche supérieure. Le fer et le manganèse réduits, plus solubles, migrent progressivement vers les horizons supérieurs.

La couche oxydée

L'horizon superficiel de la rizière constitue une zone de transition entre la couche liquide, bien oxygénée, et la couche arable réductrice. Dans cette région de quelques millimètres d'épaisseur où vit une microflore aérobie active, la nitrification (par oxydation de l'ammoniac provenant de la minéralisation des dépôts organiques) l'emporte sur la dénitrification. Des Bactéries fixatrices d'azote (*Azotobacter, Beijerinckia*) peuvent s'y développer. A la surface du sol, exposée à la lumière, se forment de curieuses associations de Bactéries hétérotrophes aérobies et de Bactéries photosynthétiques anaérobies.

Les composés organiques et minéraux réduits qui atteignent cette zone y sont réoxydés. Les hydroxydes métalliques précipitent au voisinage de sa surface : il se forme ainsi une pellicule dont la couleur brun-rouge, due aux hydroxydes ferriques, contraste avec la couleur bleuâtre du sol sous-jacent.

Effets d'un engorgement temporaire du sol

Dans les sols riches en sulfates, comme il en existe par exemple en Tunisie, on observe parfois un dépérissement soudain des cultures par temps chaud après un gros orage ou une irrigation. Dommergues *et al.* (1969) ont étudié expérimentalement ce problème et en ont donné l'explication. Dans le sol inondé, le potentiel réd-ox chute brutalement. La chaleur, la présence d'eau et d'une quantité illimitée de sulfates accepteurs d'électrons, provoquent une augmentation considérable et très rapide de l'activité et du nombre des Bactéries sulfato-réductrices. Ce phénomène ne se manifeste qu'au voisinage des racines, où les substrats organiques immédiatement disponibles sont abondants. Il en résulte une production de sulfure d'hydrogène toxique qui entraîne la fanaison des plantes.

De tels accidents ne se produisent pas dans un sol «ordinaire». Cependant, un engorgement temporaire du sol perturbe la respiration des organes végétaux. Partiellement asphyxiées, racines et graines en germination excrètent de l'éthanol. On a montré expérimentalement que les zoospores de plusieurs Champignons Oomycètes parasites (*Pythium, Phytophthora*) sont sélectivement attirées par l'éthanol : placées dans un gradient d'éthanol, elles orientent leurs déplacements vers les concentrations les plus élevées (Allen et Newhook, 1973). Comme par ailleurs la germination des zoosporanges, qui libèrent les zoospores, a lieu en présence d'eau liquide, on comprend aisément pourquoi les risques d'attaque par des Oomycètes sont beaucoup plus grands dans des sols gorgés d'eau que dans des sols bien drainés.

Le pH

Autant il est facile de mesurer un pH, autant il est délicat d'interpréter les résultats de ces mesures. Nous avons déjà relevé en effet que le pH d'un sol ne représentait qu'une moyenne grossière, ne tenant pas compte des hétérogénéités pourtant très importantes à l'échelle des microsites. En outre, les différences de pH entre plusieurs échantillons de sols sont souvent dues à des différences de teneur en calcium ; de même, lorsqu'on désire relever expérimentalement le pH d'un sol acide, on y parvient généralement en l'enrichissant en calcaire. Aussi est-il très difficile de faire la part, dans les effets observés, de ce qui est directement attribuable au pH et de ce qui est dû à l'ion Ca^{++}. On peut néanmoins considérer que le pH a une influence sur la composition microbienne du sol et sur certains aspects de l'activité des microorganismes. Il joue aussi un rôle dans les phénomènes d'adhésion aux particules d'argile.

Relation entre le pH et les équilibres microbiens

Les Champignons sont généralement prépondérants dans les sols acides tandis que les Bactéries prédominent dans les sols neutres ou légèrement alcalins. Les études de croissance réalisées au laboratoire montrent que la majorité des Champignons est en fait capable de prospérer dans une large gamme de pH, comprise en moyenne entre 3,5 et 8,5. Leur relative abondance dans les sols acides n'est due qu'à la difficulté pour la plupart des Bactéries de se développer à des pH inférieurs à 6,5. Les Actinomycètes, qui ont un rôle antagoniste important vis-à-vis des Champignons, sont particulièrement sensibles à l'acidité.

Effets sur le développement et l'activité microbienne

Les études de laboratoire ont montré que les valeurs optimales de pH requises pour la sporulation des Champignons ou la germination des propagules différaient souvent des valeurs correspondant à la croissance la plus forte. Par exemple, les pH les plus favorables à la croissance de *Pythium aphanidermatum* sont compris entre 5 et 6, mais l'optimum pour la germination des oospores dans un sol stérilisé est de l'ordre de 7 à 8 (Adams, 1971). On a, de la même façon, constaté que la synthèse de certains métabolites n'avait lieu que dans des limites de pH très étroites à l'intérieur du domaine de croissance. Ainsi, la croissance d'*Aspergillus parasiticus* est indifférente au pH de 3,3 à 7,1, mais il ne produit de l'aflatoxine qu'à des pH inférieurs à 5,5 (Sacks *et al.*, 1986). L'activité parasitaire est également affectée par le pH : l'Actinomycète *Streptomyces scabies*, cause de la gale argentée de la pomme de terre, n'est dangereux qu'en sol alcalin ; la pourriture sèche des tubercules de pomme de terre, provoquée par *Fusarium solani* var. *coeruleum*, apparaît dans les sols de pH supérieur à 5,3 (Tivoli *et al.* 1990). A l'inverse, la hernie du chou, due à *Plasmodiophora brassicae*, est grave seulement dans les sols acides (Rouxel, 1991). Mais, dans ces exemples, l'effet des ions Ca^{++} s'ajoute à celui du pH et ces deux effets s'exercent aussi bien sur la plante-hôte que sur les microorganismes. La gravité du piétin-échaudage, dû à *Gaeumannomyces graminis* var. *tritici*, varie elle aussi selon la réaction du sol : l'importance de la maladie augmente quand le pH s'élève. Reis *et al.* (1983) ont pu montrer que, dans ce cas, l'effet est bien dû au pH et non à l'ion Ca^{++}. En effet, les symptômes demeurent faibles si l'on ajoute du calcium à un sol acide sans en modifier le pH. Le piétin se développe au contraire fortement si l'on augmente le pH sans ajouter de calcium (en utilisant par exemple de la soude). Les modifications du pH entraînent certainement de multiples conséquences. Ainsi, la croissance de *G. graminis* var. *tritici* augmente quand le pH passe de 4,5 à 6,5 tandis que la plante assimile plus difficilement les oligo-éléments tels que Cu, Fe, Mg et Zn. L'efficacité de la microflore antagoniste est, par ailleurs, affectée : l'activité, vis-à-vis de *G. graminis* var. *tritici*, de l'acide phénazine-1-carboxylique, antibiotique sécrété par un *Pseudomonas* de la rhizosphère du blé, est cent fois plus faible à pH 7,2 qu'à pH 5,2 (Brisbane et Rovira, 1988).

Retenons simplement que la manipulation du pH constitue un moyen, direct ou indirect, de réguler certaines activités microbiennes dans le sol (*cf.* p. 301).

Effet sur les charges superficielles des parois

Les parois microbiennes sont constituées de glycoprotéines dont la charge électrique dépend du pH ambiant : elle est nulle lorsque la valeur du pH est égale à celle de leur point isoélectrique (pI), négative quand elle est supérieure, positive quand elle est inférieure. Pour les Bactéries et beaucoup de conidies fongiques, le pI est très bas, généralement inférieur au pH moyen du sol. Il en résulte que les parois microbiennes sont le plus souvent chargées négativement, comme la surface des particules d'argile.

Les protéines sont constituées d'acides aminés. Lorsque le pH d'une solution d'acides aminés s'élève, la fonction acide se dissocie et des charges négatives apparaissent sur les molécules :

$$R - COOH \rightleftharpoons R - COO^- + H^+$$

Lorsque le pH diminue, c'est la fonction amine qui se dissocie et les molécules sont chargées positivement :

$$R - NH_2 + H_2O \rightleftharpoons R - NH_3^+ + OH^-$$

Il existe une valeur du pH pour laquelle, les deux tendances s'équilibrant, la molécule ne porte aucune charge électrique : cette valeur correspond au point isoélectrique.

La valeur du point isoélectrique des parois cellulaires varie selon la nature des cations présents dans le milieu : elle peut être de l'ordre de 2,5 à 3,5 si ce sont des cations monovalents, s'élever à 5 en présence de $CrCl_3$ à la même force ionique, et approcher de 7 avec $FeCl_3$ ou $AlCl_3$ (Stotzky, 1980). Dans la solution du sol, les ions métalliques les plus abondants sont K^+, Na^+, Ca^{++} et Mg^{++}, ce qui explique pourquoi les parois sont, en général, chargées négativement.

Plus le pH du sol diminue et se rapproche du pI, plus faible est l'effet répulsif entre argiles et parois microbiennes. Au-dessous du pI il pourra y avoir des liaisons stables par attraction directe entre Bactéries ou conidies et particules argileuses (Hattori et Hattori, 1976). Des liaisons stables peuvent cependant s'établir aussi entre argiles et parois cellulaires chargées négativement par l'intermédiaire de ponts constitués par des cations di- ou trivalents tels que Ca^{++} ou Fe^{+++}. Des essais réalisés avec de la montmorillonite et plusieurs espèces de *Rhizobium* (Marshall, 1968) suggèrent encore une autre possibilité de liaison : les particules argileuses se fixent non par leurs faces, mais par leurs extrémités qui, elles, sont chargées positivement (fig. 29). Il en résulterait une accumulation beaucoup plus dense d'argile autour de chaque cellule, en accord avec les valeurs trouvées par le calcul ($0,5 \times 10^{-6}$ µg de montmorillonite, représentant 200 µm^2 de surface particulaire, pour 1 µm^2 de paroi bactérienne).

Nous pouvons retenir en définitive que, quels que soient le pH et l'environnement ionique, il existe de bonnes raisons pour que cellules microbiennes et colloïdes du sol demeurent étroitement associés.

La composition de l'atmosphère du sol

Du fait de leur nature volatile, les gaz actifs dans l'atmosphère du sol n'ont pas besoin, pour diffuser, de la présence d'un film d'eau continu et, de ce fait, peuvent atteindre des distances considérables à l'échelle microbienne : 5 à 6 cm, ou plus. Seuls les plus banals et les plus concentrés ont été, à ce jour, identifiés et étudiés, à quelques rares exceptions près. Un très grand nombre de composés volatils et actifs à des doses infinitésimales (comme les phéromones pour les Insectes), joue très vraisemblablement un rôle considérable et encore largement inconnu.

Seuls seront pris en considération dans ce chapitre les produits volatils d'origine physico-chimique ou végétale. Les composés d'origine microbienne seront étudiés dans le chapitre suivant.

Effets de la teneur en oxygène

L'oxygène joue un rôle essentiel dans la manifestation des activités microbiennes. Contrairement à tous les produits volatils dont nous allons parler par la suite, c'est un gaz d'origine exogène. Le renouvellement de l'oxygène consommé dans le sol au cours des processus oxydatifs est assuré par une diffusion constante à partir de l'atmosphère extérieure. Cette diffusion dépend à la fois de la porosité et de l'état hydrique du sol. C'est pourquoi cette question a été traitée p. 102. Retenons qu'un grand nombre de Bactéries aérobies et de Champignons sont capables de se développer en l'absence d'oxygène, pourvu que le potentiel d'oxydo-réduction se maintienne à un niveau suffisant et que d'autres accepteurs d'électrons soient disponibles.

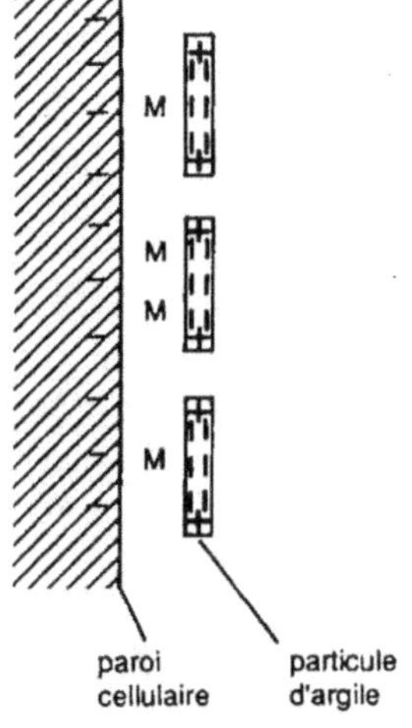

Figure 29. Lorsque les parois cellulaires portent des charges négatives (pH > pI), elles peuvent adsorber des particules d'argile, soit par l'intermédiaire de ponts constitués par des ions métalliques M (ci-contre : liaisons face contre face), soit par des liaisons directes entre les charges négatives des groupes carboxyles et les extrémités chargées positivement des particules (a : liaisons bord contre face). Du fait de la présence des fonctions amines, à charge positive, la disposition est plus vraisemblablement du type b (fonctions amines éparpillées) ou c (fonctions amines groupées) (d'après Marshall, 1968).

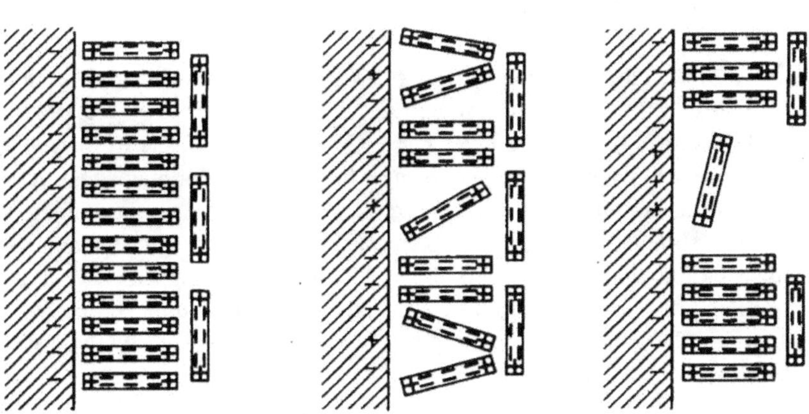

Effets du dioxyde de carbone

La proportion de dioxyde de carbone dans l'atmosphère du sol est de l'ordre de 0,3 à 5 %, mais elle peut atteindre ou dépasser 20 % lorsque l'activité biologique est intense, c'est-à-dire au voisinage des racines ou d'une source importante de matière organique. (Dans l'atmosphère extérieure, la teneur en dioxyde de carbone est de «seulement» 0,035 %). La réponse des microorganismes au dioxyde de carbone est très variable. Les Bactéries fixatrices d'azote fonctionnent mal lorsque sa concentration augmente. Les Bactéries nitrifiantes préfèrent des teneurs de l'ordre de 0,15 %. En ce qui concerne les Champignons, Louvet et Bulit (1964) ont montré que, *in vitro*, la croissance de *Sclerotinia minor* décroît très rapidement quand la concentration en dioxyde de carbone augmente : elle diminue de moitié quand la teneur de l'atmosphère passe de 0,03 à 5 % (fig. 30). Au contraire, *Fusarium oxysporum* f.sp. *melonis* supporte parfaitement des concentrations

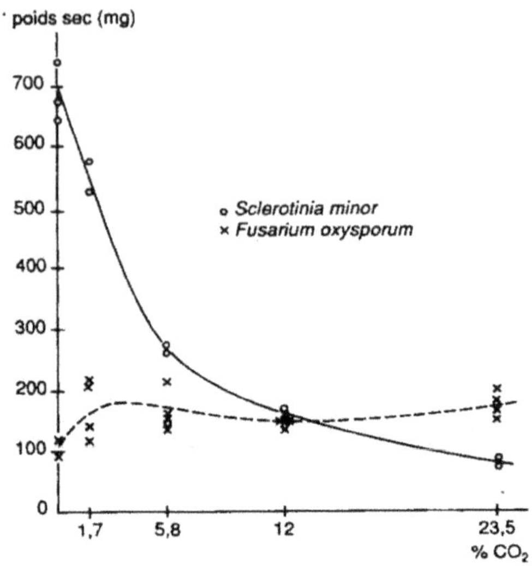

Figure 30. Effet de la teneur de l'atmosphère en dioxyde de carbone sur la croissance pondérale de *Sclerotinia minor* et de *Fusarium oxysporum in vitro* (Louvet et Bulit, 1964).

supérieures à 20 %. Plus récemment, Dijst (1990) considère que le dioxyde de carbone dégagé par la respiration des organes souterrains de la pomme de terre pourrait inhiber la formation de sclérotes sur les tubercules par le Champignon parasite *Rhizoctonia solani* tant que la plante est vivante. Après le défanage, la respiration diminue considérablement et les tubercules se couvrent de sclérotes. Le dioxyde de carbone a par ailleurs un effet morphogène ou stimulateur vis-à-vis de plusieurs champignons. Dans certains cas, il est même indispensable : son absence empêche par exemple le développement de *Verticillium albo-atrum* lorsque le milieu de culture contient du glucose comme source de carbone. L'utilisation de $^{14}CO_2$ a permis de montrer qu'il était utilisé pour la synthèse des acides aminés en C_4 (Hartman *et al.*, 1972).

Effets de l'ammoniac

L'ammoniac est, comme le dioxyde de carbone, un composant universel de l'atmosphère des sols. L'hydrolyse de l'urée, des protéines et des acides nucléiques des résidus organiques en est la source principale mais, en conditions anaérobies, l'ammoniac peut aussi provenir de la réduction des nitrates. En partie fixé sur le complexe absorbant sous forme d'ions NH_4^+, il peut, dans certaines conditions, être relargué dans le milieu en dehors de toute intervention microbienne. Sa teneur dans le sol est très variable : faible dans un sol «au repos», elle peut être très élevée après un apport de matière organique azotée.

Les Bactéries sont en général peu sensibles à la présence d'ammoniac et leur croissance peut même parfois être stimulée. Les *Nitrobacter*, cependant, qui assurent la transformation des nitrites en nitrates, sont inhibés par des concentrations élevées d'ammoniac. Cette situation peut exister temporairement dans des sols alcalins après un apport de matières organiques. Elle conduit alors à l'accumulation de nitrites, phytotoxiques. Certains Champignons, comme par exemple *Fusarium solani*, *Gliocladium roseum*, *Trichoderma harzianum*, paraissent également indifférents (Schippers *et al.*, 1982). Chez *F. oxysporum*, la formation de chlamydospores est stimulée jusqu'à des concentrations de 15 µl/l d'air (Löffler *et al.*, 1986). La majorité des Champignons semble, cependant, sensible à la présence d'ammoniac. Une teneur aussi faible que 1 µg/g d'air est suffisante pour empêcher la germination des conidies de *Botrytis cinerea* ou de *Penicillium chrysogenum*. La prolongation de l'effet antifongique des désinfections du sol s'explique en partie par les fortes teneurs en ammoniac qui résultent de la minéralisation de la biomasse tuée par les traitements. Certains sols alcalins manifestent, lorsqu'on les humidifie, un pouvoir fongistatique élevé, d'origine physico-chimique. Il est apparemment dû au relargage, en présence d'eau, de quantités importantes d'ammoniac (Ko *et al.*, 1974). L'aridité des régions dans lesquelles ces sols ont été observés explique que l'ammoniac complexé n'ait pas été déjà épuisé.

Effets des composés volatils émis par les racines

Quiconque a respiré l'odeur d'une fleur sait que les végétaux représentent des sources importantes de produits volatils. Cette émission ne se limite cependant pas aux parties aériennes, elle concerne également les racines.

En dehors du dioxyde de carbone dont la concentration, à cause de la respiration, est plus élevée que dans le reste du sol, on trouve au voisinage des racines de l'acétaldéhyde, de l'éthanol, de l'acide formique et des traces de gaz beaucoup plus spécifiques dont l'inventaire ne fait que commencer. On sait par exemple depuis peu que les racines des Légumineuses émettent des flavonoïdes, différents selon les espèces, qui «avertissent» les *Rhizobium* de la proximité d'un partenaire compatible. Les racines de plantes de diverses familles botaniques envoient, de même, des signaux (non encore identifiés) à leurs Champignons endosymbiotiques dont elles provoquent la germination et dont elles orientent la croissance dans leur direction (Koske, 1982). Les Crucifères font partie des rares plantes à ne pas posséder d'endomycorhizes. Cette absence pourrait s'expliquer par la présence dans leur proche atmosphère d'isothiocyanates toxiques dérivés des glucosinolates soufrés qu'elles contiennent (Vierheilig et Ocampo, 1990). Plantes ligneuses et Champignons ectomycorhizogènes échangent de la même façon des signaux de nature volatile. Une fois la symbiose établie, les racines mycorhizées excrètent des substances gazeuses (essentiellement des terpènes) qu'aucun des deux partenaires ne produit généralement à l'état isolé. On a pu montrer *in vitro* que ces composés exerçaient un effet fongistatique sur divers parasites des racines (Krupa et Nylund, 1972) et qu'ils pouvaient aussi augmenter significativement le développement des populations bactériennes (Schisler et Linderman, 1989).

Effets des composés volatils émis par les semences en germination

Les semences en germination constituent, elles aussi, des sources importantes d'exsudats, dont une grande partie est volatile. C'est pendant les deux premiers jours qui suivent le gonflement des graines que l'émission est maximum. Elle décroît ensuite et devient nulle vers le quatrième jour. Son intensité augmente avec la quantité de substances de réserves emmagasinées dans les semences. Des graines sèches, ou des graines humidifiées mais tuées, ne donnent lieu à aucune émission.

Un grand nombre de produits ont été identifiés dans l'atmosphère entourant les semences en train de germer. Il s'agit essentiellement d'aldéhydes (acétaldéhyde, propionaldéhyde, formaldéhyde), d'alcools (méthanol et éthanol), ainsi que d'acétone, d'acide formique, d'éthylène et de propylène.

Ces composés exercent généralement un effet stimulant sur la microflore du sol. Dans un essai *in vitro* ils ont permis la croissance de 6 des 8 Bactéries et de 4 des 6 Champignons en expérimentation sur un milieu de culture minéral dépourvu de substrat carboné (Schenck et Stotzky, 1975). Ce sont les aldéhydes qui constituent les principales sources de carbone, les alcools étant peu ou pas utilisés. Ces molécules stimulent aussi la germination des conidies et des sclérotes de plusieurs espèces de Champignons, d'autres étant indifférentes, et l'on constate que le mycélium s'oriente préférentiellement vers la source émettrice. Il ne semble pas y avoir de différences qualitatives marquées entre espèces végétales. Par contre, des différences quantitatives, d'origine génétique ou physiologique, peuvent avoir des conséquences importantes. Ainsi, la germination des conidies de *Fusarium oxysporum* est inhibée en présence de graines d'un cultivar de lentille peu sensible à la fusariose, stimulée en présence d'un cultivar sensible. Le cultivar sensible secrète davantage d'éthanol, de méthanol et d'acétaldéhyde que le cultivar résistant Čatska et Vančurá, 1980). L'âge des semences peut entraîner des différences d'ordre physiologique entre deux lots de composition génétique identique. Au cours du vieillissement, la peroxydation des complexes lipidiques présents dans les réserves de la graine libère des acides gras qui, au moment de la germination, se transforment par lipolyse en alcools, aldéhydes et cétones de faible poids moléculaire. Des graines de pois âgées émettent par exemple 16 à 20 fois plus d'aldéhydes que des graines jeunes du même cultivar et exercent de ce fait un effet stimulant beaucoup plus intense sur la microflore du sol (Harman *et al.*, 1978). Les concentrations suffisantes pour avoir une réponse demeurent de toute façon extrêmement faibles : de l'ordre de 10^{-4} M.

Les équilibres microbiologiques du sol sont donc profondément modifiés à proximité des graines en germination. Les conséquences épidémiologiques de ces phénomènes vis-à-vis des agents de fontes de semis dépendent de la sensibilité relative des espèces en présence au stimulus, d'une part, et à la compétition, d'autre part. Ainsi, les populations de *Pythium* sont stimulées par les exsudats volatils de pois mis à germer dans un sol stérile. Mais, dans le même sol non stérilisé, cette stimulation est contrebalancée par le développement rapide de Bactéries (en particulier des *Pseudomonas*) concurrentes des *Pythium* (Norton et Harman, 1984).

En même temps qu'ils stimulent la germination des spores, ces composés volatils inhibent généralement la sporulation des thalles. Cette double action pourrait conférer aux organismes sensibles un même avantage écologique : d'une part, la réponse à la stimulation leur garantit de germer seulement lorsqu'un hôte possible est présent ; d'autre part, l'inhibition (temporaire) de la sporulation leur permet de consacrer toute leur énergie à la colonisation de leur nouveau substrat (Harman *et al.*, 1980).

Effets des composés volatils émis par des débris végétaux

Les débris végétaux en décomposition, beaucoup moins riches en azote que les déchets d'origine animale, ne constituent généralement pas une importante source d'ammoniac. Mais il s'en dégage de grandes quantités d'alcools (méthanol et éthanol) et d'aldéhydes (acétaldéhyde, isobutyraldéhyde, isovaléraldéhyde, valéraldéhyde, 2-méthylbutanal). Le foin de luzerne moulu et réhydraté est le matériau le plus couramment employé dans des essais qui, tous, montrent son effet stimulant sur la microflore, matérialisé par une augmentation rapide de la respiration et des populations de Bactéries et de Champignons (Linderman et Gilbert, 1973). Cet effet global peut être effacé, chez certains végétaux, par la présence de composés toxiques. Les tissus des Crucifères qui, comme nous l'avons vu, sont riches en soufre, libèrent rapidement en se décomposant divers sulfures de méthyle et vraisemblablement des isothiocyanates. Ces composés atteignent, en 2 jours, des concentrations suffisantes dans l'atmosphère du sol pour inhiber irréversiblement un Champignon parasite tel qu'*Aphanomyces euteiches* (Lewis et Papavizas, 1971).

Des fragments de bois sec dégagent aussi des produits volatils, pour la plupart encore non identifiés, qui peuvent exercer à distance sur des Champignons une action attractive ou répulsive (Mowe *et al.*, 1983). Le nonanal, par exemple, stimule fortement la croissance de Basidiomycètes décomposeurs du bois (Fries, 1973).

Les argiles

Les propriétés des argiles, que nous avons évoquées page 224 (effet structural, effet tampon, effet réservoir), leur confèrent un rôle régulateur très important pour la vie microbienne. Ce rôle est d'autant plus net que leur capacité d'échange est plus élevée, leur surface développée plus grande et leur aptitude à gonfler en présence d'eau plus marquée. Ceci explique qu'une argile comme la montmorillonite ait une activité biologique supérieure à celle de la kaolinite. Les effets biologiques des argiles peuvent être mis en évidence en comparant des sols de textures différentes ou en expérimentant sur des sols sableux progressivement enrichis en argile. Nous allons en donner quelques exemples.

Effet sur les populations

La biomasse d'un sol sableux enrichi en argile augmente significativement, ce qui se traduit par exemple par une activité respiratoire plus élevée (fig. 31). Cette augmentation porte à la fois sur les Bactéries et sur les Champignons et concerne aussi bien les populations indigènes que des populations introduites expérimentalement. Ainsi, 225 jours après avoir apporté un inoculum de *Fusarium oxysporum* f. sp. *lini* dans un sol sableux, on ne retrouve plus que 0,4 % de la population initiale, alors qu'il en subsiste 46 % dans le même sol enrichi en montmorillonite (Amir et Alabouvette, 1993). Il est possible que l'argile stimule certains aspects du métabolisme, mais il est plus probable qu'elle augmente le taux de survie plutôt que le taux de multiplication.

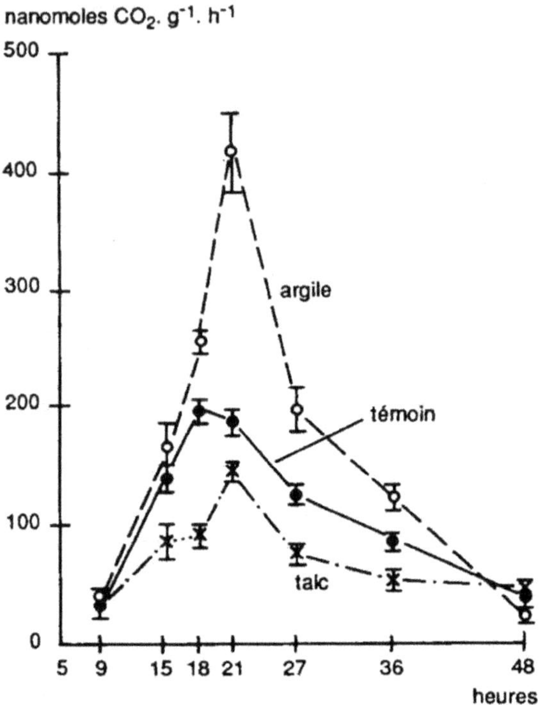

Figure 31. Modification de la cinétique du dégagement de dioxyde de carbone lorsqu'on ajoute 25 % de montmorillonite à un sol sableux. Le dégagement de dioxyde de carbone est mesuré après introduction d'un amendement de 1 mg de glucose par g de sol (Amir et Alabouvette, 1993).

Cet effet protecteur s'exerce sous des formes variées. L'argile peut améliorer la résistance à la dessication en assurant une déshydratation plus régulière du contenu cellulaire (Bushby et Marshall, 1977). Elle diminue sans doute la diffusion et les effets inhibiteurs des toxines et des antibiotiques en les adsorbant (Campbell et Ephgrave, 1983). La présence d'argile entraîne aussi la constitution d'un grand nombre de micro-habitats dont les voies d'accès, de l'ordre de 3 à 6 μm, sont suffisantes pour permettre l'entrée des Bactéries mais trop étroites pour le passage des Protozoaires, qui représentent dans le sol leurs principaux prédateurs (Heijnen et Van Veen, 1991). L'effet protecteur des argiles contre la prédation paraît confirmé puisque l'évolution d'une population de *Rhizobium leguminosarum* introduite dans un sol sableux stérile n'est aucunement modifiée par un apport de bentonite. Mais si, dans ces échantillons stériles, on introduit aussi des Protozoaires, on observe alors les mêmes résultats que dans un sol non désinfecté : les Bactéries diminuent considérablement dans le lot témoin alors que l'addition d'argile permet leur maintien, ce qui, par voie de conséquence, entraîne une forte régression des populations d'Amibes et de Ciliés (fig. 32). Une smectite (bentonite) permet une meilleure protection des Bactéries qu'une argile non gonflante (kaolinite) : une fois imbibée d'eau, la bentonite offre davantage de microsites protecteurs que la kaolinite.

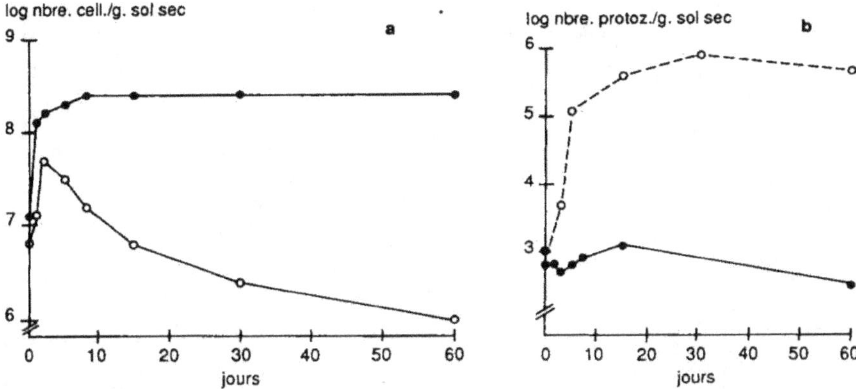

Figure 32. Dynamique de populations de *Rhizobium* et de Protozoaires introduites en mélange dans un sol limono-sableux préalablement stérilisé. Incubation à 15°C et 18 % de teneur en eau (d'après Heijnen *et al.*, 1988).

a) évolution de la population de *R. leguminosarum* biovar *trifolii* dans le sol non amendé (o) et dans le sol amendé avec 10 % de bentonite (•). Le dénombrement est fait après marquage des Bactéries par immunofluorescence.

b) évolution des populations de Flagellés et d'Amibes introduites avec le *Rhizobium* dans le sol stérile non amendé (o) et dans le sol amendé avec 10 % de bentonite (•).

Effets sur le pouvoir infectieux

Un certain nombre de maladies, et particulièrement les maladies vasculaires dues à des formes spécialisées de *Fusarium oxysporum*, sont plus rares ou moins graves dans les sols riches en argiles de la famille des smectites. On a montré qu'il s'agissait dans la plupart des cas d'un effet indirect, dû à l'action des argiles sur les équilibres biologiques. Nous en reparlerons à propos des sols résistants.

Dans le cas du flétrissement bactérien de la tomate et de l'aubergine, dû à *Pseudomonas solanacearum*, il s'agit apparemment d'un effet direct sur l'agent pathogène. Une série d'observations réalisées aux Antilles Françaises a permis d'établir que l'intensité de la maladie, très variable selon le type de sol, était sans rapport direct avec le pH, mais nettement liée à la nature des argiles. Grave dans les sols riches en kaolinite, le flétrissement bactérien demeure bénin dans les vertisols qui contiennent plus de 50 % de montmorillonite. Le phénomène n'est pas dû à des équilibres biologiques défavorables à la Bactérie car il se manifeste encore après 3 autoclavages du sol à 120°C pendant 30 mn, réalisés à 24 h d'intervalle. Il est possible que la montmorillonite, lorsqu'elle gonfle en présence d'eau, séquestre une partie des Bactéries entre ses feuillets (fig. 33). Si l'humectation est suivie d'une période de sécheresse (potentiel hydrique compris entre -1 et -2,5 MPa), les Bactéries ne survivent apparemment pas au resserrement des feuillets. Le sol se purge ainsi naturellement pendant la saison sèche. Toutefois si, par suite d'une intensification des cultures, on pratique en saison sèche des irrigations qui maintiennent la terre humide, cet effet curatif disparaît et le *P. solanacearum* peut alors s'installer (Schmit *et al.*, 1990).

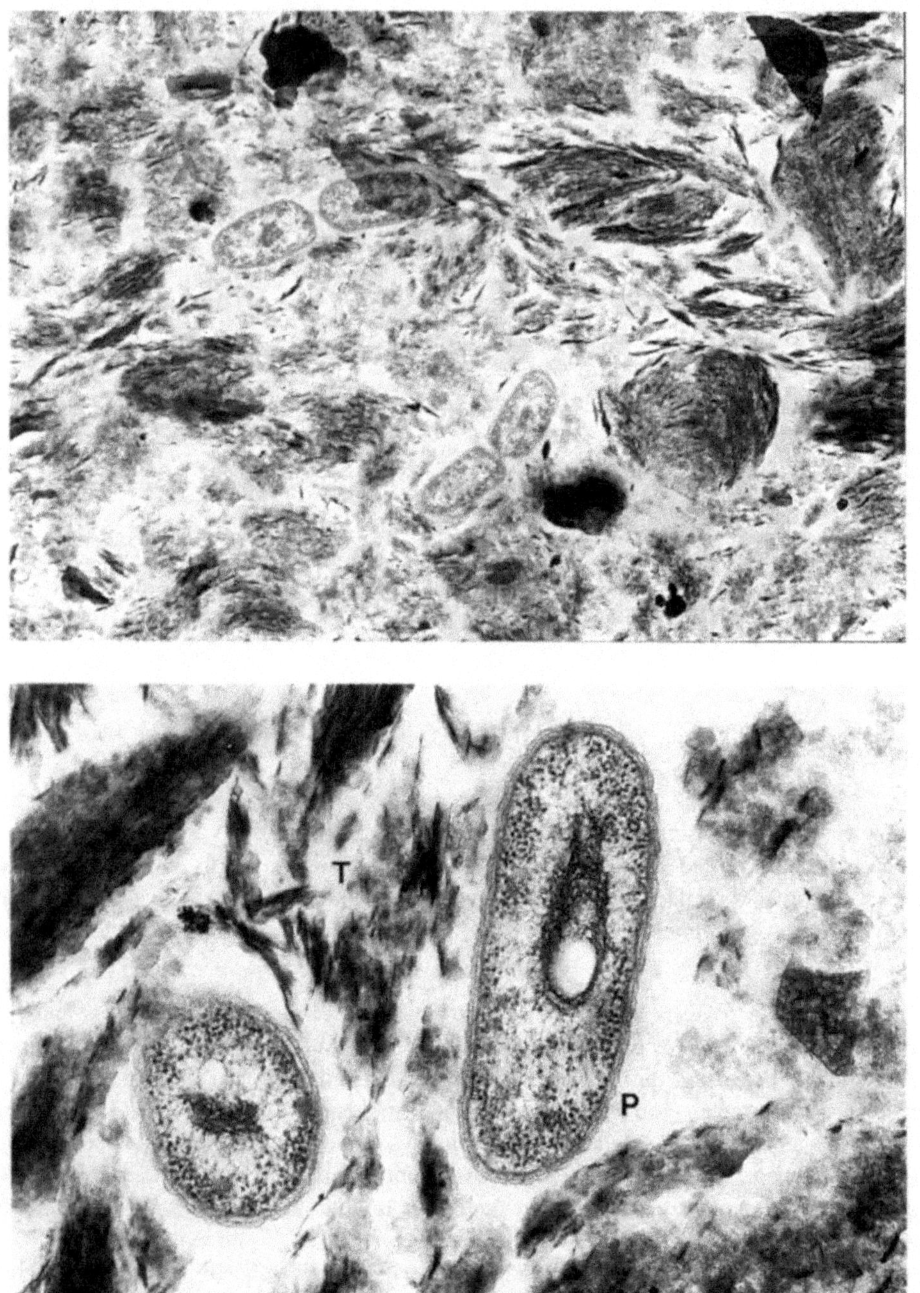

Figure 33. Cellules de *Pseudomonas solanacearum* observées dans la montmorillonite extraite d'un sol de Guadeloupe, maintenue à un potentiel hydrique de - 10kPa (clichés J. Schmit, INRA).
en haut : vue générale des Bactéries au milieu de la matrice argileuse.
en bas : les cristallites de montmorillonite s'associent pour former des structures déformables, les tactoïdes (T), délimitant des pores (P) dans lesquels les Bactéries se trouvent incluses. Le réseau des tactoïdes se resserre lorsque l'argile se dessèche.

Effet sur l'entraînement vertical

Les pluies et les irrigations auraient tôt fait d'entraîner les microorganismes dans les horizons inférieurs du profil s'il n'existait des mécanismes s'opposant à ce lessivage. Les Bactéries ont de grandes capacités d'adhérence, y compris à des grains de quartz, et le lessivage demeure limité même dans un sol sableux. Mais l'entraînement en profondeur est toujours moins important quand on enrichit le sol en argile : on augmente ainsi les possibilités d'adhérence et l'on diminue le diamètre des pores du sol où les cellules sont retenues (Huysman et Verstraete, 1993).

La température

La température est le principal déterminant de la vitesse des réactions chimiques. Elle joue un rôle dans la fluidité des membranes et des sucs cellulaires. A haute température, les protéines sont dénaturées.

La température du sol dépend de l'intensité du rayonnement solaire absorbé. Elle s'élève plus ou moins rapidement selon le degré d'humidité et la nature de la végétation qui couvre le terrain. L'amplitude des variations diurnes de la température, qui peut être considérable en été près de la surface du sol, diminue rapidement quand la profondeur augmente. Mais les variations saisonnières sont perceptibles dans une grande épaisseur du profil.

Effet direct de la température sur les microorganismes

Chaque organisme est caractérisé par un minimum et un maximum de température au-delà desquels son développement n'est plus possible. Entre ces limites, il existe une température optimale à laquelle on note une croissance maximum. On observe donc une certaine distribution géographique des espèces déterminée par l'adéquation entre ces températures cardinales et le climat. Ainsi, *Pseudomonas solanacearum*, Bactérie parasite des vaisseaux de la tomate en zones tropicale et équatoriale, cède la place à *Clavibacter michiganensis* en zone tempérée. L'agent de la pourriture hivernale des céréales, *Microdochium nivale*, n'existe, comme son nom permet de le deviner, que dans les pays où les hivers sont froids alors que *Sclerotium rolfsii*, parasite à large spectre d'hôtes, ne les supporte apparemment pas. Néanmoins, un grand nombre de relevés effectués dans des régions très différentes permet de constater que les habitants du sol n'ont, tout compte fait, que de faibles exigences climatiques et que l'ubiquité est la règle plutôt que l'exception. C'est ainsi que des formes spécialisées du même Champignon, *Fusarium oxysporum*, peuvent parasiter le lin dans l'Europe septentrionale, ou le bananier en Amérique centrale. Une certaine différenciation peut avoir lieu, à l'intérieur de l'espèce, en fonction de la zone climatique : on trouve par exemple en Méditerranée orientale des souches «tièdes» et «chaudes» de *Pyrenochaeta lycopersici* (optimum 24 à 28°C), mais une majorité de souches «fraîches» du même Champignon (optimum 22°C) en Europe tempérée (Clerjeau, 1976).

Il résulte de ces observations que la température, composante essentielle du climat, n'est pas un facteur susceptible de s'opposer indéfiniment à l'introduction d'un microorganisme dans une nouvelle région. Ainsi, *Bradyrhizobium japonicum*, Bactérie d'origine subtropicale symbiotique du soja, se maintient parfaitement dans les terres de la plaine alsacienne. Mais, aussi, rien n'empêche que *P. solanacearum*, désormais présent au Maroc, ne gagne l'Europe via les zones maraîchères du sud de l'Espagne.

Les microorganismes sont capables de subsister bien au-delà de leurs températures extrêmes de croissance. Il existe cependant des limites, inférieures et supérieures, qu'ils ne peuvent pas dépasser : ce sont les **températures létales**. La plupart des Bactéries sont généralement tuées vers 90°C, et les Champignons vers 65°C. Mais ces chiffres ne représentent que des valeurs moyennes car les dégâts dûs à la chaleur sont cumulatifs : ils dépendent à la fois de la température atteinte et de la durée d'exposition. Au-delà d'un certain seuil, variable selon les espèces, l'organisme ne peut plus récupérer. Il est ainsi possible de construire expérimentalement des courbes à partir desquelles on peut par exemple prédire quel sera le taux de survie des propagules d'un Champignon maintenu pendant un temps donné à une température déterminée (fig. 34).

Ces résultats sont cependant faussés si les températures létales ne sont pas atteintes rapidement. En effet, une exposition de quelques dizaines de minutes à des températures légèrement inférieures aux températures létales permet l'apparition, chez les microorganismes, de **protéines de choc thermique**. La synthèse de ces protéines est induite par des gènes spéciaux qui semblent avoir été conservés chez tous les Eucaryotes au cours de l'évolution des espèces. La résistance des microorganismes aux températures létales est étroitement liée à la synthèse de ces protéines. Elle n'apparaît pas si l'on empêche cette protéo-synthèse (Plesofsky-Vig et Brambl, 1985). Les gènes qui déterminent la synthèse des protéines de choc thermique répondent à d'autres stress que la chaleur. Ainsi, les protéines élaborées en réponse à une privation de nourriture [*starvation*] confèrent aussi aux cellules une protection contre les températures élevées (Jouper-Jaan *et al.*, 1992). Les cellules jeunes réagissent mieux que les cellules vieillissantes. Dans une population, seuls quelques individus semblent aptes à bénéficier d'un prétraitement à des températures sub-létales. Il existe un temps d'exposition pour lequel leur nombre atteint un maximum (tabl. 10).

Pour les Nématodes actifs, la température létale est de l'ordre de 50 à 55°C (mais des Nématodes enkystés peuvent survivre à une exposition à 80°C). L'éclosion des oeufs, l'activité des stades juvéniles et le taux de reproduction dépendent largement de la température. Chez les formes parasites, la durée de survie des larves avant leur fixation sur un hôte, étape indispensable à l'achèvement de leur cycle, dépend des réserves dont elles disposent. Or la vitesse de consommation des réserves augmente avec la température. Ainsi, les ressources énergétiques des larves infectieuses de *Meloidogyne javanica* demeurent, après 16 jours, importantes à 15°C, alors qu'elles sont épuisées à 30°C (Van Gundy *et al.*, 1967).

Les déplacements des microorganismes mobiles sont souvent orientés en fonction de gradients de température. Les Protozoaires et les Myxomycètes répondent positivement à des variations de quelques centièmes de degré par centimètre. Le Nématode *Meloidogyne incognita* est sensible à un gradient de moins de 10^{-3}°C/cm (Pline *et al.*, 1988).

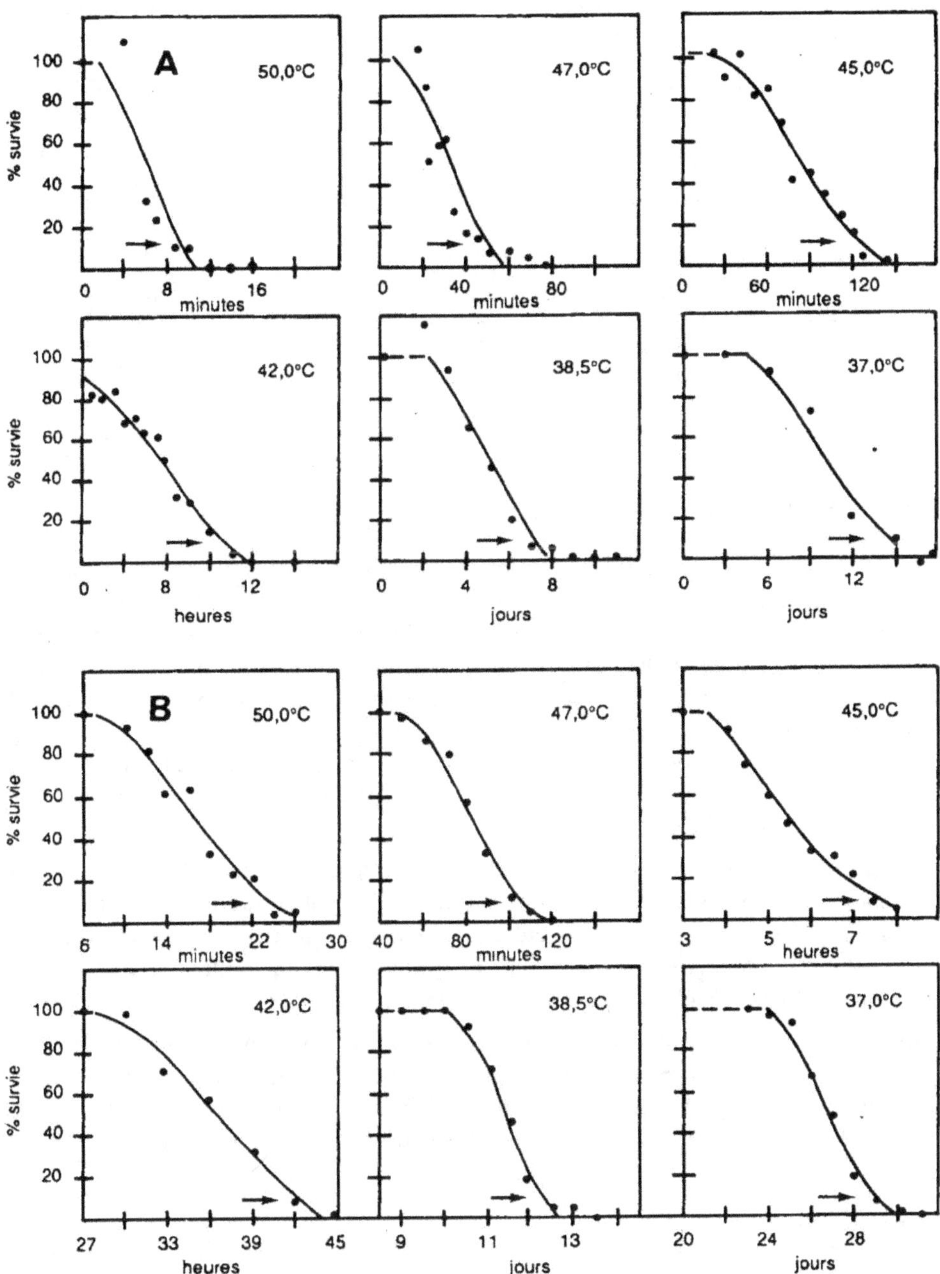

Figure 34. Relation entre la durée d'exposition à une température déterminée et le taux de survie du Champignon *Verticillium dahliae* dans un sol naturel humidifié à la capacité de rétention (A) et en boîte de Petri sur milieu nutritif gélosé (B) (Pullman *et al.*, 1981). La flèche verte indique le temps d'exposition nécessaire pour tuer 90 % des propagules : selon la température, cette durée s'exprime en minutes, en heures ou en jours.

Tableau 10. Influence du temps d'exposition à une température sub-létale sur le taux de survie de propagules de *Fusarium oxysporum* f. sp. *dianthi* récoltées dans des cultures âgées de 23 ou de 75 j (d'après Castejon - Munoz et Bollen, 1993).

Age de la culture (en j)	Temps d'exposition préalable à 45°C (en mn)	Proportion d'individus survivant ensuite à une exposition de 30 mn à 55°C
23	0	0,01
	30	0,14
	60	0,73
	90	0,58
75	0	0,01
	30	0,12
	60	0,15
	90	0,14

Effet sur les équilibres microbiens

Les relations d'antagonisme, de compétition ou d'entraide mutuelle qui s'établissent entre populations microbiennes et qui conditionnent leur équilibre dépendent étroitement de la température. Schématiquement, l'issue de la compétition entre deux espèces pour un substrat présent en quantité limitée, à une température donnée, dépend de leur vitesse relative de croissance à cette température. Une variation de quelques degrés peut complètement renverser l'équilibre des forces. Ainsi, lorsqu'on étudie *in vitro* la colonisation de fragments de racines de tomate par un mélange de *Fusarium oxysporum* (optimum : 28°C) et de *F. solani* (optimum : 31 °C), on observe une prédominance de *F. oxysporum* à 20°C, et de *F. solani* à 28°C (tabl. 11).

La situation est évidemment plus complexe dans des conditions naturelles car le succès d'un microorganisme en compétition dépend non seulement de sa vitesse de croissance mais aussi, par exemple, de sa sensibilité aux antibiotiques, ou de sa capacité à en élaborer. De plus, la température optimale pour la synthèse d'un antibiotique (ou pour toute autre fonction) ne coïncide pas forcément avec la température optimale de croissance.

Cette influence de la température sur les équilibres entre populations permet de comprendre pourquoi, en un même lieu et sur un même substrat, l'ordre des successions microbiennes peut être différent selon la saison à laquelle ce substrat est disponible. Un exemple d'analyse de telles successions est donné dans l'encadré ci-contre.

Tableau 11. Pourcentages de fragments de racines-pièges colonisés par un mélange de deux espèces de *Fusarium* après 3 jours d'incubation dans de la terre stérile. Beaucoup de fragments contiennent les deux espèces, ce qui explique que les totaux pour chaque température soient supérieurs à 100. Les chiffres indiqués entre parenthèses sont les limites des intervalles de confiance au risque 5 % (d'après Davet, 1976 b).

Température d'incubation	Pourcentage de fragments de racines colonisés par :	
	F. oxysporum	*F. solani*
20°C	100	57,4 (43 - 70)
28°C	75,9 (62 - 86)	92,5 (83 - 99)

L'évolution saisonnière de la température du sol régule la succession des Champignons sur un substrat.

Les racines des tomates cultivées en plein air sur la côte libanaise présentent des lésions dont l'aspect diffère selon qu'il s'agit de cultures d'automne ou de printemps. On isole couramment dans ces lésions, quelle que soit la saison, les Champignons suivants : *Pyrenochaeta lycopersici, Colletotrichum coccodes, Rhizoctonia solani, Fusarium oxysporum* et *F. solani*. Une étude expérimentale des relations entre ces Champignons, puis entre ce complexe parasitaire, la plante-hôte et la microflore générale du sol, a montré que les équilibres variaient selon le gradient de température correspondant à la période de culture de la tomate.

Au printemps, la terre est fraîche au moment de la plantation (16 à 18°C). *P. lycopersici*, dont l'aptitude à la compétition est très faible, n'est pas concurrencé à cette température par *F. oxysporum, F. solani* et *R. solani* qui ont tous trois des exigences thermiques plus élevées. Les propagules de *P. lycopersici*, stimulées par les exsudats racinaires, germent rapidement et le Champignon envahit les racines. Avec le réchauffement progressif du sol, l'activité des trois autres espèces devient plus importante. Il en résulte que la pénétration de *P. lycopersici* dans les nouvelles racines formées devient plus difficile : les racines les plus récentes sont donc peu attaquées. Cependant les lésions déjà existantes, abondantes sur les racines les plus anciennes et les plus grosses, sont envahies par les *Fusarium*, puis par *R. solani* qui en poursuivent la dégradation. Ces racines sont profondément nécrosées en fin de culture, mais ces nécroses sont atypiques. Des phénomènes du même genre se déroulent avec l'autre parasite primaire, *C. coccodes*, qui se met en place à des températures un peu moins fraîches.

Au début de l'automne au contraire, le sol est tiède (26°C) au moment de la plantation. *F. oxysporum, F. solani* et *R. solani* sont abondants et actifs à la surface des racines mais, peu agressifs, ils ne s'y introduisent pas. Leur présence empêche la pénétration de *P. lycopersici* et de *C. coccodes*. On observe donc peu de lésions en début de culture. Cependant, au fur et à mesure que le sol se refroidit, les phénomènes de compétition sont atténués et les nouvelles racines sont de moins en moins protégées. *P. lycopersici* devient alors dominant dans les tissus et les «manchons bruns» caractéristiques de la présence de ce Champignon apparaissent sur les jeunes racines. *C. coccodes*, qui est peu actif au-dessous de 20-22°C, reste discret en cette saison malgré la diminution de la compétition (Davet, 1976 c).

Effet sur les équilibres entre microbes et plantes

L'effet de la température sur le pouvoir infectieux d'un parasite ou d'un symbiote est par conséquent délicat à analyser : il peut s'agir d'un effet direct sur le développement de l'organisme ou, comme nous venons de le voir, d'un effet indirect sur les équilibres microbiens à l'extérieur de la plante-hôte ; il peut aussi s'agir d'un effet sur la relation plante-parasite. Ainsi, bien que la température optimale de *Verticillium dahliae* soit élevée et proche de 28°C, tous les cultivars de cotonnier deviennent résistants à 32°C, même s'ils ne possèdent pas de gènes de résistance. Par contre, même les cultivars résistants sont sensibles à 22°C. La raison en est que la production de phytoalexines par le cotonnier, très

faible à 22°C, augmente avec la température jusque vers 32°C et s'oppose alors efficacement à l'invasion des vaisseaux par *V. dahliae* (Bell et Presley, 1969). De la même façon
la variété de bananier «Gros Michel», sensible à la fusariose, devient résistante aux alentours de 34°C parce que la vitesse de sa réaction à l'invasion augmente et devient suffisante pour enrayer le développement du parasite (Beckman *et al.*, 1962).

Chez les plantes qui possèdent un gène responsable d'une réaction d'hypersensibilité, une
augmentation de la température provoque souvent, au contraire, une perte de la résistance.
La température critique est plus basse pour des hétérozygotes que pour des homozygotes.

Il arrive donc que la température agisse sur la relation plante-microorganisme d'une
manière qui n'est pas directement prévisible à partir du comportement de chaque partenaire pris isolément.

Les composés xénobiotiques

Généralités

Les pays industrialisés sont caractérisés par la fabrication et l'utilisation en quantités
croissantes de composés organiques synthétiques qui, accidentellement ou volontairement, sont déversés dans le sol ou dans les cours d'eau. Ces produits, qui n'existent pas
à l'état naturel, sont dits **xénobiotiques**. S'ils demeurent assez longtemps à la surface du
sol, une partie peut être perdue par volatilisation ou par dégradation photochimique. Le
reste est entraîné par les pluies ou les eaux d'irrigation. Mais ces molécules, qui sont en
général de grande taille et portent des groupes chimiques fortement réactifs, ne sont pas
facilement lessivées : le sol se comporte vis-à-vis d'elles un peu comme une colonne de
chromatographie et les retient plus ou moins adsorbées sur le complexe argilo-humique.
Parmi les pesticides par exemple, le bénomyl migre très peu et se maintient dans les premiers centimètres ; les organo-mercuriques au contraire traversent rapidement le profil,
tandis que l'iprodione et la vinchlozoline ont un comportement intermédiaire. La répartition de ces produits dans le profil est donc loin d'être homogène. Elle dépend largement
de la nature des molécules et des capacités d'adsorption du sol.

Effet dépressif maximum et temps de rétablissement

L'introduction d'un composé xénobiotique dans le sol peut avoir des conséquences
écologiques importantes. Les effets sur les microorganismes peuvent être appréciés
soit par des dénombrements de populations, soit par la mesure d'une activité particulière, générale comme la respiration, ou plus ou moins spécialisée comme la nitrification ou la dégradation de la cellulose. Si le composé entraîne la disparition de la totalité des populations étudiées ou la cessation de toute activité, il est facile de tirer des
conclusions quant à sa toxicité ! Cette situation est néanmoins très rare et il est important de s'assurer que les observations ont été faites pendant un temps suffisamment
long : 2 mois représentent un minimum. Le plus souvent on observe une diminution

des populations ou de l'activité que l'on a prise comme critère. Si l'on suit dans le temps l'évolution du phénomène, on constate que l'effet dépressif passe par un maximum, puis s'efface progressivement. Au bout d'un temps plus ou moins long, on observe un retour à la situation initiale. Beaucoup plus que l'effet dépressif maximum (qui peut être considérable même dans des situations parfaitement naturelles : après une période de sécheresse par exemple), c'est l'importance du **temps de rétablissement** qui permet de juger du degré de nocivité d'un produit xénobiotique pour les groupes microbiens considérés (fig. 35).

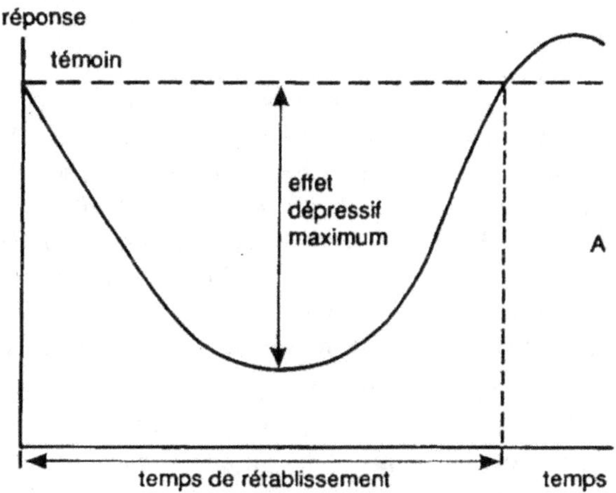

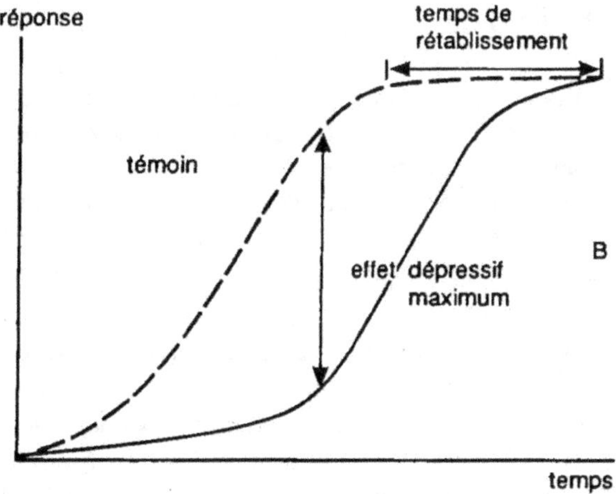

Figure 35. Réponses-types à un effet de stress exercé par le milieu. Dans le cas de la courbe A il pourra s'agir, par exemple, d'une variation de la biomasse. Dans l'exemple de la courbe B, la variable mesurée pourra être la consommation d'un substrat ou la synthèse d'un métabolite. Connaissant la réponse d'un témoin non soumis au stress, on peut définir dans les deux cas un effet dépressif maximum, permettant d'apprécier l'ampleur de la perturbation, et un temps de rétablissement, qui permet d'estimer plus précisément sa gravité (Domsch *et al.*, 1983).

En se référant à des effets dépressifs d'origine naturelle, on peut considérer que, si le temps de rétablissement est inférieur à 1 mois, les conséquences sur l'écosystème sont négligeables ; s'il est compris entre 1 et 2 mois, elles sont tolérables ; au-dessus de 2 mois la toxicité est certaine (Domsch, 1985). Il est bien certain que l'interprétation des résultats doit tenir compte des conditions de l'expérimentation : le pH, la température, la teneur en eau du sol doivent permettre une activité microbienne normale. Il est particulièrement important de s'assurer que la capacité de récupération des populations n'est pas limitée par une disponibilité insuffisante de substrats organiques métabolisables.

Effet des pesticides

Les pesticides représentent, de loin, les composés xénobiotiques les plus systématiquement introduits dans l'environnement et les plus largement utilisés sur les cultures les plus variées. Herbicides, nématicides, insecticides et fongicides sont, soit directement enfouis dans le sol ou épandus à sa surface, soit pulvérisés sur le feuillage d'où une partie au moins retombe à terre immédiatement ou après une pluie. Les quantités couramment utilisées en traitement aérien sont de l'ordre de 0,5 à 5 kg de matière active par hectare. En supposant que le produit soit entraîné et uniformément réparti dans les 10 premiers centimètres du sol (ce qui, nous l'avons vu, n'est qu'une approximation), ceci représente des concentrations de 0,5 à 5 mg par litre de terre et correspond à peu près au domaine d'activité des préparations.

Malgré l'importance des quantités mises en jeu, on connaît encore très mal les effets secondaires des pesticides sur les microorganismes du sol. Seuls les produits les plus anciens ou les plus massivement employés ont donné lieu à des études d'impact et, par suite de la grande diversité des molécules commercialisées, il est très difficile d'en tirer des conclusions générales. Nous ne donnerons donc ici que quelques indications et quelques exemples.

Plus une activité biologique est générale, moins elle paraît perturbée. En effet, l'effacement de certaines espèces est rapidement compensé par le développement de celles qui ne sont pas sensibles au traitement, de sorte que l'effet global des pesticides sur des phénomènes tels que l'absorption d'oxygène ou le dégagement de dioxyde de carbone est très peu marqué. L'effet des traitements sur la décomposition des pailles est, de même, généralement peu important parce qu'un grand nombre de microorganismes différents possèdent des enzymes cellulolytiques.

Au contraire, si l'on mesure des activités spécifiques qui relèvent d'une flore représentée par un petit nombre d'espèces, on a beaucoup plus de chances d'observer de fortes variations. Ainsi, un grand nombre de produits se révèlent toxiques pour les Champignons mycorhizogènes et pour les *Rhizobium* fixateurs d'azote associés aux racines des Légumineuses : il est important d'en tenir compte dans le choix des traitements de semences. La nitrification est perturbée, parfois fortement, par la plupart des pesticides (sauf les herbicides). L'ammonification au contraire est en général stimulée. Il pourrait s'agir dans ce cas d'un effet indirect dû à un apport dans le milieu de matière organique fraîche d'origine végétale (herbicides), animale (insecticides et nématicides) ou fongique (fongicides). L'emploi des pesticides peut aussi avoir des conséquences sur le développement des maladies. Il s'agit là encore sans doute d'un effet indirect (déplacement d'équilibres microbiens, action sur les plantes-hôtes) plutôt que d'un effet direct sur les parasites. Par exemple, l'abus du bénomyl pour lutter contre la pourriture grise (*Botrytis cinerea*) en culture sous abri peut entraîner, avec l'élimination d'une flore antagoniste, la multiplication des attaques dues aux *Pythium* et aux *Phytophthora*, insensibles à ce fongicide. La trifluraline, un herbicide courant, augmente les attaques de *Rhizoctonia solani* sur haricot : ceci n'est pas dû à une stimulation du Champignon, mais à une inhibition de la production de phytoalexines par la plante (Romig et Sasser, 1972).

Autres facteurs

Ions métalliques

La présence d'ions métalliques en excès peut avoir un effet inhibiteur sur certaines catégories de microorganismes, spécialement dans les sols acides où leur solubilité est plus élevée. Ainsi, dans certains sols des îles Hawaï, la présence d'ions Al^{3+} peut inhiber fortement la germination des Champignons (Ko et Hora, 1972 ; Kobayashi et Ko, 1985). Une élévation du pH permet d'atténuer le phénomène en insolubilisant une partie des ions toxiques qui précipitent sous forme d'hydroxydes. La toxicité des métaux lourds est particulièrement bien connue. Elle résulte en grande partie de leur affinité pour les groupements -SH des enzymes, qu'ils inactivent après s'y être liés. Les conséquences sur la vie microbienne de la présence de métaux lourds dans le sol sont cependant encore un sujet de controverse. Plusieurs travaux signalent des effets inhibiteurs graves vis-à-vis des Champignons mycorhizogènes (par exemple Hepper et Smith, 1976) ou des *Rhizobium* : dans des sols contaminés par l'application, plusieurs années de suite, de boues d'épandage utilisées comme amendement organique, la diversité génétique ainsi que le spectre d'hôtes et l'efficacité des populations de *R. leguminosarum* sont considérablement réduits (Hirsch *et al.*, 1993). Cependant, du fait de la formation de complexes très stables entre les substances humiques et les métaux lourds, il est très difficile de savoir quelle est leur concentration «biologiquement active» dans le milieu. On peut d'autre part constater que les microorganismes, les Bactéries notamment, font preuve de remarquables possibilités d'adaptation. Ainsi, des populations de *Rhizobium meliloti* isolées dans un terrain très contaminé à proximité d'une mine de zinc tolèrent des concentrations de zinc, de cuivre, de nickel et de cadmium 1000 fois supérieures aux concentrations effectivement présentes dans la solution du sol (El Aziz *et al.*, 1991). La tolérance aux métaux lourds semble dans certains cas préexister à la pression de sélection. Elle pourrait être due à l'imperméabilité des capsules polysaccharidiques dont beaucoup de cellules bactériennes sont revêtues. La chélation des cations par des acides organiques (citrique, oxalique,...) ou, à l'intérieur des cellules, par des protéines spécifiques, est un des autres mécanismes possibles. Des Bactéries et des Levures détoxifient les sels mercuriques en réduisant le cation métallique à l'état élémentaire : le mercure disparaît du milieu par évaporation (Gadd et Griffiths, 1978). La rapidité de l'acquisition de mécanismes de résistance dans les populations de Bactéries Gram-négatives est un argument en faveur de l'intervention de plasmides. De tels plasmides, très volumineux, ont d'ailleurs été mis en évidence chez *Alcaligenes eutrophus*, capable de résister à des concentrations de plusieurs millimoles de divers métaux lourds (Lattudy, 1990).

La mélanine qui imprègne les parois d'un grand nombre de Champignons possède de nombreux sites actifs capables de fixer des cations. Une étude récente (Rizzo *et al.*, 1992) à montré que les rhizomorphes de plusieurs espèces d'Armillaires étaient revêtus superficiellement d'une véritable gaine d'ions métalliques (incluant du plomb, du cuivre ou du zinc), adsorbés à des concentrations de 4 à 96 fois supérieures à leurs concentrations dans le sol avoisinant, sans en être affectés. Ce revêtement, strictement externe, pourrait avoir une fonction de protection des rhizomorphes - et éventuellement d'autres structures mélanisées comme les sclérotes ou certaines chlamydospores - contre les compétiteurs microbiens.

Pression

Un facteur très rarement pris en compte est la pression exercée par l'épaisseur de la couche de sol. Punja et Jenkins (1984) l'ont étudié en plaçant sur des sclérotes de *Sclerotium rolfsii* des poids ajustés de manière à exercer une pression équivalente à celle d'une colonne de terre de quelques centimètres de hauteur. Dans ces conditions les sclérotes exsudent des quantités importantes d'hydrates de carbone et d'acides aminés et, ayant ainsi perdu leurs réserves nutritives, ils ne sont plus capables de germer (en l'absence d'un apport énergétique exogène). Ceci expliquerait pourquoi la germination spontanée des sclérotes, en conditions naturelles, est possible seulement dans les horizons superficiels.

**Pour un complément d'information
sur les effets de l'environnement sur les microorganismes**

COOKE W. B., 1979 - *The ecology of fungi*. CRC Press, Boca Ratoon, Florida.

COOKE R. C. et RAYNER A. D. M., 1984 - *Ecology of saprotrophic fungi*. Longman, New York.

DAVET P., 1981 - Effets non intentionnels des traitements fongicides sur les microflores aérienne, tellurique et aquatique. In *Troisième Colloque sur les effets non intentionnels des fongicides*, Société Française de Phytiatrie et de Phytopharmacie, Paris, p. 41 - 54.

DURRIEU G., 1993 - *Ecologie des Champignons*. Masson, Paris.

GRIFFIN D. M., 1972 - *Ecology of soil fungi*. Chapman & Hall, London.

HATTORI T. et HATTORI R., 1976 - The physical environment in soil microbiology : an attempt to extend principles of microbiology to soil microorganisms. *CRC Crit. Rev. Microbiol.* 4, 423 - 461.

LYNCH J. M. et HOBBIE J. E. (Ed.), 1988 - *Micro-organisms in action : concepts and applications in microbial ecology*. Blackwell Scientific Publications, Oxford.

MARSHALL K. C., 1975 - Clay mineralogy in relation to survival of soil bacteria. *Annu. Rev. Phytopathol.* 13, 357 - 373.

SIMON-SYLVESTRE G. et FOURNIER J. C., 1979 - Effects of pesticides on the soil microflora. *Advances in Agronomy* 31, 1 - 92.

STOTZKY G., 1980 - Surface interactions between clay minerals and microbes, viruses and soluble organic, and the probable importance of the interactions to the ecology of microbes in soil. In *Microbial adhesion to surfaces*, R.C.W. BERKELEY, J. M. LYNCH, J. MELLING, P. R. RUTTER et B. VINCENT Ed., Ellis, Horwood, Chichester, p. 231 - 249.

VYAS S. C., 1988 - *Nontarget effects of agricultural fungicides.* CRC Press, Boca Ratoon, Florida.

WATANABE I. et FURUSAKA C., 1980 - Microbial ecology of flooded rice soils. In *Advances in Microbial Ecology*, vol. 4, M. ALEXANDER Ed., Plenum Press, New York, p. 125 - 158.

Les effets
des microorganismes

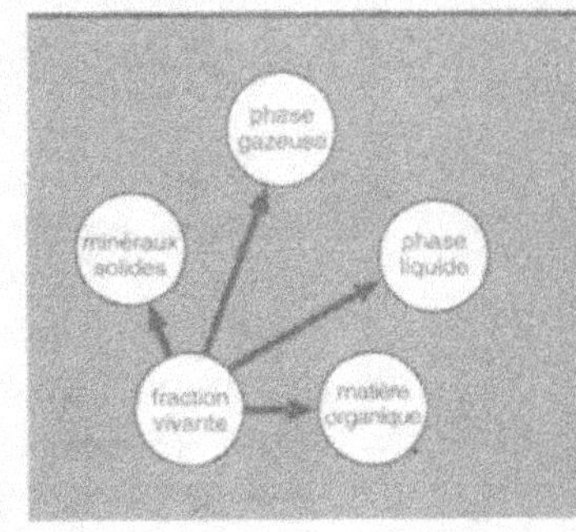

5

Modifications des caractéristiques physico-chimiques du milieu sous l'effet des microorganismes

Effets sur le pH

Par leur action sur les composés minéraux ou organiques, les microorganismes peuvent modifier le pH du sol de façon ponctuelle ou au contraire d'une manière telle que les conséquences peuvent en être importantes pour l'ensemble de l'écosystème.

Acidification du milieu

Sulfo-oxydation

Les sulfures et le soufre réduit des composés organiques sont oxydés dans le sol en polythionates puis en sulfates sous l'action de Bactéries et de Champignons, et les ions SO_4^{--} formés entraînent une diminution locale du pH. Les organismes les plus actifs dans ce processus sont des Bactéries aérobies chimiolithotrophes largement répandues, les *Thiobacillus*. Dans un sol en équilibre, ces sulfates sont à leur tour réduits et réincorporés dans des composés organiques par les plantes et les microorganismes (voir p. 163). Il peut cependant y avoir accumulation d'ions SO_4^{--}, et donc forte acidification du milieu, dans deux circonstances particulières :

- *apports massifs de soufre* : ces apports peuvent être faits volontairement, précisément pour abaisser le pH (voir p. 301). L'accumulation de soufre dans le sol peut être aussi la conséquence, non souhaitée, de pulvérisations destinées à protéger les parties aériennes des plantes contre les Oïdiums. L'emploi du soufre a fortement régressé depuis l'apparition des fongicides organiques de synthèse. Mais, à l'époque où il n'y avait pas d'autre remède disponible, des quantités considérables ont été utilisées, année après année, notamment dans les vignobles du sud de la France. On connaissait ainsi, vers 1950-1960, des terrains tellement enrichis en soufre qu'ils en étaient devenus incultes, avec des pH parfois inférieurs à 3.

- *assèchement de sols hydromorphes* : comme nous l'avons vu p. 104, les sols hydromorphes riches en matières organiques contiennent des quantités importantes de sulfures. Si l'on décide de les assécher pour les mettre en culture, l'oxydation à la fois spontanée et biologique des sulfures conduit à une acidification rapide et considérable de ces sols. Polders, anciennes rizières ou mangroves ne peuvent donc être exploités qu'après un amendement calcaire destiné à en relever le pH.

Nitrification

L'oxydation biologique des sels ammoniacaux aboutit à la formation de nitrates. La réduction consécutive du pH n'est que passagère car ces nitrates sont eux-mêmes très rapidement absorbés par les plantes, réduits par la microflore dénitrifiante ou entraînés par lessivage.

Synthèse d'acides organiques

Une grande variété d'acides organiques apparaît au cours de la minéralisation de la matière organique. Beaucoup, issus de l'hydrolyse de la lignine, ont un noyau aromatique et sont formés en conditions aérobies. D'autres apparaissent plutôt en condition anaérobies, comme les acides gras. La tourbe doit son acidité à ces fonctions -COOH formées en milieu réducteur et ne peut être utilisée comme substrat de culture qu'après une sérieuse neutralisation.

Certains Champignons parasites ont un pouvoir acidifiant très élevé : *Sclerotium rolfsii* ou *Sclerotinia minor*, par exemple, synthétisent de l'acide oxalique qui, outre son effet toxique sur la plante hôte, abaisse le pH à une valeur favorable à l'action de leurs hydrolases (Bateman et Beer, 1965).

Alcalinisation du milieu

L'hydrolyse des protéines et des composés organiques azotés en général (l'urée par exemple) conduit à la formation d'ammoniac, qui élève le pH ambiant. Un apport d'urée peut faire monter le pH, localement, jusqu'à 8 ou 9. Cette élévation est normalement contrebalancée par l'activité de la flore nitrifiante mais celle-ci, plus sensible que la flore ammonifiante aux conditions défavorables, ne rétablit parfois que lentement l'équilibre initial.

Effets sur la structure du sol

Nous avons vu (p. 26) que la qualité de la structure d'un sol dépendait de la stabilité de ses agrégats. Cette stabilité résulte elle-même pour une large part de l'activité des microorganismes.

Liants d'origine microbienne

Un grand nombre de Bactéries et d'Algues unicellulaires sont entourées d'une capsule épaisse constituée de glycoprotéines et de polysaccharides. Un mucus de même nature recouvre aussi, souvent, les hyphes des Champignons. Le rôle de ces polymères dans la constitution des micro-agrégats, soupçonné depuis longtemps, est maintenant largement confirmé.

Le degré d'agrégation d'un sol augmente aussitôt après qu'on y a introduit des cultures de Bactéries ou de Levures, et il est proportionnel à la quantité de cellules apportées (Lynch, 1981). De même, une amélioration très significative de la structure du sol peut être observée une semaine après un simple apport de glucose. Un marquage du glucose au ^{14}C permet de montrer que les composés responsables de l'accroissement du taux d'agrégats stables sont essentiellement des chaînes de polysaccharides néo-synthétisés par les microorganismes (Guckert *et al.*, 1975). Un effet stabilisateur équivalent est obtenu si l'on ajoute seulement au sol les polysaccharides extraits de cultures microbiennes. Un traitement du sol à l'acide periodique (qui ouvre les cycles des sucres), suivi d'une alcalinisation, fragmente les polysaccharides en molécules plus simples et, simultanément, détruit la stabilité des agrégats. Enfin, les observations au microscope électronique montrent que les particules élémentaires d'argile s'attachent à la surface muqueuse des hyphes et des colonies bactériennes. Les liaisons entre ces particules argileuses et les mucilages semblent, en partie au moins, assurées par des cations car l'effet d'un apport d'extraits polysaccharidiques est plus prolongé en présence d'ions Al^{+++} et Ca^{++} (Tisdall, 1991).

Dans la pratique, les glus polysaccharidiques interviennent dans la première phase de l'édification des agrégats. Après cette phase d'agrégation vient une phase de stabilisation au cours de laquelle une partie des composés synthétisés est biodégradée tandis qu'une autre partie est incorporée dans des composés humiques beaucoup plus stables. Les liants formés à partir de substrats facilement utilisables, comme le glucose, ont une durée de vie plus courte que les ciments synthétisés à partir de substrats difficiles à dégrader (par exemple des fragments végétaux ligno-cellulosiques). Une troisième étape est constituée par la réunion en un macro-agrégat de plusieurs micro-agrégats. Les très fines radicelles et les Champignons filamenteux jouent, à ce stade, un rôle considérable.

Rôle des hyphes mycéliennes

Les observations en microscopie optique et électronique montrent que les grains élémentaires peuvent être enserrés par les hyphes mycéliennes comme dans un véritable

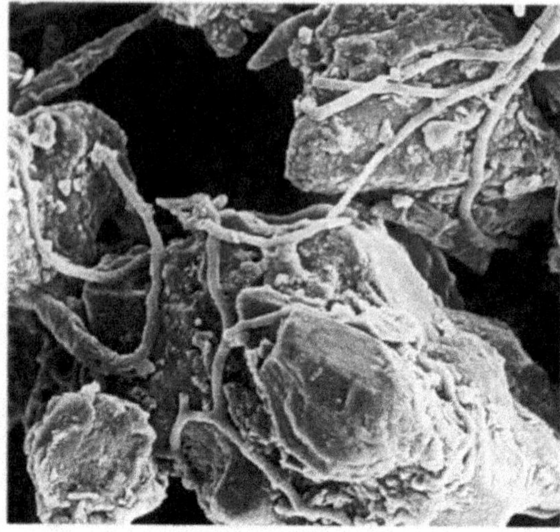

Figure 36. Réseau de filaments mycéliens réunissant des particules minérales et organiques (cliché B. Tivoli et E. Lemarchand, photothèque INRA).

filet (fig. 36). Des travaux réalisés avec un sol de la grande prairie canadienne font apparaître une nette relation entre la taille des agrégats et la biomasse fongique qui leur est associée : aux macro-agrégats de diamètre compris entre 0,25 et 1 mm correspondent les plus fortes biomasses, alors qu'il y a très peu de filaments sur les micro-agrégats (Gupta et Germida, 1988). La mise en culture entraîne une diminution brutale du nombre de macro-agrégats, attribuable en grande partie à la destruction par le labour des réseaux de filaments mycéliens.

Ces filaments appartiennent à des Champignons saprophytes proliférant sur des fragments organiques. Mais ces substrats sont rapidement épuisés, et il apparaît de plus en plus certain que l'essentiel des pelotons mycéliens qui assurent la cohésion des macro-agrégats est issu des symbiotes endo-mycorhizogènes (voir p. 242). Ceci expliquerait que les macro-agrégats soient beaucoup plus abondants à proximité des racines que dans le reste du sol. Ceci explique également pourquoi la structure d'un sol enherbé en permanence est généralement supérieure à celle d'un sol cultivé (alternativement couvert et nu), qui lui-même contient davantage de macro-agrégats qu'un sol maintenu en jachère nue (Tisdall, 1991). Le mycélium des Champignons endo-mycorhizogènes s'étend en moyenne jusqu'à 6 à 9 cm des racines. Mais l'importance du réseau mycélien dépend du type de plante : les Champignons endo-mycorhizogènes des plantes en C_4 ont des filaments plus développés que ceux des plantes en C_3, et ils stabilisent mieux le sol (Miller et Jastrow, 1990).

Améliorateurs biologiques de la structure

L'importance grandissante dans le monde des phénomènes d'érosion, liée à la dégradation de la structure des sols cultivés, a poussé à la recherche d'agents restructurants. Des améliorants synthétiques efficaces, généralement dérivés de produits pétroliers (*soil conditio-*

ners) ont été mis au point, mais leur coût est trop élevé pour justifier leur utilisation en plein champ. Aussi les travaux se sont-ils orientés vers la recherche d'améliorateurs biologiques.

Il y a, parmi les Bactéries, un grand nombre de candidats possibles. Des Myxobactériales, les *Cytophaga*, transforment par exemple en une dizaine de jours les déchets cellulosiques en une gelée polysaccharidique qui confère au sol une stabilité durable. Mais certaines Algues unicellulaires semblent plus intéressantes encore.

Certaines Chlorophycophytes en effet (*Asterococcus* et *Chlamydomonas*) s'entourent d'une capsule mucilagineuse constituée de polysaccharides de poids moléculaire très élevé (supérieur à 20 000) dont la masse peut représenter jusqu'à 75 % de leur masse sèche totale. Elles ont l'avantage, par rapport à la plupart des Bactéries, d'être moins sensibles à l'acidité ; elles prolifèrent facilement à des pH allant de 6 à 8 (Barclay et Lewin, 1985). Les Algues ont malheureusement de fortes exigences en humidité. Elles ne se multiplient correctement qu'à des teneurs en eau proches de la capacité de rétention du sol et, ne se développant qu'en surface, sont particulièrement sensibles au dessèchement. Il est donc impossible d'envisager leur emploi en dehors de cultures irriguées assez denses pour protéger le sol contre des variations de teneur en eau trop brutales. Quelques essais semblent néanmoins prometteurs. Ainsi, deux espèces, *Chlamydomonas mexicana* et *C. sajao*, ont été répandues à la surface de parcelles de maïs, à raison de 5 x 10^{11} cellules par hectare (soit, en masse sèche, 7,8 kg/ha). La dose a été appliquée en deux pulvérisations, au début et au cours du printemps, pendant trois années successives. Une amélioration significative de la résistance des agrégats à la dispersion a été observée dès la première année. Au bout de trois ans, la cohésion était augmentée de plus de 20 % en surface, et de 10 à 12 % dans les 30 premiers centimètres (Metting, 1987).

Il n'est pas interdit de penser, par ailleurs, qu'une meilleure connaissance de l'écologie des symbiotes endo-mycorhiziens permette, à moyen terme, de tirer un meilleur parti de leur aptitude à consolider les agrégats : on peut imaginer d'ensemencer les plantes avec les souches qui développent les réseaux mycéliens les plus denses.

Les cycles minéraux

Les communautés microbiennes jouent un rôle absolument capital dans le recyclage de la matière organique. Elles assurent le renouvellement de l'approvisionnement de la plupart des ions minéraux du sol. Mais cette fonction n'est pas désintéressée et les microorganismes commencent généralement par se servir eux-mêmes. En emmagasinant à leur profit une partie des éléments minéraux, ils peuvent entrer en concurrence avec les plantes. Néanmoins cette immobilisation est toujours temporaire. Dans un sol bien équilibré, la biomasse microbienne se comporte comme un **réservoir d'éléments minéraux** : elle les maintient dans les horizons supérieurs du sol, les protège du lessivage, et les restitue progressivement aux plantes. L'étude de chacun des grands cycles minéraux pourrait constituer, à elle seule, la matière de gros traités. Il ne nous sera évidemment pas possible d'y consacrer plus de quelques pages dans le cadre de cet ouvrage, et seuls les aspects essentiels en seront évoqués.

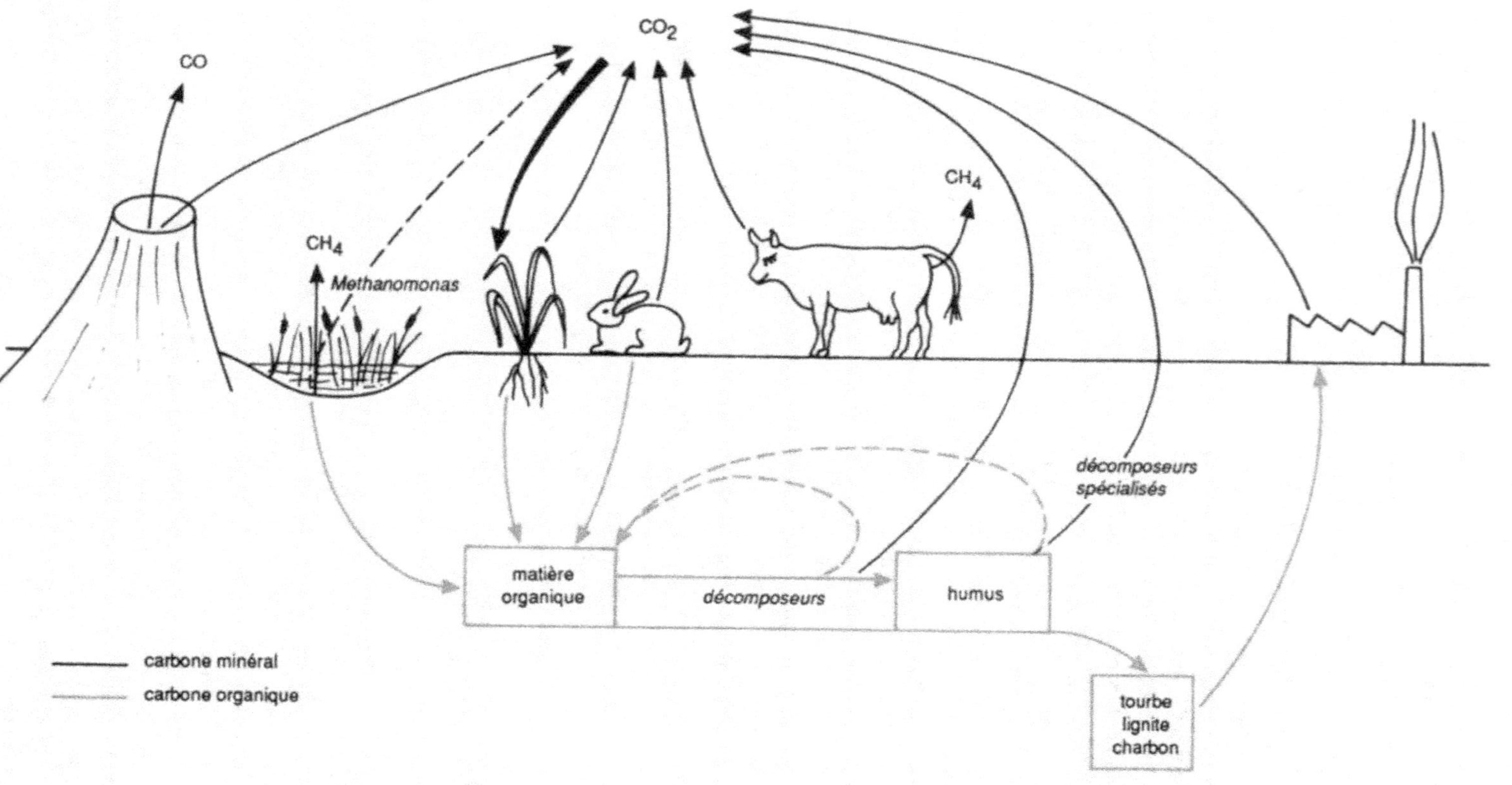

Figure 37. Le cycle du carbone. Ce graphique ne prend pas en compte les océans, qui jouent un rôle considérable dans les bilans de dioxyde de carbone, et qui produisent du méthane.

Le cycle du carbone

L'apport naturel de matière organique fraîche d'origine animale (excréments et cadavres) représente moins de 10 % du total des résidus accumulés à la surface du sol et ces déchets, relativement pauvres en carbone, ne contribuent que pour une très faible part à l'apport de carbone organique. La minéralisation du carbone organique concerne donc essentiellement des substrats d'**origine végétale** (fig. 37). On évalue la quantité fixée annuellement par la photosynthèse à la surface de la Terre à 70 milliards de tonnes de carbone par an (Paul et Clark, 1989). Immobilisation et minéralisation du carbone étaient équilibrées jusqu'au milieu du XIXe siècle. Vers 1850, la teneur en dioxyde de carbone de l'atmosphère était d'environ 280 ppm. Elle dépasse actuellement 355 ppm, ce qui représente une augmentation de 25 % en moins de 150 ans. Cet accroissement considérable est lié à l'industrialisation et à la combustion des réserves de carbone fossile qui libèrent 6 milliards de tonnes de carbone par an. Depuis quelques années, la déforestation des régions intertropicales (17 millions d'ha par an) représente un apport annuel supplémentaire de 1,7 milliards de tonnes (Goudriaan, 1992).

Le carbone de la matière organique transformée par l'activité microbienne peut suivre trois chemins différents. Il peut être rejeté dans l'atmosphère sous forme de dioxyde de carbone et, dans une bien moindre mesure, de méthane ou assimilé et transformé en biomasse, ou incorporé dans les substances humiques. Nous allons étudier brièvement ces trois voies.

Le méthane atmosphérique

L'atmosphère contient environ 1,7 ppm de méthane : environ 200 fois moins que de dioxyde de carbone. Mais ces traces de gaz ont une importance considérable puisque l'on estime que le méthane contribue pour 10 à 15 % au phénomène de l'effet de serre. La teneur de l'atmosphère en méthane, comme la teneur en dioxyde de carbone, s'élève constamment depuis quelques décennies. L'accroissement a été de 1 % par an au cours des 10 dernières années (Blake et Rowland, 1988), de sorte que la concentration actuelle représente plus de deux fois celle de bulles d'air emprisonnées il y a 200 ans dans les glaces polaires. Cette augmentation pourrait être due à la multiplication des troupeaux de ruminants (le rumen est une source très importante de méthane), à l'intensification de la culture du riz et à l'extension des décharges publiques. Les apports systématiques d'engrais azotés minéraux dans les terres cultivées pourraient aussi entraîner une diminution de la capacité des sols à oxyder biologiquement le méthane (Hütsch *et al.*, 1993).

Décomposition et minéralisation des substrats organiques

Le matériel végétal (déjà en partie colonisé par une microflore épiphyte) est rapidement envahi à son arrivée sur le sol. Les substances solubles et de poids moléculaire peu élevé (tabl. 12) sont consommées les premières et rapidement minéralisées par une flore très variée, surtout constituée de consommateurs de sucres simples, qui décline aussitôt que ces

Tableau 12. Principales catégories de substrats organiques suceptibles d'être décomposés par l'activité microbienne.

	Ne contenant pas d'azote	Azotés
Composés solubles	sucres simples acides organiques	acides aminés
Composés peu solubles ou insolubles mais facilement dégradables	acides gras glucanes (parois fongiques) amidon pectine	peptidoglucanes (parois bactériennes) chitine (Animaux et Champignons) protéines
Composés insolubles difficiles à dégrader	hémicelluloses (pentosanes et hexosanes) cellulose lignine subérine	pigments microbiens

substrats sont épuisés. Les hémicelluloses, et surtout la cellulose, constituant majeur des cellules végétales, ne sont accessibles qu'à une flore spécialisée. Les Bactéries et les Champignons cellulolytiques sont pourvus d'un complexe qui comprend toujours plusieurs enzymes agissant en synergie (fig. 38). Chez les microorganismes aérobies, dont *Trichoderma reesei* est un représentant particulièrement bien connu parce qu'utilisé dans l'industrie chimique, ces enzymes, extracellulaires, sont libérées dans le milieu. Chez les anaérobies (présents dans les composts, les boues et aussi le rumen des ruminants) les enzymes cellulolytiques sont généralement groupées sur un support protéique commun fixé à la surface des cellules. La dégradation aérobie de la cellulose fait apparaître des glucides simples solubles (cellobiose et glucose) qui entretiennent une nouvelle flore consommatrice de sucres, différente de la première car soumise à une compétition plus sévère. Les produits terminaux de la dégradation de la cellulose inhibent le fonctionnement des cellulases. En les consommant, la flore non cellulolytique associée permet la poursuite de l'activité des organismes cellulolytiques. En anaérobiose il apparaît de l'éthanol, des acides organiques, du dioxyde de carbone et du méthane. Lorsqu'il parvient dans des zones moins anoxiques, le méthane peut être oxydé en dioxyde de carbone par des Bactéries proches des chimiolithotrophes (*Methanomonas*) et par les Bactéries nitrifiantes (*Nitrosomonas*).

La lignine qui, après la cellulose, est le plus important composant des tissus végétaux, est la plus récalcitrante. Sa dégradation n'est possible qu'en conditions aérobies et requiert apparemment la présence d'aliments glucidiques, comme si un appoint énergétique était nécessaire. Sans doute implique-t-elle en partie des processus de cométabolisation. Contrairement aux composés polymérisés comme les pectines, les pentosanes, les hexosanes ou la cellulose, la lignine en effet, malgré son poids moléculaire élevé, n'est pas un polymère. C'est un assemblage hétéroclite d'éléments analogues mais non identiques composés de noyaux phénoliques porteurs d'une chaîne latérale à 3 carbones (fig. 39).

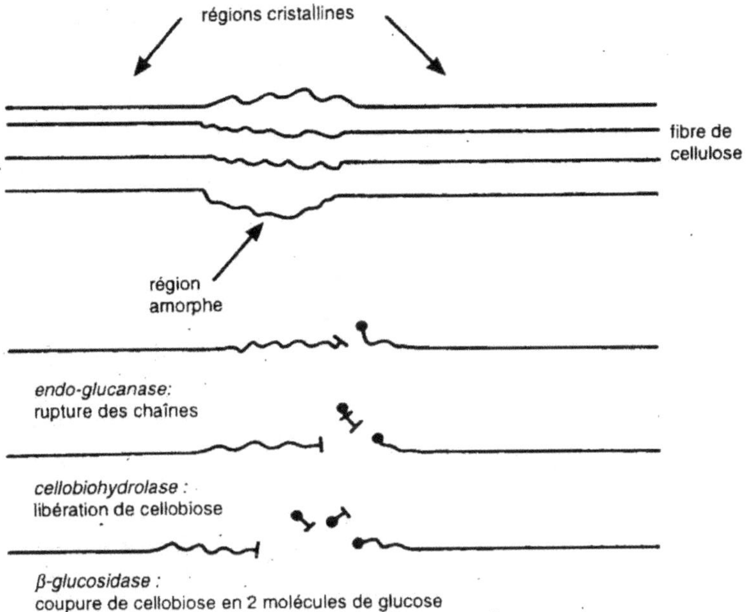

Figure 38. Représentation schématique des étapes de la dégradation enzymatique de la cellulose d'après Montenecourt et Eveleigh (1979). Une espèce cellulolytique comprend généralement plusieurs endoglucanases et plusieurs cellobiohydrolases de structure différente, qui agissent en synergie.

Des sucres et des acides aminés peuvent se greffer dessus. Il n'y a donc pas une lignine, mais une quantité de lignines différant non seulement selon les espèces botaniques mais même selon le moment de leur formation dans un végétal particulier. Leur décomposition est due à des Champignons qui, en présence d'une microflore glucidique peu active, consomment les polyosides tout en décapant les revêtements de lignine qui protègent la cellulose. Le substrat se transforme en une masse fibreuse blanchâtre constituée par une trame cellulosique. Les responsables de ces pourritures blanches sont des Basidiomycètes supérieurs ainsi que quelques Ascomycètes. Les Champignons imparfaits et les Ascomycètes sont plutôt impliqués, avec des Bactéries, dans les pourritures molles. Dans ce processus, les polysaccharides sont rapidement utilisés tandis que la lignine subit des altérations partielles qui libèrent des éléments phénoliques. Oxydés, ils brunissent et donnent une couleur foncée à la masse inorganisée qui apparaît.

Immobilisation du carbone dans la biomasse

Les substrats organiques remplissent une double fonction : une partie est utilisée pour les réactions d'oxydo-réduction et finalement rejetée sous forme de dioxyde de carbone ; une autre partie, plus ou moins remaniée, est incorporée et utilisée pour l'édification des composants cellulaires. Il subsiste aussi, dans la quasi totalité des cas, une troisième partie qui ne peut servir à aucun de ces deux usages et qui constitue, pour la Bactérie, l'Amibe ou le Champignon, un déchet inutile.

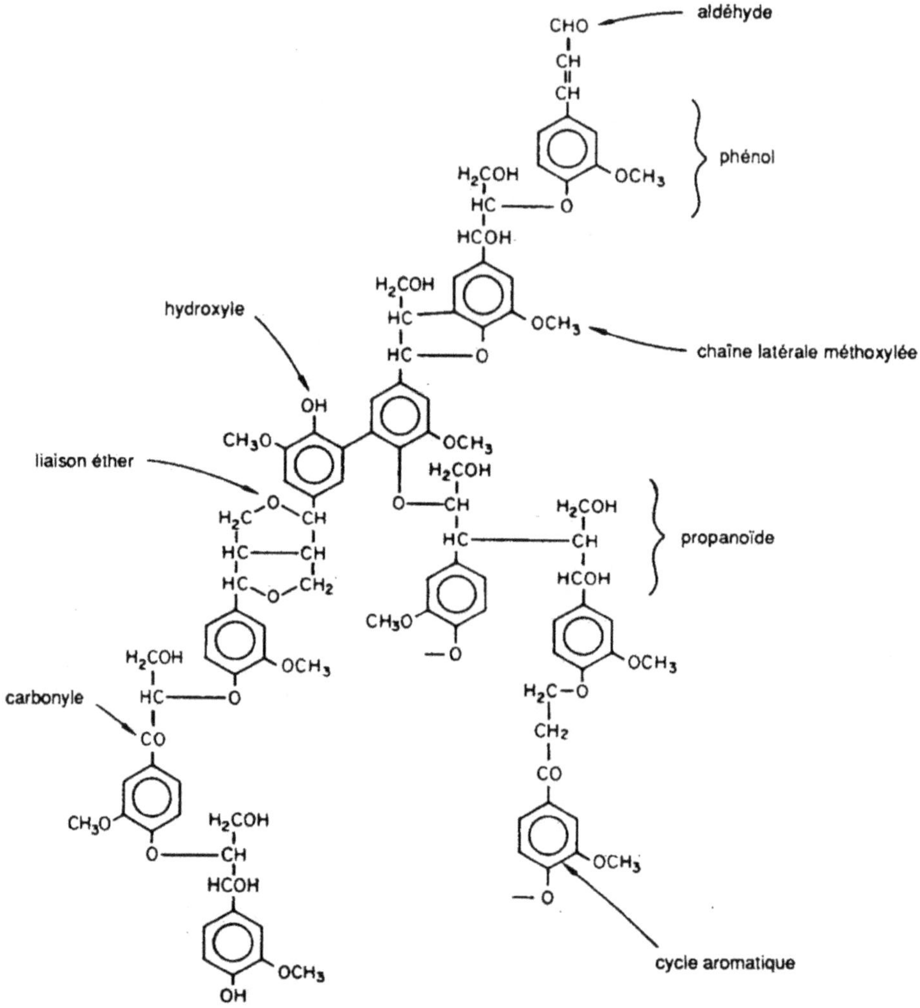

Figure 39. Représentation schématique d'une lignine, montrant différents exemples de molécules élémentaires (phénylpropanoïdes) et de liaisons possibles (Paul et Clark, 1989).

L'efficacité d'un microorganisme est le rapport entre le carbone qu'il a réussi à incorporer dans son protoplasme et le carbone qui était contenu dans le substrat. Ce rapport dépend, bien sûr, de la qualité de la matière organique proposée : il sera beaucoup plus élevé si le substrat est du glucose que si c'est un fragment ligno-cellulosique. L'efficacité varie aussi selon les catégories de microorganismes : elle est en moyenne élevée chez les Champignons (de l'ordre de 35 à 55 %), faible chez les Bactéries aérobies (moins de 10 %) et franchement médiocre chez les Bactéries anaérobies (de 2 à 5 %).

La fraction du substrat carboné qui n'a été ni minéralisée ni assimilée par une espèce n°1 constitue le plus souvent un aliment de choix pour une espèce n°2. Celle-ci va à son tour

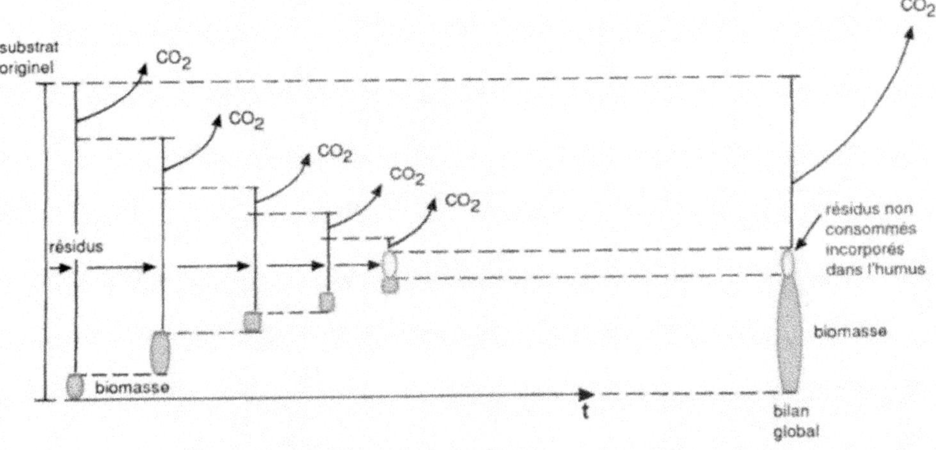

Figure 40. Étapes successives de la décomposition d'un substrat carboné. Le substrat initial n'est qu'en partie minéralisé et assimilé par le premier microorganisme. Il reste un résidu qui est, à son tour, partiellement minéralisé et assimilé par un deuxième microorganisme, laissant un résidu utilisable par un troisième microorganisme, et ainsi de suite. Il subsiste un noyau de molécules récalcitrantes qui pourra être incorporé dans les composés humiques. Pour l'observateur extérieur, le bilan global est celui représenté à droite de la figure. Il n'a pas été tenu compte dans ce schéma des interactions possibles, à chaque étape, entre microorganismes.

en assimiler, en oxyder et en dédaigner des fractions plus ou moins importantes. Une grande variété d'espèces, en nombre d'autant plus élevé que le substrat est plus complexe, vont ainsi se succéder (fig. 40). L'amendement organique finira par disparaître complètement ou, s'il est trop ligneux, il n'en restera plus que quelques résidus aromatiques inassimilables, bientôt inclus dans les composés humiques.

Si l'on s'en tient à l'effet global constitué par la somme de toutes les activités microbiennes individuelles, on peut considérer en première approximation que la moitié environ du carbone d'un substrat organique est dégagée sous forme de dioxyde de carbone et que l'autre moitié est incorporée dans les cellules. Mais la matière vivante contient bien d'autres éléments que le carbone. De l'azote, par exemple, est aussi indispensable, à raison de 1 atome d'azote pour 10 atomes de carbone. La consommation d'un substrat contenant 20 atomes de carbone, dont 10 sont oxydés et 10 incorporés, nécessite donc 1 atome d'azote. Si le rapport C/N du substrat est supérieur à 20, les microorganismes vont devoir prélever de l'azote dans le milieu extérieur, c'est-à-dire dans la solution du sol, au détriment des plantes. C'est ce qui se passe quand on enfouit dans le sol un amendement riche en cellulose, de la paille par exemple (rapport C/N supérieur à 100). Un apport d'engrais azoté peut être alors nécessaire pour éviter cet effet de concurrence. Cette immobilisation peut cependant se révéler bénéfique en l'absence de cultures : de l'automne au printemps par exemple. Elle permet dans ces conditions d'éviter un lessivage de l'azote du sol. Cette rétention n'est de toute façon que transitoire puisque, après l'épuisement du substrat, les populations microbiennes déclineront, libérant progressivement l'azote qu'elles avaient emmagasiné. Si l'on enfouit un engrais vert, dont le rapport C/N est voisin de 15, il n'y aura pas immobilisation mais libération d'azote immédiatement utilisable par les plantes.

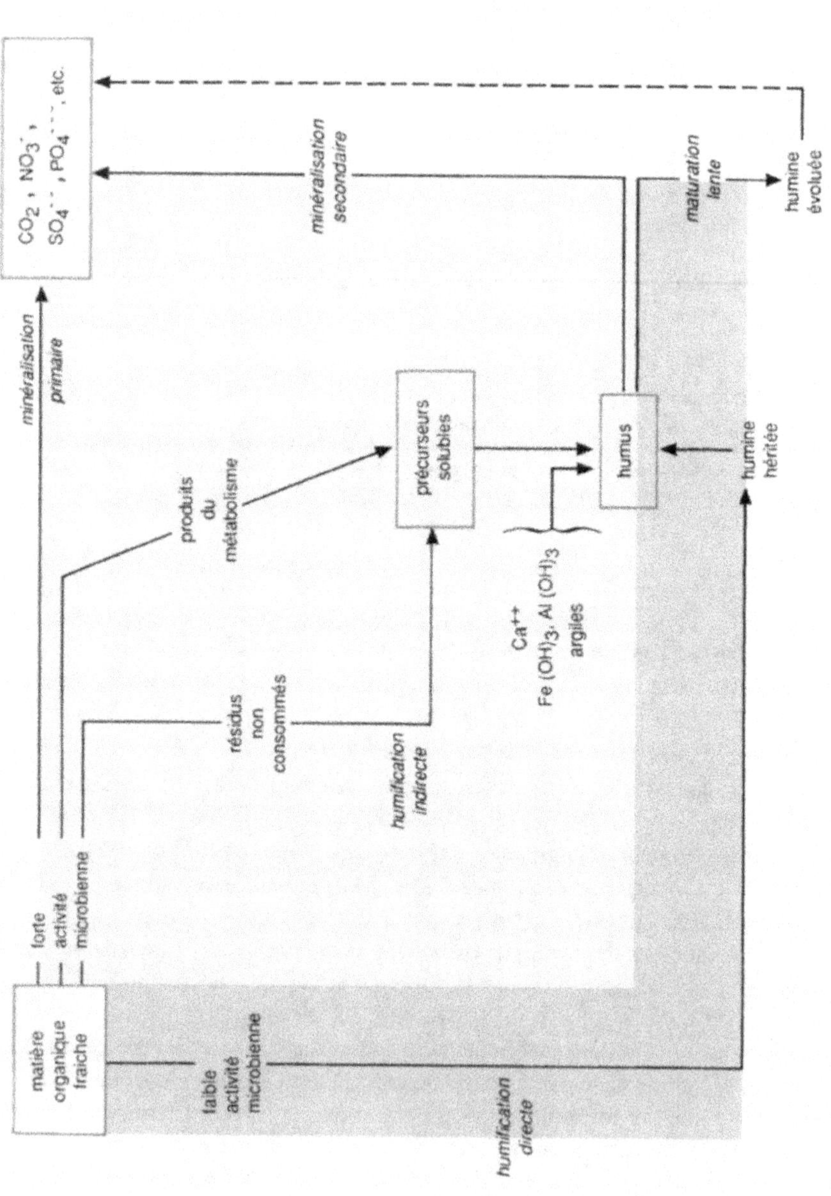

Figure 41. Les principales voies de la transformation de la matière organique en humus et de sa minéralisation (adapté de Duchaufour, 1980).

Les chiffres qui précèdent ne sont, bien entendu, que des ordres de grandeur et l'intensité de la concurrence plantes-microorganismes dépend de l'activité microbienne, c'est-à-dire en premier lieu de la composition de la microflore et des conditions climatiques. D'autre part, la facilité avec laquelle un substrat est décomposé ne dépend pas seulement de son rapport C/N, mais aussi de la forme sous laquelle l'azote, et surtout le carbone, y sont présents : le carbone de la cellulose n'est pas aussi aisément hydrolysé que celui des sucres solubles ou des pectines.

Il existe, de la même façon, des rapports C/S et C/P optimaux. Ils sont, respectivement, proches de 200 et de 300.

Formation de l'humus

L'humus qui, lié aux argiles, contribue à la qualité de la structure des sols et à leur fertilité, résulte de la transformation de la matière organique. C'est un produit composite, chimiquement mal défini, et les détails de sa formation sont encore imparfaitement connus. Aussi les indications que nous allons brièvement donner ne doivent-elles être considérées que comme une présentation très schématique (fig. 41).

La matière organique fraîchement introduite dans le sol est, comme nous l'avons vu, en partie ramenée à l'état minéral (CO_2, NO_3^-, SO_4^{--}, PO_4^{---}, ...) : c'est la **minéralisation primaire** ; une autre partie est transformée en cellules microbiennes tandis que le reste, constitué surtout de tanins et de résidus polyphénoliques des lignines combinés à des protéines, n'est pas utilisé. Ces précurseurs phénoliques solubles, liés à des produits du métabolisme microbien, se condensent progressivement et forment des acides fulviques qui précipitent en présence de calcium. Les hydroxydes de fer et d'aluminium remplissent une fonction essentielle de catalyseurs dans ces processus de condensation et assurent une fixation très stable des acides fulviques sur les argiles. En fragmentant les débris végétaux débarrassés d'une partie de leurs composés aromatiques, qui ont un effet inhibiteur, les Arthropodes les rendent encore plus accessibles à la microflore et facilitent leur décomposition, qui s'accélère pendant et après le passage dans leur tube digestif. Les prédateurs animaux ont aussi, comme nous le verrons plus loin, un effet à la fois stimulant et régulateur sur les populations microbiennes (fig. 42). Les Lombrics, quant à eux, facilitent la formation des complexes argilo-humiques grâce au brassage des argiles et des substances humiques qu'ils assurent en permanence. Au cours de ces transformations, les composés humiques s'enrichissent des produits de l'activité microbienne : polysaccharides bactériens, pigments fongiques, autolysats. Les remaniements et les phénomènes de condensation se poursuivent et il se forme des acides humiques bruns et gris, de poids moléculaire de plus en plus élevé, précipitant à pH acide. Grâce à l'incorporation des dérivés de l'activité microbienne, les substances humiques sont fortement enrichies en azote par rapport aux matériaux initiaux : leur rapport C/N est proche de 10. L'humus est également riche en soufre et en phosphore.

A côté de cette humification, dite **indirecte** parce qu'elle passe par des étapes d'activité biologique intermédiaire, une humification **directe** peut avoir lieu dans les régions où des conditions pédo-climatiques rigoureuses ne permettent pas un développement très actif de la microflore. Dans ce cas, les composés humiques, résultant d'oxydations lentes et de

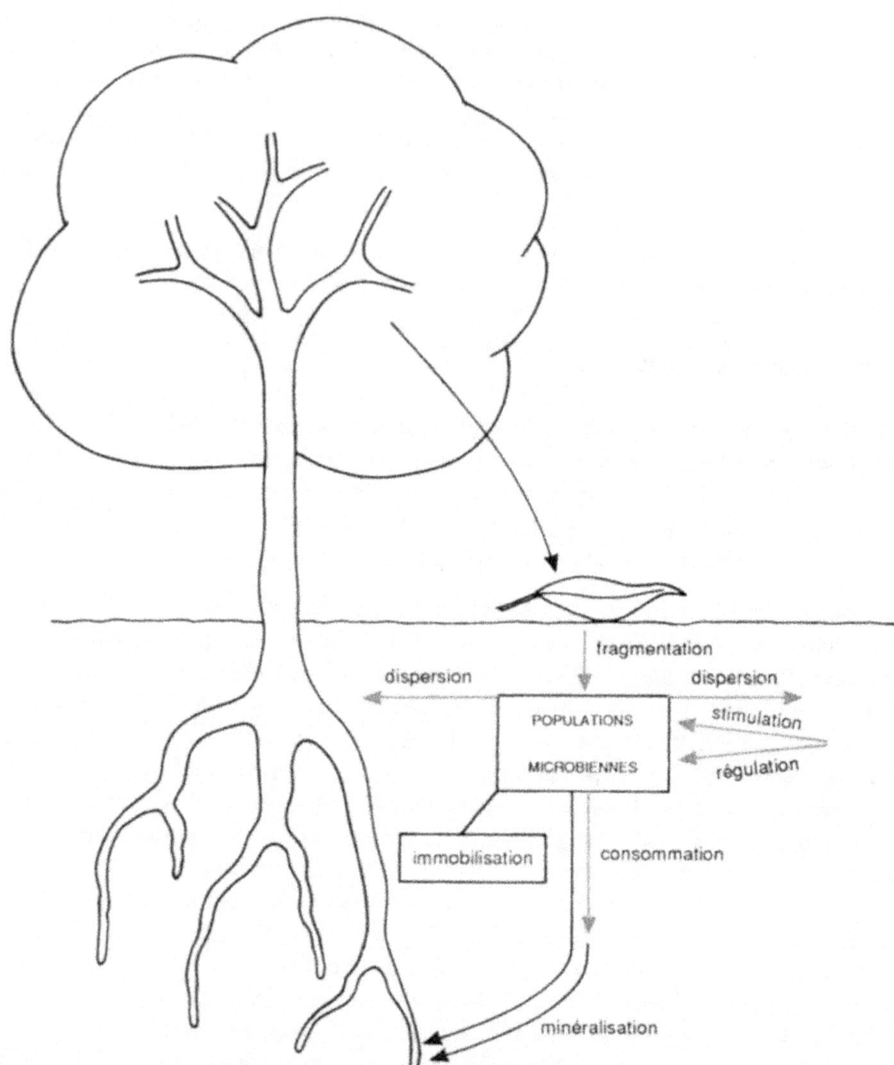

Figure 42. Participation de la microfaune du sol au recyclage de la matière organique (en vert). Les micro-Arthropodes détritivores fragmentent les débris végétaux, ce qui augmente considérablement les surfaces de contact avec les microorganismes. Les Nématodes et les micro-Arthropodes, en se déplaçant, contribuent à la dispersion des Bactéries et des spores de Champignons présentes sur leurs téguments et dans leurs excréments. En consommant les colonies bactériennes ou fongiques, ils stimulent leur activité enzymatique tout en maintenant l'équilibre des populations et, d'autre part, ils remettent en circulation les éléments minéraux immobilisés dans la biomasse microbienne.

condensations physico-chimiques de composés cellulosiques et ligneux faiblement biodégradés, ont un poids moléculaire assez bas et sont pauvres en azote.

Il faut se garder d'imaginer que l'humus, parce que c'est un produit complexe formé de constituants à poids moléculaire élevé, est à l'abri de la biodégradation. Il sert au contraire de substrat à une microflore qui, dans un environnement favorable, peut être très active.

Cette biodégradation de l'humus constitue la **minéralisation secondaire**. L'humus ne s'accumule donc pas indéfiniment : l'épaisseur de l'horizon organique est une caractéristique de l'écosystème. Dans des conditions pédoclimatiques données, il y a équilibre entre l'humification et les pertes dues à la minéralisation secondaire. Dans certaines conditions cependant, les acides humiques peuvent subir une maturation lente aboutissant à la formation de composés de poids moléculaire très élevé, complexés avec des ions métalliques et extrêmement stables. Par datation au ^{14}C, on a pu estimer à plus de 1000 ans l'âge de certains des constituants de cette humine évoluée.

La mise en culture d'un sol de forêt ou de prairie entraîne une accélération de la minéralisation de la matière organique. Ces pertes étaient autrefois compensées, dans les sols cultivés, par des apports de fumier. De nos jours, ces amendements ne sont plus réalisés et le taux d'humus s'abaisse lentement mais régulièrement dans un grand nombre de régions. Dans le Lauragais (Sud de la France) par exemple, on est parvenu au-dessous du seuil critique à partir duquel la cohésion du sol n'est plus suffisamment assurée pour qu'il résiste à l'érosion éolienne et aux pluies. La masse de terre entraînée au cours d'un seul orage peut atteindre 300 tonnes par ha (Perny, communication personnelle).

Le cycle de l'azote

Comme les autres éléments essentiels de la chimie du vivant, l'azote n'est assimilable par les plantes que sous forme minérale. Cependant, bien qu'il constitue près de 80 % de l'atmosphère terrestre, l'azote gazeux, du fait de sa grande inertie chimique, est inutilisable directement, contrairement à la forme minérale gazeuse du carbone. L'azote minéral nécessaire aux plantes, et par la suite aux animaux, doit être prélevé dans la solution du sol par les racines, sous forme de nitrates et de sels ammoniacaux. Une petite partie de cet azote soluble est apportée par les pluies. Constitué d'acides nitreux et nitrique formés au cours des orages, l'azote météorique représente de 2 à 10 kg par ha et par an, quantité tout à fait insuffisante pour assurer le développement d'un couvert végétal. (Il faut y ajouter, dans les zones fortement industrialisées, des retombées d'azote ammoniacal qui peuvent être du même ordre de grandeur). L'essentiel des importations naturelles d'azote dans le sol est dû à l'activité de microorganismes fixateurs, Procaryotes libres ou symbiotiques : l'apport annuel est de l'ordre de 2 à 30 kg/ha dans le premier cas, de quelques dizaines à quelques centaines de kg/ha dans le second. Cependant, l'azote incorporé dans la biomasse microbienne ou végétale ainsi formée n'est pas plus accessible aux autres plantes que l'azote atmosphérique. Il doit être minéralisé. Des décomposeurs microbiens transforment d'abord cet azote organique en ammoniac, qui est à son tour oxydé en nitrates plus facilement assimilables (fig. 43). Il peut être alors utilisé par les végétaux non symbiotiques, puis transmis aux autres maillons de la chaîne alimentaire à l'origine de laquelle ils se trouvent. Cette matière organique «secondaire» peut être, elle-même, minéralisée et recyclée à chaque étape.

On observe donc, selon ce schéma, un flux permanent d'azote atmosphérique vers le sol, où il est fixé et transformé en une matière organique susceptible d'être indéfiniment recyclée. L'accumulation est évitée et l'équilibre rétabli, dans les écosystèmes naturels, par l'action d'organismes dénitrifiants qui assurent le retour à l'état gazeux de l'azote nitrique

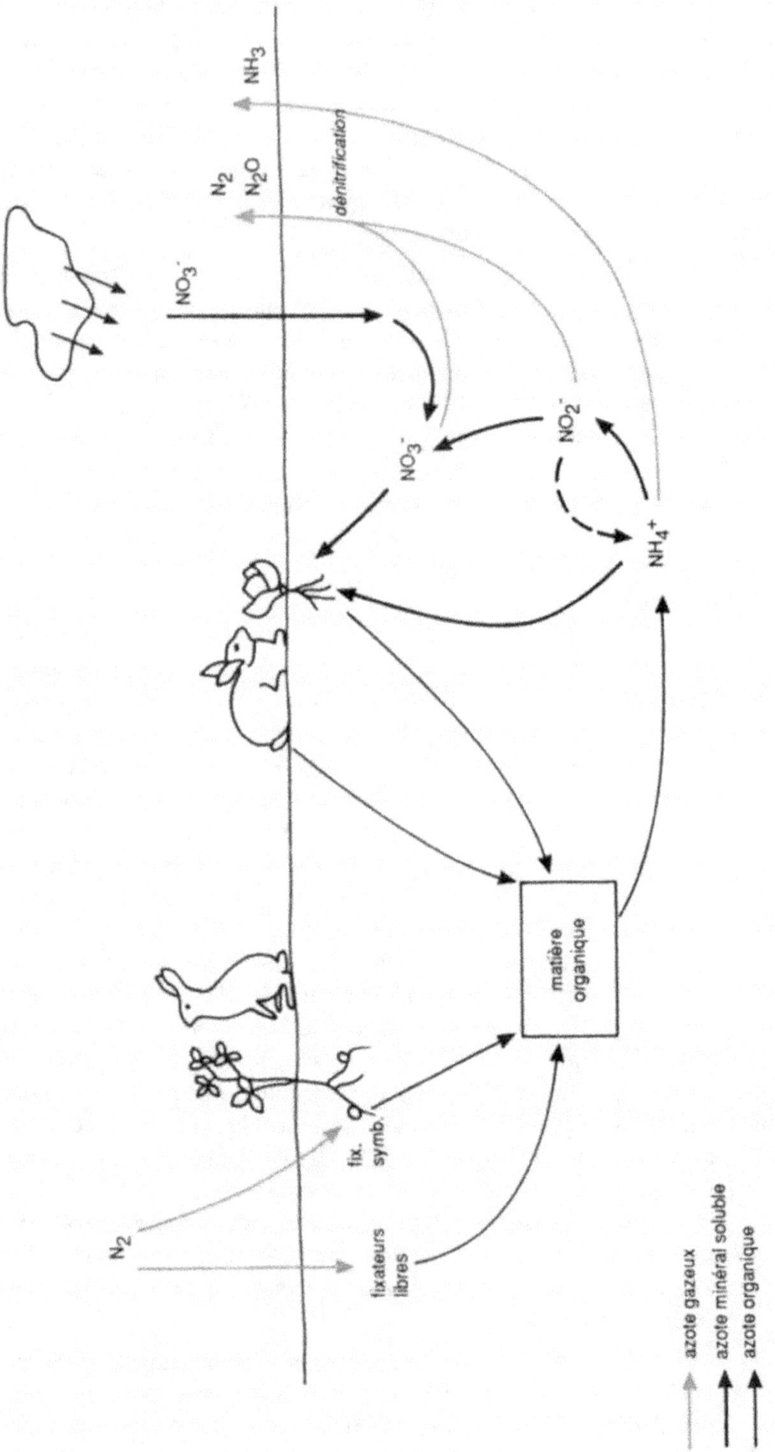

Figure 43. Schéma du cycle de l'azote.

en excès. Il n'en est cependant plus de même dans les systèmes d'agriculture intensive où les apports d'engrais azotés s'ajoutent à la fixation naturelle. Une partie seulement de la fumure azotée est utilisée par les cultures. Le reste, facilement entraîné par les eaux de pluie et d'irrigation, échappe aux organismes dénitrificateurs (dont il dépasse de toute façon les capacités de transformation) et va polluer les nappes phréatiques. A cette pollution diffuse peut s'ajouter, localement, celle qui résulte de la nitrification des lisiers ou des ordures ménagères.

Nous étudierons donc successivement : la fixation de l'azote atmosphérique, l'ammonification et la nitrification, qui constituent les deux étapes de la transformation de l'azote organique en azote soluble assimilable, et la dénitrification qui assure son retour à l'état gazeux.

Fixation de l'azote atmosphérique

Les microorganismes fixateurs remplissent une fonction écologique irremplaçable puisque, jusqu'à la découverte des procédés de synthèse industrielle de l'ammoniac, ils étaient les seuls capables de faire entrer l'azote dans les cycles biologiques. Les efforts déployés depuis quelques années pour limiter les apports d'engrais, à la fois pour des raisons économiques et pour remédier à la pollution des nappes phréatiques, continuent de stimuler les travaux, pourtant déjà innombrables, qui leur sont consacrés.

La fixation de l'azote est catalysée par une enzyme appelée la **nitrogénase**. Chez *Klebsiella pneumoniae*, 20 gènes différents (gènes *Nif*) déterminent la structure et le fonctionnement de la nitrogénase. Une remarquable conservation des séquences de nucléotides des gènes de structure de cette enzyme a pu être mise en évidence chez toutes les espèces fixatrices étudiées (Eady *et al.*, 1988). La nitrogénase est en fait constituée de deux protéines, l'une contenant du fer, l'autre du fer et du molybdène. Une autre nitrogénase a été découverte récemment chez des mutants d'*Azotobacter vinelandii* incapables de fixer l'azote sur les milieux usuels au molybdène (Bishop *et al.*, 1982). Cette enzyme a, par la suite, été mise en évidence chez les souches sauvages ainsi que chez *A. chroococcum* et *Anabaena variabilis*, et sa présence paraît probable chez *Clostridium pasteurianum* ainsi que chez d'autres espèces. Cette nitrogénase «alternative» est, comme l'autre, constituée de deux protéines (l'une contenant du fer et l'autre, du fer et du vanadium) codées par des gènes *Vnf* très voisins des gènes *Nif* de la nitrogénase au molybdène (Bishop et Joerger, 1990). Une troisième nitrogénase, utilisant seulement le fer, a été découverte encore plus récemment.

L'azote atmosphérique est réduit par la nitrogénase en présence de NADPH et de ferrédoxine, qui assurent les transferts d'électrons (fig. 44) :

$$N_2 + 8H^+ + 8e^- \longrightarrow 2NH_3 + H_2$$

Cette réaction consomme une grande quantité d'énergie (fournie par 16 molécules d'ATP) et produit de l'hydrogène moléculaire, émis sous forme gazeuse. Un excès d'hydrogène inhibe de façon compétitive la fixation de l'azote. Aussi les chercheurs sont très intéressés par l'existence, chez certaines Bactéries (*A. chroococcum, Bradyrhizobium japonicum* par exemple), d'une hydrogénase, codée par un gène *Hup*, qui assure un recyclage de l'hydrogène par l'intermédiaire du métabolisme respiratoire.

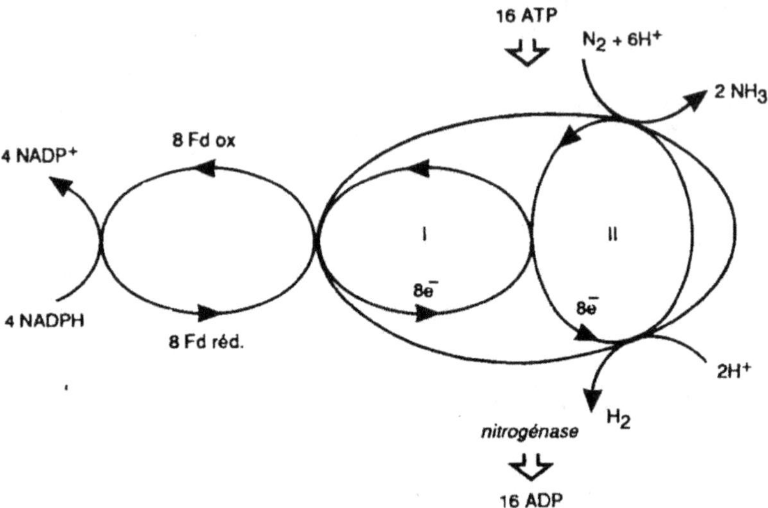

Figure 44 : étapes successives de la réduction de l'azote en ammoniac selon la réaction globale :

$$N_2 + 8\,H^+ + 8e\text{-} \longrightarrow 2NH_3 + H_2$$
$$16\,ATP \longrightarrow 16\,ADP + 16\,Pi$$

NADPH : nicotinamide adénine dinucléotide phosphate ; Fd : ferrédoxine ; I : protéine - Fe de la nitrogénase ; II : protéine - Fe + Mo (ou Fe + V) de la nitrogénase ; ATP : adénosine triphosphate ; ADP : adénosine diphosphate ; Pi : phosphore minéral (inorganique).

Les nitrogénases sont dénaturées irréversiblement par l'oxygène. C'est pourquoi les Bactéries aérobies fixatrices d'azote ont mis en place des systèmes de protection de l'enzyme. Les mécanismes peuvent être très variés : intensification de la respiration (*Azotobacter*), synthèse d'une protéine protectrice (*Azotobacter*), enveloppe muqueuse polysaccharidique (*Beijerinckia*), confinement (nodosités et vésicules des symbiotes, hétérocystes de certaines Cyanobactéries), etc. La présence d'azote minéral soluble (ammoniacal ou nitrique) inhibe aussi, mais de façon réversible, le fonctionnement de la nitrogénase : la fixation n'est active que lorsque le milieu est déficient en azote soluble.

Les microorganismes fixateurs d'azote se trouvent, soit à l'état libre dans le sol (ou dans l'eau), soit associés de façon étroite à d'autres organismes : Champignons (Lichens) ou Végétaux chlorophylliens.

Fixateurs libres d'azote

De nombreuses Bactéries, appartenant à des groupes taxonomiques très différents, sont capables de fixer l'azote atmosphérique (tabl. 13). Les plus répandues et les plus anciennement connues sont des organotrophes. Incapables d'utiliser la cellulose, elles ont besoin de substrats carbonés facilement métabolisables, mais beaucoup vivent en association avec des organismes cellulolytiques dont elles consomment les sous-produits. On les rencontre en conditions anaérobies ou microaérophiles, mais aussi en conditions aérobies.

Beaucoup d'espèces en effet ont réussi à mettre au point des systèmes protecteurs de la nitrogénase et peuvent fixer activement l'azote en présence d'oxygène. Les Bactéries phototrophes fixatrices d'azote sont en général cantonnées à des habitats aquatiques. Certaines peuvent avoir un rôle agronomique important, dans les rizières par exemple.

Tableau 13. Principaux genres de Bactéries libres fixatrices d'azote. Toutes les espèces des genres mentionnés ici ne sont pas forcément pourvues de nitrogénase.

Classification nutritionnelle	Métabolisme respiratoire	Principaux genres	Caractères particuliers
Organotrophes	aérobies	*Azotobacter*	sols neutres et alcalins régions tempérées
		Beijerinckia *Derxia*	sols plus ou moins acides régions tropicales
	microaérophiles	*Klebsiella* *Bacillus* *Azospirillum*	organismes généralement associés aux racines
	anaérobies	*Clostridium*	large gamme de pH
		Desulfovibrio *Desulfotomaculum*	Bactéries du cycle du soufre
		Methanococcus	Archébactérie
Phototrophes	aérobies	*Gloeothece*	Cyanobactéries unicellulaires
		Nostoc *Anabaena* *Aulosira* *Scytonema*	Cyanobactéries filamenteuses possédant des hétérocystes spécialisés
		Plectonema *Oscillatoria*	Cyanobactéries filamenteuses dépourvues d'hétérocystes
	anaérobies	*Rhodospirillum*	Bactéries pourpres photo-organotrophes
		Chromatium *Thiocapsa* *Chlorobium*	Bactéries vertes ou brunes photo-lithotrophes (cycle du soufre)

L'intensité de la fixation de l'azote par les Bactéries libres est très variable selon les lieux et les conditions climatiques. L'apport annuel représente en général quelques kilogrammes par hectare, mais il peut, dans certains cas, atteindre une trentaine de kg. En milieu liquide, les Cyanobactéries fixent entre 30 et 70 kilogrammes par hectare et par an. Elles ont, de ce fait, un rôle important dans les cultures de riz traditionnelles. La quantité totale d'azote fixé par les Bactéries libres, chaque année, représente environ 50 millions de tonnes (Paul et Clark, 1989).

Les *Azospirillum*, qui sont étroitement associés aux racines de la plupart des Graminées, ont été l'objet de recherches intensives ces dix dernières années. De nombreux essais ont montré que des souches d'*A. lipoferum* ou d'*A. brasilense* introduites dans la rhizosphère de plantes cultivées permettaient d'obtenir des augmentations significatives de rendement en grains et en matière sèche totale. Mais les dosages réalisés avec ^{15}N conduisent à rejeter l'hypothèse d'une assimilation accrue de l'azote par les plantes ainsi traitées (Sarig *et al.*, 1990). Les stimulations observées sont plus vraisemblablement dues à la production d'hormones de croissance par ces Bactéries (Tien *et al.*, 1979).

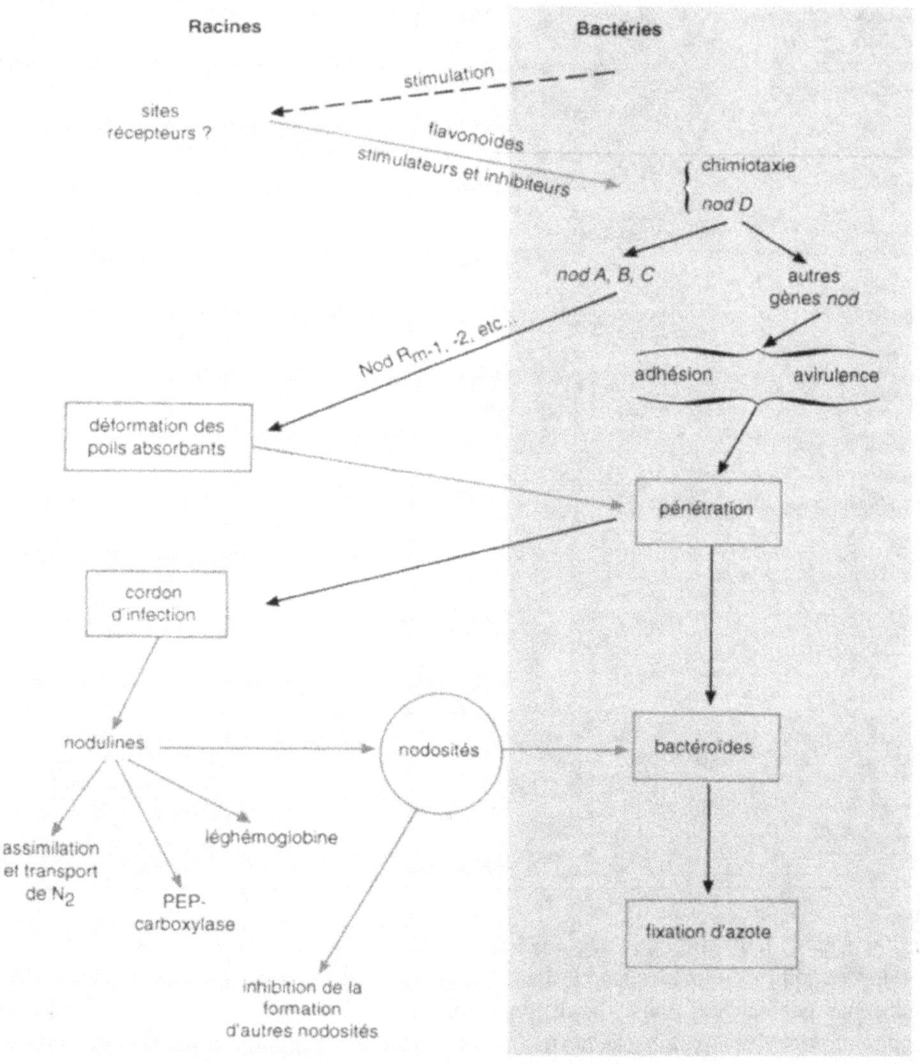

Figure 45. Schéma des étapes successives conduisant à la formation de nodosités fonctionnelles (d'après les synthèses de Rolfe et Gresshoff, 1988, et de Phillips, 1992). Cette représentation n'est vraisemblablement qu'un reflet partiel d'une réalité beaucoup plus complexe. En effet, on a par exemple mis récemment en évidence chez *Bradyrhizobium japonicum* d'autres gènes régulateurs répondant aux isoflavones (les gènes *nod V* et *W*) dont l'action paraît se combiner à celle de *nod D*, ainsi que des gènes *nol* répresseurs (Stacey *et al.*, 1995).

Fixateurs d'azote symbiotiques

La fixation d'azote par des Bactéries symbiotiques introduit chaque année dans les cycles biologiques 120 millions de tonnes d'azote, soit plus du double de l'apport dû aux Bactéries libres (Paul et Clark, 1989).

L'un des principaux groupes, et le plus anciennement connu, est celui des **Rhizobium** (à croissance rapide) et des *Bradyrhizobium* (à croissance lente) associés aux Légumineuses. La découverte d'une association fonctionnelle entre un *Bradyrhizobium* et une Ulmacée, *Parasponia parviflora* (Akkermans *et al.*, 1978), laisse entrevoir que la spécificité des Rhizobiacées est peut-être moins stricte qu'on ne le pensait. Les *Rhizobium* sont des Bactéries souvent abondantes au voisinage des racines des plantes, hôtes ou non-hôtes, particulièrement dans les sols dont le pH est voisin de 7. Elles peuvent parfaitement persister à l'état saprophytique mais, dans ce cas, fixent très peu ou pas d'azote. Les diverses étapes qui précèdent l'établissement et la mise en route de l'association symbiotique ont été très précisément étudiées ces dernières années. Le processus commence par un échange de signaux entre la plante-hôte et la Bactérie (fig. 45). Les graines en germination et la partie apicale des racines excrètent des **flavonoïdes** qui, à des concentrations nanomolaires, stimulent de façon sélective les *Rhizobium* présents dans l'environnement. Les *Rhizobium* eux-mêmes exercent vraisemblablement aussi une action stimulante sur la plante car la synthèse de flavanones et de chalcones est accrue lorsqu'ils sont à proximité des racines (Van Brussel *et al.*, 1990). Ces signaux ont un effet chimiotactique et, d'autre part, activent la transcription d'un ensemble de gènes de nodulation (gènes *nod*) dont les produits (Nod Rm-1, Nod Rm-2, etc.) déclenchent chez la plante les processus aboutissant à l'entrée de la Bactérie compatible. Leur effet le plus notable est la déformation des poils absorbants, qui précède l'infection (fig. 46), mais ils semblent intervenir aussi dans la fixation des *Rhizobium* sur leurs sites de pénétration. Chez la luzerne ou le soja, les Bactéries s'attachent sur la racine dans une zone très localisée, à la limite de la zone d'élongation. Elles infectent les poils absorbants après qu'ils se soient recourbés en prenant une forme en

Figure 46. Premiers stades de l'infection d'une Légumineuse par un *Rhizobium* compatible.
ci-dessous : déformation des poils absorbants induite par la présence des *Rhizobium* (cliché G. Truchet, CNRS).
ci-contre : cordon d'infection à l'intérieur d'un poil absorbant (cliché M. Obaton, INRA).

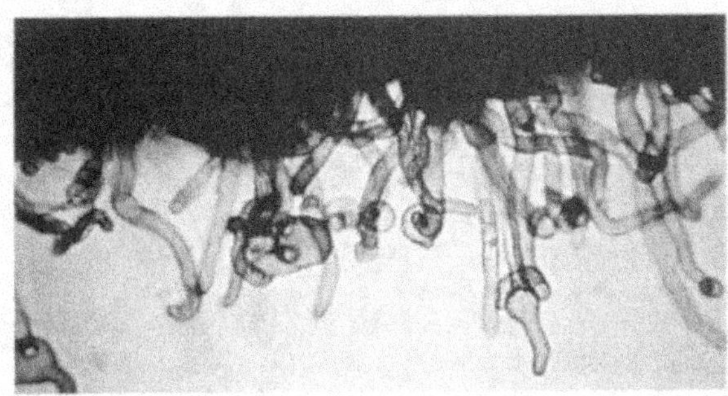

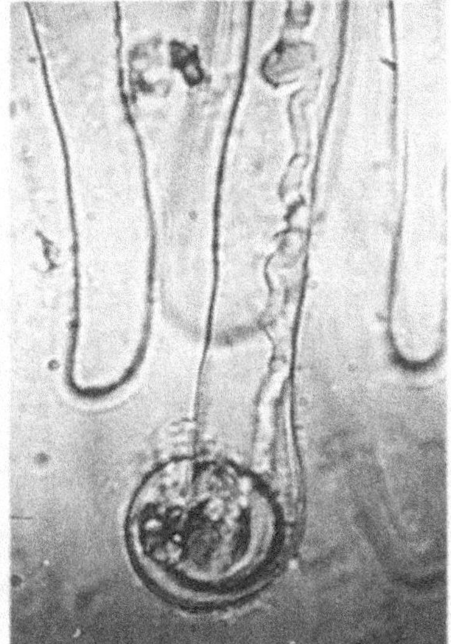

crosse caractéristique. Chez l'arachide, elles se fixent aux points d'émergence des racines latérales et, chez certaines Légumineuses tropicales comme les *Sesbania*, l'infection a lieu sur les tiges (on a créé pour ces Bactéries le genre *Azorhizobium*). La cellule infectée élabore une sorte de conduit revêtu de cellulose, le **cordon d'infection**, dans lequel s'engagent les Bactéries. Leur présence déclenche l'expression de gènes dont les produits (nodulines) provoquent la dédifférenciation de certaines cellules corticales. Celles-ci se multiplient et forment une excroissance, la **nodosité** (ou le nodule), reliée à l'appareil vasculaire de la plante qui assure l'approvisionnement énergétique du système. Le cordon d'infection traverse les parois cellulaires et se ramifie dans les nouvelles cellules formées, qui sont tétraploïdes. Les *Rhizobium* sont libérés à l'intérieur de ces cellules, mais ils restent isolés du cytoplasme par une membrane formée par l'hôte. Leur forme s'est modifiée et le complexe enzymatique fixateur d'azote a été activé : ils sont devenus des bactéroïdes (fig. 47). Parallèlement, sous l'action d'une noduline, les cellules de la nodosité ont élaboré une molécule proche de l'hémoglobine, de couleur brun-rouge, la **léghémoglobine**, qui assure le transport de l'oxygène vers les bactéroïdes en évitant l'inhibition de la nitrogénase. Les plantes possèdent un système de régulation complexe, encore mal connu, qui limite le nombre de nodosités formées et exclut la possibilité d'infections successives.

Les gènes de nodulation

Ils sont portés par le chromosome bactérien ou par des plasmides de grande taille. Ils comprennent :
- un gène *nod D* dont le produit réagit spécifiquement avec les flavonoïdes émis par les plantes et assure la régulation du fonctionnement des autres gènes *nod*, selon le schéma suivant :

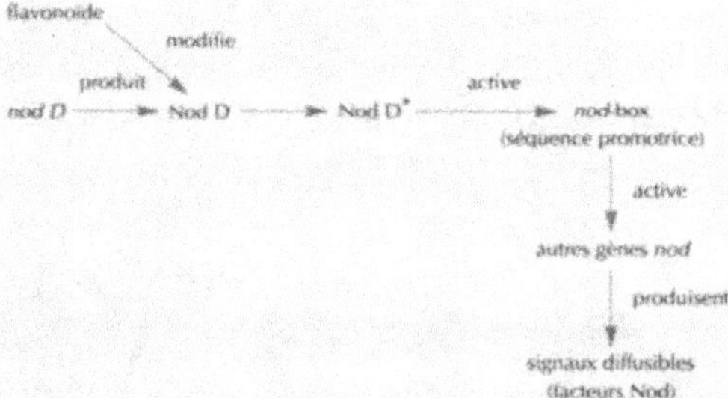

- des gènes *nod A, B* et *C*, souvent réunis en un même opéron, présents chez tous les *Rhizobium, Bradyrhizobium* et *Azorhizobium*, et appelés, pour cette raison, gènes communs. Activés par le gène *nod D*, ils produisent le ou les messager(s) responsable(s) de la déformation des poils absorbants de l'hôte. La structure chimique de ces messagers qui, comme les flavonoïdes, agissent à des concentrations nanomolaires, a été élucidée par Lerouge *et al.* (1990). Ils sont constitués de quatre molécules de N-acétyl-D-glucosamine (élément de base de la chitine) sur lesquelles sont greffés divers groupements.
- d'autres gènes *nod*, dits spécifiques. Ils déterminent la nature des groupements greffés sur la structure tétramérique de base. Ils sont, de ce fait, responsables de la spécificité d'hôte et de la reconnaissance entre la Bactérie et la plante, étape préalable à l'infection. On les dénomme parfois gènes *hsn* (host-specific *nod* genes).
- d'autres gènes (activateurs, comme les gènes *nod V* et *nod W*, ou répresseurs : gènes *nol*) contribuent probablement aussi à la régulation de l'expression des gènes *nod*.

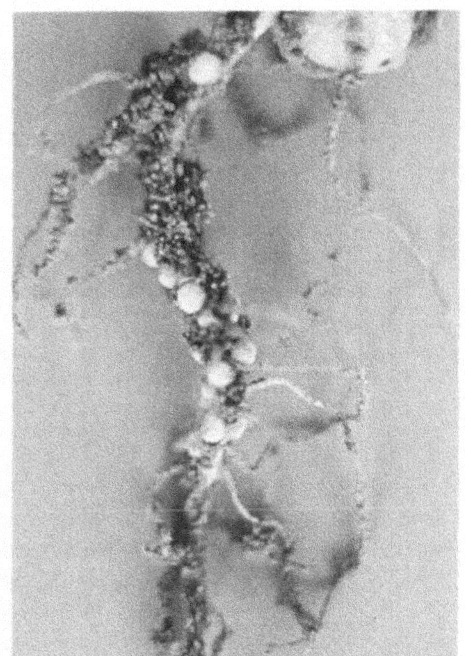

Figure 47. Nodosités, sièges de l'association symbiotique *Rhizobium* - Légumineuse. Ci-contre : nodosités formées sur une racine de pois (cliché N. Amarger, photothèque INRA). En bas à gauche : coupe transversale d'une nodosité (cliché J.-J. Drevon, INRA). En bas à droite : coupe dans une nodosité de lupin montrant les cellules envahies de bactéroïdes ; nu : nucléoles ; N : noyau (cliché M. Obaton, INRA).

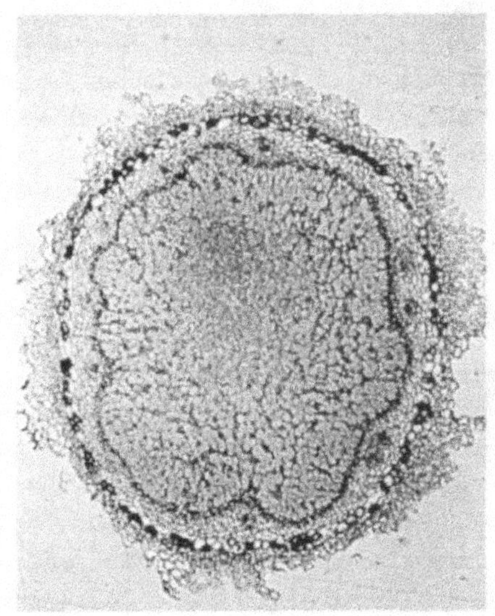

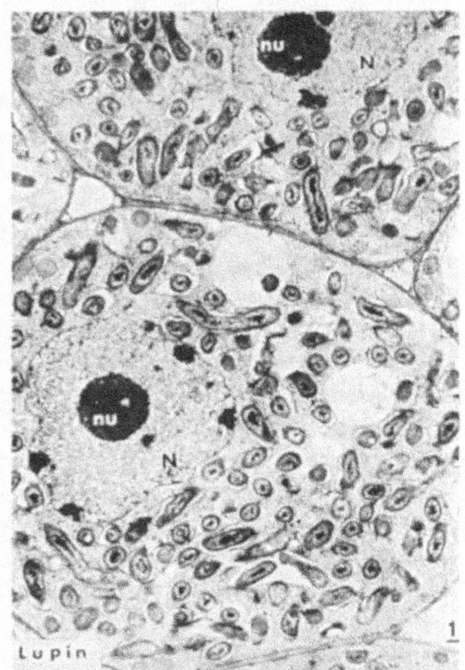

Les nodulines

Les nodulines sont des protéines exprimées dans les plantes-hôtes en réponse à des stimuli provenant des Bactéries symbiotiques. On distingue des nodulines précoces, précédant et accompagnant l'infection, et des nodulines tardives, apparaissant au début de la fixation de l'azote. Ce sont les produits de gènes impliqués dans :
- la déformation des poils absorbants
- la formation du cordon d'infection
- la morphogenèse de la nodosité
- la formation de la membrane enveloppante
- l'alimentation énergétique des bactéroïdes (PEP-carboxylase et sucrose synthase, par exemple)
- le transport d'oxygène dans les nodosités (léghémoglobines)
- l'assimilation de l'azote fixé et son transport dans les organes de la plante.

L'efficacité de la fixation d'azote dépend beaucoup des souches de *Rhizobium* ou de *Bradyrhizobium*. Elle dépend aussi du couple envisagé. D'une façon générale, la fixation est nettement plus élevée chez les Légumineuses tropicales que chez les tempérées, et chez les Légumineuses fourragères que chez les Légumineuses à graines. Bien souvent (chez le haricot, ou chez le soja) la récolte des graines exporte davantage d'azote hors du champ que la fixation symbiotique n'y en a fait entrer.

Longtemps éclipsés par les *Rhizobium*, handicapés aussi par la difficulté de leur étude (on ne sait les cultiver que depuis une quinzaine d'années), les **Frankia** sont désormais l'objet d'un intérêt soutenu. Ces Actinomycètes forment en effet des associations symbiotiques avec des arbres et des arbustes appartenant à 8 familles botaniques différentes, répandus sous tous les climats et qui, en général, sont capables de pousser sur des sols pauvres, acides, secs, hydromorphes ou salés. Ils pourraient donc constituer des essences précieuses pour la mise en valeur des terrains marginaux ou dégradés et pour les entreprises de reforestation. Comme les *Rhizobium*, les *Frankia* pénètrent par les poils absorbants et infectent ensuite les cellules du cortex racinaire, mais les nodosités se forment à partir de racines latérales modifiées qui conservent leur système vasculaire (fig. 48). Les processus de reconnaissance entre les deux partenaires de l'association sont encore très mal connus. Les nodosités sont digitées, parfois surmontées de racines qui remontent vers la surface (chez les *Casuarina* et les *Myrica* par exemple). Pérennes, ces nodosités peuvent devenir très volumineuses et rester actives pendant plusieurs années. Cette activité est toutefois soumise à des variations saisonnières non seulement, comme cela peut se concevoir, lorsque l'hôte est une essence tempérée à feuilles caduques mais même lorsqu'il s'agit d'espèces à feuillage persistant. Les mécanismes de protection de la nitrogénase des *Frankia* contre l'oxygène sont plus variés que ceux des *Rhizobium* : elle peut être incluse dans des vésicules (chez *Ceanothus americanus* par exemple), organes assimilables aux hétérocystes des Cyanobactéries, ou abritée par les parois épaissies et subérisées de la nodosité (comme c'est le cas chez les *Casuarina*) ; les transports d'oxygène sont alors assurés par une hémoglobine proche de celle des Légumineuses. Des situations intermédiaires existent (Tjepkema *et al.*, 1986). Le gène *Hup* permettant le recyclage de

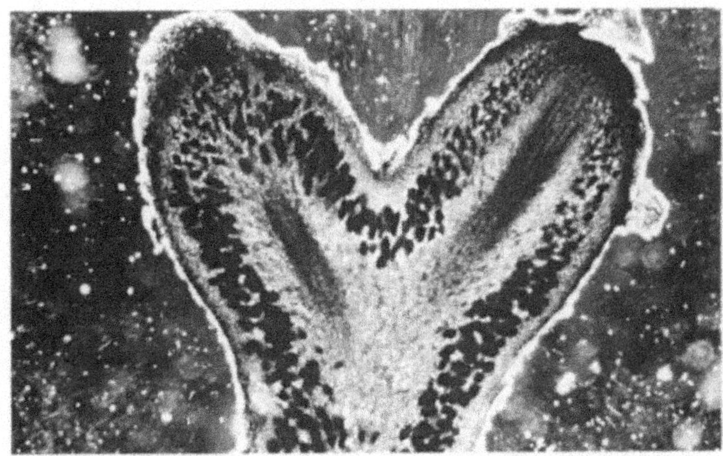

Figure 48. Coupe longitudinale d'un nodule d'aulne (*Alnus glutinosa*) induit par une souche de *Frankia*. Les cellules du cortex, contenant les hyphes et les vésicules de l'Actinomycète, apparaissent en sombre sur la photographie. On remarque aussi une portion des stèles centrales (cliché P. Normand, CNRS).

l'hydrogène est beaucoup plus fréquent dans les associations symbiotiques à *Frankia* que dans celles à *Rhizobium*. La fixation d'azote, très variable, peut atteindre 200 à 300 kg/ha/an dans le cas de certains aulnes (*Alnus*) et des filaos (*Casuarina*) qui sont, par ailleurs, les espèces les plus étudiées.

Les **Cyanobactéries** (*Nostoc* et *Anabaena*) participent également à des associations symbiotiques fixatrices d'azote avec des partenaires extrêmement variés : Cycadales tropicales, Fougères, Hépatiques et même Champignons (Lichens). L'une de ces associations présente un intérêt particulier : c'est celle des Fougères aquatiques flottantes du genre *Azolla* avec *Anabaena azollae*.

Une colonie bactérienne est associée au méristème apical de chaque tige de Fougère. La croissance de poils épidermiques multicellulaires qui se différencient en même temps que les feuilles au voisinage des colonies permet le passage des Bactéries dans des cavités ovoïdes constituées par un repli de l'épiderme dans la partie aérienne charnue des feuilles (Peters et Meeks, 1989). Sur les filaments jusque là indifférenciés d'*A. azollae* se forment alors des hétérocystes dans lesquels a lieu la fixation de l'azote. Les Bactéries n'ont apparemment pas de forme libre et sont transmises d'une génération de Fougère à l'autre. Quand les sporocarpes des *Azolla* se forment, sur la face ventrale des feuilles, ils sont colonisés selon un processus analogue à celui que nous venons de décrire. La contamination des gamétophytes puis, après fécondation, du nouveau sporophyte, est ainsi assurée. A la condition que le fer et le phosphore solubles ne constituent pas des facteurs limitants, la fixation d'azote peut être très élevée. Aussi les *Azolla* sont-elles largement utilisées (parfois depuis des siècles) dans la riziculture de l'Est-asiatique. Cultivées comme plantes de couverture en association avec le riz, elles peuvent apporter 100 kg d'azote par hectare. Si on les emploie comme engrais vert entre deux cultures de riz, le gain peut alors être de 330 kg par hectare (Paul et Clark, 1989) ; mais il est nécessaire dans ce cas de maintenir les Fougères en place pendant plusieurs mois, puis de les enfouir, ce qui limite l'intérêt de cette façon de procéder.

Mesure de la fixation biologique de l'azote

Trois méthodes différentes permettent l'évaluation quantitative de la fixation microbiologique de l'azote. L'une d'elles fait appel au dosage, par spectrographie de masse, de l'isotope ^{15}N incorporé dans la biomasse après enrichissement de l'atmosphère en ^{15}N. Elle est assez lourde à mettre en oeuvre. Dans une autre méthode, on utilise la propriété de la nitrogénase de réduire d'autres substrats trivalents que l'azote gazeux : sous une atmosphère d'acétylène, les Bactéries fixatrices produisent de l'éthylène que l'on peut doser par chromatographie en phase gazeuse. Cette technique, très utilisée, permet des mesures *in situ* mais l'interprétation des résultats est parfois délicate. Une troisième méthode, plus récente et plus sensible, consiste à doser l'hydrogène qui se dégage lors de la réduction de l'azote. Il est nécessaire de comparer la quantité totale d'hydrogène produite par l'activité de la nitrogénase en l'absence d'azote (sous une atmosphère d'oxygène et d'argon) à la quantité réellement émise sous une atmosphère normale. Cette méthode n'est utilisable que dans les symbioses où n'intervient pas le gène *Hup* permettant une récupération de l'hydrogène.

Principe du dosage de la fixation d'azote par la méthode à l'acétylène.

La nitrogénase catalyse non seulement la réduction de l'azote moléculaire et des protons, mais aussi celle de quelques composés comme l'acétylène, les cyanures, les azotures et l'azote nitreux.

En particulier, quand l'atmosphère contient plus de 10 % d'acétylène, l'enzyme est saturée et les autres substrats ne sont pas utilisés : il se forme de l'éthylène, à l'exclusion de l'ammoniac et de l'hydrogène :

$$HC \equiv CH + 2H^+ + 2e^- \longrightarrow H_2C = CH_2$$

La quantité d'éthylène formée est proportionnelle au flux d'électrons transférés par la nitrogénase et reflète donc son activité réductrice.

En pratique, l'échantillon de sol ou l'ensemble sol plus plante symbiotique est introduit sous une cloche constituée d'un film plastique comportant une valve étanche. Un volume connu d'acétylène est injecté sous la cloche à travers la valve. A des intervalles réguliers après l'introduction du gaz, des prélèvements du mélange gazeux sont faits à l'aide d'une seringue afin d'établir une cinétique de la fixation. La teneur en éthylène et en acétylène de l'air contenu dans la seringue est déterminée par chromatographie en phase gazeuse, par comparaison avec les pics d'un mélange étalon de composition connue. Une formule mathématique permet de calculer l'activité réductrice à partir de la pente de la droite de régression du rapport éthylène/acétylène en fonction du temps.

La présence dans le sol d'éthylène d'origine microbiologique doit être prise en compte, mais la précision de la méthode est surtout limitée par la difficulté d'établir une bonne correspondance entre la réduction de l'acétylène et celle de l'azote (couplée à la production d'hydrogène en conditions naturelles). Dans le cas de la nitrogénase au vanadium, l'activité réductrice peut faire apparaître une proportion non négligeable d'éthane H_3C-CH_3. Enfin, l'acétylène inhibe partiellement, mais pas dans les mêmes proportions, l'activité des deux types de nitrogénases (Eady *et al.*, 1988).

Un autre type d'association a été récemment décrit. Des Bactéries endophytes microaérobies fixatrices d'azote, appartenant aux genres *Acetobacter* et *Herbaspirillum*, ont été isolées à partir des racines, des rhizomes et même des feuilles de la canne à sucre et de quelques autres Graminées (Cavalcante et Döbereiner, 1988). *A. diazotrophicus* est la mieux connue. La présence de nitrates n'interfère pas avec la fixation de l'azote car cette Bactérie ne possède pas de nitrate réductase ; de plus, sa nitrogénase est très peu sensible à la présence d'azote ammoniacal.

L'ammonification

Un très grand nombre de Bactéries et de Champignons est capable de transformer l'azote de la matière organique en azote ammoniacal, aussi bien en conditions aérobies qu'en anaérobiose. Les protéines représentent la source principale d'azote, suivies par les sucres aminés et les bases puriques et pyrimidiques des acides nucléiques. L'attaque enzymatique de ces substrats est généralement facile *in vitro* lorsqu'ils sont apportés sous forme purifiée. Mais, dans la nature, ils sont le plus souvent liés à des molécules complexes. Les protéines, notamment, peuvent être fixées sur des polyphénols qui inhibent leur dégradation. Même des acides aminés simples, adsorbés sur des argiles, peuvent résister à l'action des enzymes. L'ammonification de la matière organique est donc relativement lente et il est souvent difficile de calculer, connaissant la teneur d'un sol, quelle fraction sera minéralisée et de combien d'azote les plantes pourront disposer. On considère en général qu'une culture peut bénéficier de 1 à 4 % de l'azote organique total présent dans le sol à un moment donné.

Une estimation de l'azote disponible doit en effet tenir compte des besoins des microorganismes qui l'utilisent préférentiellement sous cette forme réduite pour leurs propres synthèses. Nous avons vu (p. 141) que, dans certaines conditions, la microflore pouvait entrer en compétition avec les plantes et immobiliser à son profit tout l'azote assimilable. Cette immobilisation, toutefois, est toujours temporaire et les microorganismes jouent, le plus souvent, un rôle régulateur précieux. Une autre partie de l'azote minéralisé est soustraite de la solution du sol par adsorption sur le complexe argilo-humique, par piégeage à l'intérieur des feuillets d'argile ou par complexation avec les substances humiques (ce sont probablement ces ions NH_4^+ captifs qui sont libérés sous l'effet du rayonnement infrarouge et d'une dessication prolongée : voir p. 101). Une partie enfin peut être perdue sous forme d'ammoniac gazeux si le pH est trop élevé (fig. 49). Des pertes d'azote par dégagement d'ammoniac peuvent aussi survenir dans un sol de pH neutre ou même légèrement acide, en présence d'un substrat organique trop rapidement décomposé : l'abondance des ions NH_4^+ peut en effet relever localement le pH de 1 ou 2 unités. Dans ces conditions, c'est la forme NH_3 qui prédomine, et les pertes par volatilisation peuvent être importantes. Une telle situation peut se rencontrer lorsqu'on apporte une fumure azotée sous forme d'urée (facilement hydrolysable) dans des circonstances favorables à un développement actif de la microflore : sol humide, température élevée, engrais enfoui très superficiellement.

La nitrification

L'azote ammoniacal soluble ou facilement échangeable du sol est plus ou moins rapidement transformé en azote nitrique. Cette oxydation, dont l'origine biologique avait été

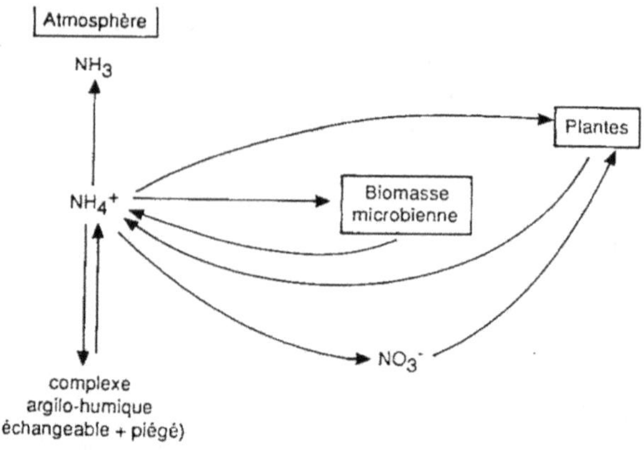

Figure 49. Le devenir des ions ammonium dans le sol.

pressentie par Pasteur, est réalisée en deux étapes par des Bactéries chimioautotrophes très spécialisées. Existant apparemment dans tous les types de sols, elles ne représentent pourtant qu'un très petit nombre de genres et d'espèces. Aérobies strictes, elles utilisent le dioxyde de carbone ou les carbonates comme seule source de carbone. Le premier groupe tire son énergie de l'oxydation de l'ammoniaque en nitrite. La réaction ne se fait pas directement mais passe au moins par un intermédiaire, l'hydroxylamine, dont l'oxydation incomplète peut donner lieu à l'émission d'oxyde nitrique NO. L'espèce *Nitrosomonas europaea* est de loin la plus répandue. Le second groupe utilise comme source d'énergie l'oxydation des nitrites et les transforme directement en nitrates. L'espèce dominante de cette catégorie est *Nitrobacter winogradskyi*.

Ces Bactéries ont été identifiées pour la première fois par Winogradski en 1890. Elles sont très difficiles à obtenir en culture pure et se multiplient lentement. Aussi, malgré leur grande importance économique, sont-elles encore assez mal connues. Elles prolifèrent dans les sols bien aérés et sont surtout actives pendant les périodes tièdes et humides, c'est-à-dire, dans nos régions, au printemps et en automne. L'activité printanière est tout à fait favorable aux cultures puisque l'azote nitrique produit est particulièrement bien assimilé par la plupart des plantes. Par contre, le regain d'activité que l'on observe à l'automne est souvent calamiteux. Il a lieu en effet à une période où le sol contient d'abondants résidus de récolte, constituant des substrats organiques, mais ne porte plus de végétation susceptible d'utiliser l'azote minéralisé. Une grande quantité de nitrates risque donc d'être entraînée en profondeur par les pluies, toujours abondantes en cette saison. L'azote nitrique, en effet, contrairement à l'azote ammoniacal, n'est pas retenu par le complexe absorbant. Pour éviter ces pertes, on a donc cherché à ralentir l'action des Bactéries nitrifiantes. Plusieurs inhibiteurs ont été expérimentés, le plus connu étant la 2-chloro-6-trichlorométhyl pyridine (voir p. 298). Rappelons que l'enfouissement d'un substrat lignocellulosique permet d'immobiliser l'azote soluble sous forme de biomasse microbienne.

A côté de la nitrification qui est le fait des Bactéries chimioautotrophes, on a mis en évidence une nitrification réalisée par des Bactéries hétérotrophes et certains Champignons. Ce processus, encore peu étudié, semble négligeable par rapport à la nitrification autotrophe.

Quelques réactions types de la minéralisation de l'azote

• **ammonification**

– *protéines* ⟶ peptides ⟶ acides aminés :

$$NH_2\text{-}R\text{-}CONH\text{-}R'\text{-}COOH + H_2O \longrightarrow NH_2\text{-}R\text{-}COOH + NH_2\text{-}R'\text{-}COOH$$

– *acides aminés* ⟶ ammoniac :

$$\underset{\underset{NH_2}{|}}{R\text{-}CH\text{-}COOH} \longrightarrow \underset{\underset{NH}{\|}}{R\text{-}C\text{-}COOH} \longrightarrow \underset{\underset{O}{\|}}{R\text{-}C\text{-}COOH} + NH_3$$

ou bien : $\underset{\underset{NH_2}{|}}{R\text{-}CH\text{-}COOH} \longrightarrow R\text{-}CH_2\text{-}COOH + NH_3$

Ces deux réactions peuvent être couplées. D'autres réactions de désamination sont possibles.

– *acides nucléiques* ⟶ mononucléotides ⟶ P + sucre + base azotée.
Base purique ou pyrimidique ⟶ urée ⟶ carbamate d'ammonium ⟶ ammoniac :

$$NH_2\text{-}CO\text{-}NH_2 + H_2O \longrightarrow NH_2\text{-}COO\text{-}NH_4 \longrightarrow 2NH_3 + CO_2$$

• **nitrification**

– *nitrosation*

ammoniaque ⟶ hydroxylamine ⟶ ? ⟶ acide nitreux :

$$NH_4OH \longrightarrow NH_2OH \longrightarrow ? \longrightarrow HNO_2$$

– *nitratation*

$$(NO_2^- + H_2O) + 2 \text{ cytochrome Fe}^{3+} \longrightarrow NO_3^- + 2 \text{ cyt. Fe}^{2+} + 2H^+$$
$$2H^+ + 2 \text{ cyt. Fe}^{2+} + 1/2 O_2 \longrightarrow 2 \text{ cyt. Fe}^{3+} + H_2O$$

La dénitrification

Lorsque la teneur en oxygène de l'atmosphère du sol devient insuffisante pour qu'il puisse remplir son rôle d'accepteur d'électrons, les nitrates peuvent être réduits en nitrites par un nombre relativement élevé de microorganismes. (Il s'agit là d'une réduction sans utilisation de l'azote, contrairement à la réduction assimilative opérée par les plantes et les microorganismes après l'absorption des nitrates). Ces nitrites peuvent être par la suite convertis en ammoniac (fig. 50). Mais si le potentiel d'oxydo-réduction continue à s'abaisser (de 300 à 100 mV environ), certaines Bactéries réduisent les nitrites en oxyde nitreux et en azote moléculaire, qui s'échappent vers l'atmosphère extérieure. Ces pertes représentent ordinairement 10 à 15 % de la production annuelle d'azote nitrique mais elles peuvent être beaucoup plus élevées si les circonstances sont favorables, c'est-à-dire si un apport de matière organique facilement décomposable est suivi d'une période d'anoxie (après une forte pluie) alors que la température est élevée. Dans un sol normalement aéré, la dénitrification peut se poursuivre dans des microsites particuliers : à l'intérieur des micro-agrégats et, semble-t-il, dans la rhizosphère.

Une dénitrification d'origine purement chimique peut aussi avoir lieu par décomposition des nitrites à des pH élevés (voisins de 9, ce qui est possible ponctuellement en présence d'excès d'engrais ammoniacaux) ou très acides (inférieurs à 5, ce qui est plus rare car les Bactéries nitrosantes sont alors peu actives). Contrairement à la dénitrification biologique, la dénitrification chimique est possible en présence d'oxygène.

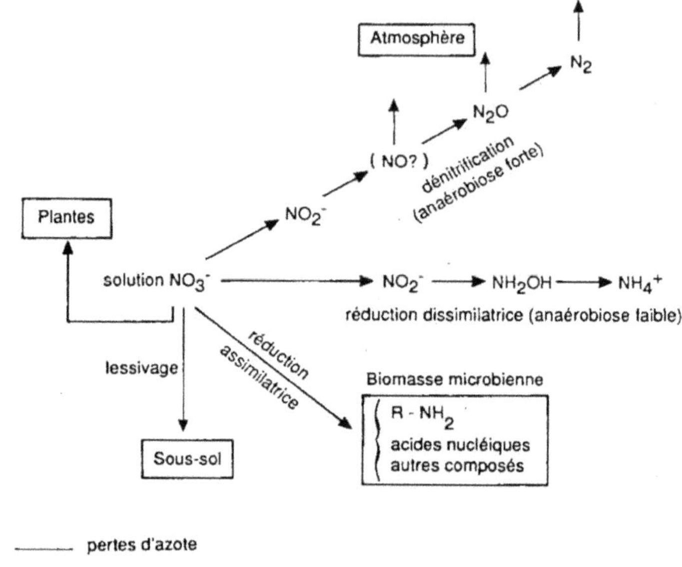

Figure 50. Le devenir des ions nitrate dans le sol.

Lorsque l'azote est un facteur limitant, la dénitrification représente une perte nette des réserves. Dans les pays industrialisés toutefois, les terrains agricoles sont plutôt caractérisés par un excès que par un manque de nitrates. La dénitrification peut alors être considérée comme un phénomène régulateur permettant d'éviter une pollution excessive du sous-sol. On peut même envisager de la stimuler dans certaines zones sensibles comme les aires d'épandage du lisier. La Bactérie chimiolithotrophe *Thiobacillus denitrificans* est, à ce titre, digne d'intérêt car, en anaérobiose, elle utilise les nitrates pour oxyder le soufre en sulfate :

$$5S + 6NO_3^- + 2H_2O \longrightarrow 3N_2 + 5SO_4^{--} + 4H^+$$

Cette réaction ne dégage en principe que de l'azote, alors que d'autres Bactéries, comme par exemple *Corynebacterium nephredii*, produisent de l'oxyde nitreux N_2O (Renner et Becker, 1970). Ce composé volatil peut avoir des effets néfastes sur l'environnement. En effet, parvenu dans la stratosphère, il est dissocié par la lumière et forme de l'oxyde nitrique NO qui peut contribuer à la destruction de la couche d'ozone selon la réaction : $NO + O_3 \longrightarrow NO_2 + O_2$. Il paraît donc à la fois plus simple et plus sage de veiller à éviter les excès d'azote que d'essayer de les résorber *a posteriori*.

Le cycle du phosphore

Bien que moins abondant dans les cellules que les quatre éléments C, H, O et N, le phosphore n'en est pas moins un des matériaux de base de la matière vivante. Il entre dans la composition des nucléotides des acides nucléiques et des transporteurs d'énergie, il est présent dans les phospholipides et les sucres phosphatés ; il se trouve fréquemment, chez les plantes, sous forme de phosphate d'inositol ou phytine. Contrairement au carbone, à l'azote et, comme nous le verrons, au soufre, le phosphore ne se rencontre que dans le sol, pas dans l'atmosphère. Malheureusement, la plus grande partie du phosphore du sol, minéral ou organique, est insoluble. La concentration de la solution du sol est, de ce fait, très basse : en moyenne 0,03 mg/l (essentiellement sous forme de $H_2PO_4^-$), et les besoins de la végétation sont souvent difficiles à satisfaire (Hayman, 1975). L'épuisement rapide de la solution est évité par la désorption progressive des ions retenus par le complexe adsorbant. Mais le renouvellement de ce stock requiert la solubilisation du phosphore insoluble. Les phosphatases des racines remplissent en partie cette fonction, mais les microorganismes jouent aussi un rôle non négligeable. Le phosphore mis en solution provient à la fois des réserves minérales du sol et du recyclage du phosphore organique (fig. 51).

Le phosphore minéral insoluble est constitué de phosphates, souvent fluorés, de calcium (sols neutres ou alcalins), de fer et d'aluminium (sols acides). De nombreux microorganismes sont capables de solubiliser ces sels grâce aux acides organiques (citrique, oxalique, lactique, succinique, sans oublier l'acide carbonique produit par la respiration) ou aux chélates (acide 2-cétogluconique) qu'ils excrètent. En anaérobiose, la disponibilité du phosphore peut se trouver accrue grâce à une réaction du sulfure d'hydrogène (résultant de la réduction biologique des sulfates) sur le phosphate de fer. Il y a précipitation de sulfure de fer et libération d'acide phosphorique.

La minéralisation du phosphore organique est assurée assez rapidement par l'hydrolyse des liaisons phosphates grâce à diverses phosphatases :

$$R - PO_4H_2 + H_2O \longrightarrow R - OH + H_3PO_4$$

Selon le pH du milieu, les ions phosphates sont sous forme PO_4^{3-} (sols alcalins), HPO_4^{2-} (sols neutres) ou $H_2PO_4^-$ (sols acides). C'est la forme $H_2PO_4^-$ qui est la plus facilement utilisable par les plantes.

L'hydrolyse des phytines, par des phytases, semble plus difficile à réaliser, de sorte que ces composés constituent une fraction importante du phosphore organique du sol. La minéralisation est surtout intense aux pH proches de la neutralité.

Tout le phosphate solubilisé n'est, bien sûr, pas libéré dans le milieu. Une partie, plus ou moins importante suivant leurs possibilités de multiplication, est immobilisée par les populations bactériennes et provisoirement soustraite aux plantes. On considère que la quantité de phosphore ainsi retenue dans la biomasse microbienne est équivalente à celle qui est présente dans la végétation (Hayman, 1975). Le rapport C/P d'un substrat au-delà duquel les microorganismes entrent en concurrence avec les plantes pour le phosphore est de l'ordre de 300. Il est, en pratique, rarement dépassé, sauf pour des amendements très cellulosiques ou très ligneux.

Les Bactéries capables de minéraliser le phosphore organique ont suscité un grand intérêt dans les années 50. Les chercheurs soviétiques, notamment, espéraient, grâce à elles, améliorer la nutrition phosphatée des cultures. Une souche sélectionnée, dite «phosphaticum», de *Bacillus megaterium* a, dans ce but, été utilisée à très grande échelle à cette époque sous le nom de «phosphobactérine», avec des augmentations de rendement annoncées de l'ordre de 10%. Ces essais, repris dans d'autres pays en conditions contrô-

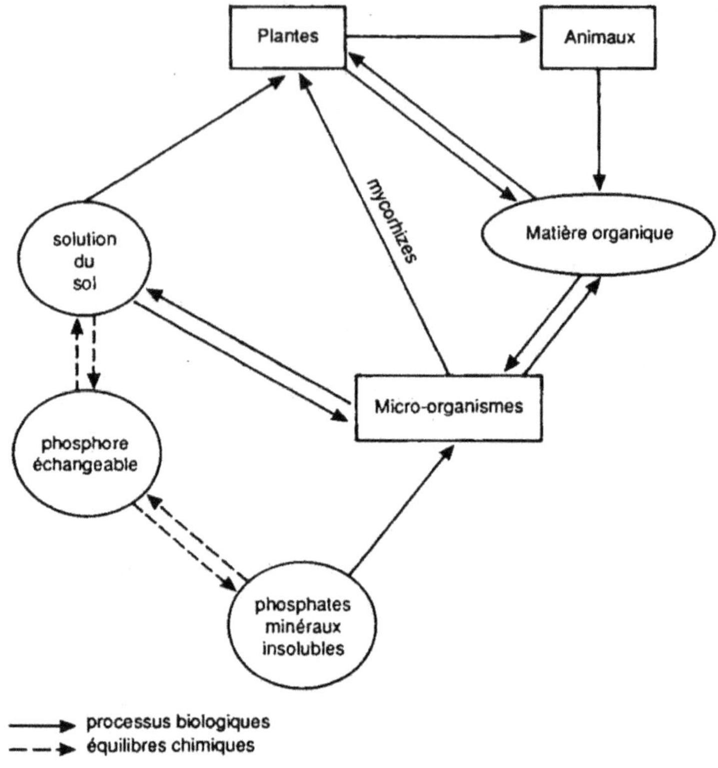

Figure 51. Le cycle du phosphore.

lées, ont fourni dans l'ensemble des résultats comparables. Mais plusieurs autres Bactéries et quelques Champignons, non impliqués dans la minéralisation du phosphore, se sont montrés capables de donner des augmentations de rendement équivalentes (Brown, 1974). Il semble maintenant reconnu que les effets positifs de la bactérisation sont plutôt attribuables à la production de substances de croissance qui stimulent le métabolisme de la plante et, éventuellement, à une action antagoniste vis-à-vis des microorganismes parasites. Des hormones du type des gibbérellines ont d'ailleurs été mises en évidence dans des filtrats de culture de *B. megaterium* et de *Pseudomonas* spp. (Montuelle, 1966).

> L'idée d'utiliser des microorganismes pour améliorer la nutrition phosphatée des plantes refait néanmoins surface depuis quelques années. Des essais réalisés avec le Champignon *Penicillium bilaii* ont montré qu'il était possible d'augmenter l'assimilation du phosphore et les rendements chez le blé, des Crucifères fourragères et diverses Légumineuses (Kucey *et al.*, 1989).

Si les Bactéries n'ont sans doute qu'une importance secondaire pour l'alimentation phosphatée des végétaux, les Champignons associés aux racines dans les **mycorhizes** sont, eux, des auxiliaires irremplaçables (voir p. 286). Du fait de la faible teneur en phosphore de la solution du sol, la concentration des ions $H_2PO_4^-$ dans la zone des poils absorbants diminue très rapidement et la lenteur de leur diffusion ne permet pas un renouvellement assez rapide pour que l'alimentation de la plante soit à la mesure de ses besoins. Le réseau très dense et très étendu constitué par les filaments mycéliens des mycorhizes permet une augmentation considérable à la fois du volume prospecté et de la surface d'absorption. Des essais au ^{32}P ont montré que le phosphore pouvait être collecté jusqu'à 7 ou 8 centimètres de la racine par les endomycorhizes, jusqu'à 20 centimètres par les ectomycorhizes : chiffres qui prennent toute leur signification lorsqu'on les compare à la longueur, proche du millimètre, des poils absorbants. Les phosphatases acides des Champignons ectomycorhizogènes contribuent aussi à la minéralisation du phosphore (Deransart *et al.*, 1990). Un effet synergique a même été mis en évidence entre une Bactérie (*Bacillus* sp.) et un Champignon symbiotique de *Pinus caribaea* (*Pisolithus tinctorius*) : l'association des deux microorganismes stimule très significativement l'absorption du phosphore à partir d'un phytate (Chakly et Berthelin, 1982).

Le cycle du soufre

Le soufre fait partie des éléments majeurs nécessaires aux êtres vivants. On en trouve dans trois acides aminés usuels (méthionine, cystéine et cystine), dans des vitamines (thiamine, biotine) et dans divers autres composés organiques importants (glutathion, coenzyme A, ferrédoxines, sulfates, glucosinolates des Crucifères, ...).

Des traces de soufre minéral sont présentes dans l'atmosphère sous forme de dioxyde de soufre et les plantes peuvent en tirer parti par absorption foliaire. Leur source principale d'approvisionnement est néanmoins constituée par les sulfates, qui ne représentent qu'une petite partie des réserves de soufre du sol. L'essentiel est sous forme organique et n'est pas directement assimilable (les acides aminés mis à part) : l'évaluation de la teneur en soufre totale d'un sol ne donne aucune information sur la disponibilité immédiate de cet élément.

Le soufre doit donc être d'abord minéralisé. Cette conversion peut être réalisée par un grand nombre de Bactéries et de Champignons à condition que l'humidité du sol et la température soient suffisamment élevées. En conditions aérobies, le soufre réduit des composés organiques est généralement oxydé en sulfates. (L'urine des animaux est également une importante source de sulfates). En conditions anaérobies, l'hydrolyse des acides aminés produit uniquement des sulfures.

Une partie seulement du soufre minéralisé à partir des déchets organiques est libérée dans le sol. Le reste est utilisé par les microorganismes pour leurs propres synthèses et donc temporairement immobilisé. Le degré d'immobilisation dépend, comme nous l'avons déjà vu dans le cas de l'azote, de la composition du substrat. La biomasse microbienne contient environ 1 atome de soufre pour 100 à 150 atomes de carbone. Si le rapport C/S du substrat est supérieur à 200, tout le soufre disponible sera utilisé par les microorganismes ; s'il est inférieur, il y aura libération de soufre minéral. On peut, de la même façon, définir un rapport N/S qui est de l'ordre de 10.

Le dioxyde de soufre atmosphérique

A l'écart des régions industrialisées, la concentration de l'atmosphère en dioxyde de soufre ne dépasse pas 3 µg/m³. Ce gaz provient de l'oxydation des émanations biologiques de sulfure d'hydrogène et, pour une faible part, de l'activité volcanique. Autour des grands complexes industriels, le dioxyde de soufre atmosphérique provient essentiellement de la combustion de la houille ou du pétrole et du traitement des minerais. Sa concentration, dans ces régions, peut être en moyenne 100 fois plus élevée que la teneur naturelle. Lors de l'inversion de température qui eut lieu au-dessus de la ville de Londres, en pleine période de «smog», en décembre 1962, empêchant les gaz polluants de s'échapper, le taux de dioxyde de soufre atteignit même 2,1 mg/m³ pendant 3 j, provoquant de nombreux décès (Anderson, 1978). Les mesures prises depuis cette époque dans la plupart des pays occidentaux ont permis de ramener ces valeurs à des chiffres plus acceptables, mais néanmoins encore très supérieurs aux valeurs naturelles. L'oxydation spontanée du dioxyde de soufre dans l'atmosphère donne de l'acide sulfurique qui, avec l'acide nitrique provenant des oxydes d'azote, donne lieu au phénomène des pluies acides.

Les retombées annuelles de soufre atmosphérique sont de l'ordre de 1 kg/ha dans les zones non polluées mais elles peuvent dépasser 100 kg/ha dans certaines régions à forte concentration industrielle. D'autre part, la plupart des engrais utilisés en culture intensive contiennent des sulfates. En raison de ce double apport (auquel il faut parfois ajouter le soufre des produits pesticides), les carences en soufre sont rares dans les pays développés, mais il peut ne pas en être de même dans des contrées peu industrialisées.

Les Lichens sont des détecteurs très sensibles de la pollution atmosphérique due au soufre. Ainsi, l'espèce nord-européenne *Lobaria pulmonaria* disparaît dès que la concentration de dioxyde de soufre dépasse 30 µg/m³.

Les formes minérales réduites du soufre peuvent subir dans le sol une oxydation biologique dans laquelle plusieurs communautés microbiennes interviennent. Cette oxydation peut être réalisée par un grand nombre d'organismes hétérotrophes, se développant plutôt à des pH proches de la neutralité. Ils amènent le soufre à l'état de tri et de tétra-thionates, et finalement de sulfates. On ne sait pas encore très bien à quels cycles métaboliques se rattachent ces réactions, qui ne semblent pas fournir d'énergie. L'oxydation du soufre peut être due aussi à des Bactéries chimiolithotrophes aérobies spécialisées qui utilisent l'énergie produite pour réaliser la synthèse de leurs composés organiques à partir du dioxyde de carbone atmosphérique. Les plus répandues appartiennent au genre *Thiobacillus*. Ce groupe, dont l'homogénéité est fortement remise en question, comprend des espèces dont le pH optimum va de la neutralité à des valeurs très basses ; toutes supportent l'acidité. D'autres organismes spécialisés, aérobies comme les Beggiatoales ou anaérobies comme les Bactéries photolithotrophes pigmentées sont aussi capables d'oxyder les sulfures en soufre et en sulfates. Elles peuvent avoir des fonctions écologiques importantes, mais elles sont confinées dans des milieux particuliers : étangs, océans, sources sulfureuses.

Inversement, les formes minérales oxydées du soufre peuvent être réduites biologiquement. Pour les incorporer dans leurs acides aminés, les microorganismes (et les plantes) doivent réduire les sulfates qu'ils ont absorbés. Il s'agit là d'une réduction assimilative à l'issue de laquelle le soufre est réintroduit dans de la matière organique. Mais il existe aussi une réduction dissimilative dans laquelle les sulfates ne sont pas employés comme matériaux mais simplement comme accepteurs d'électrons en conditions anaérobies, au terme d'une succession d'oxydo-réductions (voir p. 104). Quelques genres de Bactéries seulement sont capables d'utiliser de cette façon les sulfates. Les plus connus sont *Desulfovibrio* et *Desulfotomaculum*.

Le cycle du soufre est donc, comme ceux du carbone et de l'azote, un cycle complexe dans lequel on retrouve les alternances forme minérale-forme organique, formes oxydées-formes réduites, présence dans le sol-présence dans l'atmosphère.

Action sur les composés xénobiotiques

La durée de vie dans le sol des composés xénobiotiques est extrêmement variable. Certaines matières plastiques hautement polymérisées sont d'une longévité exceptionnelle. D'autres produits organiques de synthèse peuvent être au contraire très rapidement minéralisés et recyclés. Cette minéralisation est d'origine à la fois physico-chimique et biologique.

La dégradation, lorsqu'elle a lieu selon des voies abiotiques, commence généralement immédiatement et la concentration du produit diminue de façon exponentielle au fur et à mesure que le temps passe (fig. 52).

Biodégradation

Lorsque le phénomène est dû à des processus biologiques, il s'écoule ordinairement une période - de quelques heures à quelques jours - pendant laquelle il ne se produit apparemment rien : c'est la **période de latence**. Puis le composé commence à disparaître. Sa

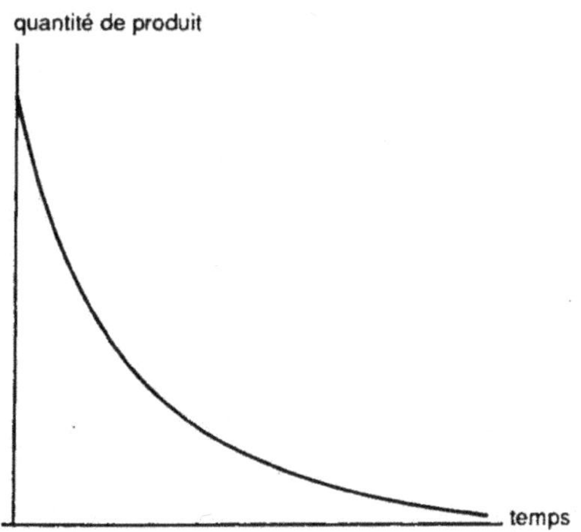

Figure 52. Dégradation d'un produit par des mécanismes physicochimiques. La concentration diminue de façon exponentielle : $C = C_0 e^{-Kt}$.

vitesse de dégradation augmente jusqu'à une valeur maximum puis demeure constante pendant un certain temps. Enfin, après cette phase linéaire pendant laquelle la concentration du produit diminue régulièrement, la dégradation ralentit peu à peu ; vitesse et concentration tendent asymptotiquement vers zéro (fig. 53).

La majorité des pesticides agricoles actuellement utilisés sont susceptibles d'être biodégradés à court ou moyen terme dans la mesure, toutefois, où une forte et rapide adsorption ne les met pas provisoirement à l'abri. Un taux d'argile élevé augmente leur durée de vie (mais, pour les mêmes raisons, réduit leur activité).

Dans les zones très arides, comme le Néguev, par exemple, en Israël, les herbicides doivent cependant être utilisés avec beaucoup de précautions. Ils peuvent en effet persister à des doses phytotoxiques parce que la microflore n'est pas suffisamment active pour les dégrader, entre deux cultures, en l'absence d'irrigation.

Il est facile de montrer que la dégradation d'un composé est d'origine biologique. Il suffit pour cela de stériliser un échantillon de sol, puis d'y introduire le substrat et de mettre le mélange en incubation dans des conditions proches de celles dans lesquelles le phénomène est observé au champ. Si des dosages, réalisés à intervalles réguliers, ne montrent pas de diminution appréciable de la concentration, c'est qu'une activité biologique est nécessaire à la disparition du composé.

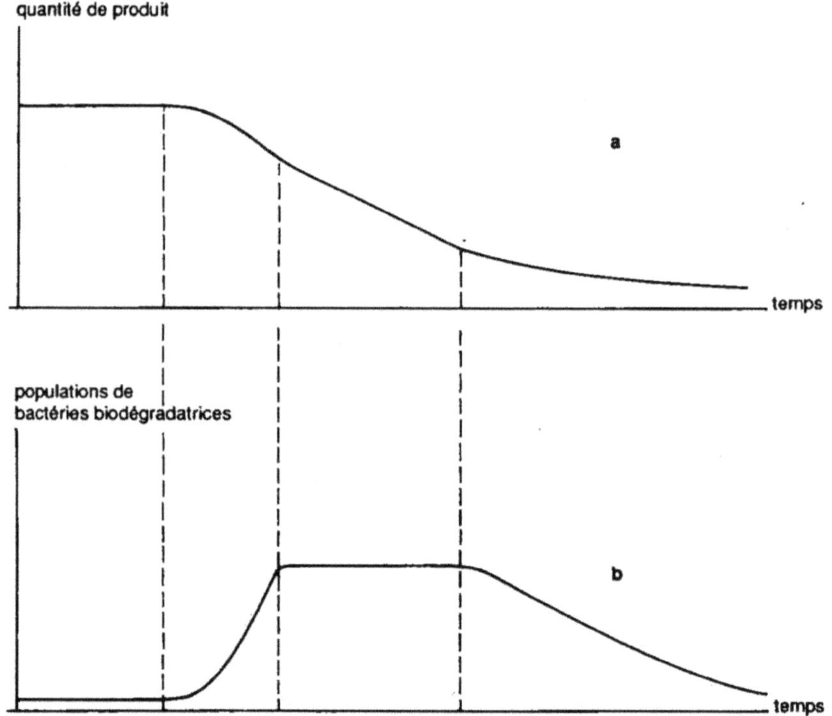

Figure 53. Dégradation biologique d'un produit xénobiotique (a) et évolution de la microflore biodégradatrice (b) pendant la période correspondante.

On peut se demander comment les microorganismes peuvent métaboliser des substrats en présence desquels ils ne s'étaient encore jamais trouvés. Dans quelques cas les structures stéréochimiques des composés xénobiotiques sont assez proches de celles de composés naturels pour que l'équipement enzymatique microbien soit suffisant. Certaines enzymes inactives en présence d'un substrat étranger peuvent acquérir une nouvelle spécificité par mutation de leur gène de structure ou de gènes régulateurs. On connaît aussi des exemples de mise en activité de gènes jusqu'alors inexprimés, à la suite de réarrangements sur le chromosome ou sur des plasmides. On a enfin quelques exemples où le déblocquage d'un processus catabolique est dû à l'acquisition par le microorganisme de gènes plasmidiques codant pour des enzymes à spectre plus étendu que celles dont il disposait.

Les agents responsables de la biodégradation se recrutent parmi les Bactéries et les Champignons, beaucoup plus rarement chez les Algues. Une population microbienne particulière peut avoir la possibilité de métaboliser le produit xénobiotique s'il a, par ailleurs, une analogie avec une molécule naturelle. Après une période d'induction, les enzymes nécessaires sont alors synthétisées. Le plus souvent, seuls quelques individus sont initialement capables de participer à la biodégradation. Leur proportion est d'abord infime car ils ne peuvent, en temps ordinaire, tirer aucun avantage sélectif de leurs aptitudes à métaboliser un produit qui n'existe pas dans les écosystèmes naturels. Cependant, en présence de ce nouveau substrat, ils commencent à se multiplier et, après une phase de latence, ils atteignent exponentiellement un niveau auquel leur nombre se stabilise : c'est la phase stationnaire, pendant laquelle la concentration du produit diminue linéairement en fonction du temps (fig. 53). La population décline ensuite progressivement avec la disparition du substrat.

Nous avons implicitement considéré, dans tout ce qui précède, que la molécule étrangère était utilisée comme un substrat nutritif ordinaire par les microorganismes et assimilée en tout ou en partie, en d'autres termes, métabolisée. On connaît effectivement une quantité de Bactéries et de Champignons capables d'utiliser des composés xénobiotiques, et en particulier des pesticides, comme seule source de carbone et même parfois d'azote. Les gènes qui permettent cette métabolisation sont fréquemment portés par des plasmides. L'association de plusieurs espèces microbiennes différentes est le plus souvent nécessaire pour venir à bout des molécules, comme cela se produit aussi avec des substrats naturels complexes (voir p. 137). Cependant la disparition des molécules xénobiotiques dans les écosystèmes peut être due aussi, dans certains cas, à un autre processus que l'on appelle la cométabolisation.

Il y a **cométabolisation** lorsque la dégradation d'un composé organique n'apporte ni énergie, ni éléments assimilables à une population microbienne. Ce phénomène a lieu lorsque, en se développant sur un autre substrat qui, lui, est adéquat, la population microbienne excrète dans le milieu des enzymes dont certaines pourront, en quelque sorte par hasard, rencontrer des sites récepteurs sur le produit xénobiotique et donc agir sur lui. Cette biodégradation accidentelle est très difficile à mettre en évidence puisque, ne profitant pas aux microorganismes qui en sont responsables, elle ne s'accompagne d'aucune stimulation de leur croissance : on n'observe pas de développement des Bactéries si on leur fournit, *in vitro*, ce substrat comme seule source de carbone.

L'aptitude des microorganismes à dégrader des substrats organiques complexes fait actuellement l'objet d'études poussées. Ils peuvent en effet contribuer de façon très efficace à la dépollution des sites industriels contaminés par l'accumulation intentionnelle ou le déversement accidentel de produits toxiques : hydrocarbures chlorés ou non, créosote des anciennes usines à gaz, composés phénoliques, etc. Les Bactéries, faciles à cultiver en fermenteur, paraissent particulièrement intéressantes et des souches à hautes performances ont déjà été sélectionnées. Mais les populations naturellement présentes sur les sites pollués peuvent être également utilisées avec succès. Plusieurs réhabilitations de sites par voie biologique ont été réalisées à grande échelle ces dernières années, *in situ* ou sur des aires de traitement avec récupération des effluents, ou en bioréacteurs (Bourquin, 1990).

La biodégradation accélérée

Nous avons décrit dans le paragraphe précédent les étapes de la disparition d'une molécule xénobiotique introduite pour la première fois dans le sol. Si une seconde application est faite peu de temps après la première, on constate que le temps de latence est beaucoup plus court. Il pourra même ne plus y avoir de latence du tout après une troisième application. C'est que la flore dégradatrice, stimulée par le premier apport, est encore présente dans le sol à un niveau assez élevé pour que ses effets se manifestent immédiatement. De nouvelles applications pourront même entraîner une augmentation de la vitesse de métabolisation du produit : on dit qu'il y a biodégradation accélérée. L'apparition du phénomène dépend à la fois de la fréquence des traitements et de la capacité de survie des populations microbiennes impliquées. L'accélération de la dégradation peut être considérable. Ainsi, il faut environ 25 jours pour que la concentration de l'iprodione ou de la vinchlozoline, fongicides utilisés pour lutter contre la pourriture basale des laitues, diminue de moitié dans un sol «ordinaire». Ce délai peut être abaissé à moins de 2 jours dans certains sols maraîchers trop souvent traités (Martin *et al.*, 1990). La protection assurée par le traitement devient de ce fait insignifiante.

Ce phénomène est, dans un sens, rassurant puisqu'il montre que les écosystèmes sont capables de se purger rapidement d'une partie au moins des poisons qu'ils reçoivent. Mais, poussé à ce paroxysme, il peut être aussi extrêmement fâcheux : d'abord parce que l'efficacité de la protection phytosanitaire est remise en question alors qu'en matière de traitement des sols, la gamme des matières actives disponibles est très réduite ; ensuite parce que, devant un échec dont la cause leur échappe, les utilisateurs ont tendance à multiplier les traitements en augmentant les doses, ce qui ne fait qu'aggraver le problème et accroître la pollution. En effet, si la biodégradation fait bien disparaître les produits de synthèse appliqués, elle n'élimine pas, par exemple, les résidus chlorés que beaucoup d'entre eux contiennent.

La biodégradation accélérée ne menace pas les composés cométabolisés, mais concerne théoriquement tous les produits susceptibles d'être métabolisés. Dans la pratique, elle n'affecte pour le moment qu'un nombre limité de pesticides (tabl. 14) mais certains d'entre eux sont difficilement remplaçables.

Tableau 14. Principaux pesticides dont l'efficacité pratique peut être compromise par une biodégradation accélérée après quelques traitements (un seul traitement suffit parfois à déclencher le phénomène).

Fumigants	Herbicides	Insecticides	Nématicides	Fongicides
1,3-dichloro-propène	chloridazone	aldicarbe	aldicarbe	bénomyl
	chlorprophame	bendiocarbe		
	chlortoluron	benfuracarbe		carbendazime
	2,4 - D	carbofuran	éthoprophos	
	dalapon	carbosulfan		dichloronitroaniline
	difénamide	chlorfenvinphos		
	EPTC	diazinon	oxamyl	iprodione
méthyl-isothio-cyanate	isoproturon(?)	diméthoate		
	linuron	furathiocarbe		métalaxyl
	MCPA	isofenphos	phénamiphos (?)	
	métamitrone	méphosfolan		vinchlozoline
	monolinuron	phorate		
	napropamide	trichloronate		
	propanil			
	propyzamide			

Pour un complément d'information sur les effets des microorganismes sur le milieu

ANDERSON J. W., 1978 - *Sulphur in biology.* «Studies in biology» n° 101, Edward Arnold, London.

BOLIN B. et COOK R. B. (Ed.), 1983 - *The major biogeochemical cycles and their interactions.* John Wiley and Sons, New York.

BURNS R. G. et DAVIES J. A., 1986 - The microbiology of soil structure. *Biol. Agric. Hortic.* 3, 95 - 113.

CLARK F. E. et ROSSWALL T. (Ed.), 1981 - Terrestrial nitrogen cycles. *Ecol. Bull.* (Stockholm), vol. 23.

COLE J. A. et FERGUSON S. J. (Ed.), 1988 - *The nitrogen and sulphur cycles.* Cambridge University Press, Cambridge.

COLEMAN D. C., REID C. P. P. et COLE C. V., 1983 - Biological strategies of nutrient cycling in soil systems. *Adv. Ecol. Res.* 13, 1 - 55.

FOCHT D. D. et VERSTRAETE W., 1977 - Biochemical ecology of nitrification and denitrification. *Adv. Microb. Ecol.* 1, 135 - 199.

GIBSON D. T. (Ed.), 1984 - *Microbial degradation of organic compounds.* Marcel Dekker Inc., New York.

HILL I. R. et WRIGHT J. L. (Ed.), 1978 - *Pesticide microbiology.* Academic Press, London.

LYNCH J. M. et HOBBIE J. E. (Ed.), 1988 - *Micro-organisms in action : concepts and applications in microbial ecology.* Blackwell Scientific Publications, Oxford.

RACKE K. D. et COATS J. R. (Ed.), 1990 - *Enhanced biodegradation of pesticides in the environment*. American Chemical Society, Washington.

STEVENSON F. J. (Ed.), 1982 - Nitrogen in agricultural soils. *Agronomy*, vol. 22, American Society of Agronomy, Madison, Wisconsin.

TATE R. L., 1987 - *Soil organic matter. Biological and ecological effectors*. John Wiley and Sons, New York.

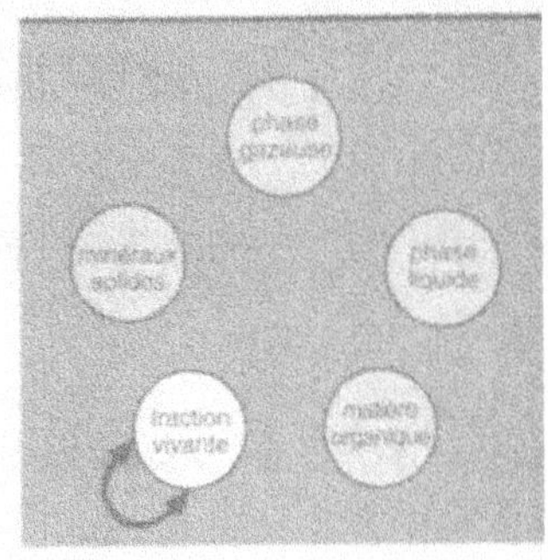

6

Interactions entre microorganismes

Les types de relations possibles

Un ensemble d'individus appartenant à une même espèce *et* proches les uns des autres dans l'espace et dans le temps constitue une **population.** L'ensemble des populations d'un écosystème défini forme une **communauté** (on dit aussi peuplement). A quelque échelle que l'on considère l'écosystème, les populations ne sont pas simplement juxtaposées mais chacune, à l'intérieur du peuplement, est impliquée dans des interactions avec les autres populations. Ces interactions, multiples, sont d'autant plus complexes que la communauté est plus diversifiée, et elles exercent simultanément des pressions dans des sens différents. Globalement, l'effet de ces forces divergentes est de s'opposer à tout changement brutal et d'amortir les oscillations dues à des modifications des conditions environnementales : le fonctionnement d'une communauté est ainsi beaucoup plus régulier que celui de chacun de ses composants. L'aptitude des communautés à entretenir leur stabilité est appelée **homéostasie**. Cet équilibre, qui résulte de processus dynamiques, ne peut se maintenir que dans certaines limites. Un stress trop intense ou trop prolongé peut le détruire et provoquer, soit la disparition du peuplement tout entier, soit la prolifération incontrôlée d'une population particulière. Un tel phénomène peut s'observer, par exemple, à la suite d'un traitement pesticide.

Pour mieux comprendre les mécanismes homéostatiques, dont dépend en partie la stabilité d'un écosystème, il est donc important de connaître les relations susceptibles de s'exercer entre les membres de la communauté. Nous ne pourrions, sans cela, élucider le fonctionnement des sols résistants aux maladies, ni envisager la possibilité d'utiliser à grande échelle des microorganismes auxiliaires.

L'effet global des interactions qui se manifestent à un moment donné entre les populations de la communauté peut, très schématiquement, se ramener à une somme de vecteurs représentant chacun, dans un espace pluridimensionnel, une interaction entre deux populations. Ce sont ces actions bilatérales élémentaires que nous allons maintenant étudier.

Interactions entre deux populations

L'action qu'une population A peut exercer sur une population B peut être nulle, favorable ou défavorable. De même, la population B peut avoir sur la population A un effet défavorable, favorable ou nul. L'ensemble de ces relations peut être représenté par la matrice suivante, proposée par Odum en 1953 dans son traité d'Ecologie générale (tabl. 15) :

Tableau 15. Matrice des relations possibles entre deux populations A et B (Odum, 1953).

effet de la population A sur B \ effet de la population B sur A	Favorable (+)	Nul (0)	Défavorable (-)
Favorable (+)	+ +	+ 0	+ -
Nul (0)	0 +	0 0	0 -
Défavorable (-)	- +	- 0	- -

Mis à part le cas où les deux populations sont totalement neutres l'une vis-à-vis de l'autre (parce qu'elles sont trop distantes ou parce que leurs exigences écologiques sont totalement différentes), on peut observer toutes les situations possibles, depuis la situation où chaque partenaire bénéficie de la présence de l'autre jusqu'à celle où chacun des deux souffre de la cohabitation.

Situations de type ++

Protocoopération et mutualisme

Ce sont des situations dans lesquelles les deux partenaires sont capables de vivre indépendamment l'un de l'autre, mais peuvent tirer un profit mutuel d'un éventuel voisinage. La protocoopération implique des relations plus lâches que le mutualisme. Cependant, les frontières entre ces deux états sont mal définies et varient selon les auteurs. Il est courant de citer comme exemple l'association d'un *Pseudomonas* méthylotrophe avec un *Hyphomicrobium* hétérotrophe, étudiée *in vitro*. L'oxydation du méthane par le *Pseudomonas* produirait de petites quantités de méthanol. Le méthanol inhibe rapidement la croissance du *Pseudomonas*. Mais l'*Hyphomicrobium*, capable d'utiliser le méthanol et de le métaboliser au fur et à mesure de sa formation, détoxifie le milieu et lève l'inhibition (Wilkinson *et al.*, 1974). On connaît aussi plusieurs exemples de Bactéries ou de Champignons qui, bien que requerrant des vitamines pour leur croissance, peuvent se développer sur un milieu minimum lorsqu'ils sont associés. Ainsi, *Proteus vulgaris* a besoin de biotine mais synthétise de l'acide nicotinique ; *Bacillus polymyxa*, qui a besoin d'acide nicotinique, synthétise de la biotine (Yeoh *et al.*, 1968). En culture mixte, ces deux Bactéries peuvent se multiplier sans biotine ni acide nicotinique puisque chacune fournit à l'autre la vitamine dont elle a besoin.

Symbiose

Dans le cas de la symbiose, l'association entre les deux partenaires est très étroite et elle a un caractère quasiment obligatoire. L'exemple le plus connu de symbiose chez les microorganismes est celui des Lichens, considérés botaniquement comme des espèces à part entière, mais constitués en réalité de l'union d'un Champignon et d'une Chlorophycée ou une Cyanobactérie. Il existe aussi de nombreux exemples de Bactéries ou d'Algues incluses dans des Protozoaires. Ainsi, les Amibes libres du genre *Acanthamoeba* sont sensibles aux produits organo-mercuriels. Mais elles deviennent résistantes lorsqu'elles hébergent des Bactéries telles que les *Aeromonas*, qui possèdent des enzymes leur permettant de détoxifier ces composés. En échange de la résistance au mercure qu'elles leur procurent, les Bactéries bénéficient dans les Amibes d'un environnement stable et protégé (Hagnère et Harf, 1992).

Situations de type + 0 ou 0 +

Commensalisme

Dans cette situation, la population B tire profit de la présence de la population A, tandis que la population A n'est affectée ni en bien ni en mal par la population B.

Il existe de nombreux exemples de commensalisme. Beaucoup concernent l'utilisation, par une espèce, de produits secondaires du métabolisme d'une autre espèce. Ainsi, *Saccharomyces cerevisiae* élabore de la riboflavine, vitamine nécessaire à la croissance de *Lactobacillus casei* (Megee *et al.*, 1972). Des Champignons des litières ou des composts, comme *Chaetomium thermophile* ou *Humicola insolens*, produisent, à partir du substrat cellulosique, des acides organiques et des sucres simples qu'ils n'utilisent pas mais que d'autres Champignons, dépourvus du complexe enzymatique cellulolytique, comme *Thermomyces lanuginosus* (= *Humicola lanuginosa*) peuvent alors consommer (Hedger et Hudson, 1974).

Dans d'autres cas, au lieu de profiter de la fourniture d'un métabolite utile, le commensal bénéficie de la dégradation d'un produit toxique, ou d'une modification des conditions du milieu dans un sens plus favorable.

Situations de type - 0 ou 0 -

Amensalisme

L'amensalisme, à l'inverse du commensalisme, est une situation où une population B est perturbée par une population A, sans que la population A y trouve un avantage particulier. En fait, il est souvent difficile d'affirmer que le microorganisme perturbateur ne tire pas profit de l'inhibition de ses voisins. Les exemples d'amensalisme vrai ne sont donc pas très nombreux. De tels cas semblent néanmoins devoir exister durant la décomposition des déchets organiques riches en azote : l'ammoniac formé sous l'action des Bactéries protéolytiques peut diffuser et inhiber la croissance de nombreux Champignons à une distance relativement importante du substrat, bien au-delà de la zone dans laquelle les Champignons risqueraient d'entrer en concurrence avec les Bactéries. On peut aussi considérer comme des exemples d'amensalisme la forte acidification du milieu, résultant de l'oxydation du soufre par *Thiobacillus thiooxydans*, de même que l'abaissement du potentiel d'oxydo-réduction consécutif à la métabolisation d'un substrat carboné par une microflore très active.

On voit que l'amensalisme est généralement le résultat de mécanismes non spécifiques. L'inhibition d'une espèce par une autre espèce, productrice d'antibiotiques, souvent présentée par les auteurs anglo-saxons comme un phénomène d'amensalisme, nous paraît plutôt relever de la rubrique suivante. Il est en effet assez difficile d'imaginer que la faculté de synthétiser des inhibiteurs complexes comme les antibiotiques continue à se transmettre d'une génération à l'autre si elle ne procure aucun avantage aux organismes qui la possèdent.

Situations de type + - ou - +

Dans ce type de relation, une population A se développe aux dépens d'une population B. Il existe de nombreuses variantes de cette situation, désignées par des termes dont le sens change souvent avec les auteurs. Ceci exprime peut-être simplement le fait que la nature ignore les classifications et que l'on peut rencontrer tous les intermédiaires entre les modèles typiques sur lesquels s'appuient les définitions. Dans certains cas, la confrontation a lieu en présence d'un substrat dont l'un des partenaires est finalement exclus. Dans d'autres cas, c'est un des deux protagonistes qui est lui-même utilisé comme substrat. Qu'il s'agisse d'exclusion ou de relations trophiques, ces situations n'exigent pas obligatoirement qu'il y ait un contact intime entre les microorganismes (tabl. 16).

Tableau 16. Diversité des relations de type + -, dans lesquelles un des protagonistes se développe aux dépens de l'autre.

	Relations d'exclusion (antagonisme)	Relations trophiques (exploitation)
Action à distance	antibiose (antibiotiques)	lyse (enzymes)
Action au contact	interférences hyphales	prédation, parasitisme

Antagonisme

Ce terme est souvent pris dans un sens très large, notamment dans les ouvrages traitant de lutte biologique : il recouvre alors à peu près tous les rapports de type + - et - -. Nous l'utilisons ici dans un sens beaucoup plus restreint, pour désigner la situation où un organisme exerce un effet inhibiteur sur un autre organisme qu'il tend à éliminer sans le consommer. L'antagonisme représente donc une étape bien définie entre l'amensalisme (situation - 0) et la compétition (situation où, comme nous le verrons, les deux partenaires sont en difficulté). Dans cette acception, ce terme est synonyme de l'*interference competition*, au sens défini par Lockwood (1981) et illustré par Wicklow (1992).

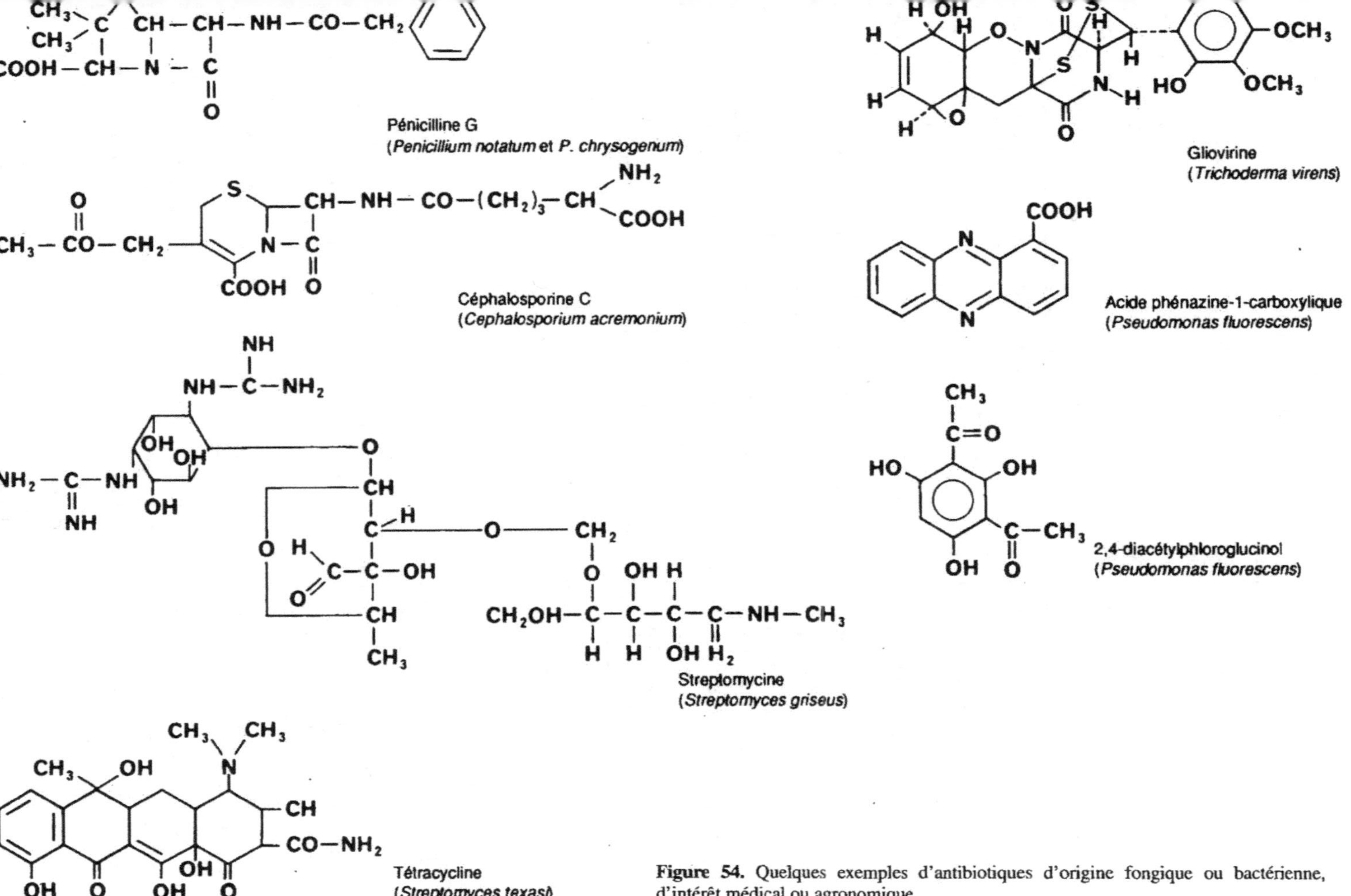

Figure 54. Quelques exemples d'antibiotiques d'origine fongique ou bactérienne, d'intérêt médical ou agronomique.

L'antagonisme repose essentiellement sur l'émission d'antibiotiques solubles ou volatils, faciles à mettre en évidence chez un grand nombre de Bactéries et de Champignons (fig. 54). Les antibiotiques de la pharmacopée, presque tous synthétisés par des Bactéries ou des Champignons du sol, ne représentent qu'une petite partie des composés identifiés. Mais leur dosage *in situ* est difficile et l'on a encore rarement fait la démonstration qu'ils assurent, dans la nature, un avantage écologique aux organismes qui les produisent. Le perfectionnement des méthodes d'analyse et l'utilisation de mutants non producteurs, spontanés ou obtenus par manipulation génétique, rend désormais l'expérimentation plus aisée. On a pu ainsi montrer que l'antagonisme de *Trichoderma virens* vis-à-vis de *Pythium ultimum* est bien dû à la production de gliovirine (Howell et Stipanovic, 1983). Le Champignon parasite *Gaeumannomyces graminis* var. *tritici* est inhibé par une phénazine élaborée par un *Pseudomonas* fluorescent présent sur les racines du blé. Cette inhibition a été mise en évidence au champ et elle est suffisamment intense pour protéger les blés qui hébergent cette Bactérie (Thomashow *et al.*, 1990). Un autre antibiotique, le 2,4-diacétylphloroglucinol, également sécrété par une souche de *P. fluorescens*, protège dans certains sols les racines de tabac du Champignon *Chalara elegans* (Keel *et al.*, 1992). Antagonisme et antibiose, dans ces exemples, peuvent être considérés comme synonymes.

L'inhibition par contact connue sous le nom d'**interférence hyphale** relève également de l'antagonisme mais ne semble pas mettre en oeuvre des antibiotiques. Ce phénomène s'observe chez certains Champignons capables de conquérir des substrats déjà colonisés par d'autres espèces. Lorsque les apex des hyphes des Champignons dominés arrivent au contact du mycélium du Champignon envahisseur, leur croissance s'arrête brusquement ; au bout de quelques minutes, leur cytoplasme devient granuleux et l'on observe une augmentation de la perméabilité membranaire et une dégénérescence des mitochondries. Ce mécanisme, d'abord mis en évidence chez des Basidiomycètes coprophiles ou lignivores (Ikediugwu et Webster, 1970), est sans doute plus répandu qu'on ne le pensait puisqu'il existe aussi chez un Oomycète comme *Pythium oligandrum* (Lutchmeah et Cooke, 1984).

Lyse

Elle se manifeste à distance, comme l'antibiose, mais l'élimination des adversaires s'accompagne de leur **exploitation**. Ce phénomène, propre aux Bactéries et aux Champignons, peut affecter tous les groupes de microorganismes du sol. Les parois ou la cuticule des organismes-cibles sont digérées par des enzymes extracellulaires (chitinases, cellulases et glucanases), parfois accompagnées de toxines destinées à immobiliser ou à tuer les proies. Le contenu des cellules ainsi dénudées diffuse dans le milieu, où d'autres enzymes (notamment des protéases) assurent sa dégradation. Les produits de la digestion sont absorbés par les Champignons ou les Bactéries responsables de la lyse.

Les Bactéries, et plus particulièrement les Actinomycètes, sont des agents de lyse très importants des Champignons. En règle générale, les espèces à parois pigmentées, imprégnées de mélanine, résistent beaucoup mieux à la lyse que les espèces hyalines, dont le mycélium est rapidement attaqué. Ces Champignons sensibles possèdent néanmoins très souvent des organes de conservation (oospores, chlamydospores) dont les parois épaisses assurent une bonne résistance à l'action des enzymes lytiques. Plusieurs exemples de lyse de colonies bactériennes par des Champignons ont été observés assez récemment. Les hyphes de ces Champignons sont attirées sélectivement par certaines Bactéries (*Pseudomonas, Agrobacterium*). Une fois qu'elles ont atteint la colonie, elles s'y ramifient abondamment et les Bactéries sont rapidement lysées (Barron, 1992). Ce comportement a été observé, jusqu'à présent, uniquement chez des Basidiomycètes, généralement cellulolytiques. Il pourrait s'agir d'un mécanisme destiné à assurer une complémentation en azote.

La lyse que nous venons de décrire est le résultat d'une agression par un microorganisme étranger. Elle ne doit pas être confondue avec l'**autolyse**, processus d'autodestruction dont nous parlerons p. 190.

Prédation

Dans la prédation et dans le parasitisme, que nous évoquerons un peu plus loin, il y a, comme dans la lyse, exploitation d'un organisme par un autre, mais les relations entre exploiteur et exploité sont étroites et nécessitent un contact intime. La prédation se caractérise par l'**absorption** de la proie, en général plus petite que le prédateur. Elle suppose généralement une recherche active (consommatrice d'énergie) de la proie par le prédateur.

La prédation est un comportement très répandu chez les Protozoaires du sol, spécialement chez les Amibes nues (fig. 55), chez les Nématodes et chez les micro-Arthropodes. Une Amibe comme *Arachnula impatiens*, par exemple, peut consommer indistinctement des Bactéries, des Algues, des Levures, des Champignons filamenteux et même des Nématodes (Old et Chakraborty, 1986). Mais le régime alimentaire se limite le plus souvent à une catégorie de microorganismes : les Nématodes des genres *Pelodera* et *Acrobeloides* consomment des Bactéries ; les Nématodes des genres *Aphelenchus*, *Aphelenchoides* et *Ditylenchus*, les Collemboles (genres *Onychiurus* et *Folsomia*), les Acariens (Oribates) se nourrissent de Champignons. Beaucoup de ces petits prédateurs manifestent des préférences marquées : ainsi, les Oribates et les Collemboles choisissent en priorité les Champignons mélanisés et délaissent les espèces peu pigmentées. Un Nématode comme *Aphelenchus avenae* consomme les Champignons parasites *Rhizoctonia solani*, *Chalara elegans* et *Verticillium albo-atrum*, sans toucher aux Oomycètes. Certaines Amibes ont des goûts si bien définis que l'on peut utiliser des cultures de leurs Bactéries préférées pour les isoler à partir du sol. La reconnaissance de la proie se fait par l'intermédiaire de médiateurs chimiques : Amibes et Nématodes s'orientent par chimiotactisme, Acariens et Collemboles par des signaux olfactifs. La composition de ces signaux peut varier notablement selon le substrat sur lequel se développe le microorganisme consommé, entraînant des comportements différents des prédateurs.

Chaque individu ingère un nombre considérable de propagules microbiennes (ce terme sera défini p. 260). Certaines d'entre elles survivent à leurs épreuves et sont rejetées, vivantes, à distance de leur lieu de capture. Les prédateurs peuvent ainsi contribuer à **la dispersion d'organisme**s par eux-mêmes peu mobiles. Par exemple, certains *Caloglyphus* (Acariens) se nourrissent d'un Champignon, *Pythium myriotylum*, associé à une pourriture des gousses d'arachide. Ils digèrent le mycélium, mais pas les oospores de ce Champignon, car elles sont pourvues d'une paroi épaisse protectrice. En se déplaçant dans le sol, ils disséminent le parasite et contribuent à la contamination de nouvelles gousses. Un traitement acaricide permet une réduction significative du nombre de gousses pourries (Shew et Beute, 1979).

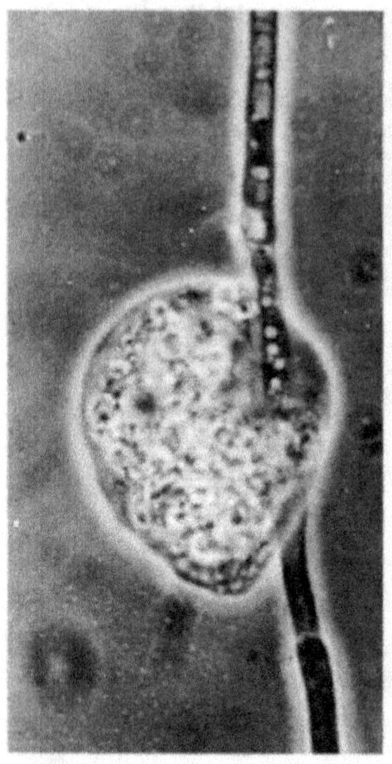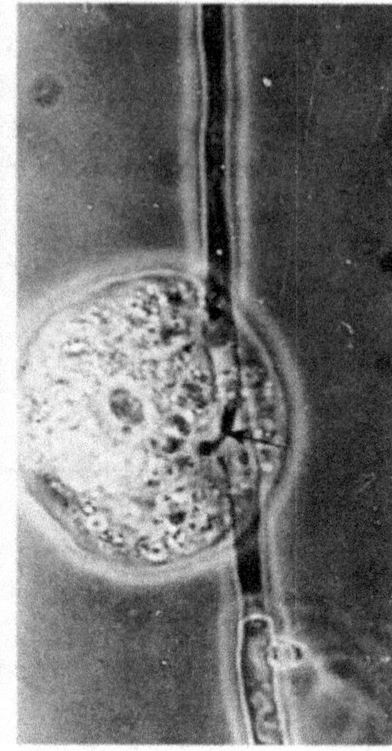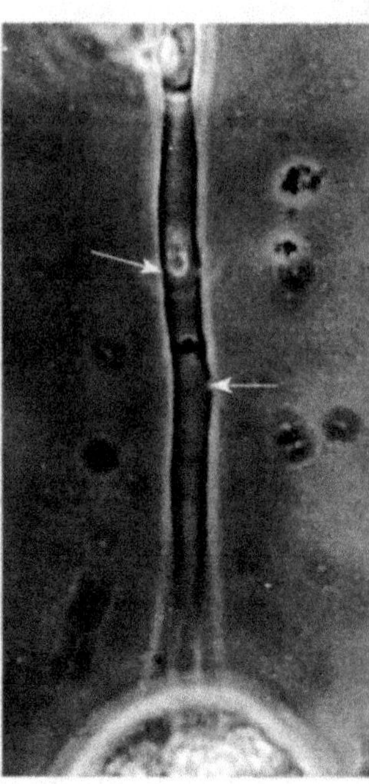

Figure 55. Consommation d'un Champignon (*Fusarium oxysporum*) par des Amibes mycophages (clichés M. Pussard, INRA).

En haut de gauche à droite : attaque d'une hyphe de *F. oxysporum* par *Thecamoeba granifera* (pour plus de détails, voir Pussard *et al.*, 1979). À gauche : la paroi de l'hyphe vient d'être percée par l'Amibe ; au milieu : le cytoplasme fongique, coagulé, est aspiré par l'Amibe (flèche) ; à droite : l'Amibe se retire après avoir vidé deux articles contigus de l'hyphe. Les orifices qu'elle a percés dans la paroi mycélienne sont bien visibles (flèches).

En bas à gauche : conidie de *F. oxysporum* vidée de son contenu par *T. granifera*. Une ouverture a été forée dans chacune des loges (flèches).

En bas à droite : un groupe de *T. granifera* en train de consommer un thalle de *F. oxysporum* dans une boîte de Petri. Le mycélium du Champignon est encore intact à gauche de la photographie ; à droite, après le passage des Amibes, il est complètement lysé.

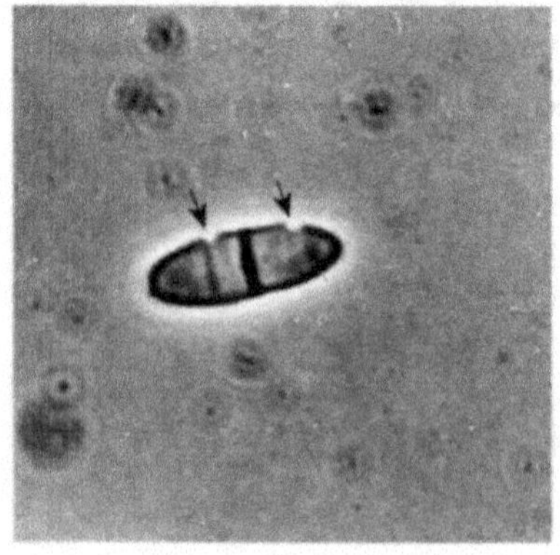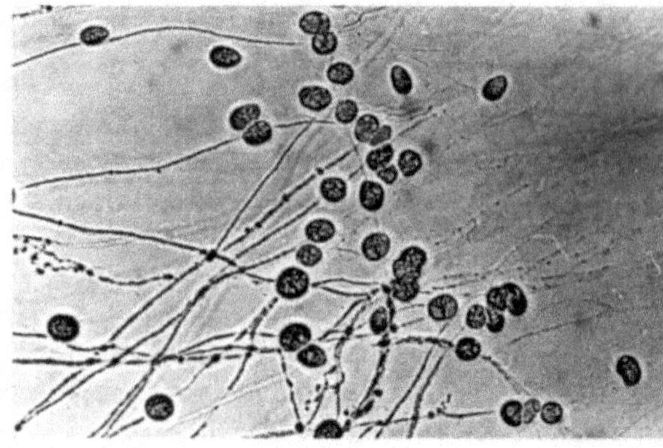

La prédation exerce un **effet régulateur** important sur les communautés microbiennes. Ce phénomène a été particulièrement étudié chez les Amibes, qui maintiennent les populations de Bactéries à un niveau très inférieur à celui qu'elles pourraient atteindre en leur absence. Cependant, même en présence de quantités importantes de prédateurs, des populations de *Rhizobium* introduites dans le sol ne sont pas éliminées mais se stabilisent à un niveau caractéristique du type de sol et de la souche bactérienne (Crozat *et al.*, 1982). Les micropores du sol constituent certainement un refuge permettant à une partie des Bactéries d'échapper aux Amibes, trop volumineuses pour s'y introduire. Cependant, on peut mettre en évidence un seuil limite de prédation même en milieu liquide. Selon Danso *et al.* (1975), ce seuil est atteint lorsque l'énergie déployée par les Amibes pour rechercher leurs proies (de plus en plus éloignées à mesure que leur densité décroît) devient supérieure à l'énergie procurée par leur consommation. L'effet des Protozoaires sur les populations de Champignons est plus limité ; cependant, le maintien de la densité d'inoculum du Champignon parasite *Gaeumannomyces graminis* var. *tritici* à un niveau bas semble bien lié, dans certains sols australiens, à l'action d'Amibes mycophages, à moins qu'il ne s'agisse d'un effet indirect résultant de la stimulation de Bactéries antagonistes par les Amibes (Pussard *et al.*, 1994). Par leur consommation de mycélium, les Nématodes mycophages peuvent, eux aussi, limiter le développement de Champignons parasites mais également, dans d'autres circonstances, avoir un effet dépressif sur le fonctionnement des mycorhizes. La consommation préférentielle de certaines espèces peut modifier complètement la structure des communautés microbiennes. Ainsi, les feuilles mortes qui tombent à la surface du sol sont colonisées par une microflore constituée essentiellement par des Champignons fortement pigmentés, tels que *Cladosporium cladosporioides* et *Epicoccum purpurescens*. En l'absence de prédateurs, ces colonisateurs primaires peuvent se maintenir sur les feuilles pendant plusieurs semaines. Mais, consommés par les Collemboles, ils sont très rapidement éliminés et remplacés par des colonisateurs secondaires constitués d'espèces hyalines (*Trichoderma*, *Penicillium*) peu appétentes (Klironomos *et al.*, 1992).

La régulation exercée par les prédateurs ne porte pas seulement sur les effectifs mais aussi sur l'activité des populations. Par exemple, la consommation de *Mortierella isabellina* par un Collembole (*Onychiurus armatus*) provoque une augmentation du taux de croissance du Champignon et le passage d'un mycélium d'aspect ras à un mycélium à croissance aérienne (Hedlund *et al.*, 1991). Cette stimulation, observée sur de nombreux couples prédateur - proie, s'exerce probablement par l'intermédiaire de signaux chimiques. Ainsi, le filtrat de culture d'*Acanthamoeba castellanii* contient des métabolites solubles et thermostables capables d'accroître l'activité métabolique de sa proie, *Pseudomonas putida* : la respiration de la Bactérie, la production d'azote ammoniacal et la synthèse de pyoverdine (un sidérophore) augmentent très significativement sous leur effet (Levrat *et al.*, 1992). La stimulation de l'activité métabolique des proies compense les prélèvements effectués par les prédateurs jusqu'à un seuil, variable selon les conditions extérieures. Il peut néanmoins arriver qu'un trop fort accroissement de la population prédatrice détruise cet équilibre.

Une autre conséquence importante de la prédation est l'accélération du **recyclage** des éléments minéraux qu'elle entraîne. Ce phénomène, particulièrement net en ce qui concerne l'azote et le phosphore, a plusieurs origines : l'activité métabolique des microorganismes

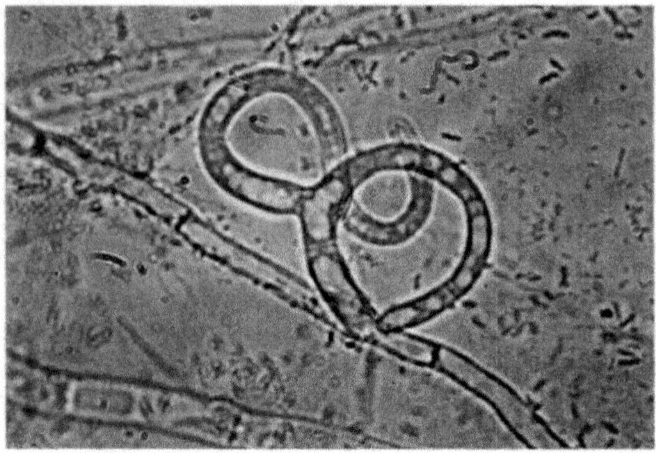

Figure 56. Piège en anneaux du Champignon nématophage *Arthrobotrys* (cliché J.C. Cayrol, photothèque INRA).

est, nous venons de le voir, plus intense en présence de prédateurs ; les prédateurs participent à la minéralisation en excrétant de l'azote ammoniacal et des composés phosphorés ; enfin, les déchets rejetés par la microfaune servent de substrat à de nouvelles populations microbiennes qui en poursuivent la minéralisation. Dans des essais réalisés en microcosme avec de la terre contenant des *Pseudomonas*, l'introduction d'un mélange de Protozoaires entraîne une augmentation de 34 % de la minéralisation de l'azote organique du sol et un accroissement de 20 % de l'absorption d'azote par du blé semé dans les pots (Kuikman et Van Veen, 1989). On observe un phénomène analogue quand on associe un Nématode (*Mesodiplogaster lheritieri*) et une Bactérie (*Pseudomonas paucimobilis*) (Anderson *et al.*, 1983).

On peut rattacher aux prédateurs un groupe original de Champignons qui capturent les Nématodes au moyen d'anneaux mycéliens adhésifs un peu semblables à des collets de braconnier (fig. 56). Une fois prise au piège, la victime est envahie par le Champignon et complètement digérée. Les *Arthrobotrys* et les *Dactylella* sont les genres les mieux connus. La présence de Nématodes libres stimule la formation d'organes de capture. L'induction de ces pièges résulte d'interactions entre les Champignons et la flore bactérienne associée au tube digestif des Nématodes (tabl. 17). Induction et prédation sont des phénomènes spécifiques, qui dépendent des microorganismes en présence. Ces Champignons prédateurs peuvent mener, par ailleurs, une existence saprophytique. Beaucoup d'entre eux ont une forte activité cellulasique ou même ligninolytique, ce qui a conduit à penser que la capture de Nématodes (riches en protéines) constituait pour eux un moyen de se procurer de l'azote, trop rare dans leurs substrats (Barron, 1992).

Parasitisme

La notion de parasitisme évoque la fixation d'un organisme, en général petit, sur un autre organisme, parfois même à l'intérieur de celui-ci. L'exploitation de l'hôte fournit au parasite la totalité de ses ressources ou seulement un complément, essentiel ou non. Dans le premier cas, il s'agit de parasites stricts, généralement impossibles à cultiver sur des milieux artificiels. Dans le second, ce sont des parasites facultatifs, capables de se multiplier sur des substrats simples, complémentés ou non en vitamines et en acides aminés. En règle générale, la spécificité d'un parasite est d'autant plus grande que ses relations trophiques avec son hôte sont plus étroites.

Les virus représentent un cas de parasitisme absolu. Les bactériophages ont été bien étudiés en bactériologie médicale et industrielle, mais leur incidence sur les populations bactériennes du sol est beaucoup moins bien connue. De même, si l'on peut citer des exemples de virus parasites de Champignons, de Protistes et de Nématodes, il existe encore peu de travaux permettant de juger de leur importance.

Les *Bdellovibrio* illustrent également bien le concept de parasitisme. Découverts il y a seulement une trentaine d'années, les *Bdellovibrio* sont des Bactéries de très petite taille qui traversent la paroi d'autres Bactéries, comme les *Pseudomonas* ou les *Xanthomonas*, s'introduisent dans leur cytoplasme et s'y multiplient aux dépens de leur hôte. On connaît, de même, plusieurs Bactéries parasites de Protistes ainsi que des Bactéries parasites de Nématodes (*Pasteuria penetrans*).

Il existe de nombreux Champignons parasites d'autres Champignons du sol. La plupart d'entre eux sont des parasites facultatifs, capables d'une vie saprophytique active. *Rhizoctonia solani*, par exemple, peut se développer à l'intérieur du mycélium, relativement volumineux, de certains Zygomycètes. Il peut être lui-même parasité par divers autres Champignons, tels que *Trichoderma harzianum*, *T. hamatum* ou *Penicillium vermiculatum*. Une grande attention est portée, depuis quelques années, aux parasites de Champignons phytopathogènes, et les étapes successives du processus parasitaire ont été intensivement étudiées dans l'espoir de sélectionner des souches utilisables comme agents de lutte biologique (voir l'encadré page suivante et voir p. 320). L'intérêt s'est également porté sur les Champignons parasites de larves ou d'oeufs de Nématodes. Il s'agit dans la plupart des cas d'espèces à forte sporulation dont les conidies, adhésives, se fixent à la surface de l'hôte. Elles émettent alors un tube germinatif qui pénètre à l'intérieur de l'animal, s'y ramifie et le digère progressivement. Ce groupe a des représentants dans les

Tableau 17. Effet de la présence de Nématodes libres et de leur flore bactérienne associée sur le pourcentage de larves de *Meloidogyne* capturées par le Champignon *Arthrobotrys musiformis*. Le piégeage des larves est extrêmement restreint en l'absence du Nématode libre *Diplogaster*. L'apport de *Diplogaster* aseptiques n'entraîne aucune stimulation. Par contre, la quantité de larves capturées devient très importante après un apport de *Diplogaster* non aseptiques. La stimulation de la formation des pièges par le Champignon nématophage semble due à l'action des Bactéries présentes dans le tube digestif du *Diplogaster* (d'après Cayrol et Quilès, 1985).

Traitement	Périodes d'observation		
	5 heures	24 heures	48 heures
Témoin sans *Diplogaster*	0	0,9	25,7
Diplogaster dépourvus de Bactéries	0	6,9	34,1
Diplogaster avec Bactéries associées	51,6	75,2	94,3

Le mycoparasitisme chez les Trichoderma

Le mycoparasitisme est un phénomène complexe qui se déroule en plusieurs étapes. Les mécanismes en ont été particulièrement bien étudiés dans le cas des interactions entre les *Trichoderma* (Champignons dont l'utilisation comme agents de lutte biologique paraît possible) et les Champignons pathogènes *Rhizoctonia solani* et *Sclerotium rolfsii* (Chet, 1987).

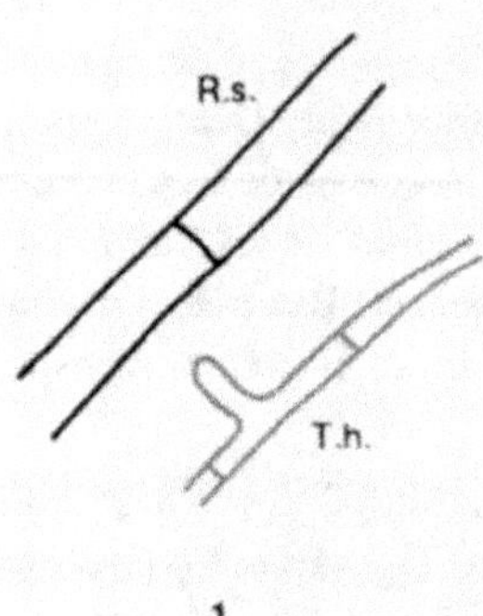

1. Stimulation : le *Trichoderma* perçoit la présence de son hôte et ses hyphes se dirigent directement vers lui par chimiotropisme. La nature du stimulus n'est pas encore connue.

2. Reconnaissance : elle se manifeste par une adhésion du mycoparasite aux parois de son hôte. L'attachement est dû à la liaison d'une agglutinine du Champignon pathogène à certains sucres présents dans les parois du *Trichoderma*. On peut facilement montrer que les parois de *R. solani* contiennent une lectine en plaçant ses hyphes dans une suspension d'érythrocytes humains du groupe sanguin O. Les érythrocytes s'agglutinent instantanément sur le mycélium. Ces cellules sont caractérisées par la présence de L-fucose, sucre qui entre dans la composition des parois de *T. harzianum* et de *T. hamatum*. Des hyphes de *R. solani* préalablement placées dans une solution de L-fucose, de façon à saturer la lectine, n'agglomèrent plus les érythrocytes ni le mycélium des *Trichoderma*.

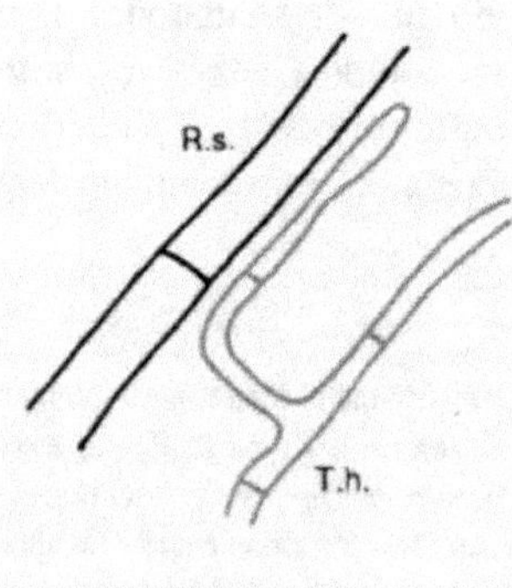

Les parois de *S. rolfsii* contiennent une lectine de nature différente. C'est une glycoprotéine proche de la concanavaline A. Elle n'agglutine aucun type d'érythrocyte mais peut agglutiner certaines Bactéries, comme les *Escherichia coli* de type B, ainsi que les souches de *Trichoderma* capables d'attaquer *S. rolfsii* (mais pas les souches non parasites). Elle reconnaît le D-glucose et le D-mannose, sucres également présents dans les parois des *Trichoderma*.

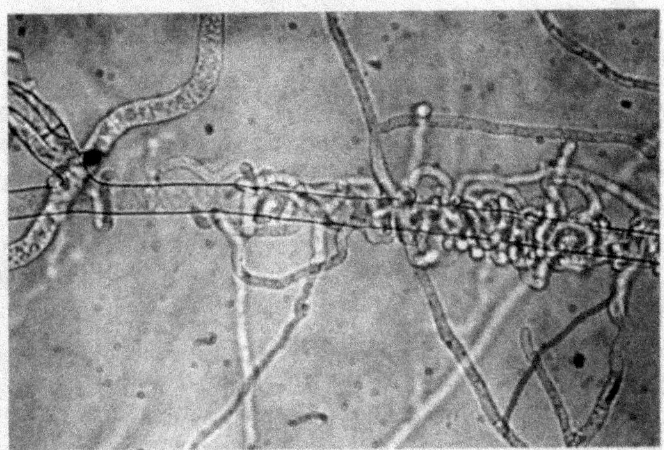

3. Enroulement (photo ci-dessus) : le *Trichoderma* s'enroule autour des hyphes de son hôte et forme des sortes de crochets qui l'enserrent étroitement. Inbar et Chet (1992) ont montré que l'enroulement exigeait la reconnaissance préalable sucres-lectine. Ils ont fixé par des liaisons covalentes de la concanavaline A ou de l'agglutinine purifiée de *S. rolfsii* sur des fibres de nylon. Les hyphes de *Trichoderma* s'attachent à ces fibres et s'enroulent autour comme s'il s'agissait du mycélium de leur hôte. En revanche, des fibres non traitées ne provoquent aucune réaction (cliché P. Camporota, INRA).

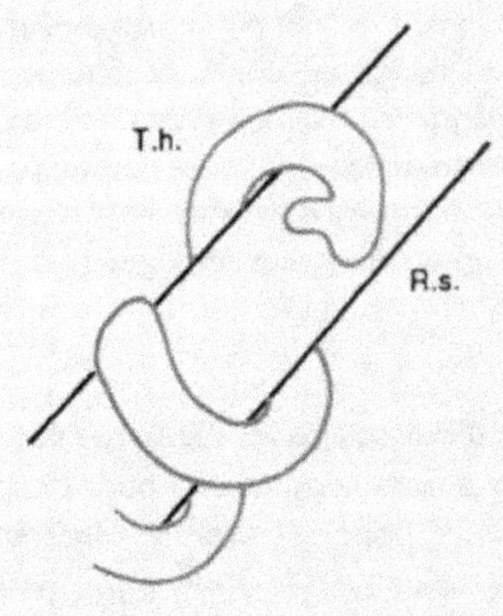

4. Pénétration : les extrémités des formations en crochets sécrètent des chitinases et des ß-1,3-glucanases qui dissolvent la paroi de l'hôte, ce qui leur permet de pénétrer à l'intérieur des hyphes.

5. Lyse : d'autres enzymes extracellulaires sont alors sécrétées (protéase, lipase) et le contenu cellulaire de l'hôte est rapidement lysé.

Les *Trichoderma* disposent également d'une vaste panoplie d'antibiotiques de compositions chimiques différentes. On observe une grande variabilité dans la nature et la quantité des antibiotiques synthétisés, selon les isolats.

genres *Acrostalagmus*, *Verticillium* et *Paecilomyces*. Les *Nematoctonus* dont la forme parfaite, proche des Pleurotes, s'appelle *Hohenbuehelia*, sont des Champignons à la fois lignivores et nématophages. Les Nématodes constituent sans doute, ici encore, la source d'azote nécessaire pour l'assimilation du substrat ligno-cellulosique (Barron et Dierkes, 1977)

Situations de type - -

Compétition

Des organismes sont en compétition lorsqu'un élément indispensable à leur développement est présent dans le milieu en quantité insuffisante. L'organisme le plus apte à utiliser rapidement l'élément limitant, où à le rendre inaccessible aux autres, l'emportera sur ses concurrents. Cette utilisation préférentielle peut nécessiter le recours à des mécanismes particuliers, non nécessaires en situation d'abondance : nous en verrons un exemple avec les sidérophores. Une telle stratégie implique toutefois une dépense énergétique supplémentaire.

Bien qu'il s'agisse d'une notion familière et d'un phénomène que l'on considère implicitement comme fréquent, la compétition n'est pas facile à mettre en évidence. Parmi tous les éléments présents dans le milieu, il faut en effet pouvoir identifier lequel (ou lesquels) est (ou sont) limitant(s). Ceci suppose que l'on connaisse avec précision les besoins des microorganismes, que l'on puisse quantifier le développement des populations en présence et que l'on soit capable de mesurer le facteur limitant. La compétition peut être considérée comme un phénomène universel : en situation de pénurie, elle s'exerce aussi bien entre espèces différentes d'une même communauté qu'entre individus d'une même population. Elle est d'autant plus intense que les organismes ont des exigences plus semblables. En d'autres termes, la compétition a lieu essentiellement à l'intérieur d'une même **niche écologique**.

> Ce terme ne doit pas être confondu avec l'habitat, qui désigne l'endroit où vit une espèce. La niche écologique correspond à la fonction exercée par l'espèce au sein du peuplement. Elle ne peut se représenter que dans un espace à n dimensions, chaque dimension étant reliée à une caractéristique particulière de l'espèce (alimentation, conditions de développement, reproduction, sensibilité aux stress, etc...). De nombreuses espèces peuvent partager le même habitat (par exemple les micropores du sol) et avoir des niches écologiques très différentes.

Chez les microorganismes, la compétition concerne bien davantage les éléments nutritifs que l'espace vital. On peut considérer cependant qu'il y a bien compétition pour l'espace lorsque des parasites ou des symbiotes sont en concurrence pour des sites de pénétration, à la surface d'un organe végétal : la compétition entre souches de *Rhizobium* pour la nodulation des racines d'une Légumineuse en est un exemple, d'importance agronomique considérable. En effet, le succès de l'introduction d'une souche sélectionnée pour ses qualités de fixatrice d'azote dépend en premier lieu de son pouvoir compétitif vis-à-vis des *Rhizobium* sauvages déjà présents dans le sol. Il ne sert à rien d'inoculer une souche à haute performance si elle n'est pas capable de coloniser les racines de son hôte en présence de la microflore indigène.

Les qualités qui permettent le succès d'un organisme dans une compétition peuvent être très variées. S'il s'agit de la conquête d'un nouveau substrat, encore inoccupé, le vainqueur est celui qui est le plus sensible aux stimuli émis par ce substrat et qui l'atteint le plus rapidement. Occupation du terrain est ici synonyme de gain de nourriture. Les

Siphomycètes, à croissance très rapide, sont ainsi, généralement, les premiers envahisseurs des feuilles et des débris végétaux tombés au sol. Dans un milieu déjà colonisé, la balance penchera en faveur des organismes capables d'éliminer leurs concurrents au moyen, par exemple, d'antibiotiques : la frontière n'est pas toujours nette entre l'antagonisme et la compétition. Cependant, le succès pourra aussi bien aller à une espèce capable de détoxifier les antibiotiques de ses adversaires, sans être nécessairement elle-même inhibitrice. Une autre stratégie encore peut être mise en oeuvre : elle consiste à récupérer et à confisquer toutes les traces de l'élément vital présent en quantité limitante dans l'environnement. C'est ce qui se produit par exemple avec le fer. La compétition pour le fer ferrique, cofacteur de nombreuses enzymes, est très élevée car cet ion est extrêmement peu soluble aux pH proches de la neutralité. Les microorganismes répondent à la carence en Fe^{3+} par la synthèse et l'excrétion de composés chélateurs, **les sidérophores.** Les sidérophores sont de puissants agents de séquestration de Fe^{3+}. Toutefois, il existe une grande variabilité dans leur aptitude à complexer le fer. L'affinité pour le fer des sidérophores des Champignons (par exemple la fusarinine de *Fusarium oxysporum*) est en général très inférieure à celle des sidérophores des Bactéries (par exemple la pseudobactine des *Pseudomonas*) : cela signifie que les Champignons sont le plus souvent moins compétitifs pour le fer que les Bactéries. La variabilité des sidérophores porte également sur leur constitution stéréochimique, qui est reconnue par des récepteurs membranaires spécifiques. Après avoir capté les ions ferriques, les chélates se lient à la surface des cellules à ces récepteurs, à partir desquels les ions sont transportés à l'intérieur du cytoplasme. Les souches les plus compétitives sont celles qui possèdent un sidérophore ayant une très grande affinité pour le fer et une structure que les autres souches ne peuvent pas reconnaître et qui, de plus, disposent d'un système de transport capable d'utiliser les sidérophores des autres souches (Leong, 1986).

Situations complexes

Les équilibres entre populations microbiennes dans le sol sont régis par les mécanismes élémentaires que nous venons de décrire mais la situation réelle est, faut-il le préciser, beaucoup plus complexe que ces représentations schématiques. Les facteurs environnementaux peuvent modifier considérablement le degré d'interaction entre microorganismes. Ainsi, la prédation par les Protozoaires n'est active que dans un sol suffisamment humide. A basse température, un Champignon peut devenir dominant alors qu'il était dominé par une espèce plus compétitive que lui à température élevée. D'autre part, des interactions de plusieurs types différents peuvent s'exercer simultanément entre deux populations. Nous avons considéré précédemment l'association *Bacillus polymyxa-Proteus vulgaris* comme un exemple de mutualisme. Cependant, *P. vulgaris* excrète dans le milieu une protéine dont l'effet inhibiteur ralentit la croissance de *B. polymyxa*. Il y a donc à la fois mutualisme et amensalisme (Yeoh *et al.*, 1968). Dans la relation entre *Acanthamoeba castellanii* et *Pseudomonas putida*, citée plus haut, coexistent stimulation des Bactéries (commensalisme) et prédation.

L'introduction d'un troisième partenaire dans un système modifie aussi la nature des relations entre les deux premiers. Ainsi, lorsque les deux Bactéries *Escherichia coli* et

Azotobacter vinelandii sont cultivées ensemble dans un chémostat où le glucose est le facteur limitant, *E.coli* supplante rapidement *A. vinelandii*, qui assimile moins bien le glucose (fig. 57). Si l'on ajoute, dans le chémostat, *Tetrahymena pyriformis*, un Protozoaire prédateur, les populations des deux Bactéries, consommées simultanément en proportion de leur nombre, évoluent parallèlement selon des oscillations amorties (fig. 58). *A. vinelandii* n'est pas éliminé (Jost *et al.*, 1973). La structure des communautés microbiennes résulte donc d'un **équilibre dynamique** assuré par des liaisons multiples, souvent difficiles à mettre en évidence.

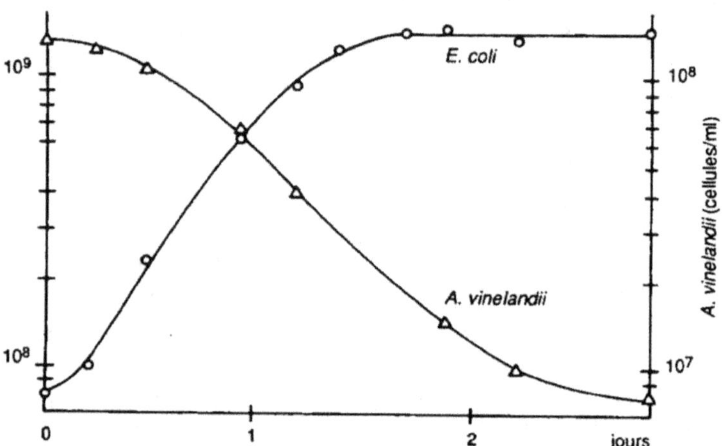

Figure 57. Évolution des populations d'*Azotobacter vinelandii* et d'*Escherichia coli* lorsqu'elles sont en compétition en culture continue (d'après Jost *et al.*, 1973).

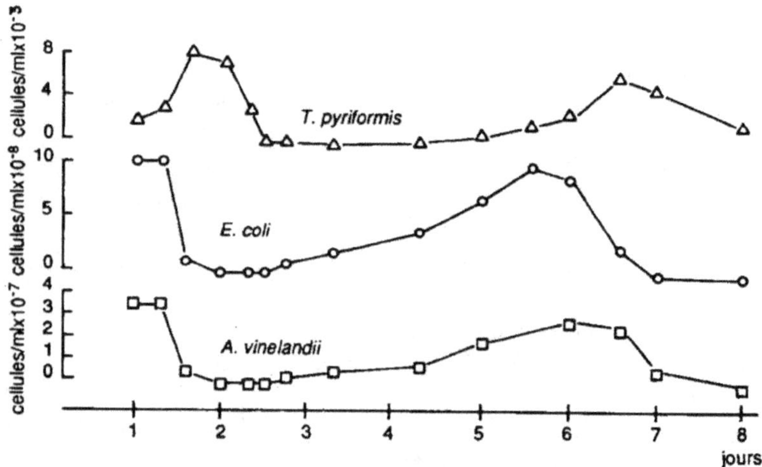

Figure 58. Évolution des populations d'*Azotobacter vinelandii* et d'*Escherichia coli* en culture continue, en présence d'un Protozoaire prédateur, *Tetrahymena pyriformis* (d'après Jost *et al.*, 1973).

L'effet fongistatique des sols

Les pages qui précèdent devraient amener le lecteur à considérer que le sol est en permanence le siège d'une intense activité. En réalité, on s'aperçoit la plupart du temps que cette activité est au contraire très faible, malgré la multiplicité des espèces qui y pullulent. De nombreuses observations faites sur les Champignons, dans des sols naturels, ont permis de constater que la germination de leurs propagules et leur croissance étaient beaucoup plus limitées que ce que l'on aurait pu prévoir, compte tenu des conditions de température, de pH et de teneur en eau apparemment favorables. Dobbs et Hinson ont créé en 1953 le terme de **fongistase** (ou mycostase) pour désigner ce phénomène qui a donné lieu, depuis, à de très nombreuses études.

La fongistase se rencontre dans tous les types de sols, sous toutes les latitudes, et concerne la plupart des Champignons : elle n'est donc pas spécifique. Pour la mettre en évidence, on dépose des spores sur des disques d'eau gélosée, ou sur des membranes poreuses humidifiées, que l'on place à la surface du sol, et l'on étudie leur germination. On peut aussi introduire les spores directement dans le sol, ou enfouies dans un réseau de fibres de nylon. L'effet inhibiteur est annulé par la stérilisation du sol, restauré si l'on réensemence le sol stérilisé avec une fraction du sol d'origine : c'est donc le résultat d'une activité biologique. Les essais montrent que les spores sont, en règle générale, d'autant plus sensibles à la fongistase qu'elles sont plus petites ; de la même façon, la sensibilité des filaments mycéliens est inversement proportionnelle à leur diamètre.

Explication de l'effet fongistatique par l'action d'inhibiteurs

Puisque l'on observait une inhibition on a, très logiquement, cherché dans le sol des inhibiteurs.

Les antibiotiques ont d'abord retenu l'attention, sachant que presque tous les antibiotiques utilisés en médecine humaine et vétérinaire sont élaborés par des microorganismes vivant dans le sol. Cependant, bien que nombreux, les producteurs d'antibiotiques ne représentent qu'une petite fraction de la microflore et les composés qu'ils synthétisent sont rapidement adsorbés sur les colloïdes ou dénaturés par les enzymes du sol. D'autre part, leur action est spécifique : elle ne s'étend jamais à l'ensemble des espèces présentes. Enfin, on peut rétablir la fongistase dans un sol stérilisé en le réensemençant uniquement avec des espèces non productrices d'antibiotiques. Les antibiotiques peuvent donc être impliqués dans des phénomènes ponctuels, ils n'expliquent pas l'inhibition généralisée.

Des produits inhibiteurs solubles, non identifiés, de poids moléculaires variés, ont été mis en évidence dans les percolats de sol recueillis dans des cases lysimétriques (Vaartaja, 1977). Les Basidiomycètes et les Oomycètes y sont sensibles ; certaines espèces de *Penicillium* et de *Gliocladium* peuvent être au contraire stimulées. Beaucoup de composés aromatiques provenant de la décomposition de la lignine (comme la vanilline, l'eugénol, l'aldéhyde cinnamique) ont une action inhibitrice et l'incorporation de sciure de bois dans le sol augmente effectivement la fongistase (Lingappa et Lockwood, 1962). Ces produits contribuent vraisemblablement à la fongistase dans les sols humifères. Leur rôle est douteux dans les sols pauvres en matière organique.

La mise en évidence de composés volatils, susceptibles d'exercer un effet à une plus grande distance de leur source d'émission que des molécules solubles, a relancé l'intérêt pour la recherche d'inhibiteurs. Un simple courant d'air recueillant les gaz dégagés par un échantillon de sol placé dans une enceinte, puis passant au-dessus des spores dans un compartiment voisin, suffit à empêcher leur germination (Romine et Baker, 1973). L'ammoniac, émis lors de la décomposition des protéines et de l'urée, inhibe la germination et la croissance de nombreux Champignons (voir p. 110). Cet effet est surtout net dans des sols alcalins. Cependant, l'inhibition n'affecte pas toutes les espèces (Schippers *et al.*, 1982). L'éthylène est également très fréquent dans les sols. Il est formé, en milieu réducteur et en présence de substrats organiques abondants, par des Bactéries anaérobies et, en conditions aérobies, par des Champignons et des Bactéries à partir de substrats simples comme la méthionine. On a, pendant quelque temps, attribué à ce gaz des propriétés inhibitrices. On admet maintenant que l'éthylène n'est pas fongistatique, mais qu'il peut avoir une action indirecte : dans des sols incubés en présence d'éthylène, il se forme des composés volatils, comme l'alcool allylique, qui sont, eux, fortement inhibiteurs (Archer, 1976). Des antibiotiques volatils peuvent aussi être présents dans l'atmosphère de certains sols, qu'ils soient acides ou alcalins, à des concentrations suffisantes pour exercer un effet fongistatique (Liebman et Epstein, 1992). Leur nature chimique n'a pas encore été déterminée.

Explication de l'effet fongistatique par des phénomènes de compétition

L'inhibition par des composés solubles ou volatils est trop liée aux caractéristiques particulières de certains sols pour que l'on puisse lui attribuer une part importante de l'effet fongistatique universellement observé. Aussi Lockwood a-t-il proposé en 1964 une autre explication, étayée par de nombreux travaux ultérieurs que nous allons maintenant nous efforcer de résumer (une synthèse détaillée a été publiée par Lockwood en 1977). Deux types de spores doivent être considérés : les spores de faible volume qui, ayant peu de réserves, ne germent pas dans l'eau distillée et ont besoin d'un apport extérieur d'énergie, sous forme de glucose par exemple ; et les spores volumineuses, contenant des réserves nutritives et capables de germer dans de l'eau distillée pure.

Cas des spores sans réserves

Des conidies de *Trichoderma viride*, par exemple, germent si on les dépose sur un disque d'eau gélosée contenant 1 à 2 g/l de glucose, incubé dans une boîte de Petri ou sur du sol stérilisé (fig. 59). Si le même disque gélosé est placé au contact d'un échantillon de terre non stérile, la germination est très faible. Elle est nulle si le disque a été incubé pendant 1 à 2 jours sur la terre non stérile avant qu'on y dépose les conidies. Aucun antibiotique n'est pourtant décelable dans ces disques, mais on peut constater qu'ils ne contiennent presque plus de glucose. Ceci montre que l'activité microbienne du sol crée un puits nutritionnel qui prive rapidement la rondelle gélosée, par diffusion, de ses éléments nutritifs. Le gradient de diffusion créé empêche les conidies de trouver l'appoint énergétique dont elles ont besoin pour germer. On peut obtenir le même effet en faisant incuber les disques gélosés sur du charbon animal activé ou en les lavant longuement à l'eau distillée avant de les ensemencer.

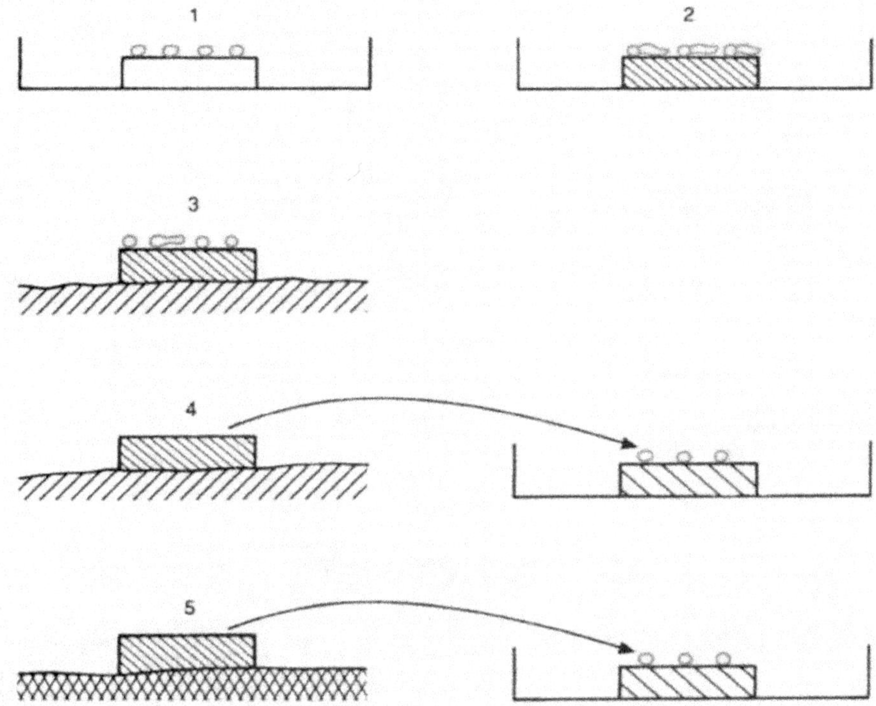

Figure 59. Effets de la fongistase sur la germination de spores sans réserves nutritives (en vert).
1 : déposées sur un disque d'eau distillée gélosée, les spores ne germent pas, même en conditions aseptiques. 2 : les spores germent en conditions aseptiques si on les dépose sur un disque d'eau glucosée gélosée. 3 : si le disque de gélose nutritive portant les spores est placé à la surface d'un sol non stérile, la germination est très faible. 4 : le disque de gélose nutritive est maintenu 2 jours à la surface d'un sol non stérile avant d'être ensemencé. Il est ensuite placé dans une boîte de Petri et l'on y dépose les spores : on n'observe pas de germination. 5 : on reproduit la même situation en maintenant le disque gélosé pendant 2 jours au contact de charbon actif stérile.

Cas des spores à réserves nutritives

Des conidies volumineuses comme celles de *Cochliobolus victoriae*, par exemple, germent lorsqu'on les dépose sur une membrane de filtration flottant sur de l'eau distillée ou appliquée sur du sable stérile humidifié (fig. 60). Mais le taux de germination est très faible si les membranes sont incubées sur un sol non stérile. Il est également très faible si l'on place les membranes sur du sable stérile lessivé par un courant d'eau distillée. Si le lessivage est arrêté rapidement, la germination redevient possible. Mais si le lessivage dure plusieurs jours, on ne peut obtenir de germination qu'après un apport de glucose. On montre ainsi que les réserves nutritives des spores, en grande partie solubles, sont rapidement perdues sous l'action du puits nutritionnel, rendant la germination problématique. En cultivant *C. victoriae* sur un substrat contenant du carbone radioactif, il est possible de récolter des conidies marquées au ^{14}C. Les exsudats provenant de ces spores sont utilisés en quelques minutes par la microflore du sol et minéralisés en $^{14}CO_2$. Les spores sont ainsi progressivement réduites à l'état de spores sans réserves. Elles ne peuvent plus germer qu'en présence d'une source extérieure d'énergie. Ce sera le cas, dans notre schéma, si le lessivage du sable est réalisé, non plus avec de l'eau distillée, mais avec une solution nutritive.

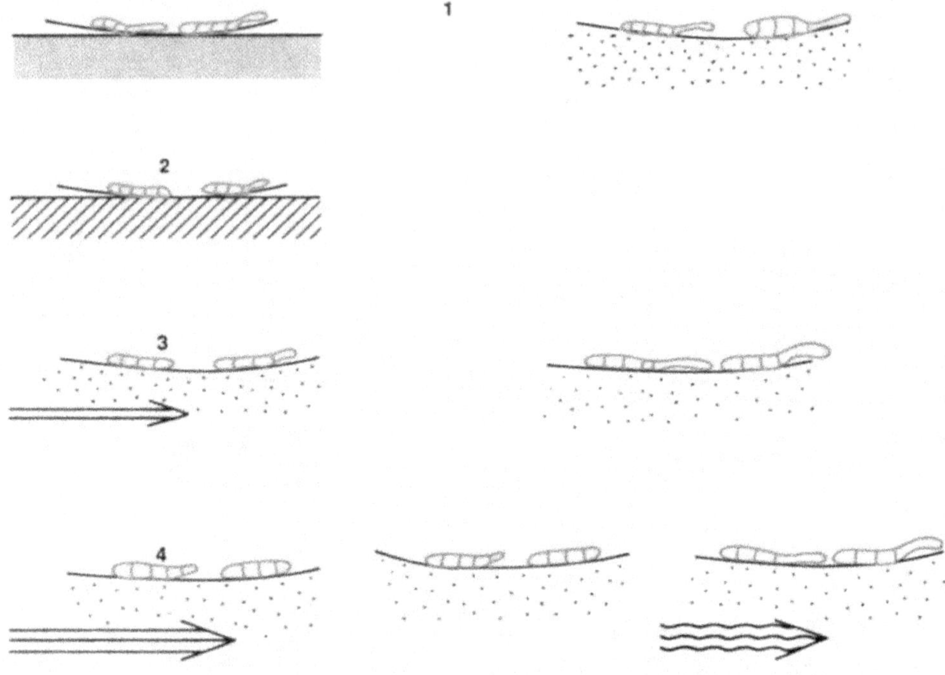

Figure 60. Effets de la fongistase sur la germination de spores possédant des réserves nutritives (en vert). 1 : placées sur une membrane poreuse, les conidies germent en présence d'eau distillée stérile ; elles germent aussi bien si on place la membrane sur du sable stérile humidifié. 2 : la germination est faible si la membrane portant les spores est déposée à la surface du sol. 3 : la germination est également faible si la membrane est placée sur du sable stérile lessivé par un courant d'eau distillée. Cependant, si l'on arrête le lessivage au bout de quelques heures, la germination reprend. 4 : si le lessivage est intense ou s'il dure plusieurs jours, la germination est très faible et elle ne reprend pas une fois qu'il a cessé. Cependant, si l'on fait passer dans le sable un courant d'eau glucosée, la germination a lieu normalement.

Ces travaux nous amènent à nous représenter la microflore du sol comme en état de disette permanente. L'effet fongistatique est dû à l'intense puits nutritionnel provoqué par une **déficience chronique en énergie**. Le sol fonctionne donc toujours bien au-dessous de ses capacités. Dans ces conditions, l'introduction du moindre substrat dans un tel milieu devrait se traduire par un violent sursaut d'activité, d'autant plus brutal que la biomasse est plus élevée. Ceci est bien illustré, en effet, par le dégagement rapide et intense de dioxyde de carbone qui suit un apport de glucose, reflétant l'intensité du puits nutritionnel.

L'autolyse

Le manque de ressources nutritives provoque non seulement un blocage de la germination et de la croissance mycélienne, mais aussi une lyse du mycélium déjà formé. Il s'agit d'une autolyse, provoquée par l'action d'enzymes endogènes, généralement stockées dans des vésicules spécialisées, les lysosomes. On peut facilement la mettre en évidence en déposant un jeune thalle, de *Fusarium solani* par exemple, sur une membrane de filtration elle-même placée sur du sable stérile. Si on lessive lentement le sable avec une solution nutritive, le thalle se développe. Si on remplace la solution nutritive par de l'eau distillée, les filaments mycéliens ne tardent pas à se lyser, en l'absence de toute contamination. L'autolyse s'arrête et la croissance reprend si l'on recommence les apports nutritifs (Ko et Lockwood, 1970).

L'autolyse est donc une réponse au stress nutritionnel. Elle peut entraîner à terme la mort et la disparition de la colonie. Le plus souvent cependant, c'est la première étape d'un processus qui conduit à une nouvelle répartition des matériaux cytoplasmiques. L'azote, le carbone, le phosphore des parties lysées sont ainsi transférés vers des apex d'hyphes dont la croissance se poursuit et où ils sont immédiatement réassimilés. Ce phénomène de translocation facilite l'exploration du milieu par les Champignons et permet la recherche de nouveaux substrats aux moindres frais possibles (Paustian et Schnürer, 1987). Il aboutit souvent, aussi, à la constitution de structures de conservation, sclérotes ou chlamydospores, grâce au recyclage du matériel cytoplasmique qu'il rend possible. Ainsi, des macroconidies de *Fusarium* (organes de dissémination fragiles), réparties sur une membrane de filtration et soumises à un stress nutritionnel, s'autolysent rapidement et des chlamydospores (organes de conservation à parois épaisses) se forment. Des sels minéraux sont toutefois nécessaires, mais la solution du sol en contient habituellement (Hsu et Lockwood, 1973).

Conséquences écologiques de la fongistase

La sensibilité des spores à la fongistase paraît être une adaptation au déficit nutritionnel du sol. Si elles germaient spontanément, leur croissance ne pourrait se poursuivre en l'absence de nutriments, les tubes germinatifs seraient lysés et le stock de propagules des Champignons dans le sol diminuerait rapidement, jusqu'à disparition complète. Le stimulus nutritif exogène, qui seul permet la germination, apporte à la spore la garantie qu'un substrat adéquat (débris végétaux pour un saprophyte, plante-hôte pour un parasite ou un symbiote) est présent dans le milieu. Encore faudra-t-il qu'après avoir germé, le Champignon soit capable de surmonter la compétition et de coloniser ce substrat. Mais du moins il aura dépensé son énergie avec quelque chance de succès. En cas d'échec, l'autolyse induite par l'impossibilité de poursuivre l'exploitation du substrat pourra lui permettre, éventuellement, de constituer quelques nouveaux organes de conservation. Il existe des souches de *Cochliobolus sativus* dont les conidies sont insensibles à la fongistase et germent spontanément. Bien adaptées à la vie aérienne (extension de l'infection de feuille en feuille), elles disparaissent rapidement si elles sont incorporées dans le sol. Au contraire, les conidies des formes de *C. sativus* qui sont sensibles à la fongistase peuvent se maintenir plusieurs mois dans les mêmes conditions (Chinn et Tinline, 1964).

Conclusion et généralisation

L'hypothèse de la compétition généralisée, désormais admise par la grande majorité des chercheurs, n'exclut pas, soulignons-le, la possibilité d'une inhibition chimique s'exerçant dans des circonstances et dans des sites particuliers. Retenons que cet effet fongistatique est universellement présent et qu'il peut être temporairement levé par l'addition d'un substrat énergétique.

A côté des très nombreux travaux consacrés aux Champignons, quelques études ont porté sur les autres microorganismes du sol. Ko et Chow (1977) ont par exemple montré que des Bactéries, isolées à partir d'un sol et réintroduites dans ce sol, sont incapables de s'y multiplier à moins qu'on le stérilise préalablement ou que l'on y ajoute une solution de glucose et de peptone. Il y a donc aussi un effet bactériostatique des sols. Plus récemment on a, de même, envisagé une ciliatostase pour expliquer les phénomènes qui provoquent l'enkystement et qui empêchent le dékystement et la croissance des Protozoaires. On peut donc dire qu'une **microbiostase** généralisée se manifeste dans le sol. L'intensité de cet effet varie selon les espèces qui y sont soumises, les types de sols et les conditions environnantes.

La croissance est donc en quelque sorte un phénomène accidentel entre deux périodes d'inactivité. Son but principal est d'accumuler les réserves nécessaires à la constitution de nouvelles formes de conservation avant le retour à l'état dormant. Nous verrons que, dans cet océan de pauvreté, les racines des plantes représentent des îles au voisinage desquelles le statut nutritionnel du sol est profondément modifié.

Les sols résistants

Quelques Champignons et Bactéries du sol peuvent être à l'origine de maladies graves, aux conséquences économiques importantes. Cependant, dans certaines conditions, le pouvoir pathogène de ces microorganismes ne se manifeste pas : il existe des sols où, malgré la présence de l'agent pathogène, des plantes sensibles demeurent indemnes, même si les conditions climatiques sont favorables à l'expression de la maladie. On dit que ces sols sont résistants au développement de la maladie ou, plus simplement, résistants (en anglais : *suppressive soils*). Par opposition, les sols dans lesquels la maladie s'exprime sont dits sensibles (*conducive* ou *permissive soils*).

Pour mettre en évidence la résistance d'un sol, il faut donc y introduire l'agent pathogène et y cultiver une variété sensible d'une plante-hôte, en se plaçant dans les conditions de température et de teneur en eau les plus propices à l'apparition de la maladie. Des séries comportant des quantités croissantes d'inoculum pathogène peuvent permettre de déterminer la dose à partir de laquelle la résistance est surmontée (fig. 61). Pour un niveau d'inoculum donné (calculé à partir des essais préliminaires), on peut également suivre l'évolution des symptômes en fonction du temps. Des modèles statistiques permettent, à partir de ces données, de comparer entre eux plusieurs sols et de les classer selon leur degré de résistance (Corman *et al.*, 1986).

La résistance d'un sol peut être **constitutive** ou **acquise**. Dans le premier cas, l'environnement biologique et physico-chimique est tel que l'agent infectieux, s'il est introduit, ne peut pas se maintenir ou bien, s'il est déjà présent, ne peut pas exprimer son pouvoir pathogène. Dans le second cas, le sol permet tout d'abord le développement de la maladie. Puis, après quelques années caractérisées par l'emploi de certaines techniques ou, plus fréquemment, par la culture répétée de la plante-hôte dans le même champ, il devient progressivement résistant.

Nous avons déjà rencontré (p. 115) des sols dont la résistance à *Pseudomonas solanacea-rum*, agent du flétrissement bactérien, était liée à la présence de certains types d'argiles. Nous allons maintenant présenter deux exemples dans lesquels des microorganismes sont impliqués. Il s'agit dans un cas (les fusarioses) d'une résistance constitutive, dans l'autre cas (le piétin-échaudage) d'une résistance acquise. On connait des sols résistant à d'autres maladies, provoquées par des Champignons ou des Nématodes (Cook et Baker, 1983). Mais les mécanismes à l'origine de cette propriété sont, pour la plupart, encore mal connus.

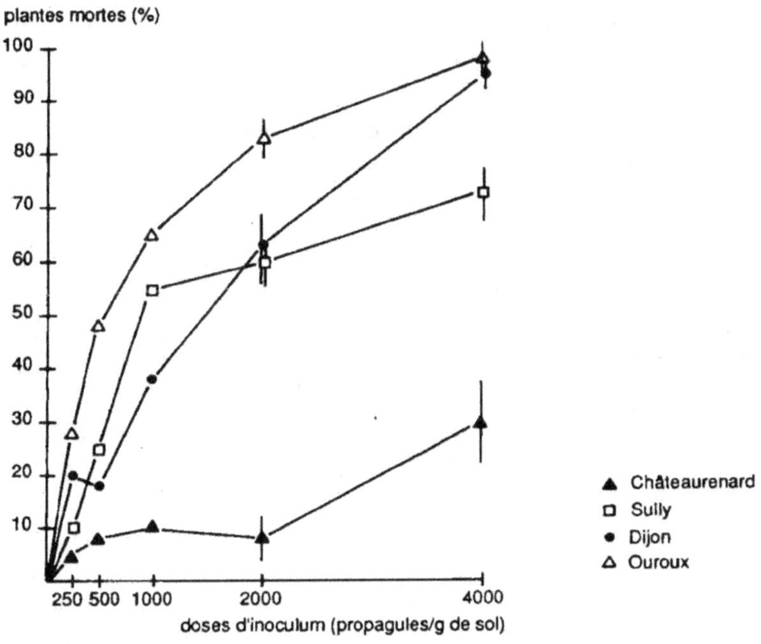

Figure 61. Réceptivité de 4 sols à la fusariose vasculaire du lin : pourcentage de plantes mortes 6 semaines après l'infestation des sols par des doses croissantes de *F. oxysporum* f. sp. *lini*. La résistance du sol de Châteaurenard ne commence à céder que pour des doses d'inoculum supérieures à 2000 propagules par g de sol alors que, dans les autres sols, la gravité de la maladie augmente rapidement avec la concentration de l'agent pathogène. On peut cependant constater qu'à partir de 1000 propagules/g la progression ralentit dans le sol de Sully : on peut considérer qu'il est moins sensible que le sol d'Ouroux (Alabouvette, 1986).

Les sols résistants aux *Fusarium oxysporum*

Les sols résistants aux maladies provoquées par les diverses formes spéciales de *Fusarium oxysporum* sont certainement le modèle le mieux connu. Ils sont l'objet d'intenses recherches depuis une vingtaine d'années. Aussi est-il impossible de rapporter en quelques lignes tous les travaux qui leur ont été consacrés, notamment par l'équipe de R. Baker à Fort Collins (Colorado), par celle de J. Louvet, puis de C. Alabouvette, à Dijon et par celle de B. Schippers, à Baarn. Les résultats obtenus à Dijon à partir d'un sol maraî-cher de Châteaurenard (Bouches du Rhône) ont déjà donné lieu à plusieurs notes de synthèse (Alabouvette, 1986 ; Lemanceau et Alabouvette, 1993 ; Alabouvette *et al.*, 1993). En voici l'essentiel :

- *la résistance est spécifique* : le sol de Châteaurenard s'oppose au développement de toutes les maladies causées par des *F. oxysporum*, quel que soit l'hôte considéré. Mais il n'est pas résistant aux maladies dues à d'autres Champignons parasites, pas même s'il s'agit d'autres espèces de *Fusarium (F. solani* ou *F. roseum).*

- *la résistance est d'origine biologique* : elle disparaît complètement si le sol est stérilisé par autoclavage, par un fumigant ou par exposition aux rayons gamma.

- *la résistance est transmissible* : une faible proportion de sol de Châteaurenard suffit pour rendre résistant un sol sensible si celui-ci a été stérilisé avant le mélange, ce qui confirme la nature biologique de la résistance.

- *l'agent pathogène survit dans le sol résistant* : l'évolution au cours du temps d'une population de *F. oxysporum* pathogène incorporée dans un sol résistant est comparable à celle que l'on observe dans un sol sensible. Le Champignon est encore présent dans chacun de ces sols plus d'un an après son introduction.

- *la fongistase est plus élevée dans le sol résistant* : une très petite proportion de chlamydospores de *F. oxysporum* (moins de 10 %) est capable de germer en présence du sol résistant. En présence d'un sol sensible, cette proportion est beaucoup plus élevée (elle peut atteindre 35 %). Un apport de glucose facilite la germination ; si l'on emploie un sol stérilisé, l'inhibition disparaît totalement. En outre, il faut ajouter de 5 à 10 fois plus de glucose au sol résistant qu'au sol sensible pour obtenir des taux de germination équivalents, ou un développement comparable des populations. Tout ceci montre que le sol résistant a un pouvoir fongistatique beaucoup plus élevé que le sol sensible.

- *il existe aussi une compétition pour le fer* : si l'on ajoute au sol sensible un ligand, l'EDDHA, dont l'affinité pour le fer est très élevée, ou de la pseudobactine, un sidérophore produit par des *Pseudomonas* fluorescents, on diminue la gravité de la fusariose. Par contre, l'apport de fer chélaté par l'EDTA, facilement assimilable par *F. oxysporum*, diminue la résistance du sol de Châteaurenard (fig. 62). En milieu gélosé pauvre en Fe^{3+} ou dans le sol, la germination et/ou l'élongation des tubes germinatifs des chlamydospores de *F. oxysporum* est très faible en présence de certaines souches de *Pseudomonas*, de leur pseudobactine purifiée, ou d'EDDHA. L'ion Fe^{3+} est donc un facteur limitant pour les *F. oxysporum*, et les *Pseudomonas* fluorescents sont plus compétitifs qu'eux.

- *analyse de la flore microbienne responsable de la résistance* : la méthode de respiration rapide d'Anderson et Domsch (1978) a été utilisée pour comparer le sol de Châteaurenard et un sol sensible. La réponse respiratoire initiale à l'apport de glucose est 3 à 4 fois plus importante dans le sol résistant, ce qui montre qu'il renferme une biomasse microbienne plus élevée (fig. 63). L'activité respiratoire atteint en une douzaine d'heures un pic élevé dans le sol résistant, puis elle décroît très rapidement et tombe au-dessous de sa valeur initiale après 24 heures. Dans le sol sensible, le dégagement de dioxyde de carbone est progressif, le maximum est peu marqué, mais l'activité respiratoire se maintient pendant plusieurs jours à un niveau supérieur au niveau de départ. La fongistase est donc très vite rétablie dans le sol résistant, alors que dans le sol sensible où la compétition pour le carbone est moins intense, les chlamydospores de *F. oxysporum* ont le temps de germer.

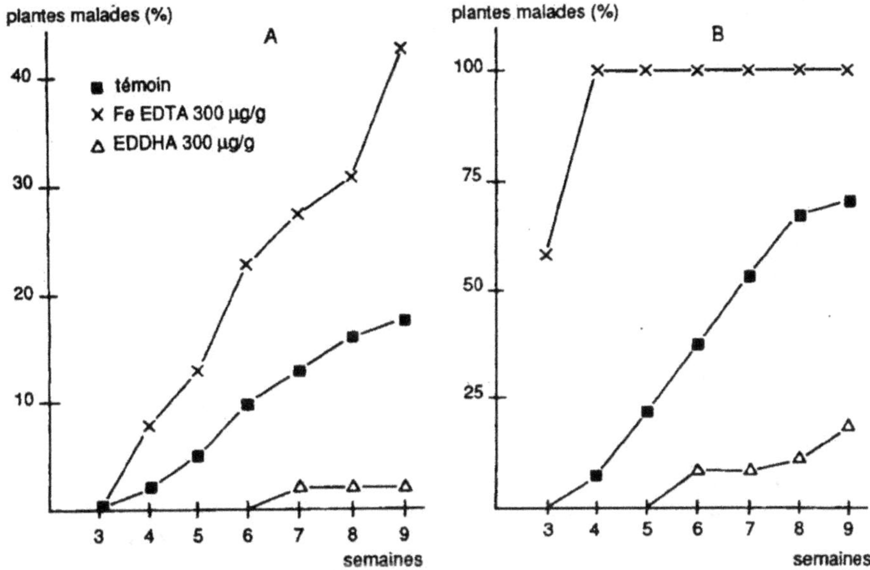

Figure 62. Réceptivité à la fusariose vasculaire du lin d'un sol résistant (A) et d'un sol sensible (B) amendés avec le ligand EDDHA ou le chélate Fe EDTA. Les graphiques représentent l'évolution, en fonction du temps, du pourcentage de plantes malades après infestation par *F. oxysporum* f. sp. *lini*. Le sol résistant a été infesté à la dose de 10 000 propagules/g et le sol sensible, à la dose de 5000 propagules/g (Lemanceau *et al.*, 1988).

Une stérilisation progressive du sol de Châteaurenard à l'aide de mélanges d'air et de vapeur à différentes températures montre que la résistance est essentiellement liée à la présence de Champignons : elle disparaît en effet après un traitement à 55°C, température à laquelle presque tous les Champignons sont éliminés alors que la plupart des Bactéries survivent. Une analyse mycologique fait ressortir l'abondance des formes saprophytes de *F. oxysporum* et de *F. solani*, qui représentent de 25 à 40 % de la flore fongique totale, alors que la moyenne habituelle est proche de 10 %. On peut restituer à un échantillon de sol de Châteaurenard stérilisé presque toutes ses propriétés protectrices en y introduisant un mélange de *F. oxysporum* et de *F. solani* saprophytes. Une seule souche de *F. oxysporum* peut se révéler efficace si elle est convenablement choisie : tous les isolats, en effet, n'ont pas les mêmes qualités. L'analyse de la flore bactérienne donne un résultat assez inattendu après ce que nous avons vu dans le paragraphe précédent : le sol résistant est relativement pauvre en *Pseudomonas* fluorescents.

- *compétition pour les sites récepteurs* : la colonisation des racines d'une plante-hôte (le lin par exemple) par une souche, ou par un mélange de souches, de *F. oxysporum* ne dépasse pas une certaine limite, indépendante de la quantité d'inoculum apportée : puisqu'il y a un nombre déterminé de «sites de colonisation» disponibles, ceci implique que, si plusieurs souches sont présentes simultanément, elles seront en compétition pour y accéder. D'autre part, dans les racines, l'activité spécifique d'une souche pathogène (transformée et rendue repérable par l'introduction du gène *Gus* codant pour la ß-glucuronidase) est réduite lorsqu'elle est inoculée en même temps qu'une souche antagoniste (Eparvier et Alabouvette, 1994).

- *interprétation* : le rôle protecteur exercé par le sol de Châteaurenard se révèle donc extrêmement complexe. La compétition pour l'énergie, très sévère en raison d'une biomasse

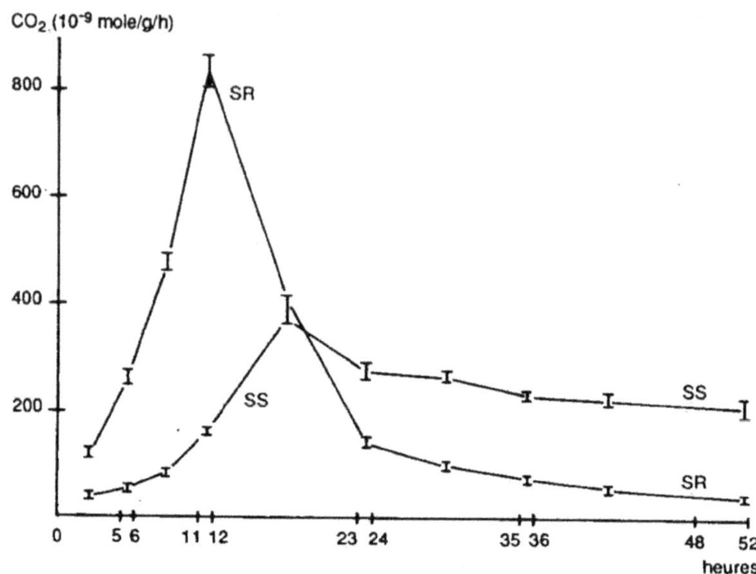

Figure 63. Cinétique du dégagement de dioxyde de carbone par le sol résistant de Châteaurenard (SR) et par un sol sensible (SS) après addition de glucose, à raison d'1 mg par g de sol (Alabouvette, 1986).

microbienne générale importante, semble être le facteur déterminant. Les *F. oxysporum* pathogènes sont d'autant plus désavantagés qu'ils ne représentent qu'une très petite fraction des *Fusarium* totaux, alors que la flore fusarienne est abondante : la compétition est en effet encore plus intense entre des individus appartenant à la même niche écologique. Dans ces conditions, la faible affinité pour le fer des sidérophores de *F. oxysporum* constitue un handicap supplémentaire : le manque de fer (nécessaire aux cytochromes de la chaîne respiratoire) pourrait entraîner l'utilisation d'autres voies d'oxydation des hydrates de carbone, moins efficaces que la voie normale (Lemanceau *et al.*, 1993). La compétition pour le fer rendrait ainsi encore plus ardue la compétition pour le carbone, particulièrement pour les formes pathogènes, qui y paraissent plus sensibles que les saprophytes. A cette lutte pour les ressources énergétiques s'ajoute, nous l'avons vu, une lutte pour les sites récepteurs à la surface ou à l'intérieur des racines. Mais ce n'est pas tout : puisque la microflore antagoniste est capable de coloniser les tissus corticaux des racines, elle induit très vraisemblablement chez la plante-hôte des réactions de défense. Il semble bien en effet que des souches non pathogènes de *F. oxysporum* puissent stimuler la résistance d'une plante-hôte à des formes pathogènes, et l'on a montré qu'une souche de *Pseudomonas* sp. commensale des racines (ou des lipopolysaccharides extraits de cette Bactérie) provoquait chez l'oeillet l'accumulation de phytoalexines fongitoxiques (Van Peer et Schippers, 1992).

Les sols résistants à *Gaeumannomyces graminis* var. *tritici.*

Le piétin-échaudage, dû à *Gaeumannomyces graminis* var. *tritici*, est connu dans les principales régions productrices de blé et peut provoquer de très gros dégâts. Cependant, l'évolution de cette maladie ne suit pas la loi générale selon laquelle les symptômes deviennent de plus en plus graves si une culture sensible est semée plusieurs années de suite dans un sol contaminé. Au contraire, dans le cas du piétin échaudage, on observe au bout de quelques années un assoupissement de la maladie et une stabilisation des attaques à un niveau tel que leur incidence sur les rendements peut être considérée comme négligeable. Ce phénomène, connu en anglais sous le nom de *take-all decline*, a fait l'objet de très nombreux travaux. Il reste néanmoins encore assez mal connu et aucune des explications proposées n'est entièrement satisfaisante (Hornby, 1979 ; Cook et Weller, 1987 ; Simon et Sivasithamparam, 1989). Les principaux points établis sont les suivants :

- *la résistance est liée à la monoculture* : si l'on pratique une monoculture de blé dans un champ où le parasite est présent, on observe d'abord une forte augmentation des symptômes au cours des premières années, puis une diminution assez rapide et enfin une stabilisation des attaques à un niveau assez bas. Quatre ou cinq cultures successives sont en général nécessaires pour atteindre ce palier, mais il en faut parfois davantage. La monoculture est bien indispensable à l'installation de la résistance : son effet est supprimé si elle est interrompue (fig. 64).

- *la résistance est spécifique* : la résistance est induite par la culture d'une plante sensible (orge ou surtout blé) et ne concerne que le piétin échaudage.

- *la résistance est d'origine biologique* : elle est supprimée par une désinfection au bromure de méthyle ou un traitement du sol à 60°C pendant 30 mn, qui élimine les Champignons et les Bactéries non sporulantes. Elle est transmissible à un sol sensible préalablement stérilisé : une addition de 1 à 10% de sol résistant est suffisante.

- *les populations du parasite sont modifiées qualitativement et quantitativement* : il semble que la monoculture d'une plante-hôte favorise, dans un premier temps, les formes du Champignon adaptées au parasitisme, peu pigmentées, au détriment des formes saprophytes, fortement mélanisées et peu agressives. Le Champignon ne possède pas de structures de conservation spécialisées et, puisque les hyphes hyalines sont moins persistantes que les hyphes pigmentées, ses chances de survie entre deux cultures de blé vont donc diminuer malgré l'augmentation de la proportion de tissus colonisés dans les racines.

- *les antagonistes semblent essentiellement associés aux racines du blé* : pour une densité d'inoculum donnée de *G. graminis* var. *tritici*, on observe en moyenne autant de lésions sur les racines dans un sol résistant que dans un sol sensible. Mais, dans le sol résistant, ces lésions n'évoluent pas, ce qui permet de penser que l'antagonisme s'exerce seulement sur (ou dans) les racines du blé.

- *analyse de la microflore associée au blé* : le nombre total de microorganismes associés aux racines ne varie pas significativement lorsqu'apparaît la résistance, et il est difficile de mettre en évidence des changements notables dans les communautés microbiennes. Cependant, dans les grandes plaines céréalières du Nord-Ouest américain, on a observé une augmentation relative des populations de *Pseudomonas* fluorescents. Ces populations renferment une plus grande proportion de souches capables d'inhiber *in vitro* le *G. graminis* var. *tritici*.

- *modes d'action possibles des Pseudomonas* : ces *Pseudomonas* produisent des sidérophores et la compétition pour le fer pourrait être un des mécanismes responsables de la résistance. On peut en effet accroître la résistance d'un sol sensible en y ajoutant une pseudobactine purifiée. Inversement, on peut rendre sensible un sol résistant en y apportant du

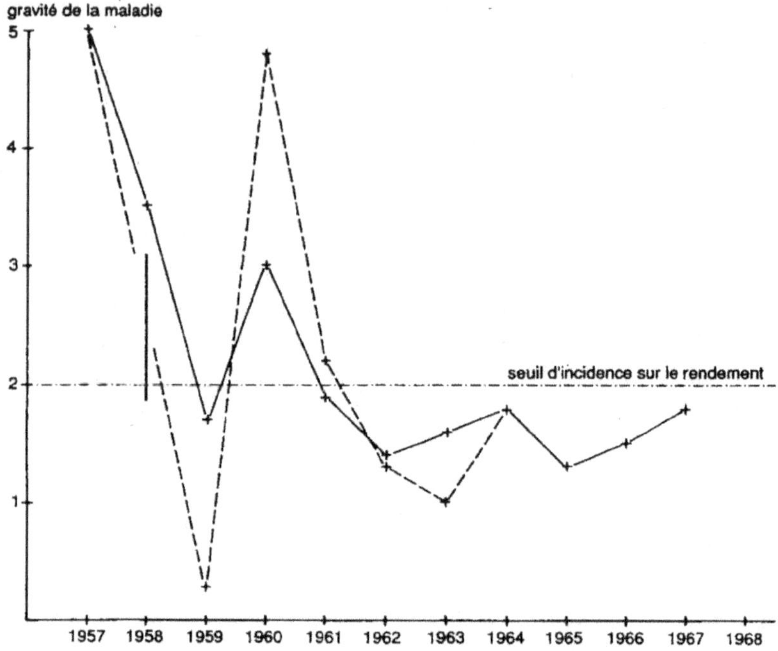

Figure 64. Évolution de la gravité du piétin-échaudage en fonction du temps dans une monoculture de blé. La gravité de la maladie est estimée par l'observation de plants prélevés sur 2 mètres linéaires et tient compte de l'état des racines et de la proportion d'épis échaudés. Elle est calculée selon une échelle allant de 0 (aucune attaque) à 6 (toutes les plantes sont attaquées et le rendement est nul). Les notations, effectuées à la station d'agronomie de Quimper, commencent en 1957, après une première culture de blé en 1956 :
(⊢⊣) culture de blé ininterrompue jusqu'en 1967
(⊦---⊦) blé en 1956 et 1957, interrompu par une culture de pomme de terre en 1958 (en vert), puis blé ininterrompu jusqu'en 1964 (d'après les données de Lemaire et Coppenet, 1968).

fer sous forme de Fe-EDTA. D'autre part, plusieurs des souches de *Pseudomonas* isolées à partir de racines de blé produisent des phénazines (Thomashow *et al.*, 1990) ou des phloroglucinols (Harrison *et al.*, 1993), et ces antibiotiques, fortement inhibiteurs de *G. graminis* var. *tritici in vitro*, ont été détectés au champ dans la rhizosphère du blé, à des concentrations proches du seuil d'activité, dans des sols résistants. Des mutants ayant perdu la faculté de synthétiser une pseudobactine ou/et un antibiotique conservent leur aptitude à coloniser les racines mais ne sont plus inhibiteurs.

- *interprétation* : on peut supposer que les blessures provoquées dans le cortex racinaire par le Champignon parasite sont une source d'exsudats qui stimulent le développement d'envahisseurs secondaires, comprenant notamment des *Pseudomonas* fluorescents. La pression de sélection due à la compétition pour ce substrat favorise les Bactéries productrices de sidérophores et d'antibiotiques. Après la mort des racines, ces Bactéries se retrouvent dans les débris végétaux. Elles y contribuent à la régression des populations de *G. graminis* var. *tritici* qui, comme nous l'avons indiqué plus haut, sont vraisemblablement devenues moins compétitives après leur passage dans les plantes. Un nouvel équilibre hôte-parasite-antagonistes finit par s'établir au bout de quelques années à condition que les pressions de sélection s'exercent toujours dans le même sens, c'est-à-dire que la monoculture du blé (ou de l'orge) soit poursuivie. Le maintien de l'équilibre exige l'existence d'un nombre minimum de lésions, même si la taille de ces lésions demeure limitée. Il est d'ailleurs intéressant de constater qu'une monoculture de blé dans un terrain où le *G. graminis* var. *tritici* n'est pas présent ne rend pas le sol résistant au parasite (Gerlagh, 1968).

Cette explication de l'assoupissement du piétin échaudage, bâtie sur les travaux réalisés dans le Nord-Ouest américain, ne rend pas forcément compte des faits observés dans d'autres sols et sous d'autres climats. En Angleterre par exemple, les *Pseudomonas* représentent seulement 2% des Bactéries de la rhizosphère du blé dans les sols résistants et leur rôle paraît plus problématique (Hornby, 1979).

Pour un complément d'information sur les interactions entre microorganismes

ADAMS P. B., 1990 - The potential of mycoparasites for biological control of plant diseases. *Annu. Rev. Phytopathol.* 28, 59 - 72.

ANDERSON J. M., RAYNER A. D. M. et WALTON D. W. H. (Ed.), 1984 - *Invertebrate - microbial interactions.* Cambridge University Press, Cambridge.

BAZIN M. J., SAUNDERS P. T. et PROSSER J. I., 1976 - Models of microbial interactions in the soil. *CRC Crit. Rev. Microbiol.* 4, 463 - 498.

BULL A. T. et SLATER J. H. (Ed.), 1982 - *Microbial interactions and communities.* Vol. 1. Academic Press, London.

CARROLL G. C. et WICKLOW D. T. (Ed.), 1992 - *The fungal community : its organization and role in the ecosystem.* Marcel Dekker Inc., New York.

HUTCHINSON S. A., 1973 - Biological activities of volatile fungal metabolites. *Annu. Rev. Phytopathol.* 11, 223 - 246.

KHAN M. W. (Ed.), 1993 - *Nematode interactions.* Chapman & Hall, London.

LOCKWOOD J. L., 1977 - Fungistasis in soils. *Biol. Rev.* 52, 1 - 43.

VANČURA V. et KUNČ F. (Ed.), 1988 - *Soil microbial associations. Control of structures and functions.* « Developments in agricultural and managed-forest ecology », vol. 17. Elsevier, Amsterdam.

WATSON A. G. et FORD E. J., 1972 - Soil fungistasis. A reappraisal. *Annu. Rev. Phytopathol.* 10, 327 - 348.

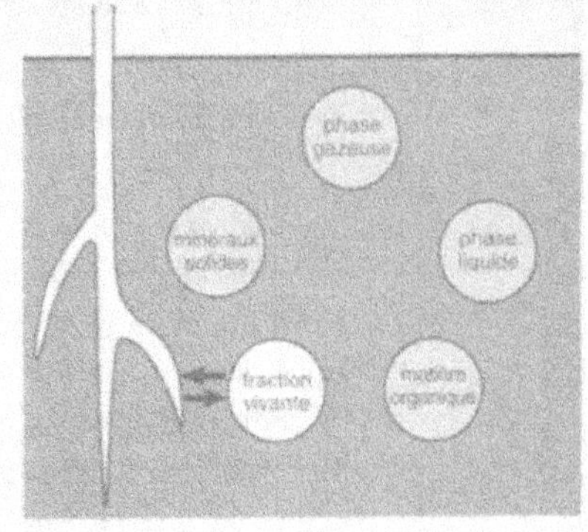

7

Interactions entre microorganismes et plantes

Les microorganismes du sol et des substrats organiques

Immobilisation des éléments minéraux

La matière organique fraîche est rapidement colonisée. Une partie est assimilée par les microorganismes, une autre est minéralisée tandis qu'une fraction, plus récalcitrante, participe à la formation des acides humiques. La proportion d'éléments minéraux libérés et immédiatement disponibles pour la végétation dépend de la nature du substrat. Si les teneurs en azote, en soufre, en phosphore, des résidus sont faibles par rapport à leur composition en carbone, tous ces éléments seront immobilisés dans la biomasse microbienne. Un apport de sels minéraux pourra dans ce cas être nécessaire pour éviter une concurrence entre les plantes et les microorganismes (voir p. 141). Cependant, cette immobilisation est seulement temporaire et, grâce à elle, les éléments minéraux lessivables sont conservés dans les horizons fertiles du sol. Le renouvellement de la biomasse assure une minéralisation progressive de ces éléments qui redeviennent peu à peu disponibles pour la végétation.

Phénomènes de toxicité

Phytotoxicité générale

La décomposition de grandes quantités de matière organique accumulées à la surface du sol peut entraîner une anaérobiose temporaire, surtout si une forte humidité favorise les proliférations microbiennes alors que la diffusion de l'oxygène est plus lente. Dans ces conditions, des acides organiques phytotoxiques peuvent être formés. Ils pourraient être à l'origine de la mauvaise levée parfois observée dans les blés semés, en automne, directement sur les chaumes non enfouis de la culture précédente. Toutefois, selon Cook et Veseth (1991), ces accidents ne seraient pas dus à la phytotoxicité, mais à des Champignons parasites (*Pythium* spp., *Gaeumannomyces graminis*) auxquels la technique de non-culture permet de passer directement des chaumes de l'année précédente aux semences de la nouvelle culture. Il est tout à fait possible aussi que la phytotoxicité résultant de la décomposition de la paille en anaérobiose rende les jeunes semis plus sensibles à l'attaque par des Champignons parasites. Penn et Lynch (1982) ont en effet montré que les céréales d'hiver lèvent très mal dans les parties des champs désherbées au glyphosate après une forte infestation de chiendent (*Agropyron repens*). Les résidus en décomposition ne contiennent pas d'herbicide, mais de fortes concentrations d'acide acétique : jusqu'à 42 mM/g, alors que cet acide est toxique à partir de 5 mM. Mais on note aussi la présence de *Fusarium culmorum*, et l'on peut montrer que le trempage de racines de blé pendant 1 h dans de l'acide acétique à 5 mM augmente fortement la sensibilité de la plante à ce parasite mineur.

Toussoun et Patrick (1963) ont montré que des extraits aqueux de végétaux en décomposition, appliqués à des haricots, entraînaient une exsudation accrue de sucres et d'acides aminés par les racines et les hypocotyles, ce qui permettait une colonisation beaucoup plus importante des tissus par divers Champignons pathogènes. Plus récemment, Vaughan *et al.* (1983) ont mis en évidence dans la solution du sol des acides aromatiques provenant de la biodégradation de la lignine, toxiques à faible concentration (moins de 1 mM). Ceci expliquerait, au moins en partie, pourquoi les reliquats de végétaux âgés sont généralement plus phytotoxiques que les tissus jeunes, peu lignifiés. *In vitro*, des extraits aqueux de végétaux en décomposition provoquent des lésions sur les racines de diverses plantes, en l'absence de tout parasite (Patrick *et al.*, 1963). Les méristèmes apicaux y sont particulièrement sensibles. Dans tous les cas, la toxicité des déchets végétaux est de courte durée : elle cesse 1 à 3 semaines après leur dépôt sur le sol ou après leur enfouissement, et disparaît d'autant plus rapidement que l'oxydation des composés formés est plus facile. La rapide disparition de l'effet toxique et la nécessité, pour l'observer, d'apports massifs de matière organique fraîche conduisant à une anaérobiose temporaire, sont des arguments en faveur d'une toxicité d'origine biochimique plutôt que parasitaire. Mais il ne suffit pas d'identifier des composés toxiques dans des déchets en décomposition pour en conclure qu'ils ont un effet biologique. Encore faut-il montrer qu'ils sont présents dans le sol à une concentration suffisante pour que cet effet puisse se manifester. Ainsi, la patuline élaborée par *Penicillium urticae*, un Champignon qui se développe sur les chaumes, a été rendue responsable de levées défectueuses (Norstadt et Mc Calla, 1969). Cependant, sa concentration dans le sol est beaucoup trop faible pour qu'un effet toxique en résulte. De même, une dégénérescence liégeuse des racines de la laitue, observée surtout aux Etats-Unis, a été attribuée à la formation de composés toxiques à partir des restes des cultures de laitues précédentes (Amin et Sequeira, 1966). Mais il semble plus probable qu'une Bactérie, *Rhizomonas suberifaciens*, récemment découverte, soit à l'origine des symptômes observés (van Bruggen *et al.*, 1988).

La faible diffusion des acides organiques phytotoxiques limite leur effet, s'il existe, au voisinage immédiat des résidus. Il n'en est toutefois plus de même lorsque les métabolites résultant de la biodégradation sont des gaz. Nous avons déjà vu (p. 110) qu'une ammonification excessive pouvait avoir des conséquences néfastes. L'éthylène, formé par un grand nombre de Bactéries et de Champignons, est biologiquement oxydé lorsque le potentiel d'oxydo-réduction du sol est suffisamment élevé, mais s'accumule en conditions anaérobies. Les effets sur les plantes de la production microbienne d'éthylène sont difficiles à distinguer des effets de l'éthylène d'origine végétale, d'une part, et des effets de l'anoxie à laquelle cette production est associée, d'autre part (Jackson, 1985). De fortes concentrations pourraient inhiber la croissance des racines.

Phytotoxicité spécifique : les problèmes de replantation

Il est souvent difficile de réussir une nouvelle plantation d'arbres fruitiers à la place d'un ancien verger composé d'arbres de la même espèce : les sujets se développent mal, produisent peu et parfois meurent. Ces problèmes de replantation, rencontrés surtout avec les pêchers et les pommiers, sont couramment attribués à une **fatigue du sol**, terme commode pour dissimuler une grande ignorance sous une apparente précision scientifique.

Selon le principe de Koch, une maladie est due à un agent pathogène que l'on doit pouvoir obtenir en culture pure à partir des organes malades. L'inoculation à des sujets sains de l'agent pathogène, prélevé dans une culture pure, doit reproduire tous les symptômes de la maladie. Enfin, l'agent pathogène doit pouvoir être réisolé des tissus infectés expérimentalement pour que sa responsabilité dans l'expression des symptômes soit clairement confirmée.

Mais les problèmes de replantation et de fatigue de sol sont le résultat de causes multiples, parfois décalées dans le temps, à effets cumulatifs, aboutissant généralement à un unique symptôme, peu caractéristique : une croissance difficile. Le principe de Koch est donc ici mis en échec. Bouhot (1979 a) a proposé un test qui prend en compte les divers aspects de la fatigue des sols et permet un premier diagnostic. Dans un premier temps, on applique à des échantillons du sol «fatigué» des traitements globaux qui, par comparaison avec des témoins non traités, indiqueront si le problème est dû essentiellement à une toxicité, à des parasites, à un déséquilibre nutritionnel ou à une mauvaise constitution physico-chimique du sol (on traite les échantillons respectivement avec du charbon actif, un biocide, une solution nutritive et de la matière organique). Dans une deuxième étape on affine, à l'aide de traitements spécifiques, les hypothèses auxquelles le test de premier niveau a conduit. Par exemple, l'hypothèse d'une cause parasitaire peut être diversifiée en hypothèses nématologique, bactérienne ou fongique, et ainsi de suite. Plusieurs hypothèses peuvent être formulées : si elles sont justes, l'association des traitements correspondants devrait permettre d'effacer complètement les symptômes.

Dans le cas des pêchers, il semble bien qu'il s'agisse d'un phénomène de phytotoxicité. En effet, l'apport de vieilles racines ou de leurs extraits aqueux dans un sol vierge perturbe fortement la croissance d'une jeune plantation de pêchers. L'écorce des racines de pêcher contient, en quantité d'autant plus élevée qu'elles sont plus âgées, un hétéroside, la prunasine, dont l'hydrolyse par des Bactéries libère deux composés phytotoxiques, le benzaldéhyde et l'acide cyanhydrique : 1 g d'une racine de taille moyenne contient environ 13 mg de prunasine, donnant naissance à 1,15 mg d'HCN (Gur et Cohen, 1989). Les Bactéries responsables de la biodégradation de la prunasine (et d'un composé très voisin, l'amygdaline) sont particulièrement abondantes au voisinage des racines des jeunes pêchers, alors qu'elles sont peu actives dans le reste du sol : ceci explique que la toxicité persiste même si l'on observe un délai de 2 ou 3 ans avant la replantation d'un nouveau verger, et qu'elle ne concerne pas les autres catégories d'arbres fruitiers, associés à une microflore différente.

> Ces problèmes de replantation peuvent être aussi liés à la présence d'un Nématode parasite, *Pratylenchus penetrans*. En piquant les tissus racinaires vivants, il permet la mise en contact des hétérosides avec une émulsine cellulaire qui provoque leur hydrolyse, libérant les deux composés toxiques (Patrick *et al.*, 1964).

Des problèmes de replantation se posent aussi en verger de pommiers. Les nombreuses explications proposées font intervenir soit la phytotoxicité, soit le parasitisme. On a pensé que la phytotoxicité pourrait être due, comme chez les pêchers, à la biodégradation d'un composé présent dans les vieilles racines restées en place, la phloridzine, libérant de la phlorétine, du phloroglucinol et des acides p-hydroxycinnamique et p-hydroxybenzoïque, toxiques pour les jeunes arbres (Patrick *et al.*, 1964). Mais les concentrations mesurées dans le sol sont inférieures aux seuils d'activité. On a aussi invoqué la formation de composés toxiques, comme la patuline, par une microflore devenue dominante dans les vieilles plantations (Catska *et al.*, 1982), ou l'accumulation progressive d'un ensemble de Bactéries (*Pseudomonas* spp., *Bacillus subtilis*) et de Champignons (*Penicillium janthinellum, Constantinella terrestris, Pythium irregulare, Cylindrocarpon lucidum*) faiblement pathogènes lorsqu'ils sont considérés individuellement, mais assez fortement agressifs vis-à-vis de tissus jeunes si leurs effets s'additionnent (Utkhede et Li, 1989 ; Braun, 1991).

Le déclin des vieilles aspergeraies pourrait être dû aux modifications de microflore entraînées par l'accumulation de composés phénoliques libérés par la plante dans le sol. Un sol d'aspergeraie contient en effet 1,5 à 2,4 fois plus de phénols qu'un sol sans asperges de même nature. Parmi ceux-ci, l'acide caféique et surtout l'acide méthylènedioxycinnamique ont un effet inhibiteur très net sur la colonisation des racines par le Champignon symbiotique *Glomus fasciculatum* et sur le fonctionnement des racines mycorhizées (Pedersen *et al*, 1991).

Les résidus de culture, source d'inoculum

Les symbiotes et les parasites, protégés par leur hôte, se trouvent, à sa mort, dans une situation critique, confrontés à la microbiostase et à la lutte pour la conquête de nouveaux substrats. Les tissus colonisés du vivant de la plante jouent un rôle essentiel pour la survie de ces organismes : ils assurent une fonction de passerelle entre deux hôtes successifs. Contenant encore des cellules vivantes, ils procurent pendant un certain temps une protection contre les autres envahisseurs aux microorganismes qu'ils abritent. C'est seulement progressivement que toute résistance disparaît et que les espèces purement saprophytes peuvent en commencer la conquête. Plusieurs situations, étudiées surtout dans le cas des Champignons parasites, mais en partie extrapolables aux Bactéries, sont alors possibles (Cooke et Rayner, 1984) :

- le Champignon, incapable de s'opposer au déferlement des saprophytes, se maintient à l'état dormant grâce à des organes de conservation plus ou moins élaborés : chlamydospores, oospores, pseudo-parenchymes mélanisés, sclérotes ou microsclérotes. C'est le cas par exemple de *Pyrenochaeta lycopersici*, responsable de la maladie des racines liégeuses de la tomate.

- le Champignon est suffisamment compétitif pour tirer parti de sa situation de premier occupant et pour achever la colonisation du substrat malgré l'arrivée des saprophytes. Cette situation a été particulièrement bien étudiée par Garrett (1970) et l'école de Cambridge pour les Champignons parasites des céréales. Dans ce cas, l'exploitation compétitive de la paille par les microorganismes est étroitement liée à leur aptitude à hydrolyser efficacement la cellulose, c'est-à-dire à assurer une métabolisation lente mais régulière des ressources en synthétisant le minimum d'enzymes. L'azote peut constituer un facteur limitant pour la synthèse des protéines enzymatiques et pour l'assimilation d'un substrat à rapport C/N très élevé, comme la paille. C'est pourquoi des Champignons tels que *Fusarium culmorum* ou *Gaeumannomyces graminis* var. *tritici* survivent beaucoup mieux dans les chaumes lorsque le sol est riche en azote que lorsqu'il est pauvre. Cependant, l'azote compromet au contraire la survie d'un autre parasite des céréales, *Cochliobolus sativus*. Garrett (1966) a résolu cette apparente contradiction en montrant que le rapport (*cellulolysis adequacy index*) entre l'activité cellulolytique et le métabolisme général varie selon les espèces (encadré page suivante). Un faible rapport signifie que la fourniture de sucres solubles ne couvre pas les besoins potentiels du métabolisme : dans ce cas, un complément d'azote permet, en stimulant la cellulolyse, de répondre plus complètement à la demande de l'organisme, et améliore ses chances de survie. C'est ce que l'on a vu chez les deux premiers Champignons. Un rapport élevé indique que l'activité cellulolytique libère plus d'hydrates de carbone que l'organisme ne peut en consommer. Un apport d'azote, dans ce cas, accélèrera la dégradation de la paille alors qu'elle tend déjà à être excessive. Ceci entraînera un épuisement prématuré du substrat, suivi par la disparition du Champignon : c'est ce que l'on observe avec *C. sativus*.

- si les tissus colonisés sont aqueux, pauvres en lignine et en cellulose et donc rapidement décomposables, ils ne peuvent assurer une protection durable aux agents pathogènes. Ceux-ci doivent donc, pour survivre, soit élaborer rapidement des structures de conservation efficaces (des sclérotes, par exemple, chez *Sclerotinia minor*, responsable de la pourriture du collet des laitues), soit être suffisamment compétitifs (comme les *Rhizoctonia*) pour disputer aux microorganismes saprophytes les substrats organiques disponibles. Il y a alors alternance entre vie parasitaire et vie saprophytique.

- un quatrième type de stratégie se rencontre chez les Champignons lignivores. Disposant, dans les souches et les racines tuées, d'une quantité de réserves considérable, ils peuvent émettre des rhizomorphes capables de prospecter le sol à grande distance à la recherche de nouveaux hôtes. Bien étudiés chez *Armillaria mellea*, les rhizomorphes sont des cordons de 1 à plusieurs mm de diamètre, formés d'une très grande quantité d'hyphes disposées parallèlement et progressant de façon synchrone. Les hyphes externes s'imprègnent de mélanine, de sorte que le rhizomorphe n'a pas d'échanges avec le milieu ambiant. L'approvisionnement de l'extrémité en croissance est assuré par le transfert des éléments nutritifs à partir de la base de départ. Les rhizomorphes cheminent ainsi dans le sol, parfois sur plusieurs mètres, en échappant à la fongistase.

Le «cellulolysis adequacy index»

Même après la mort de leur hôte, les Champignons parasites ou symbiotiques se trouvent relativement à l'abri dans les tissus qu'ils ont colonisés. Encore faut-il qu'ils utilisent convenablement les réserves qui y sont accumulées. Selon Garrett (1966, 1970), la survie des Champignons dans les pailles de céréales (ou, plus généralement, dans un résidu de culture riche en cellulose) dépend de l'adéquation entre leur activité cellulolytique et leur métabolisme global. L'activité cellulolytique détermine la vitesse à laquelle les hydrates de carbone de la paille sont solubilisés et mis à la disposition du Champignon. Le taux métabolique global règle la vitesse à laquelle ces sucres sont consommés pour la croissance et la respiration.

On peut estimer le taux de cellulolyse en mesurant la perte de poids subie par des disques de papier-filtre sur lesquels les Champignons ont été maintenus pendant 7 semaines dans des conditions d'incubation contrôlées. On considère d'autre part que la vitesse linéaire de croissance est représentative du taux métabolique global. Le «cellulolysis adequacy index» (C.A.I.), terme que l'on pourrait traduire par «indice d'adéquation de l'activité cellulolytique», est le rapport entre le taux de cellulolyse et la vitesse de croissance. On peut voir dans le tableau ci-dessous que les Champignons dont la survie dans la paille est améliorée par une addition d'azote ont un C.A.I. faible ; *Curvularia ramosa* qui est indifférent, et *Cochliobolus sativus*, dont le temps de survie est raccourci par l'azote, ont des C.A.I. élevés.

Agent pathogène	Effet de l'azote sur la survie en phase saprophytique	Perte de masse du papier filtre-A (% de la masse initiale)	Croissance linéaire-B (mm/24h)	C.A.I. (A/B)
Gaeumannomyces graminis var. *tritici*	très positif	2,8	7,3	0,38
Fusarium culmorum	très positif	7,5	11,0	0,68
Cercosporella herpotrichoides	faiblement positif	0,9	1,3	0,69
Curvularia ramosa	indifférent	6,6	5,3	1,25
Cochliobolus sativus	très négatif	7,5	3,6	2,10

(D'après Garrett, 1970)

Les microorganismes de la rhizosphère

La rhizosphère

L'effet rhizosphère

En opposition avec la quasi-inactivité imposée par la microbiostase dans le reste du sol, les abords des racines sont le lieu d'une intense vie microbienne. Cette zone de sol qui entoure les racines et qui est soumise directement ou indirectement à leur influence est appelée la **rhizosphère**, terme introduit dès 1904 par le biologiste allemand Hiltner. En première approximation, on peut considérer qu'elle est constituée par la terre qui demeure adhérente aux racines lorsque, après avoir arraché une plante avec précaution, on la secoue délicatement.

Si l'on dénombre les microorganismes présents dans 1 g de terre de rhizosphère ainsi définie (soit R cette quantité) et dans 1 g du même sol, prélevé à l'écart des racines (soit S), on constate que, globalement, le rapport R/S est toujours très supérieur à 1. Ce rapport R/S exprime **l'effet rhizosphère**. L'effet rhizosphère s'exerce d'une façon particulièrement nette vis-à-vis des Bactéries (dans leur cas, R/S peut être en moyenne de l'ordre de 10^3). Mais il concerne aussi les Protozoaires, les Champignons et les Nématodes.

Les flux énergétiques, fondement de l'effet rhizosphère

L'accroissement considérable des populations microbiennes dans la rhizosphère ne peut s'expliquer que par la présence, dans cette région, de substrats énergétiques abondants. Un très grand nombre d'études, réalisées surtout avec des Graminées annuelles, mais aussi avec quelques autres plantes annuelles ou pérennes, a montré qu'en effet, les racines sont à l'origine d'un véritable flux de carbone et d'azote.

Une partie importante des composés photosynthétisés dans les parties aériennes est transportée dans les racines par l'intermédiaire du liber. L'importance de ces transferts varie selon les plantes, selon leur stade de développement et selon les conditions extérieures. On peut considérer que la moitié environ du carbone fixé dans les tissus chlorophylliens est transférée vers les racines. Une partie y est emmagasinée sous forme de réserves ou incorporée dans de nouveaux tissus. Une autre partie est consommée par la respiration des cellules et se trouve plus ou moins rapidement transformée en dioxyde de carbone et rejetée dans l'atmosphère du sol. Une autre partie enfin peut être considérée comme perdue dans le milieu extérieur. Cette perte de substance, qui peut revêtir des formes très variées, est désignée par le terme d'origine anglo-saxonne de **rhizodéposition**. La quantité de carbone ainsi introduite dans le sol, à la fois sous forme de dioxyde de carbone et par rhizodéposition, peut souvent excéder largement, spécialement chez les plantes annuelles, la quantité de carbone retenue dans les tissus des racines (fig. 65). Elle peut atteindre 40 % de la quantité nette de carbone fixée par les parties aériennes (tabl. 18).

La rhizodéposition

L'apport trophique des racines à la rhizosphère résulte des trois processus suivants :

- *exsudation* : ce terme est souvent employé abusivement comme synonyme de rhizodéposition. L'exsudation désigne en fait la diffusion passive hors des cellules de composés solubles de faible poids moléculaire, par exemple des sucres ou des acides aminés.

- *sécrétion et excrétion* : la sécrétion est un processus actif, qui consomme de l'énergie. Elle concerne généralement des composés de poids moléculaire élevé, tels que des enzymes ou des mucilages. Les cellules peuvent aussi excréter activement des protons ou des acides organiques pour maintenir leurs équilibres ioniques.

La mesure des flux de carbone dans la rhizosphère

L'étude de plantes maintenues aseptiquement dans des solutions minérales ou sur un substrat stérilisé fait place de plus en plus à des expérimentations où les plantes sont cultivées dans un sol non stérile. On s'est aperçu en effet que le milieu physique et la présence d'une microflore modifiaient considérablement le volume et la nature de la rhizodéposition. Cependant, en conditions non aseptiques, il est parfois difficile de savoir si les composés que l'on identifie proviennent directement des racines ou sont des métabolites issus de l'activité microbienne. De plus, les molécules simples sont très rapidement consommées (donc soustraites des analyses) et transformées en biomasse microbienne, puis minéralisées. Il est donc indispensable, dans les bilans, de tenir compte de ces accroissements de biomasse et de la respiration microbienne. Pour déterminer les flux de carbone, on place les plantes dans une atmosphère contenant une proportion connue de $^{14}CO_2$ et l'on dose ensuite, à l'aide d'un compteur à scintillations, le ^{14}C dans les différents compartiments, ou simplement le $^{14}CO_2$ qui apparaît dans l'atmosphère du sol. La nature des informations obtenues dépend du temps d'exposition. Une exposition de courte durée met bien en évidence le passage du ^{14}C dans la racine, puis dans la rhizosphère et son incorporation dans la biomasse. L'arrivée des hydrates de ^{14}C dans la racine donne lieu à une première émission, très précoce, qui correspond à la respiration des cellules. Puis, une douzaine d'heures plus tard, on observe une deuxième émission de $^{14}CO_2$ qui provient de la minéralisation des exsudats et des sécrétions racinaires par les microorganismes (figure). On pourrait encore enregistrer, quelques jours plus tard, une troisième émission de $^{14}CO_2$ qui serait due à la minéralisation des lysats cellulaires et microbiens. Cependant, pour avoir des renseignements précis sur la répartition du carbone dans les différents compartiments, une exposition de courte durée ne suffit pas. Il est alors nécessaire de garder les plantes pendant plusieurs semaines dans une atmosphère où l'activité spécifique du $^{14}CO_2$ est maintenue constante, en s'assurant qu'aucune communication directe n'est possible entre le sol et cette atmosphère. C'est ce qui a été réalisé pour obtenir les résultats présentés dans le tableau 18 et la figure 65.

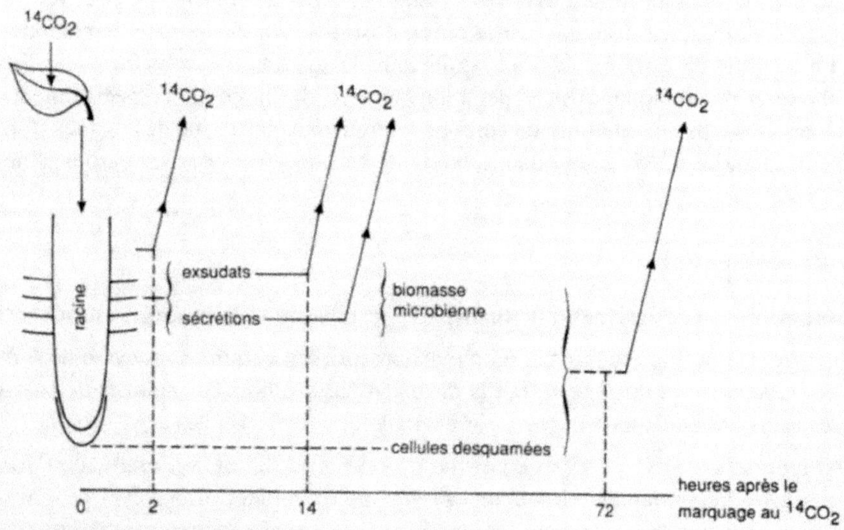

(D'après Warembourg et Billès, 1979)

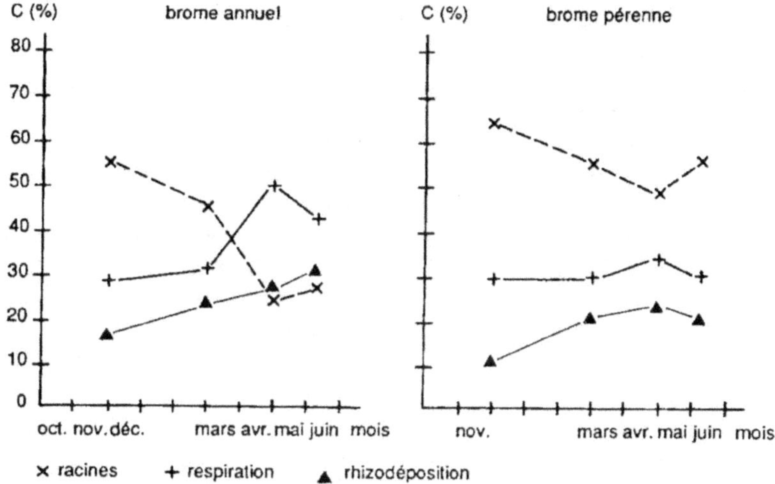

Figure 65. Répartition (en pourcentage) du carbone transféré dans les racines d'une Graminée annuelle (*Bromus madritensis*) et d'une Graminée pérenne (*B. erectus*) au cours de l'année. Les plantes ont été semées en automne et réparties en 4 lots. Au début du tallage (décembre), au tallage (mars), à la croissance des tiges (avril) et à la fin de la floraison (mai), un de ces lots est exposé pendant 2 semaines à une atmosphère de $^{14}CO_2$, puis récolté et analysé (d'après Warembourg *et al.*, 1990).

Tableau 18. Transferts de carbone des parties aériennes vers les racines, et des racines vers le sol (adapté de Whipps, 1990).

Plante	Age (jours)	C transféré vers les racines (en % du C net fixé) (**a**)	C transféré des racines au sol (en % du C transféré vers la racine)		C perdu par les racines (en % du C net fixé) (**d**)
			respiration (**b**)	rhizodéposition (**c**)	
Blé	21	59	39	29	40
Orge	21	51	37	30	34
Maïs	28	29	33	28	18
Tomate	14	43	20	70	39
Pois	28	44	53	29	36

Les mesures sont faites en conditions contrôlées (14-18° C, éclairement pendant 16 h) en sol non stérile. On maintient une activité spécifique constante de $^{14}CO_2$ dans l'air en prenant soin que le sol et les racines demeurent isolés de cette atmosphère. Ainsi, la radioactivité mesurée dans le sol et les racines ne peut provenir que du $^{14}CO_2$ assimilé par les parties aériennes.

a : la fixation nette de C est égale à la fixation totale diminuée de la quantité dégagée sous forme de CO_2 par les parties aériennes, que les techniques ne permettent pas de mesurer ; **b** : le calcul tient compte de la respiration des racines et de celle des microorganismes qui minéralisent le C organique fourni par les racines ; **c** : C retrouvé dans le sol sous forme inerte ou sous forme de biomasse ; **d** : $d = \dfrac{(b + c) \times a}{100}$.

- lyse : les cellules de la coiffe et les poils absorbants ont une durée de vie très limitée, celles du manteau et du cortex racinaire externe dégénèrent plus ou moins rapidement. Ces cellules desquamées représentent un apport parfois très important de matière organique.

> Les cellules mortes ou sénescentes sont rapidement colonisées. Mais les cellules du manteau (*border cells*) peuvent survivre (sans se diviser) dans la rhizosphère des plantes dont elles se sont détachées. Elles demeurent métaboliquement actives pendant plusieurs jours et exercent donc une influence sur la microflore environnante, ce qui amène à reconsidérer en partie la représentation classique de la rhizosphère. On ignore actuellement quel impact leur présence peut avoir sur l'environnement microbien des racines (Hawes et Brigham, 1991). La production quotidienne de ces cellules varie de 0 à plusieurs milliers par apex selon les espèces végétales, ce qui introduit sans aucun doute un facteur de variabilité considérable dans les réponses.

Les phénomènes décrits ci-dessus concernent tous des racines vivantes. Il ne faut pas oublier que le système racinaire est en perpétuel renouvellement et que la plupart des racines fines meurent tout entières au bout de quelques semaines. C'est une autre source importante de matière organique dans le sol mais ce processus est complètement distinct de la rhizodéposition et ne donne pas lieu à un effet rhizosphère.

Grâce à ces divers mécanismes, un très grand nombre de molécules solubles, insolubles ou gazeuses, dont l'inventaire est encore loin d'être achevé, sont ainsi disponibles à proximité immédiate des racines. Les composés les plus communs sont des acides aminés, des glucides simples ou polymérisés, une grande variété d'acides organiques, des enzymes, des vitamines, des stérols, des dérivés nucléiques et des protéines provenant de la lyse des cellules. Des composés plus spécifiques ont aussi été identifiés dans certaines rhizosphères : flavonoïdes, thiophènes, benzofuranes, sulfures organiques, hétérosides....

La nature et l'abondance de la rhizodéposition dépendent largement du génome de la plante et de son stade de développement. Elles sont également affectées par tous les évènements susceptibles de modifier le fonctionnement de la plante : modifications de l'intensité lumineuse, de la température, de la disponibilité de l'eau (fig. 66), du potentiel d'oxydo-réduction, carences minérales, phytotoxicité, réduction de la surface foliaire (grêle, insectes ou maladies). Certains facteurs du milieu agissent sur la photosynthèse, d'autres sur le métabolisme, d'autres encore sur la perméabilité cellulaire. Aucune règle générale ne peut encore être formulée car les résultats expérimentaux varient considérablement selon les espèces étudiées. Ainsi, lorsque la température du sol est portée à 37°C, l'exsudation augmente dans les racines du haricot et du cotonnier tandis qu'elle diminue dans les racines du pois (Schroth *et al.*, 1966).

Modulation de l'effet rhizosphère

Nous avons pris la précaution d'écrire un peu plus haut : «*globalement*, le rapport R/S est toujours très supérieur à 1». C'est que, en effet, toutes les espèces ne sont pas également stimulées à l'intérieur d'un grand groupe biologique. Ainsi, parmi les Bactéries, les *Bacillus* et, d'une façon générale, les germes Gram-positifs ne sont pas influencés ou sont parfois inhibés alors que, au contraire, les organismes Gram-négatifs non sporulés répondent très fortement. Parmi les Champignons, les genres *Fusarium, Aspergillus, Penicillium, Gliocladium,* sont généralement très bien représentés dans la rhizosphère.

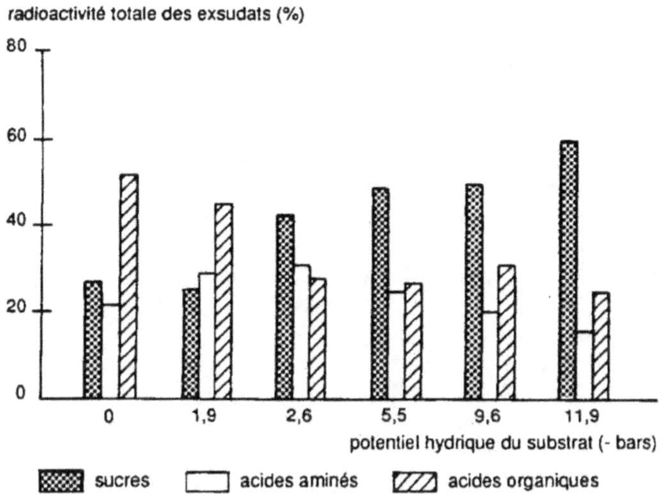

Figure 66. Modification des proportions relatives de sucres, d'acides aminés et d'acides organiques relargués dans le milieu extérieur par des racines de *Pinus ponderosa* soumises à un stress hydrique continu pendant 6 jours. Les pins, âgés d'un an, sont placés dans une atmosphère contenant du $^{14}CO_2$ pendant 4 jours avant d'être exposés au stress, qui est obtenu par l'addition de polyéthylène-glycol à la solution nutritive (Reid, 1974).

D'autre part, l'abondance et la composition de la microflore varient considérablement selon les familles de plantes. Dans un même sol, les Légumineuses prises dans leur ensemble auront un rapport R/S très élevé, indiquant que leur flore rhizosphérique est très abondante, tandis que les Crucifères auront un rapport R/S faible, signe d'un effet peu marqué. On peut aussi observer une variabilité importante entre des espèces appartenant à une même famille botanique et même, éventuellement, entre diverses variétés d'une même espèce. Il y a de bonnes raisons de penser que les caractéristiques génétiques de la plante déterminent largement, par la quantité et la qualité de la rhizodéposition, la composition de la microflore qui lui est associée (voir l'encadré page suivante).

Puisque la rhizodéposition est en grande partie le reflet de l'activité photosynthétique de la plante, tous les facteurs qui modifient cette activité ont une influence sur les flux d'énergie dans la rhizosphère : la lumière, la température, la teneur en eau du sol, la nutrition minérale et les stress de toute nature. Des herbicides, des antibiotiques ou des engrais solubles pulvérisés sur le feuillage peuvent être partiellement transférés dans les racines et apparaître dans la rhizosphère, ou modifier la nature des exsudats.

Enfin, l'effet rhizosphère ne se manifeste pas avec la même intensité durant toute la vie d'une plante. Chez une Graminée annuelle comme le blé, il augmente pendant la période de croissance végétative, puis diminue pendant la phase de reproduction et de maturation (Rivière, 1960). L'effet disparaît lorsque la plante devient sénescente (fig. 67).

Le pH de la rhizosphère

Le pH de la rhizosphère est différent de celui du sol avoisinant. L'écart est plus ou moins net selon le pouvoir tampon du sol et selon le type de plante (les différences semblent plus

Effet du génome de la plante sur la composition de la microflore rhizosphérique

La composition de la microflore rhizosphérique est contrôlée par le génome de la plante. La démonstration en a été apportée par les travaux de Neal *et al.* (1973) sur les blés de printemps. Ils ont remplacé une paire de chromosomes du cultivar Cadet par une paire homologue provenant du cultivar Rescue (les 20 autres paires de chromosomes de Cadet n'étant pas modifiées). Lorsque la substitution concerne la paire 5B, la microflore de Cadet est multipliée par 2 et elle est identique qualitativement à celle de Rescue. Si la substitution porte sur la paire 5D, on n'observe aucun changement par rapport au cultivar Cadet normal.

Ces résultats sont illustrés par les deux figures ci-dessous. L'histogramme fait apparaître l'augmentation générale (par rapport au sol nu) des populations bactériennes, due à l'effet rhizosphère, ainsi que la modulation de cet effet selon le génotype des lignées de blé. Le graphique en forme de rose des vents illustre l'importance relative de quelques groupes fonctionnels de Bactéries rhizosphériques (les axes sont gradués en logarithmes).

On observe que la rhizosphère de Rescue et celle de la lignée de Cadet qui possède les chromosomes 5B de Rescue (C-R5B) hébergent beaucoup plus de Bactéries pectinolytiques et cellulolytiques que celle de Cadet. Deacon et Lewis (1982) ont montré que la sénescence des cellules corticales était significativement plus importante dans ces deux lignées que chez Cadet. Ils en concluent que l'abondance de ces populations bactériennes est sans doute liée à l'abondance du substrat constitué par les cellules corticales mortes.

Il est par ailleurs intéressant de noter que Rescue et C-R5B sont sensibles à la pourriture des racines due à *Cochiobolus sativus* tandis que Cadet et la lignée de Cadet contenant la paire 5D de Rescue (C-R5D) sont résistants.

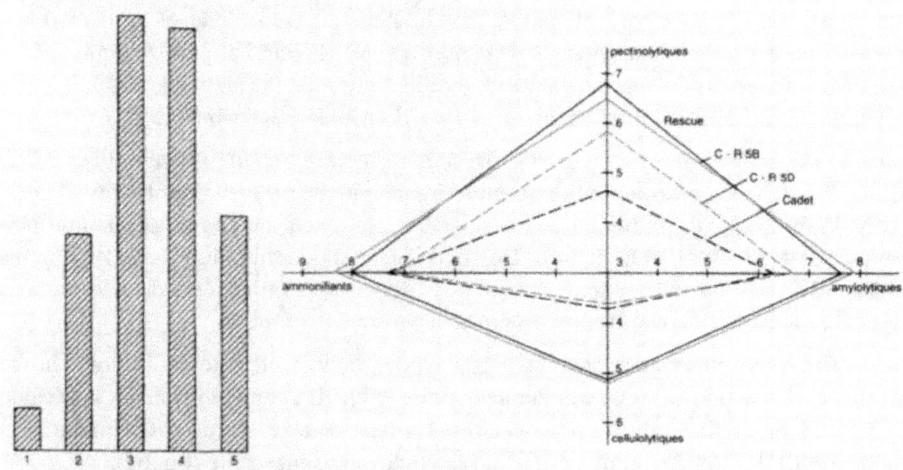

1 : sol ordinaire, éloigné des racines
2 et — — — : rhizosphère de Cadet
3 et ——— : rhizosphère de Rescue
4 et ——— : rhizosphère de Cadet contenant la paire de chromosomes 5B de Rescue (C-R 5B)
5 et — — — : rhizosphère de Cadet contenant la paire de chromosomes 5D de Rescue (C-R 5D).

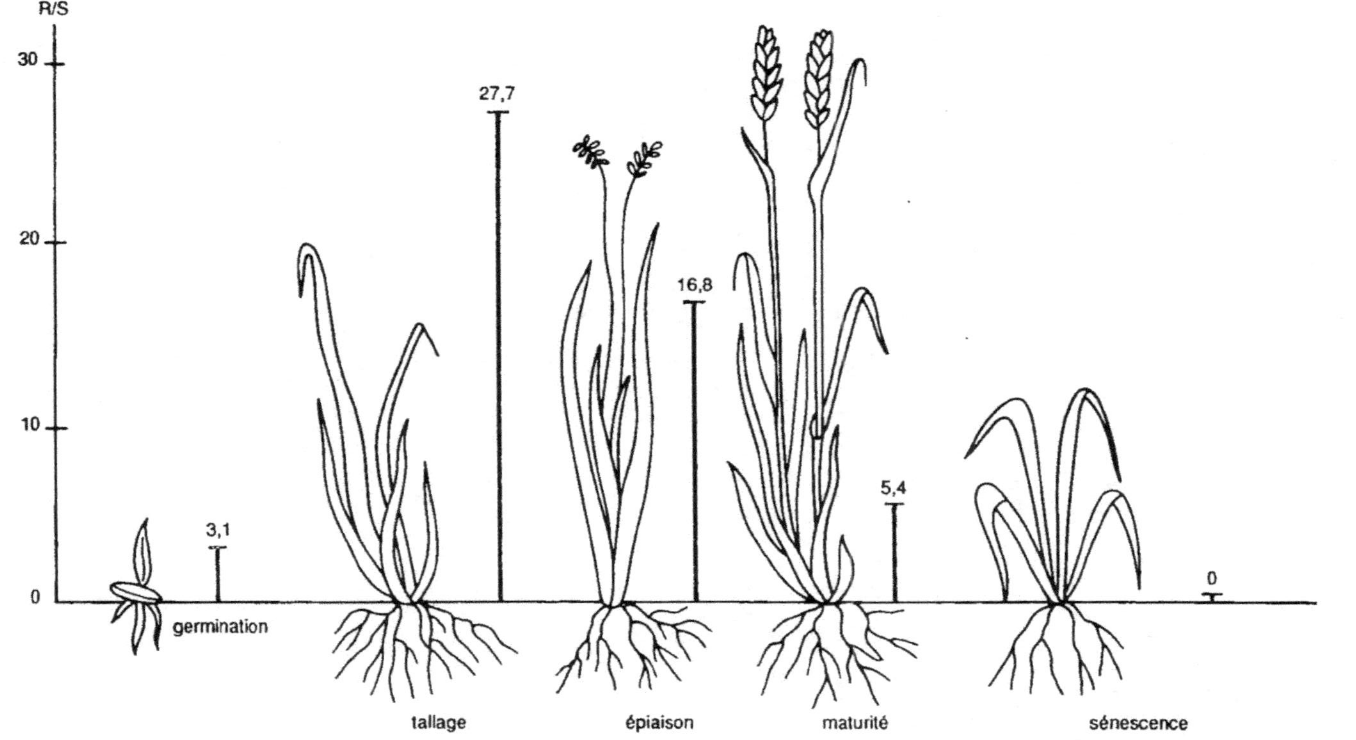

Figure 67. Variation de l'intensité de l'effet rhizosphère (en vert), chez le blé, en fonction du stade de développement. L'effet rhizosphère, mesuré ici pour les populations de Bactéries, est exprimé par le rapport R/S, où R désigne le nombre de Bactéries présentes dans 1 g de sol de rhizosphère et S le nombre correspondant pour 1 g de sol éloigné des racines (d'après Rivière, 1960).

marquées chez les Dicotylédones). L'extrémité des racines est nettement plus acide que le reste du sol, et l'on observe un gradient de pH le long de la racine, mesurable grâce à des microélectrodes ou, *in vitro*, avec des indicateurs colorés. L'amplitude de la variation peut atteindre ou même dépasser 2 unités de pH. Cette modification est due essentiellement à la croissance en longueur de la racine et à l'absorption des ions de la solution du sol. L'élongation des cellules situées derrière la coiffe est en effet précédée d'une intense excrétion de protons, le flux étant d'autant plus abondant que l'allongement est plus important. Une partie de ces protons est réabsorbée par les tissus déjà différenciés. Il en résulte un courant électrique qui circule vers l'intérieur de la racine dans les zones en croissance (méristèmes, zones d'élongation et de formation des poils absorbants) et vers l'extérieur dans les zones mûrissantes ou matures (Pilet *et al.*, 1983). Le champ créé par ce courant est de l'ordre de 1 à 100 mV par cm.

L'absorption des ions minéraux est un processus actif : elle est couplée à une hydrolyse de l'ATP par une ATPase membranaire qui, en transférant des protons du cytoplasme vers l'extérieur de la cellule, crée un gradient de pH et de potentiel électrique (fig. 68). Les cations pénètrent en suivant le gradient. Les anions accompagnent le retour des protons vers le cytoplasme ou sont échangés contre des hydroxyles OH^-. (Pour certains ions, comme K^+, Ca^{++} et Cl^-, des canaux ioniques spécifiques ont aussi été mis en évidence ; leur fonctionnement est différent). Il résulte de tous ces échanges ioniques que la concentration en ions H^+ à l'extérieur des racines n'est pas constante. Le pH de la rhizosphère au niveau des surfaces d'absorption (poils et tissus jeunes) peut varier considérablement selon la nature des ions prélevés par les racines. Cet effet peut être clairement mis en évidence en jouant sur l'alimentation azotée de la plante : si on lui fournit des sels ammoniacaux, on constate que le pH diminue dans la rhizosphère ; si la fumure est constituée de nitrates, le pH s'élève (fig. 69). Chez les Légumineuses, alimentées en azote par leurs Bactéries symbiotiques, la consommation de NO_3^- est très faible ou nulle : ces plantes absorbent donc beaucoup plus de cations que d'anions, de sorte que leur rhizosphère, riche en ions H^+, est toujours acide (Hauter et Mengel, 1988).

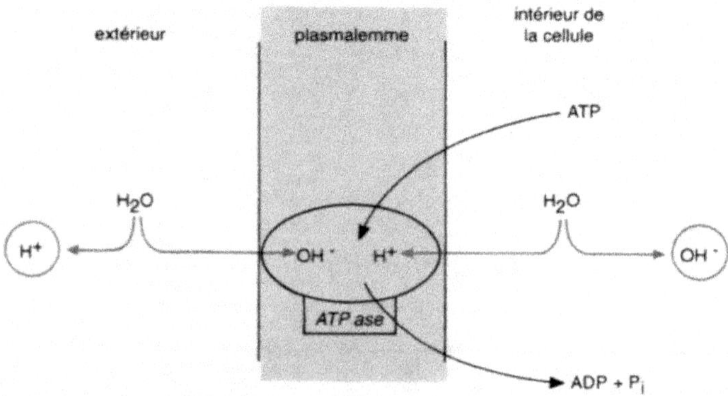

Figure 68. Schéma de fonctionnement d'une ATPase membranaire. L'hydrolyse de l'ATP (adénosine triphosphate) fait apparaître des protons H^+ à l'extérieur de la cellule. Il se forme de l'ADP (adénosine diphosphate) et du phosphore inorganique P_i (d'après Callot *et al.*, 1982).

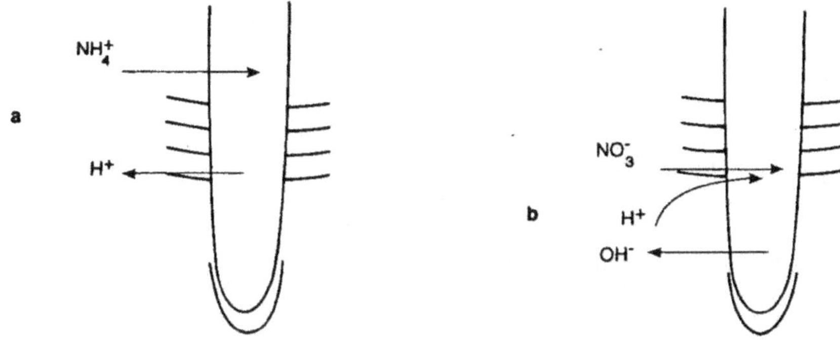

Figure 69. Schéma illustrant les modifications de pH entraînées dans la rhizosphère par l'apport d'une fumure azotée : a : acidification en présence d'azote ammoniacal ; b : alcalinisation en présence d'azote nitrique.

A ces deux mécanismes généraux il faut ajouter des réactions plus spécifiques. Sous l'effet de carences en fer ou en phosphore, certaines plantes excrètent des protons ou des acides organiques (acide caféique, acide citrique) destinés à améliorer la solubilité de ces éléments. L'acidification, selon les cas, est limitée à la zone apicale (tournesol, par exemple) ou au contraire s'étend le long de la racine (concombre, arachide : Marschner *et al.*, 1982).

Enfin, il ne faut pas oublier que l'émission de dioxyde de carbone, due à la respiration des racines et de la microflore qui leur est associée, constitue un facteur supplémentaire d'acidification du milieu.

Autres caractéristiques de la rhizosphère

Le potentiel d'oxydo-réduction de la rhizosphère est différent de celui du reste du sol. Il est en général inférieur, par suite de la forte consommation d'oxygène due à la respiration des racines et de la microflore. Le milieu peut devenir particulièrement réducteur dans les sols tassés ou engorgés où la diffusion des gaz se fait mal. Mais chez les plantes aquatiques pourvues d'un aérenchyme, comme le riz, la rhizosphère peut être au contraire une zone moins réductrice que le sol hydromorphe dans lequel progressent les racines.

L'absorption d'eau nécessaire pour compenser l'évapotranspiration crée un flux permanent de la solution du sol vers les racines. La plante fait un tri parmi les substances dissoutes, entraînant localement un changement qualitatif de la composition de la phase liquide et une modification de la pression osmotique. Certains ions peuvent s'accumuler. L'augmentation de la concentration en ions Ca^{++} peut donner lieu, dans certaines conditions, à la précipitation d'une gaine de carbonate de calcium autour de la racine, phénomène qui entraîne à son tour deux conséquences importantes : une forte augmentation du pH local et, à terme, un emprisonnement de la racine dont les cellules, imprégnées de calcaire, sont fossilisées (Callot *et al.*, 1982).

Les racines se développent dans les zones de moindre résistance et progressent préférentiellement dans les pores déjà existants : galeries d'origine animale ou microfissures résultant de l'alternance de l'humectation et de la dessication des argiles. Lorsque leur diamètre s'accroît, elles exercent une pression sur les parois des chenaux, qui se traduit par une certaine compaction et une réorientation de la phase argileuse (Callot *et al.*, 1982). L'ensemble de ce dispositif finit par constituer un véritable système de drainage dans lequel le degré d'humidité peut être notablement différent de ce qu'il est dans le reste du sol.

Les caractéristiques physico-chimiques de l'environnement racinaire sont donc étroitement conditionnées par le sol, substrat dans lequel progressent les racines. Ceci conduit à considérer avec beaucoup de précautions les conclusions des études sur la rhizosphère réalisées avec des plantes cultivées dans des solutions nutritives, milieu extrêmement éloigné des conditions naturelles.

Conséquences de l'effet rhizosphère pour les microorganismes

Dans un sol soumis aux contraintes rigoureuses de la microbiostase, la zone proche des racines, alimentée par le flux continu de la rhizodéposition, fait figure d'un havre d'abondance. Les sources organiques d'azote, de carbone, de phosphore, disponibles dans la rhizosphère, stimulent considérablement le développement des populations : la vitesse de multiplication des Bactéries, prises dans leur ensemble, est deux fois plus élevée dans la rhizosphère de *Pinus radiata* que dans le sol ordinaire (Bowen et Rovira, 1976). Toutefois, la compétition pour les minéraux solubles (le fer en particulier) est intense, et les richesses de la rhizosphère ne sont pas réparties équitablement entre tous les microorganismes du sol. Comme nous le verrons un peu plus loin dans le paragraphe consacré à l'affinité rhizosphérique, elles ne sont accessibles, au contraire, qu'à un petit nombre de priviliégiés adaptés à ce milieu particulier. Il s'ensuit que la rhizosphère est un lieu où les densités de population sont très fortes, mais où la diversité des espèces est plus faible que dans le reste du sol. Cette réduction de la diversité des espèces s'accompagne d'une baisse de la variabilité intraspécifique. L'effet rhizosphère et les conditions relativement stables qui règnent à la surface des racines exercent en effet une pression de sélection orientée toujours dans la même direction. Au contraire, dans le sol, les populations sont soumises à des variations permanentes du milieu ; elles ne peuvent s'y adapter que si elles possèdent une diversité génétique suffisante. On peut donc s'attendre à ce que l'hétérogénéité des isolats d'une même espèce diminue lorsque l'on passe du sol à la rhizosphère, puis de la rhizosphère à la racine. Une telle réduction de la diversité a bien été mise en évidence par Mavingui *et al.* (1992) chez les souches de *Bacillus polymyxa* associées à la rhizosphère du blé, en utilisant aussi bien des critères d'acidification de substrats carbonés que des réactions sérologiques ou l'analyse du polymorphisme de fragments de restriction d'ADN. Vraisemblablement, on pourrait faire des distinctions analogues dans les populations de *Fusarium oxysporum* associées au sol, à la rhizosphère et aux racines.

Cependant, les microorganismes adaptés à la rhizosphère ont une activité métabolique élevée et se multiplient très rapidement : les cellules des *Pseudomonas*, par exemple, se divisent en moyenne toutes les 5 h dans la rhizosphère de *Pinus radiata* alors qu'on enregistre seulement une division toutes les 77 h dans le sol non rhizosphérique (Bowen et Rovira, 1976). La forte densité d'organismes en état de croissance active, qui caractérise la rhizosphère, est un facteur éminemment favorable aux échanges génétiques entre individus, alors que de tels échanges ont une probabilité bien plus faible de se produire dans le reste du sol. Des transferts de plasmides, par conjugaison entre des souches différentes de *Rhizobium*, de *Bradyrhizobium* ou de *Pseudomonas* ont ainsi été obtenus expérimentalement dans du sol non stérile en présence de racines de plantes. On a même observé le transfert du plasmide symbiotique de *Rhizobium leguminosarum* à d'autres Bactéries du sol : les transconjugants sont devenus capables de noduler le trèfle blanc alors qu'ils n'étaient pas, auparavant, associés aux racines (Rao *et al.*, 1994). Le passage du plasmide K 84 de la Bactérie auxiliaire *Agrobacterium radiobacter* productrice d'agrocine (voir p. 321) à la Bactérie pathogène *A. tumefaciens*, qui semble avoir eu lieu en conditions naturelles en Grèce (Panagopoulos *et al.*, 1979), ne peut s'expliquer que par un phénomène de conjugaison entre les deux Bactéries.

Les exsudats racinaires de certaines plantes peuvent influencer la composition et l'activité de la microflore des racines de plantes d'autres espèces croissant à proximité. Ainsi, les exsudats d'*Ambrosia psilostachya*, *Aristida oligantha*, *Bromus japonicus*, *Digitaria sanguinalis*, *Euphorbia supina* et *Helianthus annuus*, plantes pionnières dans la recolonisation des cultures abandonnées dans l'Oklahoma, inhibent les *Rhizobium* et réduisent considérablement le nombre de nodules formés sur diverses Légumineuses. Il en résulte que la teneur en azote des terres laissées en friche demeure particulièrement faible (Rice, 1968). Un facteur fongitoxique présent dans la rhizosphère de la bruyère (*Calluna vulgaris*) empêche la mycorhization des racines des arbres croissant à proximité : la bruyère bénéficie de leur mauvais développement (Robinson, 1972).

La microflore rhizosphérique

Les subdivisions de la rhizosphère

Au début de ce chapitre, nous avons défini la rhizosphère comme la partie du sol proche des racines et subissant leur influence. Il est clair maintenant que cette notion demande à être précisée. L'étendue de la rhizosphère est déterminée à la fois par l'importance et la nature de la rhizodéposition, mais aussi par l'intensité de la réponse des organismes que l'on a choisis comme révélateurs : on ne peut parler d'effet rhizosphère que dans la mesure où l'on peut mettre en évidence une modification importante du statut des microorganismes dans le sol. Si l'on se réfère à des organismes sensibles à des messagers volatils spécifiques, comme c'est le cas pour le Champignon *Sclerotium cepivorum*, l'effet rhizosphère pourra être mis en évidence à plus d'un centimètre des racines émettrices (mais il sera nul en présence d'une plante incapable de synthétiser le messager). Si au contraire l'effet stimulant est dû à des produits solubles, ce qui représente le cas le plus fréquent, il se manifestera seulement à une distance de la racine de l'ordre de 1 à 3 mm, selon la capacité de diffusion des composés et la sensibilité des organismes.

Une fois la racine soigneusement lavée pour la débarrasser du sol rhizosphérique, on s'aperçoit qu'il subsiste à sa surface des hyphes mycéliennes et des colonies bactériennes, fortement adhérentes (fig. 70), dont la composition floristique peut être différente de celle de la rhizosphère. La surface de la racine constitue donc un habitat particulier que l'on nomme le **rhizoplan**.

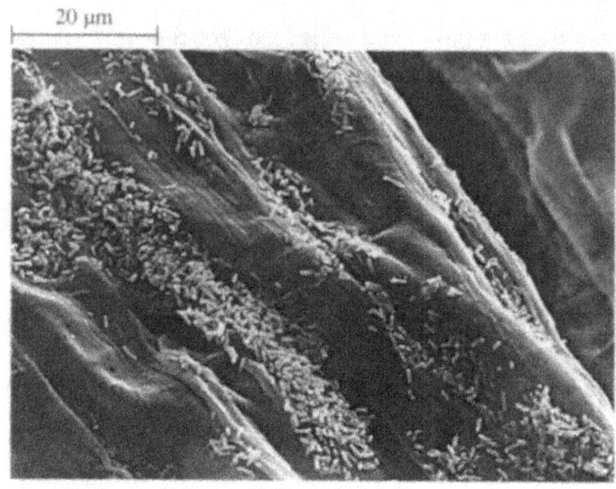

Figure 70. Colonisation de la surface d'une racine de blé par la Bactérie libre fixatrice d'azote *Rahnella aquatilis* (cliché Achouak et Villemin, CNRS).

La colonisation du rhizoplan commence très tôt, mais elle n'est jamais complète. Au contraire, même dans un sol très riche en microorganismes, la couverture microbienne ne constitue jamais une gaine continue autour de la racine : elle représente moins de 10 % de la surface des racines jeunes (Rovira *et al.*, 1974), pas plus de 37 % chez des racines de *Pinus radiata* âgées de 3 mois (Bowen et Rovira, 1976). Une fois en place, les colonies s'étendent généralement peu. Le feraient-elles, la vitesse d'allongement des racines est généralement nettement supérieure à leur taux de croissance : ainsi, la progression de divers Champignons le long de racines de fève est au plus égale à 3 mm/j alors que les racines s'allongent de 9 mm/j (Taylor et Parkinson, 1961). Chez les céréales cultivées, la vitesse d'élongation des racines est de l'ordre de quelques cm/j. Quant aux Bactéries, dont les colonies demeurent toujours très petites, leurs possibilités de dispersion le long des racines, même lorsqu'elles sont pourvues de flagelles et que la teneur en eau du sol est élevée, semblent très limitées : si l'on dépose des *Pseudomonas fluorescens* sur des racines de pois, dans un sol maintenu au potentiel matriciel de -6 kPa, on ne retrouve, une semaine plus tard, aucune colonie au-delà de 3 cm au-dessous du point d'inoculation, alors que la racine s'est allongée de 8 à 23 cm selon les conditions expérimentales (Bowers et Parke, 1993).

La microflore du rhizoplan est donc constituée d'un ensemble de communautés indépendantes. Mais ces communautés épiphytes ne sont pas réparties d'une façon uniforme sur la surface de la racine. Elles sont implantées préférentiellement à la jonction des cellules épidermiques et à la base des poils absorbants : régions où l'exsudation est la plus intense et où le mucilage protecteur est le plus épais. Les sites d'émergence des racines latérales et les lésions causées par l'abrasion mécanique et par des parasites animaux ou microbiens sont aussi des zones d'exsudation intense et sont, de ce fait, plus facilement colonisés.

Cependant, même après une désinfection poussée destinée à éliminer la flore du rhizoplan, on peut obtenir, à partir de fragments de racines, des colonies de Bactéries et de Champignons qui ne sont pas forcément des parasites, mais souvent de simples saprophytes. Ces organismes vivent aux dépens des cellules sénescentes. La sénescence du cortex, que l'on peut observer même chez des racines maintenues en conditions axéniques, est un phénomène naturel. Elle commence avec la mort des poils absorbants et se pour-

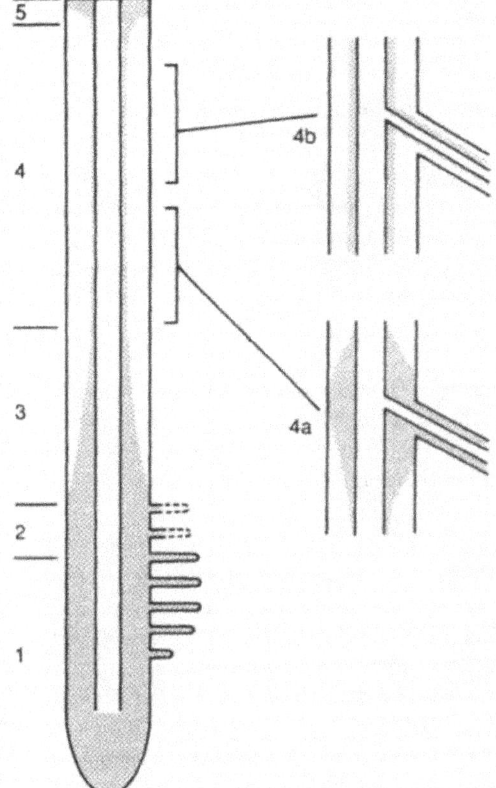

Figure 71. Sénescence du cortex. Ce schéma dont l'échelle est arbitraire représente la répartition des cellules corticales mortes dans les racines séminales du blé. Les zones en vert correspondent aux cellules vivantes pourvues de noyaux (Henry et Deacon, 1981).
1. Apex, zones de différenciation et d'élongation et poils absorbants vivants.
2. Zone dans laquelle les poils absorbants et les cellules non pilifères de l'épiderme perdent leurs noyaux.
3. Zone de mort progressive du parenchyme cortical (de la 2ème à la 5ème couche de cellules).
4. Zone dans laquelle les assises cellulaires 2 à 5 ont perdu leurs noyaux, mais la 6ème couche de cellules corticales, au contact de l'endoderme, conserve les siens. Les noyaux subsistent dans plusieurs assises cellulaires autour des départs de racines latérales, dans les parties jeunes de la racine (4a), mais pas dans les régions âgées (4b).
5. Zone, située juste au - dessous du grain, où le cortex demeure vivant.

suit avec celle des cellules épidermiques, puis des cellules corticales (fig. 71). La rapidité de la sénescence du cortex est une caractéristique génétique de l'espèce végétale : elle est très élevée chez les céréales, beaucoup plus faible chez les Dicotylédones. A l'intérieur d'une espèce, elle varie selon le génome du cultivar (Deacon et Lewis, 1982). Une fois introduits dans le parenchyme cortical, Champignons et Bactéries peuvent s'insinuer dans les méats entre les cellules vivantes, utilisant leurs exsudats sans provoquer de lyse. On utilise parfois le terme d'*endorhizosphère* pour désigner cette partie de la rhizosphère qui s'étend à l'intérieur des tissus de la plante. Il exprime l'idée, très importante, que l'on passe d'une façon progressive, insensiblement, du sol à l'intérieur de la racine. L'épiderme ne constitue qu'une frontière provisoire entre la plante et le milieu extérieur. Le rhizoplan, souvent considéré comme une interface entre le sol et la racine, ne joue en fait ce rôle que chez les racines très jeunes. La vraie limite du continuum sol-racine est en réalité l'endoderme.

Le terme d'endorhizosphère a le mérite d'évoquer le passage graduel du sol à l'intérieur de la racine. Il est cependant fortement critiqué par Kloepper *et al.*, (1992) qui lui reprochent d'être :

- incorrect : «endo-rhizosphère» désigne littéralement «une zone à l'intérieur de la rhizosphère» ; or la rhizosphère est une région du sol, non de la racine.

- mal défini : selon les auteurs, l'endorhizosphère s'arrête à l'endoderme ou inclut le cylindre central, et elle concerne soit la totalité des microorganismes présents dans la racine, soit seulement les microorganismes qui ne sont ni parasites ni symbiotiques.

- et donc inutile : il suffirait d'utiliser les mots qui désignent les régions anatomiques précises où se trouvent les microorganismes.

Remarquons cependant que l'endoderme marque bel et bien une frontière que ni les *Rhizobium*, ni les Champignons endomycorhizogènes ni, sauf accident, les saprophytes ne franchissent. Le terme d'endorhizosphère était sans doute mal choisi et il n'est plus guère utilisé. On peut néanmoins regretter qu'il n'existe aucun autre vocable pour désigner cet espace particulier où le sol et la plante s'interpénètrent.

Généralisation de la notion de rhizosphère

Toute surface délimitant une frontière entre un organe (ou un organisme) vivant et le monde extérieur constitue un biotope peuplé d'une microflore particulière. On peut ainsi définir une phyllosphère, à la surface des feuilles, et une spermosphère, au voisinage des graines en germination. De la même façon, les hyphes des Champignons modifient leur environnement immédiat et créent, de ce fait, une hyphosphère.

Les mêmes concepts s'appliquent en écologie microbienne animale. La peau humaine, par exemple, est couverte de Bactéries (en moyenne 5×10^8 par cm^2). En grande majorité saprophytes, elles constituent une microflore stable caractéristique, comprenant presque exclusivement des germes Gram-positifs (Ducel, 1987). La surface et les couches superficielles de l'épiderme sont peuplées de Bactéries aérobies (*Propionibacterium*). On ne trouve normalement pas de microorganismes dans le derme. On peut ainsi considérer les différentes régions de la peau comme analogues au rhizoplan, au cortex et au cylindre central des racines. Cette microflore, productrice de bactériocines et d'acides gras bactéricides, maintient l'équilibre microbien de la peau, tout comme les Bactéries de la rhizosphère assurent une relative protection de la racine. La flore de la muqueuse intestinale est un autre exemple d'écosystème situé à la frontière de deux milieux très différents.

L'endoderme lui-même ne constitue pas une limite étanche. Ainsi trouve-t-on dans le cylindre central de racines de tomate, disséquées de façon à séparer la stèle du cortex, plusieurs espèces de Champignons : certains (*Fusarium oxysporum, Verticillium dahliae, Cephalosporium* sp.) sont des hôtes normaux du système vasculaire ; d'autres (*Aspergillus, Penicillium*) sont des saprophytes ; d'autres enfin (*Colletotrichum coccodes*) sont des colonisateurs du cortex. La rupture de l'endoderme lors de l'émission des racines secondaires constitue sans doute la principale voie d'accès au cylindre central. Le taux de colonisation des vaisseaux, faible lorsque les racines sont saines, augmente fortement lorsqu'elles sont attaquées par un parasite cortical tel que *Pyrenochaeta lycopersici*, sans doute capable d'ouvrir des brèches supplémentaires (Davet, 1973). Une démonstration rigoureuse de la possibilité, pour des microorganismes banals de la rhizosphère, de se répandre dans la plante par l'intermédiaire des vaisseaux, a été faite récemment en utilisant une souche de *Pseudomonas aureofaciens* manipulée génétiquement de façon à la rendre facilement identifiable sans perturber son fonctionnement. Bien qu'elle ne soit pas parasite, on détecte la Bactérie dans la tige et jusque dans les feuilles d'une grande variété de plantes quelques jours après l'avoir déposée au voisinage de leurs racines (Kluepfel et Tonkyn, 1992).

Une racine, même parfaitement saine, n'est donc jamais une racine axénique.

Conséquences pour les plantes de l'activité biologique dans la rhizosphère

Recyclage des éléments minéraux

L'activité rhizosphérique entraîne presque toujours une meilleure assimilation des éléments minéraux par les plantes. Les résultats expérimentaux ont conduit à envisager le schéma suivant (Bottner et Billès, 1987). L'énergie fournie par la rhizodéposition permet un accroissement de la biomasse microbienne, rapidement suivi par une prolifération des prédateurs. La stimulation et le renouvellement rapide des populations, sous l'effet de la prédation, s'accompagnent d'une intense activité enzymatique qui facilite la lyse des cellules desquamées des racines et la biodégradation de la matière organique du sol présente dans le voisinage. Le rapport C/N de la microfaune prédatrice, qui perd de grandes quantités de carbone sous forme de CO_2, est peu élevé et sensiblement équivalent à celui de ses proies (proche de 10) ; il en résulte que cette microfaune dispose d'un excédent d'azote, qu'elle rejette sous forme d'ammoniac et d'urée, assimilables par les plantes et moins lessivables que les nitrates (fig. 72). L'intensification de la minéralisation de la matière organique dans la rhizosphère ne concerne pas seulement l'azote, mais aussi l'ensemble des éléments minéraux.

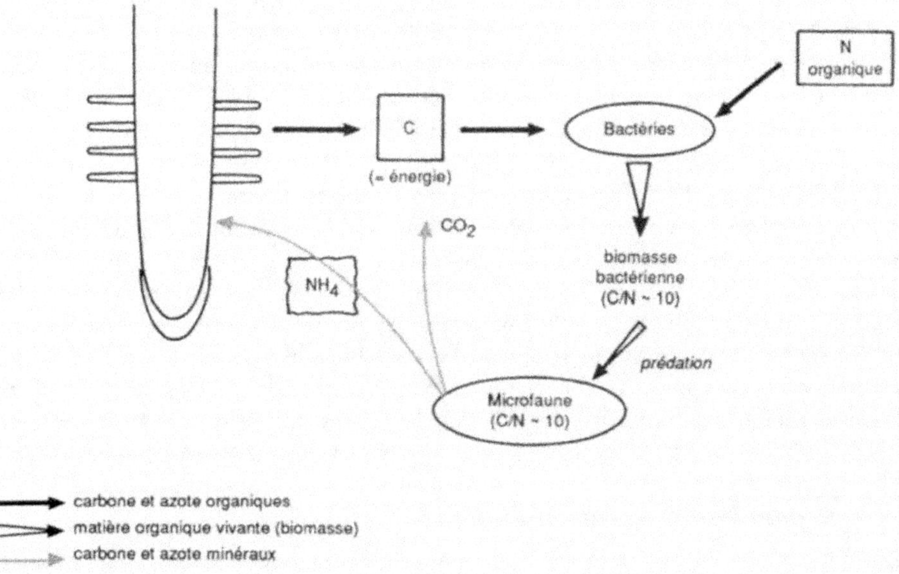

Figure 72. Accélération des cycles minéraux par la prédation. La rhizodéposition fournit des substrats carbonés aux Bactéries de la rhizosphère. Certaines de ces Bactéries fixent l'azote atmosphérique, mais la majorité puise son azote dans la matière organique du sol environnant (inutilisable par les plantes). Les populations bactériennes sont soumises à une forte prédation de la part des Amibes, mais aussi des Nématodes et des micro-Arthropodes. Le rapport C/N de la microfaune est sensiblement égal à celui des Bactéries : de 8 à 12. Comme cette microfaune respire intensément, elle perd du carbone sous forme de CO_2. Pour maintenir la valeur de son rapport C/N, elle doit donc excréter de l'azote, sous forme de NH_4 récupérable par les plantes (d'après Clarholm, 1985).

Abaissement du potentiel d'oxydo-réduction

La respiration des racines et l'activité microbienne consomment des quantités importantes d'oxygène, ce qui provoque une diminution du potentiel d'oxydo-réduction. Ce phénomène peut contribuer à favoriser l'absorption de certains cations par les plantes. Lorsque le milieu tend à devenir anaérobie, le fer et le manganèse sont en effet réduits par certaines Bactéries et ils sont, sous cette forme, beaucoup plus solubles qu'à l'état oxydé (p. 104). La dissolution des cristaux, toujours impurs, libère simultanément les oligo-éléments qui pouvaient s'y trouver.

Dans un sol normalement structuré, les échanges gazeux, bien que lents, permettent généralement une diffusion de l'oxygène suffisante pour que le potentiel d'oxydo-réduction moyen au voisinage de la racine n'atteigne pas des valeurs négatives. Mais une forte pluie ou une irrigation excessive, en provoquant un engorgement brutal, peut rendre le milieu temporairement très réducteur. Dans des terrains salés, riches en sulfates (qui ne sont pas rares dans certaines plaines basses, en Tunisie par exemple), cette situation peut conduire au dépérissement soudain des cultures par suite de la prolifération, dans la rhizosphère, de Bactéries sulfato-réductrices productrices d'acide sulfhydrique toxique (Dommergues *et al.*, 1969).

Synthèse de régulateurs de croissance

La plupart des régulateurs de croissance connus chez les végétaux supérieurs peuvent être synthétisés par des Bactéries ou des Champignons : la gibbérelline a d'ailleurs été extraite des filtrats de culture du Champignon parasite *Gibberella fujikuroi* avant d'être mise en évidence dans les plantes. L'acide indole acétique, formé à partir du tryptophane, est produit, ainsi que d'autres composés voisins, par un grand nombre de microorganismes rhizosphériques. Ces auxines augmentent la perméabilité des cellules, ce qui pourrait expliquer pourquoi l'on recueille toujours beaucoup plus d'exsudats en présence d'une flore rhizosphérique que dans des conditions stériles : la rhizodéposition peut aller jusqu'à doubler en présence d'une microflore (Heulin *et al.*, 1987). Mais cet accroissement pourrait être aussi le résultat indirect de la stimulation du fonctionnement de la plante sous l'effet des auxines. Plusieurs Bactéries et Champignons peuvent aussi synthétiser des cytokinines à partir de l'adénine. L'éthylène, enfin, est un produit volatil courant de l'atmosphère du sol. Son précurseur habituel est la méthionine mais un essai portant sur un grand nombre de composés montre que la plupart des acides aminés ainsi que d'autres acides organiques présents dans les exsudats racinaires stimulent, sans en être forcément des précurseurs directs, la production de l'éthylène (Arshad et Frankenberger, 1990).

Production d'agents chélateurs

Les sidérophores (p. 185) sont les plus connus des chélateurs synthétisés par les microorganismes. Outre le fer, le manganèse et le zinc peuvent aussi être plus facilement assimilés en présence de certaines Bactéries (Barber et Lee, 1974). La collecte des ions minéraux peu solubles peut être réalisée par l'intermédiaire d'acides organiques comme l'acide oxalique ou l'acide céto-gluconique. Beaucoup de Bactéries rhizosphériques sont ainsi capables, *in vitro*, de solubiliser les phosphates minéraux du sol. Certaines, comme *Bacillus megaterium*, ont même été expérimentées dans l'espoir d'améliorer l'assimilation du phosphore par les plantes, mais sans résultat probant jusqu'à présent.

Production de composés toxiques

Outre les antibiotiques qui, dans certaines conditions, peuvent se montrer phytotoxiques, la microflore rhizosphérique élabore parfois des métabolites qui se comportent comme de véritables toxines. Certaines sont bien identifiées et leur mécanisme d'action est connu. C'est le cas par exemple de la rhizobitoxine, émise par certaines souches de *Bradyrhizobium japonicum* responsables d'une chlorose du soja. C'est un acide aminé particulier qui inhibe la formation de l'homocystéine, précurseur de la méthionine (Owens *et al.*, 1968). D'autres toxines sont connues surtout par les effets qu'elles provoquent. Ainsi, un *Pseudomonas* de la rhizosphère du blé produit, de façon constitutive, un métabolite soluble qui réduit le développement du système racinaire (Bolton et Elliott, 1989). La simple présence de *Pythium myriotylum* dans la rhizosphère de la tomate suffit pour entraîner une nécrose des racines, avant même qu'il ne pénètre dans les tissus. La toxine, très stable, est active même après la mort du Champignon (Csinos et Hendrix, 1978), de sorte qu'une protection des plantes par des antagonistes biologiques serait peu efficace. On connaît aussi des Bactéries et des Champignons capables de produire des cyanures et de l'acide cyanhydrique volatil à partir de la glycine, de la sérine, de la méthionine ou de la thréonine parfois présentes dans les exsudats racinaires.

Les quelques exemples précédents concernent des produits toxiques directement élaborés par la microflore. Il faudrait y ajouter les toxines résultant indirectement de l'action des enzymes microbiennes sur des substrats d'origine végétale : les Bactéries qui hydrolysent la prunasine dans la rhizosphère des pêchers en fournissent une illustration (p. 203).

Détoxification

Les racines de certaines plantes excrètent des composés phénoliques toxiques pour les autres espèces végétales ; les parties aériennes, lessivées par les pluies, peuvent aussi enrichir le sol en toxines. C'est le cas du noyer et de plusieurs Ericacées de la côte orientale des Etats-Unis, comme par exemple *Arctostaphylos glandulosa* (Chou et Muller, 1972). Ce phénomène, appelé **allélopathie**, n'est pas sans analogie avec l'antibiose microbienne et il aboutit au même résultat : l'exclusion des espèces concurrentes. Ces toxines cependant sont biodégradables et quelques plantes, bien que sensibles, réussissent à coexister grâce à la présence, dans leur rhizosphère, de Bactéries capables de les métaboliser. Parfois, c'est au voisinage de la plante productrice que se trouvent les microorganismes détoxifiants. Ainsi, la coumarine, très inhibitrice, excrétée par la flouve odorante (*Anthoxanthum odoratum*) est détoxifiée par des *Pseudomonas* présents dans sa propre rhizosphère (Rivière et Chaussat, 1966).

Organismes utiles et dommageables

On imagine sans peine que l'intense activité métabolique qui règne dans la rhizosphère n'est pas sans conséquences pour le développement des plantes. La microflore rhizosphérique augmente, nous l'avons vu, la masse des exsudats racinaires. Il demeure très difficile de savoir si ce flux de composés organiques répandus dans le milieu extérieur représente pour la plante une perte nette ou un investissement productif.

Il est certain qu'une partie au moins de la microflore rhizosphérique exerce une **action néfaste** sur la croissance. Suslow et Schroth (1982), par exemple, ont isolé à partir du rhizoplan de la betterave sucrière un grand nombre de Bactéries qui, inoculées en conditions contrôlées, retardent la croissance et entraînent des réductions de poids pouvant atteindre, sur des plantes âgées d'un mois, jusqu'à 48 % par rapport aux témoins : le système racinaire est peu développé et peu ramifié, les poils absorbants rares, et la sénescence des tissus est accélérée. Ils ont créé à cette occasion le terme de *deleterious bacteria* que l'on a coutume de traduire littéralement par «*Bactéries délétères*» («pernicieuses» serait plus correct).

Peu d'études ont encore été consacrées à ces Bactéries. N'étant pas intimement associées aux tissus comme des parasites, elles sont difficiles à mettre en évidence. De plus, leurs effets dépendent largement des conditions environnementales et ils sont souvent cumulatifs, de sorte qu'ils ne sont pas faciles à reproduire. Aussi, leur mode d'action n'est pas encore clairement élucidé. Dans quelques cas une action toxique directe a pu être démontrée. Chez certains *Pseudomonas* de la rhizosphère du blé d'hiver elle est associée à la production d'un antibiotique (Fredrikson et Elliott, 1985). La maladie du tabac connue sous le nom de *frenching*, qui se traduit par un rabougrissement des plantes et une décoloration des limbes, alors que les nervures restent vertes, paraît due à *Bacillus cereus*, une Bactérie saprophyte de la rhizosphère (Steinberg, 1951). Cette Bactérie excrète une toxine qui, absorbée par la plante, interfère avec la synthèse des acides aminés par compétition avec l'isoleucine. Des Champignons peuvent avoir un comportement analogue. Ainsi, l'acide 1-amino-2-nitrocyclopentane-1-carboxylique produit par *Aspergillus wentii* pourrait être responsable du ralentissement de croissance et des décolorations et déformations des feuilles que l'on observe parfois sur les chrysanthèmes en Floride (Woltz, 1978). Des microorganismes par eux-mêmes peu pathogènes peuvent aussi, lorsqu'ils se trouvent dans les tissus corticaux, excréter des métabolites qui endommagent les cellules encore vivantes et provoquent des nécroses étendues : c'est ce que l'on observe lors du développement de *Cylindrocarpon destructans* dans les couches corticales sénescentes des racines du fraisier (Wilhelm, 1959) et il en est de même, semble-t-il, avec plusieurs Bactéries du rhizoplan ou des tissus corticaux.

Il est probable qu'il existe aussi dans la rhizosphère une compétition entre les plantes et les microorganismes pour certains éléments minéraux (en dehors du phosphore et de l'azote, qui sont assez rapidement recyclés). Ainsi, en conditions expérimentales, la pseudobactine extraite de *Pseudomonas* fluorescents séquestre le fer et empêche son assimilation par de jeunes plantes de pois et de maïs, provoquant une chlorose généralisée (Becker *et al.*, 1985).

Les Bactéries pernicieuses semblent aussi pouvoir favoriser la colonisation des racines par des Champignons parasites, soit en facilitant leur entrée dans les tissus par leur action nécrogène, soit par un effet direct de stimulation.

D'un autre côté, d'autres Bactéries rhizosphériques peuvent exercer un **effet stimulant** très net sur la croissance des plantes. Certaines souches de *Pseudomonas* fluorescents arrivent, en l'espace de quinze jours, à quintupler en serre la croissance des pommes de terre. Au champ, le gain de rendement procuré par l'inoculation de telles souches peut atteindre 17 % (Kloepper *et al.*, 1980). Ces Bactéries, bien qu'elles représentent seulement une faible proportion de la flore rhizosphérique, semblent présentes sur les racines de la plupart des végétaux, et leurs effets sont souvent plus importants que leur nombre ne le laisserait prévoir. On les désigne communément par le sigle PGPR (de *Plant Growth Promoting Rhizobacteria*). Elles suscitent un grand intérêt depuis une quinzaine d'années.

Dans un grand nombre de cas, on a remarqué que l'effet stimulant des PGPR se manifestait seulement lorsque les plantes inoculées étaient cultivées dans un substrat non stérile. On en a déduit que le rôle de ces Bactéries était de contrecarrer l'influence des organismes pernicieux ou parasites couramment présents dans le sol. De nombreuses études, concernant surtout *Pseudomonas fluorescens* et *P. putida*, sont venues conforter cette hypothèse. Des analyses génétiques détaillées ont montré que leur action protectrice s'exerçait principalement par l'intermédiaire de sidérophores et d'antibiotiques. Nous en avons déjà vu des exemples à propos d'agents pathogènes précis, *Fusarium oxysporum* et *Gaeumannomyces graminis* var. *tritici* (p. 193 et p. 196). Les mêmes mécanismes fonctionnent vis-à-vis de la microflore générale : certains *Pseudomonas* réduisent considérablement les populations de Champignons (*Aspergillus, Penicillium, Fusarium*), et surtout de Bactéries Gram-positives présentes dans le rhizoplan (Kloepper et Schroth, 1981). Plus récemment, on a montré que des souches de *Pseudomonas* fluorescents pouvaient, en se développant à la surface des racines, induire chez les plantes (par un mécanisme encore inconnu) une résistance systémique à des maladies vasculaires (van Peer *et al.*, 1991) ainsi qu'à des parasites fongiques, bactériens et viraux des parties aériennes.

L'action protectrice n'est pas limitée aux seules Bactéries. Divers Champignons rhizosphériques peuvent aussi, par compétition ou par antagonisme, défendre la racine contre d'éventuels envahisseurs. La protection est parfois due à de simples réactions enzymatiques. Ainsi, le Champignon *Talaromyces flavus*, qui protège les aubergines de la verticilliose, sécrète de grandes quantités de glucose-oxydase. En présence du glucose des exsudats racinaires, cette enzyme produit du peroxyde d'hydrogène qui affaiblit ou même détruit les microsclérotes du *Verticillium* (Fravel et Roberts, 1991).

La mise en évidence de souches de Bactéries et de Champignons capables de promouvoir la croissance des plantes, non plus dans le sol mais en conditions parfaitement axéniques, a conduit à envisager d'autres modes d'action que la protection contre un environnement biologique hostile. L'assimilation minérale, et en particulier celle du phosphore, est améliorée en présence de certaines Bactéries (Lifshitz *et al.*, 1987). On sait maintenant que ce phénomène résulte de l'augmentation de la surface d'absorption des racines : elles sont plus nombreuses, plus longues, et portent davantage de poils absorbants. Cette stimulation est certainement de nature hormonale, mais on ne sait pas encore exactement si les PGPR induisent une production accrue de substances de croissance par la plante ou si elles synthétisent des hormones qui agissent directement (Abbass et Okon, 1993). La rhizosphère héberge aussi des Bactéries capables de fixer l'azote atmosphérique. Elles ont été étudiées surtout chez les Graminées, où leur présence est associée à une faible activité nitrogénasique.

A ce stade de notre exposé, il semble que l'on puisse distinguer aisément dans la rhizosphère trois catégories de microorganismes : ceux qui sont indifférents, ceux qui sont pernicieux et ceux qui stimulent la croissance. La situation est en fait beaucoup plus complexe et plusieurs observations donnent à penser que la frontière entre microorganismes

Les Bactéries productrices de cyanure : utiles ou pernicieuses ?

L'exemple suivant illustre combien le rôle des Bactéries de la rhizosphère est parfois ambigu, et l'interprétation des phénomènes délicate.

Schippers *et al.* (1987) ont mis en évidence dans la rhizosphère de la pomme de terre des Bactéries, notamment des *Pseudomonas*, qui élaborent de l'acide cyanhydrique à partir des exsudats racinaires. Cette production nécessite la présence d'ions Fe^{3+}. Absorbés par les cellules des racines, les cyanures peuvent empêcher les mitochondries de produire l'ATP, source d'énergie des principaux processus métaboliques. Les mitochondries disposent bien d'une voie alternative résistante aux cyanures, mais son rendement énergétique est très faible. Dans ces conditions, la plante s'alimente mal et la récolte de tubercules est peu élevée. Certaines souches de *Pseudomonas*, appliquées sur les tubercules au moment de la plantation, permettent de rétablir une production normale. Ces souches, ainsi que leur pseudobactine purifiée, empêchent *in vitro* la production de cyanure par les Bactéries pernicieuses. Il est vraisemblable que cette inhibition est due à la séquestration de Fe^{3+} par les sidérophores des Bactéries auxiliaires.

D'un autre côté, l'équipe suisse de G. Défago a isolé un *Pseudomonas fluorescens* (souche CHAO) à partir d'un sol résistant à la pourriture des racines du tabac causée par *Chalara elegans* (= *Thielaviopsis basicola*). Cette souche se développe dans la rhizosphère du tabac en produisant de l'acide cyanhydrique et empêche le développement de la maladie, en conditions contrôlées. La présence de Fe^{3+} améliore la protection, ce qui exclut l'intervention de sidérophores. Des mutants incapables de produire des cyanures n'assurent qu'une protection limitée, mais ils retrouvent leur efficacité si l'on réintroduit dans leur génome le gène codant pour la production d'HCN. La souche CHAO et les souches complémentées induisent un abondant développement des poils absorbants, traduisant un effet direct sur la plante (Voisard *et al.*, 1989).

La production d'HCN dans la rhizosphère entraîne donc, selon le couple Bactérie-plante hôte et les conditions environnementales, des effets pernicieux ou bénéfiques.

néfastes et auxiliaires est bien floue. Les mêmes métabolites peuvent en effet conduire à des résultats totalement opposés. Hussain et Vančura, dès 1970, avaient constaté que le filtrat de culture d'un *Pseudomonas* fluorescent producteur d'acide indole-acétique pouvait, selon sa concentration, être toxique ou stimulant. Les sidérophores sont une des armes des PGPR contre les microorganismes indésirables. Mais nous avons vu (p. 224) que la pseudobactine pouvait provoquer *in vitro* une chlorose ferrique, et cela à la même concentration (10 µM) que celle qui permet d'observer un effet antagoniste vis-à-vis des Bactéries pernicieuses (Becker *et al.*, 1985). Les antibiotiques sont une autre arme couramment utilisée. La souche CHAO de *P. fluorescens* produit de la pyolutéorine et du 2-4-diacétyl-phloroglucinol, tous deux efficaces contre *Pythium ultimum*. Maurhofer *et al.* (1992) ont construit à partir de cette Bactérie une souche qui produit davantage d'antibiotiques et qui inhibe *P. ultimum* plus efficacement que la souche sauvage. Mais, malgré la protection qu'elle assure contre le Champignon parasite, cette souche recombinante provoque une forte réduction de la croissance des plantes. Ceci s'explique par sa production accrue d'antibiotiques, qui la rend phytotoxique. Il est d'ailleurs remarquable de constater que les Bactéries délétères et les PGPR se rattachent aux mêmes genres, et souvent aux mêmes espèces : *Pseudomonas fluorescens, P. putida, Bacillus subtilis, Klebsiella, Enterobacter, Arthrobacter* sont tour à tour classés dans l'une ou l'autre catégorie. De même, chez les Champignons, les *Fusarium oxysporum* peuvent, selon les souches, parasiter le cortex ou le système vasculaire, être des agents de lutte biologique (Alabouvette, 1986) ou stimuler la croissance (Davet, non publié). Le pH, la teneur en eau du sol, l'importance du complexe absorbant sont des facteurs régulateurs essentiels, mais la température semble encore plus importante. Ainsi, la même souche de *Bacillus subtilis* peut stimuler significativement la germination des semences à 20°C et l'inhiber à 35°C (Schiller *et al.*, 1977) ; *Phialophora radicicola* var. *radicicola*, colonisateur inoffensif du rhizoplan, s'oppose activement à la pénétration de *Gaeumannomyces graminis* var. *tritici* dans les régions tempérées, mais il devient un parasite agressif en climat chaud (Sivasithamparam, communication personnelle).

Ceci montre qu'il n'est pas suffisant d'élucider les mécanismes et qu'il est indispensable de connaître aussi les exigences écologiques des microorganismes de la rhizosphère si l'on veut utiliser toutes leurs potentialités.

L'affinité rhizosphérique

Les conditions de vie dans la rhizosphère exercent un effet sélectif sur les populations du sol. Une partie seulement de la microflore et de la microfaune tellurique (variable selon les plantes et selon leur état physiologique) est représentée dans cet environnement. Pour qu'un organisme s'établisse et se maintienne dans la rhizosphère, plusieurs étapes successives doivent être franchies.

Subsistant jusque là en état de vie ralentie dans le sol, il doit d'abord percevoir **un signal** mettant en route un processus de chimiotactisme ou de croissance active, dirigée préférentiellement vers la racine. Ce signal peut être peu spécifique, constitué par exemple de sucres et d'acides aminés diffusant dans la solution du sol ; dans ce cas, une réponse rapide constituera un atout pour l'occupation du site, car la compétition sera forte. Le signal peut être au contraire très spécifique ; souvent volatil, il pourra déclencher la réaction de l'organisme-cible à une distance relativement grande de la racine, mais l'éloignement ne représentera pas un handicap puisque la compétition sera dans ce cas négligeable. Ce type de message est en général le fruit d'une longue coévolution entre la plante et ses hôtes rhizosphériques, aboutissant à des relations souvent plus intimes qu'une simple cohabitation. Nous y reviendrons dans le chapitre suivant.

Pour se maintenir dans la rhizosphère, les microorganismes qui auront répondu au stimulus devront être capables de supporter les conditions particulières qui y règnent : pH acide, prélèvement massif d'ions minéraux par les racines, toxicité de certains des exsudats, des produits de sécrétion ou des lysats cellulaires (peut-être aussi toxicité de l'eau oxygénée et de l'ion superoxyde produits par les peroxydases de la surface des racines). Peu d'informations sont encore disponibles, surtout lorsqu'il s'agit d'organismes saprophytes. Parasites et symbiotes s'affranchissent de ces conditions défavorables en s'installant à l'intérieur des tissus de l'hôte. Les microorganismes qui demeurent à l'extérieur ne persisteront que s'ils sont *rhizosphere competent*. La *rhizosphere competence* que l'on peut traduire par affinité rhizosphérique ou, plus simplement, **rhizocompétence**, représente, selon Ahmad et Baker (1987), l'aptitude d'un microorganisme à croître, à fonctionner et à se maintenir dans la rhizosphère au fur et à mesure que la racine s'allonge.

Un organisme rhizocompétent doit supporter non seulement l'environnement physico-chimique de la racine, mais aussi la forte compétition qui y règne. Cette aptitude peut se traduire par la production d'antibiotiques (les *Pseudomonas*, Bactéries abondantes dans la rhizosphère, en synthétisent une grande variété), par la résistance aux antibiotiques étrangers, et par l'utilisation optimale des molécules disponibles, y compris les plus simples. En effet, les sucres et les acides organiques, bien qu'ils soient souvent facilement utilisés *in vitro*, n'ont pas une valeur équivalente pour tous les microorganismes en situation de compétition. L'effet différentiel de ces molécules simples, qui constituent l'essentiel des exsudats racinaires, a donné lieu, vers les années 60-70, à de nombreuses études dont les résultats sont, bien à tort, quelque peu oubliés de nos jours. Ainsi, les populations de Bactéries dénombrées dans un sol sont différentes selon que ce sol a été percolé avec une solution de saccharose et d'acides aminés provenant des exsudats d'une tomate cultivée (*Lycopersicon esculentum*) ou d'une tomate sauvage (*L. hirsutum*) (fig. 73). Les Bactéries Gram-négatives (incluant les *Pseudomonas*) sont fortement stimulées par les exsudats de *L. hirsutum* et l'on observe davantage de Bactéries sporulantes (Mangenot et Diem, 1979). Ahmad et Baker (1988) attribuent, pour leur part, la grande affinité rhizosphérique d'une de leurs souches de *Trichoderma harzianum* à son activité cellulasique élevée et à son aptitude à assimiler des hydrates de carbone complexes : ce caractère lui permettrait d'utiliser de façon compétitive les débris des cellules desquamées et sénescentes qui sont abondantes dans la rhizosphère. On peut aussi remarquer que la sélectivité du milieu de Komada (1975), universellement utilisé pour isoler du sol les *Fusarium oxysporum*, est due, entre autres choses, au remplacement du glucose (aliment carboné habituel des milieux synthétiques) par un autre sucre simple, le D-galactose.

Plusieurs observations donnent à penser que la rhizocompétence implique non seulement une adaptation aux conditions environnementales particulières de la rhizosphère, mais aussi des relations directes entre les microorganismes et les plantes au contact desquelles ils se trouvent. Les mucilages qui enrobent les cellules épidermiques contiennent en effet des glycoprotéines hydrosolubles, de poids moléculaire élevé, dotées de propriétés agglutinantes. Recueillies par exemple par simple rinçage de racines saines de haricot, elles provoquent l'agglutination différentielle de *Pseudomonas* saprophytes du sol. Les souches de *P. putida* sont en moyenne plus fréquemment et plus fortement agglutinées que celles de *P. fluorescens* ou de *P. aeruginosa* (Anderson, 1983). Si l'on étudie l'effet de l'agglutinine des racines du pois sur une centaine de Bactéries d'origines diverses, on constate que 82 % des souches isolées dans la rhizosphère, mais 34 % seulement des souches provenant du sol non rhizosphérique, sont agglutinées. Ces isolats répondent d'une manière différente aux agglutinines d'autres plantes (Chao *et al.*, 1988) et les Bactéries qui ne sont pas des hôtes habituels de la rhizosphère, comme *Escherichia coli*, réagissent faiblement ou pas du tout. Il semble donc y avoir, au moins pour certaines des Bactéries usuelles de la rhizosphère, un mécanisme de

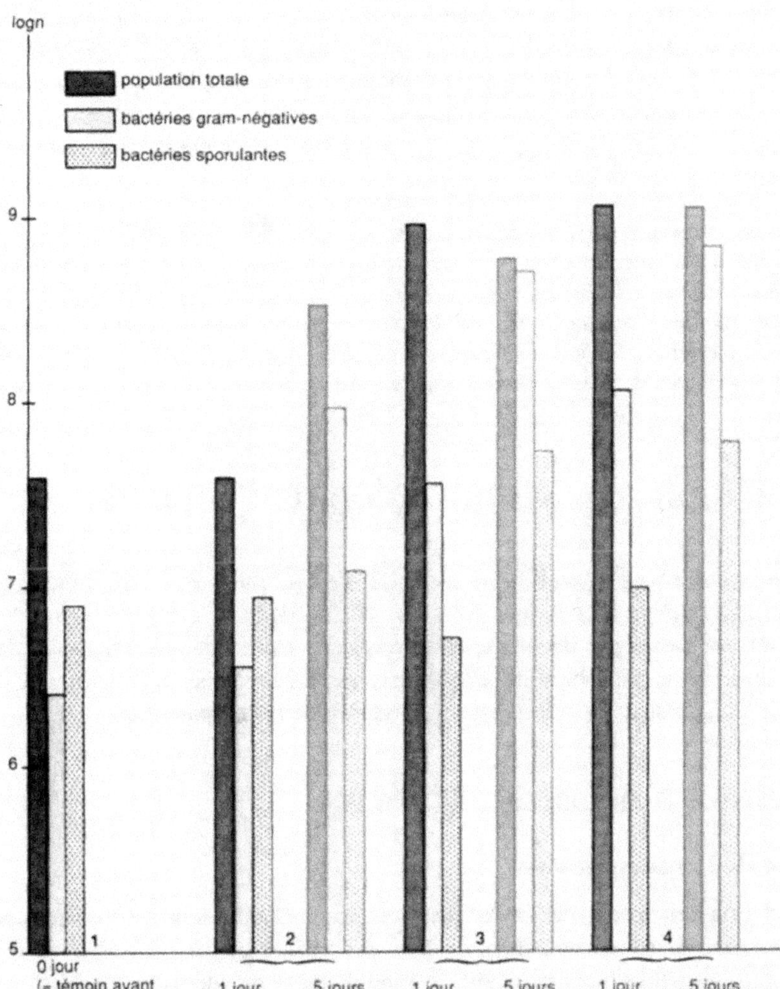

Figure 73. Effet de la percolation de solutions nutritives sur les populations de Bactéries du sol (d'après Mangenot et Diem, 1979).
1 - populations du sol avant traitement ;
2 - populations après percolation d'une solution minérale additionnée de 1 % de saccharose ;
3 - populations après percolation de la solution minérale sucrée additionnée des acides aminés exsudés par les racines de *Lycopersicon esculentum* cv. Marmande ;
4 - populations après percolation de la solution minérale sucrée additionnée des acides aminés exsudés par les racines de *L. hirsutum*, concentrés de façon à avoir les mêmes concentrations en azote que dans la solution 3.
Les prélèvements sont faits après 1 ou 5 j de traitement. Les nombres de Bactéries sont exprimés en logarithmes.

reconnaissance du type lectine-sucre. Les sites microbiens de reconnaissance des lectines se trouvent dans la capsule muqueuse polysaccharidique qui entoure les cellules. Ainsi, des cellules normales d'*Azospirillum lipoferum* et d'*A. brasilense* se lient à l'agglutinine du germe de blé, présente sur les racines de diverses Graminées. Mais les mêmes Bactéries, débarrassées de leur capsule, sont incapables de s'agglutiner (Del Gallo et Haegi, 1990).

Tous les chercheurs ne sont pas d'accord sur le rôle que joue exactement ce phénomène d'agglutination. Compte tenu des travaux déjà réalisés avec des microorganismes parasites ou symbiotiques, il semble que les lectines contribuent à l'adhérence à court terme des Bactéries sur les racines, mais ne jouent pas un rôle décisif dans leur installation à long terme. En situation de compétition, un avantage, même temporaire, peut cependant être décisif.

Des phénomènes purement physiques, comme les interactions hydrophobes entre groupes non polaires à la surface des racines et des enveloppes bactériennes, interviennent aussi dans les premières phases de l'adhésion. On a également montré que des protéines membranaires appelées «porines», dont la fonction est d'assurer le passage de molécules hydrophiles dans la cellule bactérienne, étaient impliquées dans l'adhésion de *Pseudomonas fluorescens* (De Mot et Vanderleyden, 1991) et de *Rahnella aquatilis* (Achouak *et al.*, 1995) aux racines.

Les microorganismes qui colonisent la racine

Les microorganismes parasites et symbiotiques ne font pas partie de la flore rhizosphérique puisqu'ils vivent à l'intérieur des tissus vivants de la racine. Mais, avant d'y pénétrer, ils doivent passer par les mêmes étapes que les habitants authentiques de la rhizosphère : levée de la microbiostase, croissance jusqu'à la racine en concurrence avec les autres microorganismes, fixation et reconnaissance de la compatibilité.

De la levée de la microbiostase à l'infection

La levée de la microbiostase

La stimulation des propagules infectieuses est due à la diffusion des exsudats, solubles dans la solution du sol ou volatils, provenant des racines ou des graines en germination. Les composés solubles sont constitués essentiellement de sucres et d'acides aminés et lèvent la microbiostase de façon relativement peu spécifique. En présence de ce type d'exsudats, les parasites ou les symbiotes vont donc se trouver en concurrence avec un grand nombre d'autres microorganismes. C'est le cas, par exemple, de *Fusarium solani* f. sp. *phaseoli*, un Champignon inféodé au haricot, qui provoque des nécroses allongées à la base des hypocotyles. Dans la spermosphère et dans la rhizosphère, les exsudats, abondants et à faible rapport C/N, permettent une germination abondante des chlamydospores, formes de repos de ce Champignon. Mais les tubes germinatifs, soumis à une concurrence intense, se développent avec difficulté et la plupart sont lysés avant d'avoir atteint la plante. On observe donc très peu de nécroses sur les parties jeunes des racines. Par contre, dans les zones âgées, près de l'hypocotyle, les exsudats sont moins abondants et contiennent peu d'acides aminés. Leur rapport C/N élevé est peu favorable à la prolifération des Bactéries. La germination des chlamydospores est limitée mais, soumis à une compétition peu sévère, les tubes germinatifs peuvent atteindre la surface des hypocotyles et y pénétrer, provoquant les lésions au collet typiques de la maladie (Toussoun, 1970). L'exsudation de sucres par les racines et les semences provoque aussi la germination des sporocystes de *Pythium ultimum* et d'autres Pythiacées peu spécialisées. Mais l'éthanol et les aldéhydes volatils émis par ces organes ont une diffusion plus étendue et entraînent une réponse encore plus rapide (Nelson, 1987).

Cependant, la spécificité de l'effet stimulant est plus souvent la règle lorsqu'il s'agit de parasites ou de symbiotes. Ainsi, l'acide abiétique émis par les racines de *Pinus sylvestris* déclenche la germination des basidiospores de trois espèces de *Suillus* qui forment des ectomycorhizes en association avec cet arbre alors qu'il n'a pas d'effet sur d'autres Champignons mycorhizogènes comme *Paxillus involutus* ou *Thelephora terrestris* (Fries *et al.*, 1987). Le Champignon *Sclerotium cepivorum* est étroitement inféodé aux *Allium*, chez qui il provoque une pourriture blanche du bulbe. Il peut se maintenir plusieurs années dans le sol, sous forme de petits sclérotes qui germent seulement à proximité de racines d'*Allium* ou de quelques espèces apparentées. On peut provoquer expérimentalement la germination des sclérotes en introduisant un broyat de racines d'*Allium* dans le sol. L'effet s'exerce à distance (quelques centimètres), suggérant qu'il est dû à des composés volatils. Plusieurs expériences ont cependant montré que broyat ou exsudats n'avaient pas d'action directe sur *S. cepivorum*. Pour que la germination ait lieu, il faut que les alkyl- et les alkényl-cystéine sulfoxydes non volatils exsudés par les racines soient d'abord transformés par la microflore rhizosphérique en thiols et en sulfures organiques volatils (Coley-Smith, 1987) : ce sont eux qui agissent sur les sclérotes (fig. 74). Le disulfure de diallyle est un des plus actifs de ces métabolites.

L'éclosion des oeufs de la plupart des Nématodes parasites a lieu selon des processus analogues. Ainsi, les larves du premier stade de *Globodera rostochiensis*, parasite de la pomme de terre, enkystées sous les téguments desséchés de la femelle, sont stimulées par les exsudats racinaires de leur hôte et de quelques autres Solanacées.

Le cheminement vers l'hôte

Une fois que la microbiostase imposée aux diverses formes de conservation (chlamydospores, sclérotes, oeufs, spores, kystes, etc...) est levée par les exsudats racinaires, les organismes reprennent une vie active. Ils émettent des tubes germinatifs ou libèrent des formes mobiles, dont la croissance ou le déplacement, sous l'influence des exsudats, se fait majoritairement en direction de la racine. Les acides aminés jouent un rôle attractif important, de même que les acides gras, les aldéhydes et les alcools (Cameron et Carlile, 1978). Des études récentes ont mis en évidence l'effet très spécifique des flavonoïdes. Les organismes qui sont sensibles à ces composés réagissent à des concentrations extrêmement faibles. Ainsi, pour obtenir une réponse chimiotactique positive de *Rhizobium meliloti*, il suffit de 10 nM de lutéoline (émise par les graines de luzerne) ou de 7,4'-dihydroxyflavone (émise par les racines) (Caetano-Anollés *et al.*, 1988). La même concentration de daidzéine et de génistéine attire les zoospores de *Phytophthora sojae* vers les racines du soja (Morris et Ward, 1992). Quant aux zoospores d'*Aphanomyces cochlioides*, elles manifestent une chimiotaxie positive à partir de 1nM de cochliophiline A, flavonoïde présent dans les racines de son hôte, l'épinard (Horio *et al.*, 1992).

Les zoospores font également preuve d'électrotaxie. Elles réagissent, dans des conditions expérimentales, à des champs électriques très faibles, comparables à ceux qui existent dans la rhizosphère (Morris et Gow, 1993).

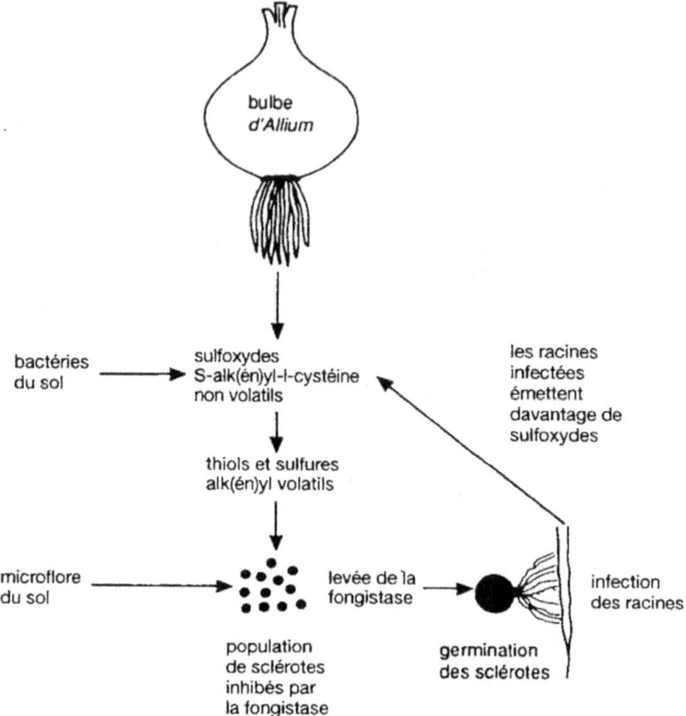

Figure 74. Les deux étapes de la stimulation de *Sclerotium cepivorum* par les exsudats des racines d'*Allium*, sous l'effet de la microflore associée. Première étape : les racines excrètent des sulfoxydes non volatils. Deuxième étape : les Bactéries de la rhizosphère transforment ces sulfoxydes en thiols et en sulfures organiques volatils. Ces vapeurs diffusent jusqu'aux sclérotes, maintenus quiescents par la fongistase, et induisent leur germination, rendant possible l'infection de la plante-hôte. Les racines infectées excrètent davantage de sulfoxydes, ce qui conduit à une amplification du phénomène (d'après Coley- Smith, 1987).

La période qui se déroule entre la levée de la microbiostase et la pénétration dans l'hôte est une phase critique durant laquelle l'envahisseur potentiel est particulièrement vulnérable. Généralement peu adapté à la vie saprophytique, il est alors soumis à toutes les formes d'antagonisme et de compétition. Même si l'organisme n'est pas détruit avant d'avoir atteint son but, la distance à franchir ou les contraintes sont parfois telles que ses réserves s'épuisent prématurément. Une telle situation n'entraîne pas obligatoirement la disparition du germe infectieux. Chez les Champignons, on observe fréquemment une autolyse du tube germinatif : les nutriments ainsi récupérés permettent la formation d'une nouvelle chlamydospore ou d'un sclérote plus petit, à l'intérieur de l'ancien.

La fixation sur l'hôte

Les processus qui conduisent à l'infection sont encore mal connus et n'ont été étudiés que sur un petit nombre d'exemples. Il semble qu'un contact étroit entre l'hôte et l'organisme infectieux, impliquant la sécrétion de matériaux adhésifs, constitue un préalable au déclenchement des mécanismes de pénétration. Chez les *Rhizobium*, la liaison avec l'hôte est apparemment réalisée en deux étapes. Selon le modèle encore hypothétique proposé pour le couple pois-*Rhizobium leguminosarum* (fig. 75), dans un premier temps, quelques Bactéries se collent sur la surface des poils absorbants grâce à une adhésine (la rhicadhésine) dont la sécrétion nécessite la présence de cations divalents (en fait, il s'agit essentiellement d'ions Ca^{++}). Dans une deuxième étape, une masse de Bactéries se fixe sur cette première assise de cellules microbiennes. Ce sont les longues fibrilles extracellulaires de cellulose produites par les Bactéries qui sont responsables de cette agglutination. On n'observe pas de fixation sur les cellules épidermiques non différenciées en poils absorbants, ce qui suggère que des récepteurs, ou un état de réceptivité, sont nécessaires. La fixation de la Bactérie parasite responsable de la galle du collet, *Agrobacterium tumefaciens*, se fait également en deux temps et implique la synthèse de fibrilles de cellulose.

Chez les Oomycètes aussi, l'infection est précédée par une phase d'attachement (Deacon et Donaldson, 1993). Les zoospores sont attirées par chimiotaxie vers les racines et s'accumulent autour des sites où le stimulus est le plus intense : généralement la zone d'élongation et les régions voisines. Des récepteurs spécifiques, présents dans les mucilages de l'hôte, déclenchent l'enkystement des zoospores, processus complexe qui se déroule en deux étapes : sécrétion de glycoprotéines adhésives qui forment l'enveloppe du kyste et qui le collent à la surface de la racine ; synthèse d'une paroi qui transforme le protoplaste, jusqu'alors nu, en kyste. Les zoospores se fixent toujours par leur face ventrale. C'est celle qui porte les flagelles, et il y a quelques raisons de penser que ces flagelles jouent un rôle important dans la reconnaissance des sites d'infection et dans l'orientation du futur kyste. Ce positionnement permet au tube germinatif, émis à partir de la face ventrale aussitôt après la formation du kyste, de pénétrer immédiatement dans les tissus de l'hôte. Ces évènements se déroulent très rapidement : il ne s'écoule pas plus d'une trentaine de minutes entre la reconnaissance des sites récepteurs à la surface de la racine et la formation du tube germinatif. Les ions Ca^{++} ont, comme chez les *Rhizobium*, un rôle régulateur important.

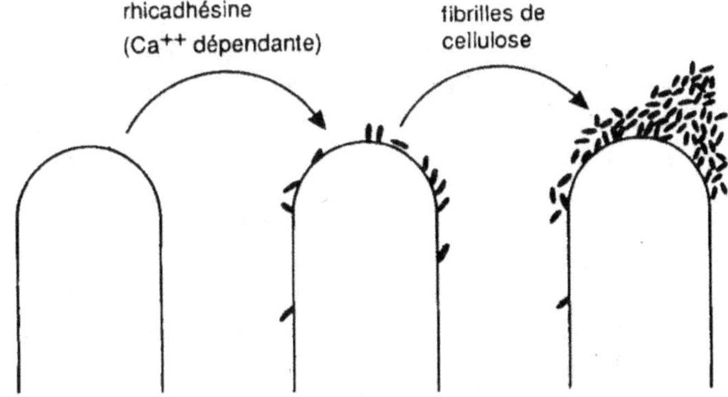

Figure 75. Schéma proposé par Smit *et al.* (1987) pour expliquer l'attachement de *Rhizobium leguminosarum* aux poils absorbants du pois. Un petit nombre de Bactéries se fixe d'abord aux poils par l'intermédiaire d'une adhésine, la rhicadhésine, dont la sécrétion nécessite la présence d'ions Ca^{++}. Les Bactéries s'agglutinent ensuite les unes aux autres grâce à des fibrilles de cellulose, formant un amas à l'extrémité du poil absorbant.

Les zoospores, au moment de s'enkyster, excrètent des ions Ca^{++} qui se combinent avec les glycoprotéines de la partie ventrale de leur enveloppe pour assurer la fixation du kyste. Si Ca^{++} est chélaté par un agent complexant au moment de la formation des kystes, ceux-ci perdent leur adhésivité. Le coussinet adhésif ainsi mis en place empêche la dispersion des ions Ca^{++} dans le milieu. Grâce à l'orientation du kyste au moment de son amarrage, ces ions peuvent être rapidement réabsorbés par la cellule et atteindre le centre régulateur de la germination, qui est alors déclenchée. Si, pour une raison quelconque, la fixation des kystes n'a pas lieu, Ca^{++} diffuse dans l'environnement et ne peut être réabsorbé en quantité suffisante. Il faut alors un apport de Ca^{++} exogène pour provoquer la germination. L'action du calcium est renforcée en présence d'acides aminés (asparagine, acides aspartique et glutamique) généralement présents dans les exsudats racinaires. Ces acides aminés pourraient se lier à des récepteurs membranaires commandant l'ouverture des canaux ioniques à Ca^{++} (Deacon et Donaldson, 1993).

Chez les Eumycètes, on a mis en évidence une matrice mucilagineuse autour des hyphes de *Verticillium albo-atrum* et de deux formes spéciales de *Fusarium oxysporum* se développant à la surface des racines de leurs hôtes (Bishop et Cooper, 1983). Ce matériau, de nature polysaccharidique ou glycoprotéique, est analogue à celui qui enrobe les tubes germinatifs des spores des parasites aériens. Outre son rôle adhésif, ce mucus permet, semble-t-il, une localisation des enzymes destinées à lyser les parois des cellules végétales.

L'infection

Les parasites aériens différencient, à l'extrémité de leur tube germinatif, un appressorium renflé, très fortement appliqué à la surface de l'épiderme. La face ventrale de cet appressorium émet un très mince filament de pénétration ou «hyphe infectante» (le terme anglais *infection peg* signifie littéralement : cheville d'infection) qui traverse la cuticule et débouche dans la cellule épidermique sous-jacente. Le mycélium retrouve son diamètre normal dans la cellule envahie, s'y ramifie et, de là, pénètre dans le parenchyme. Dans le sol, la desquamation des poils absorbants et des cellules corticales, l'émission de racines secondaires, les déchirures provoquées par le frottement sur les particules minérales constituent autant de brèches dans l'enveloppe protectrice des tissus. Aussi les Champignons parasites des racines ne forment généralement pas d'appressorium. Ils s'insinuent entre les cellules épidermiques dans les racines jeunes, colonisent les parties sénescentes du cortex dans les racines plus âgées, puis se développent intercellulairement dans le parenchyme cortical vivant (*Fusarium solani*) ou passent directement de cellule en cellule en traversant les parois grâce à des hyphes infectantes (*Chalara elegans*). Cependant *Rhizoctonia solani* forme, à la surface des hypocotyles et des racines, un coussinet d'infection constitué d'un amas très dense d'articles mycéliens courts et ramifiés, qui est l'équivalent d'un appressorium composé, émettant une multitude de filaments équivalant à autant d'hyphes infectantes. On a longtemps considéré que l'entrée des parasites vasculaires dans le xylème se faisait de façon passive, par aspiration, à l'occasion d'une blessure, ce qui expliquerait que des Champignons ou des Bactéries saprophytes puissent s'introduire et se maintenir quelque temps dans les vaisseaux (Gardner *et al.*, 1985). Des travaux récents remettent en cause cette interprétation. En utilisant une souche transgénique possédant le gène marqueur *Gus A*, Turlier *et al.* (1995) ont montré que

Fusarium oxysporum f. sp. *lini* pénètre activement dans les cellules immatures qui entourent le méristème subapical des racines du lin. Lorsque ces cellules se divisent et se différencient, il est éliminé de ce qui deviendra le phloème et le cortex, mais se maintient dans les vaisseaux et le parenchyme médullaire.

L'emplacement des lésions sur les racines est souvent caractéristique du couple hôte-parasite. D'une part, lorsque des phénomènes de reconnaissance mutuelle sont nécessaires, ils ne peuvent avoir lieu, comme nous l'avons vu, qu'en des sites privilégiés. D'autre part, la localisation du «point d'impact» d'un Champignon dépend du temps mis par la propagule au repos pour entrer en germination, de la vitesse d'élongation du tube germinatif et de la vitesse de croissance de la racine (fig. 76). Ainsi, des Champignons dont la réponse à l'effet rhizosphère est extrêmement rapide et la vitesse de croissance très élevée, comme les *Pythium*, attaquent généralement les extrémités des racines. Des Champignons à réponse lente (de 6 à 10 h pour les *Fusarium*) et à croissance modérée parviennent plutôt dans des régions déjà différenciées. Ces différences sont effacées lorsqu'on procède à des infections *in vitro*, où rien ne s'oppose à la progression du parasite, mais elles apparaissent nettement dans un sol non stérile (fig. 77).

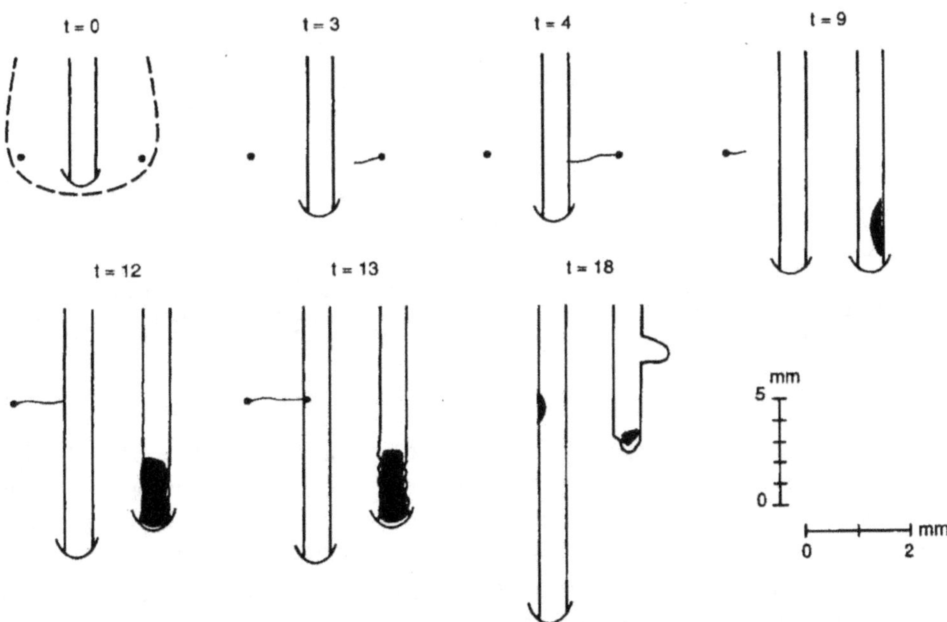

Figure 76. Influence des vitesses de progression respectives de la racine et du filament germinatif sur le point d'entrée d'un parasite fongique. Pour faciliter la lecture, l'unité de longueur est plus grande sur l'axe horizontal que sur l'axe vertical. Dans cet exemple, la vitesse de progression de la racine est de 12 mm/j. La propagule située dans la partie gauche de chaque schéma entre en germination au bout de 8h et la vitesse de croissance de son tube germinatif est de 6 mm/j. La propagule représentée dans la partie droite des schémas réagit aux exsudats racinaires en 2h et la vitesse d'élongation de son tube germinatif est de 12 mm/j. Le temps est compté en heures et l'instant initial est déterminé par le moment où les propagules, situées à 1 mm de la racine, sont atteintes par l'effet rhizosphère. On observe dans un des cas une lésion corticale, dans l'autre cas une nécrose apicale.

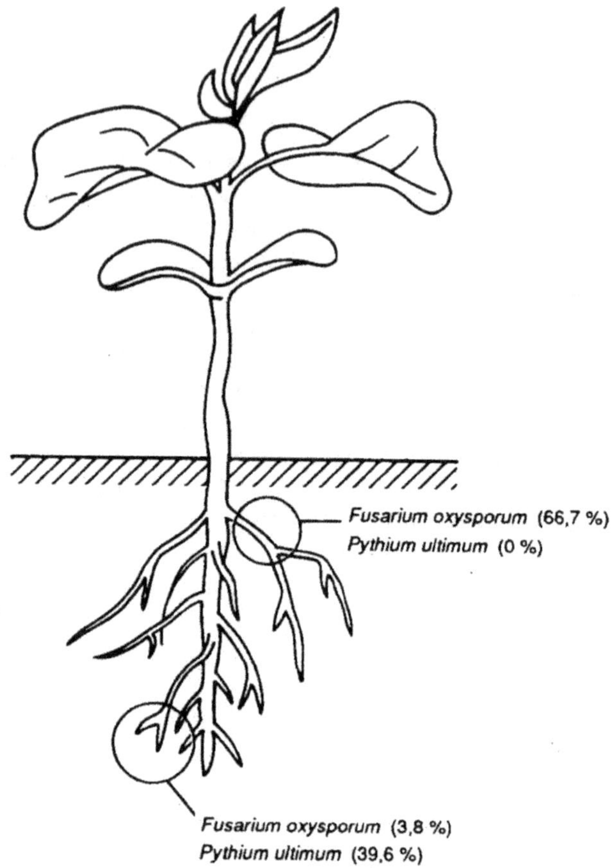

Figure 77. Localisation de deux Champignons parasites sur les racines de jeunes sojas semés dans un sol non stérile contenant à la fois *Fusarium oxysporum* (formes corticales) et *Pythium ultimum*. Des fragments de longueur équivalente sont prélevés aux extrémités ou à la base des racines, soigneusement lavés, et mis en incubation sur un milieu gélosé. *F. oxysporum* est majoritairement présent à la base des racines, *P. ultimum* aux extrémités.

Les étapes parcourues successivement par le microorganisme depuis la levée de l'inhibition imposée par la microbiostase jusqu'à la pénétration dans les tissus vivants de la plante sont rappelées schématiquement dans la figure 78. On constatera que l'échec de l'infection ne conduit pas forcément à la disparition de l'inoculum.

Lorsque l'infection a lieu, son développement ultérieur dépend d'un ensemble très complexe de relations entre l'envahisseur et son hôte. L'étude des réactions de défense de la plante dépasse le cadre de cet ouvrage. Nous donnerons seulement un exemple (encadré p. 238) qui illustre d'une façon particulièrement claire les phénomènes d'incompatibilité entre une plante et un agresseur microbien. Selon l'efficacité des réactions de défense de la plante, l'infection peut donc, ou non, se poursuivre. Dans ce dernier cas, l'organisme infectieux va se développer et, après un temps plus ou moins long, former de nouvelles propagules représentant un niveau d'inoculum supérieur au niveau de départ.

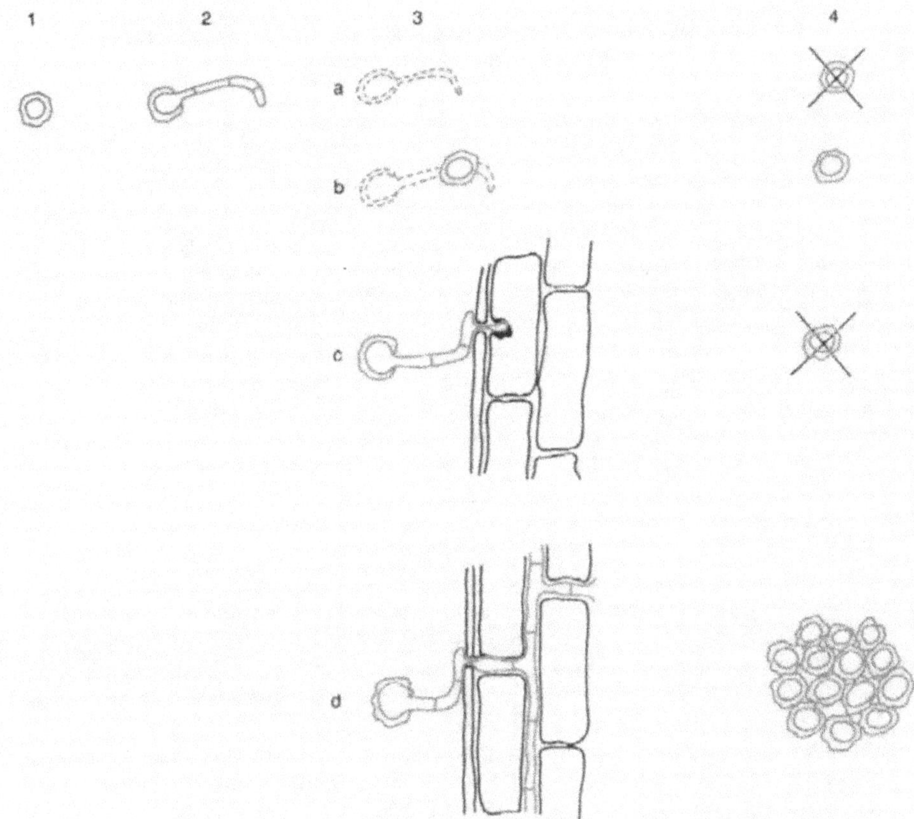

Figure 78. Les différentes étapes franchies par la propagule infectieuse (symbolisée ici par une chlamydospore) depuis la levée de la dormance jusqu'à l'introduction dans la racine.

1 : la propagule est soumise à la microbiostase.

2 : la propagule, stimulée par les exsudats racinaires, commence à germer.

3 : a, soumis à une compétition excessive, le tube germinatif est lysé avant d'avoir atteint la racine ;

   b, le développement du tube germinatif est inhibé, mais il a le temps, après autolyse, de former une nouvelle chlamydospore ;

   c, le tube germinatif atteint la racine et y pénètre, mais il est tué par une réaction d'hypersensibilité ;

   d, le parasite pénètre dans la racine et s'y développe.

4 : bilan des évènements précédents, en termes d'inoculum.

Les différents degrés de la relation entre plante et microorganisme

Cette relation peut être considérée du point de vue du microorganisme ou du point de vue de la plante.

Du point de vue du microorganisme, la possibilité de se développer à l'intérieur des tissus d'un hôte constitue dans tous les cas une situation avantageuse qui lui assure des ressources nutritives abondantes tout en le mettant à l'abri de la compétition. La relation est plus ou moins stricte selon le mode de vie du microorganisme. On peut distinguer, en

Un exemple de réaction incompatible : l'interaction tabac-*Phytophthora cryptogea*.

Dans la plupart de ses régions de culture, le tabac peut être gravement affecté par certaines souches de *Phytophthora parasitica* qui provoquent une pourriture du collet, alors que les souches autres que la variété *nicotianae* et les autres espèces n'ont aucun effet pathogène. Cette différence de comportement peut être mise en évidence par inoculation sur des plantes entières ou par dépôt d'une suspension de spores sur la section de tiges décapitées. Alors que *P. parasitica* var. *nicotianae* envahit toute la tige, une espèce comme *P. cryptogea*, par exemple, provoque une réaction d'hypersensibilité qui se traduit par une nécrose limitée aux cellules proches du point d'inoculation. *P. cryptogea* excrète en culture, et aussi *in planta*, une protéine de faible poids moléculaire nommée cryptogéine, qui est un **éliciteur**. Il suffit d'une nanomole de cryptogéine pure pour provoquer chez le tabac toutes les manifestations de la réaction hypersensible : nécrose localisée, émission d'éthylène, formation de phytoalexines et de protéines dites PR (*pathogenesis related*). Les travaux menés à la Station INRA d'Antibes depuis une dizaine d'années ont permis de proposer une interprétation cohérente (mais encore en partie hypothétique) des phénomènes observés (Ricci *et al.*, 1994). La cryptogéine se lie de façon réversible à des sites récepteurs du plasmalemme (non encore identifiés). Cette fixation entraîne la phosphorylation de certaines protéines cellulaires et se traduit presque instantanément par une excrétion de K^+, par une élévation du pH ambiant due au blocage de l'H^+ATPase (qui fonctionne comme une pompe à protons) et par l'apparition de radicaux superoxydes, sans doute responsables des nécroses. Les autres réactions déjà mentionnées plus haut se produisent un peu plus tard.

Les autres espèces de *Phytophthora* sécrètent elles aussi des protéines qui, comme la cryptogéine, élicitent des réactions d'hypersensibilité chez le tabac. Très proches les unes des autres, ces protéines constituent la famille des élicitines. Les plantes qui ne possèdent pas de récepteur spécifique des élicitines n'ont pas de réaction d'hypersensibilité et sont rapidement envahies. Les souches de *P. parasitica* var. *nicotianae*, pathogènes pour le tabac, ne produisent pas (ou pas assez) d'élicitine : c'est pourquoi elles ne sont pas (ou pas assez vite) reconnues par la plante hôte.

s'inspirant de la classification de type écologique appliquée par Garrett (1960) aux Champignons du sol :

- *des habitants du sol* : organismes aptes à la compétition, capables de survivre indéfiniment en phase saprophytique. Certains sont exclusivement saprophytes tandis que d'autres peuvent coloniser activement des tissus vivants. Ces parasites facultatifs sont en général peu spécialisés et présents dans un grand nombre de sols. C'est le cas, par exemple, de *Rhizoctonia solani* et de certains *Pythium*.

- *des habitants des racines* : certains d'entre eux se développent parfaitement sur des substrats artificiels ou dans un sol stérilisé mais, peu compétitifs, ils sont inhibés et incapables de coloniser des débris organiques dans un sol ordinaire. Du fait des contraintes extérieures, ils ne peuvent donc se multiplier que sur un hôte vivant. C'est le cas de nombreux parasites bactériens (*Clavibacter michiganensis*) ou fongiques (*Pyrenochaeta lycopersici*, *Chalara elegans*, par exemple) et de beaucoup de Champignons ectomycorhizogènes. D'autres ont des exigences nutritives telles que, même en l'absence de compétition, ils ne peuvent pas se développer dans le sol ou sur des substrats organiques inertes. C'est le cas des Nématodes parasites et des Champignons endomycorhizogènes.

On considère généralement qu'il y a une liaison étroite entre la nature plus ou moins obligatoire de la relation plante-microorganisme et la spécificité de cette relation. C'est pourtant loin d'être toujours le cas. Ainsi, l'association Légumineuse-*Rhizobium*, fruit d'une longue co-évolution, est hautement spécifique. Néanmoins, les *Rhizobium* peuvent parfaitement survivre en dehors de leur hôte : on a retrouvé des souches de *Bradyrhizobium* (strictement inféodés au soja) dans le sol d'une parcelle n'ayant jamais porté de culture de soja, 20 ans après les y avoir introduites. L'importance des populations était sensiblement la même qu'au début de l'essai (Obaton, communication personnelle). Inversement, des Champignons adaptés à une large gamme d'hôtes, comme ceux des endomycorhizes, sont incapables de se multiplier en dehors d'une racine vivante et ne doivent leur survie qu'à leur possibilité d'infecter une grande diversité de plantes.

Considérée du point de vue de la plante, l'infection est une agression dont il est important de se défendre. L'étude des mécanismes de résistance appartient au domaine de la physiopathologie, qui est en dehors de notre propos. Disons simplement que l'infection peut :

- progresser très rapidement et aboutir à une invasion généralisée. En l'absence de réactions efficaces de la plante, un seul point d'infection suffit théoriquement pour obtenir ce résultat. Exemple : pourritures dues aux *Sclerotinia* ; dans une certaine mesure, maladies vasculaires.

- être ralentie, au moins pendant quelque temps, et se traduire par des lésions locales de taille limitée. Dans ce cas, la gravité de la maladie dépend du nombre de points d'infection. Exemple : lésions corticales de *Pyrenochaeta lycopersici* sur tomate, attaques de Nématodes. L'infection n'entraîne pas toujours la mort des tissus envahis. Parfois les cellules restent vivantes mais elles sont profondément modifiées par l'action et au profit du parasite, comme dans le cas des galles provoquées par les Nématodes *Meloidogyne*.

- être arrêtée très rapidement par la reconnaissance d'une incompatibilité, déclenchant une réaction d'hypersensibilité. Exemple : relation *Phytophthora cryptogea*-tabac (voir l'encadré ci-contre).

- progresser sous le contrôle étroit de la plante : dans le cas des *Rhizobium*, une nodosité est le résultat de l'envahissement d'une seule cellule, le poil absorbant. En échange de la fourniture de composés énergétiques, l'hôte récupère à son profit une partie des activités de son envahisseur. Nous avons déjà dit quelques mots des fixateurs d'azote symbiotiques. Nous allons voir d'autres exemples de ces associations mutualistes.

Quelques exemples de mutualisme entre plantes et microorganismes

Les mycorhizes

Les mycorhizes sont le résultat de l'association symbiotique d'une racine et d'un Champignon. Des vestiges incontestables d'endomycorhizes ont été découverts dans des sédiments du Dévonien vieux de 400 millions d'années, ce qui inclinerait à penser que cette symbiose est un phénomène extrêmement ancien (ayant peut-être même constitué le préalable nécessaire à la colonisation de la surface terrestre par les premières plantes chlorophylliennes), plutôt que le résultat récent d'une longue évolution dans le milieu souterrain. Toutes les Gymnospermes terrestres, près de 85 % des Angiospermes et une partie des Ptéridophytes (Fougères, Prêles, etc.) sont mycorhizées, ce qui représente près de 95 % des plantes vasculaires. Des associations équivalentes (mycothalles) sont connues aussi chez les Bryophytes.

Il existe en fait plusieurs types de mycorhizes, comme nous le verrons plus loin, mais ces associations ont en commun quelques caractères généraux que nous allons tenter de dégager.

Les Champignons mycorhizogènes vivent en partie à l'intérieur des tissus de la plante, où leur mycélium est en contact étroit avec les cellules vivantes du parenchyme cortical, et en partie à l'extérieur où leurs filaments prospectent un volume de sol incomparablement plus grand que le volume accessible aux poils absorbants. Alors que la longueur moyenne d'un poil absorbant est de l'ordre du millimètre, le réseau mycélien issu de la mycorhize s'étend au moins jusqu'à 8 cm de la racine dans les endomycorhizes, davantage encore dans les ectomycorhizes. Les hyphes, appliquées à la surface des agrégats, sont en contact intime avec les particules élémentaires du sol et leur faible diamètre leur permet de pénétrer dans les pores les plus fins. Les Champignons mycorhizogènes relient donc littéralement le sol à la plante.

Les Champignons reçoivent de la plante des substrats carbonés simples (de 5 à 10 % des composés photosynthétisés) et des substances de croissance, et bénéficient d'une situation qui les met à l'abri des compétiteurs.

Les plantes tirent de l'association des avantages qui se traduisent par une amélioration de leur croissance d'autant plus spectaculaire (par rapport à des sujets non mycorhizés) que le sol est plus pauvre et moins propice à leur développement. Le bénéfice le plus direct et le mieux étudié est l'amélioration de la nutrition phosphatée : on a montré que des plantes qui possédaient des endomycorhizes avaient un coefficient d'utilisation des engrais phosphatés 3 à 5 fois plus élevé que des plantes témoins non mycorhizées (Blal *et al.*, 1990). Le phosphate, très peu soluble, est en effet rapidement épuisé dans la solution du sol au voisinage des racines et le relargage, puis la diffusion, des ions solubles immobilisés sont rarement assez rapides pour satisfaire la totalité des besoins de la plante. Les Champignons mycorhizogènes, en explorant un grand volume de sol, permettent une meilleure récupération du phosphore disponible. Rousseau *et al.* (1992) ont ainsi montré que la teneur en phosphore de jeunes pins (*Pinus taeda*) était directement proportionnelle à la biomasse du Champignon associé (*Pisolithus tinctorius*) (fig. 79). Par leur action acidifiante, les Champignons mycorhizogènes peuvent contribuer aussi à la solubilisation des phosphates minéraux insolubles, mais cet effet est négligeable, comparé à la minéralisation du phosphore organique, assurée grâce à leurs enzymes (phytase, phosphatase acide). Le phosphore ainsi extrait du sol est accumulé sous forme de polyphosphates dans les vacuoles des filaments mycéliens, d'où il est transporté vers les racines.

En ce qui concerne les autres éléments que le phosphore, les résultats divergent, ce qui reflète sans doute une grande variabilité dans le fonctionnement des symbioses. Les plantes mycorhizées assimilent généralement mieux le zinc, élément peu mobile comme

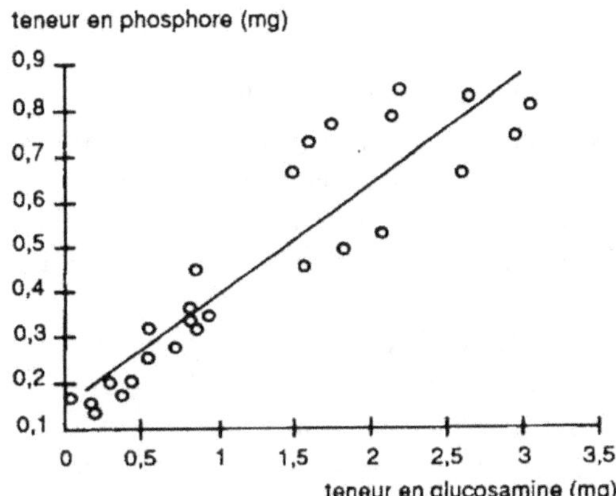

Figure 79. Relation entre la quantité de mycélium du Champignon ectomycorhizogène *Pisolithus tinctorius* (estimée par dosage de la glucosamine des parois) présent dans les petites racines de jeunes pins (*Pinus taeda*) et la teneur en phosphore de la plante entière (Rousseau *et al.*, 1992).

le phosphore (Kothari *et al.*, 1991). Plusieurs auteurs observent une meilleure assimilation de l'azote par les plantes mycorhizées. Chez les Légumineuses, elle est liée à une augmentation du nombre et du poids des nodosités et à une plus grande activité de la nitrogénase (Asimi *et al.*, 1980). Chez d'autres plantes, elle peut être due à un transfert réalisé par le Champignon. Ainsi, il est possible de cultiver des jeunes bouleaux mycorhizés en présence de peptides comme seule source d'azote alors que des bouleaux non mycorhizés sont incapables d'utiliser les peptides. Les Champignons symbiotiques hydrolysent le substrat et fournissent de l'azote minéral à la plante. Le bénéfice pour la plante est plus ou moins grand selon la part que le Champignon conserve dans son propre cytoplasme : *Amanita muscaria*, dont le taux d'azote mycélien est de 1,9 %, permet par exemple un meilleur développement des bouleaux que *Paxillus involutus* qui en retient 6,7 % (Abuzinadh et Read, 1989).

Il semble que la mycorhization augmente aussi l'assimilation de l'eau par la plante en conditions limitantes, peut-être en réduisant, par un mécanisme encore inconnu, la résistance des racines à l'absorption de l'eau (Allen et Allen, 1986). Une meilleure absorption de l'eau peut à son tour faciliter l'assimilation de cations facilement mobilisables, comme le potassium ou l'ammonium.

La rhizosphère d'une racine mycorhizée n'est pas la même que celle d'une racine non mycorhizée, de sorte qu'il est plus juste de parler de **mycorhizosphère**. La morphologie de la racine peut être profondément modifiée. Aux produits de la rhizodéposition (différents de ceux d'une racine non mycorhizée) s'ajoutent les exsudats propres au Champignon (acides organiques, antibiotiques). Dans la mycorhizosphère, les Actinomycètes sont généralement plus rares, les Bactéries fixatrices d'azote plus nombreuses. L'effet mycorhizosphère se traduit souvent (mais pas automatiquement) par une protection des racines contre un grand nombre de parasites telluriques : Champignons (*Pythium, Phytophthora, Fusarium oxysporum, Chalara elegans*), Bactéries (*Pseudomonas solanacearum*), Nématodes (*Meloidogyne*). La structure du sol est, aussi, considérablement modifiée au voisinage des racines mycorhizées. La grande abondance des filaments mycéliens assure un assemblage des particules de sol en agrégats stables et volumineux, ce qui améliore à la fois la circulation des gaz et la rétention de l'eau.

Un autre aspect de la symbiose mycorhizienne est la possibilité, pour un Champignon, de coloniser à partir de son hôte les racines qui se trouvent à proximité. Il se crée ainsi des **ponts mycéliens** multiples qui relient entre elles non seulement des plantes de la même espèce, mais aussi des plantes d'espèces, de genres, ou même de familles, différentes. Grâce à ces connexions, le passage de nutriments d'une plante à une autre est possible (et a été démontré). Ceci a deux conséquences écologiques importantes : d'une part, les matériaux des racines sénescentes peuvent être récupérés et réutilisés immédiatement dans les racines en croissance ; d'autre part, dans des milieux où la concurrence entre espèces est intense, les plantes peu compétitives peuvent néanmoins subsister grâce aux transferts nutritionnels assurés par les ponts mycéliens entre les espèces dominantes et les espèces dominées. Le maintien d'une grande diversité spécifique demeure ainsi possible (Grime *et al.*, 1987).

Les endomycorhizes à arbuscules et vésicules

Les mycorhizes à arbuscules et vésicules (en abrégé : VAM) sont les plus communes et probablement les plus anciennes des mycorhizes. Présentes chez la plupart des grandes familles botaniques (à l'exception des Chénopodiacées et des Cruciféracées), elles concernent presque toutes les plantes cultivées et se rencontrent aussi bien sur des arbres forestiers que sur des plantes herbacées. Ce sont les seules mycorhizes présentes sur des arbres aussi communs que les frênes, les érables, les merisiers et les genévriers.

Les Champignons des VAM sont des Zygomycètes (ordre des Glomales) jusqu'à présent impossibles à cultiver sur des milieux artificiels. On en connaît maintenant près de 120 espèces, mais la gamme d'hôtes de chaque espèce est très étendue. Ils se conservent dans le sol sous forme de spores aux parois épaisses. Ces spores sont aptes à la germination mais, malgré leurs abondantes réserves nutritives, la croissance du tube germinatif s'arrête très rapidement en l'absence d'une racine hôte. Il est probable qu'un stimulus émis par la racine, analogue aux signaux qui mettent en route les mécanismes de la nodulation chez les *Rhizobium*, est nécessaire pour que la germination se poursuive normalement (Bécard et Piché, 1989). Le tube germinatif forme un appressorium à la surface de la racine. Il en émerge une hyphe infectante qui pénètre dans les assises corticales. La progression dans le parenchyme se fait à la fois inter et intra cellulairement, sans jamais atteindre le cylindre central (fig. 80). A l'intérieur des cellules, le Champignon forme des suçoirs très ramifiés, les **arbuscules**, enveloppés par une membrane périarbusculaire formée par l'hôte, dont la composition est légèrement différente de celle de la membrane plasmique. Cette interface est le siège d'échanges actifs, matérialisés par l'existence d'une activité ATPase élevée (Gianinazzi-Pearson, 1992). Les cellules envahies contiennent davantage de plastes et de mitochondries et leur noyau devient enflé et multilobé, mais elles reprennent un aspect normal après la sénescence et la disparition de l'arbuscule.

Des **vésicules** volumineuses, riches en lipides et en calcium, assimilées à des chlamydospores, se différencient le long des hyphes intercellulaires et parfois dans les cellules. (Les

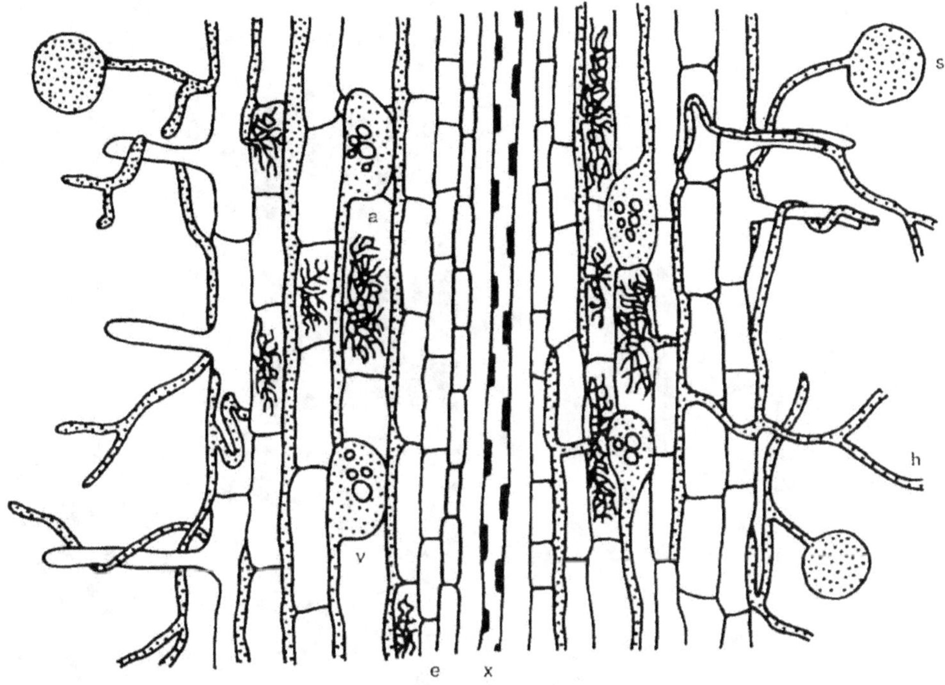

Figure 80. Représentation schématique d'une endomycorhize à arbuscules et vésicules (Strullu, 1991).
a : arbuscule ; e : endoderme ; h : hyphes extramatricielles ; s : sporange ; v : vésicule ; x : xylème.

Gigasporineae, cependant, ne forment de vésicules qu'à l'extérieur des racines). Des sporanges plurinucléés et à parois épaisses se forment aussi en dehors des racines (fig. 81). On n'a pas, jusqu'à présent, observé de reproduction sexuée chez les Glomales, ce qui rend leur étude génétique difficile.

L'infection par un Champignon à arbuscules et vésicules n'entraîne pas de modification apparente de l'aspect extérieur des racines, ce qui explique sans doute que l'universalité de cette association soit souvent méconnue. Cependant, la présence de VAM se traduit par une ramification plus abondante des racines. Chez la plante, l'aptitude à mycorhizer dépend de plusieurs gènes dominants qui pourraient inhiber l'expression des réactions habituelles de défense contre l'invasion, ou encore induire la production, par le symbiote, de suppresseurs de ces réactions de défense (Gianinazzi-Pearson, 1992).

Les ectomycorhizes

Facilement observables et mieux connues du grand public, ne serait-ce qu'à cause du chêne truffier, les ectomycorhizes existent seulement chez une faible partie (3 à 4 %) des Phanérogames. Mais toutes les grandes espèces forestières tempérées sont concernées, et leur importance pour la sylviculture est donc considérable. Cependant, les ectomycorhizes ne sont pas réservées exclusivement aux arbres. On en trouve aussi sur des plantes herbacées (Polygonacées, Cypéracées) dans les régions arctiques. On ne connaît pas d'ectomycorhizes chez les Monocotylédones.

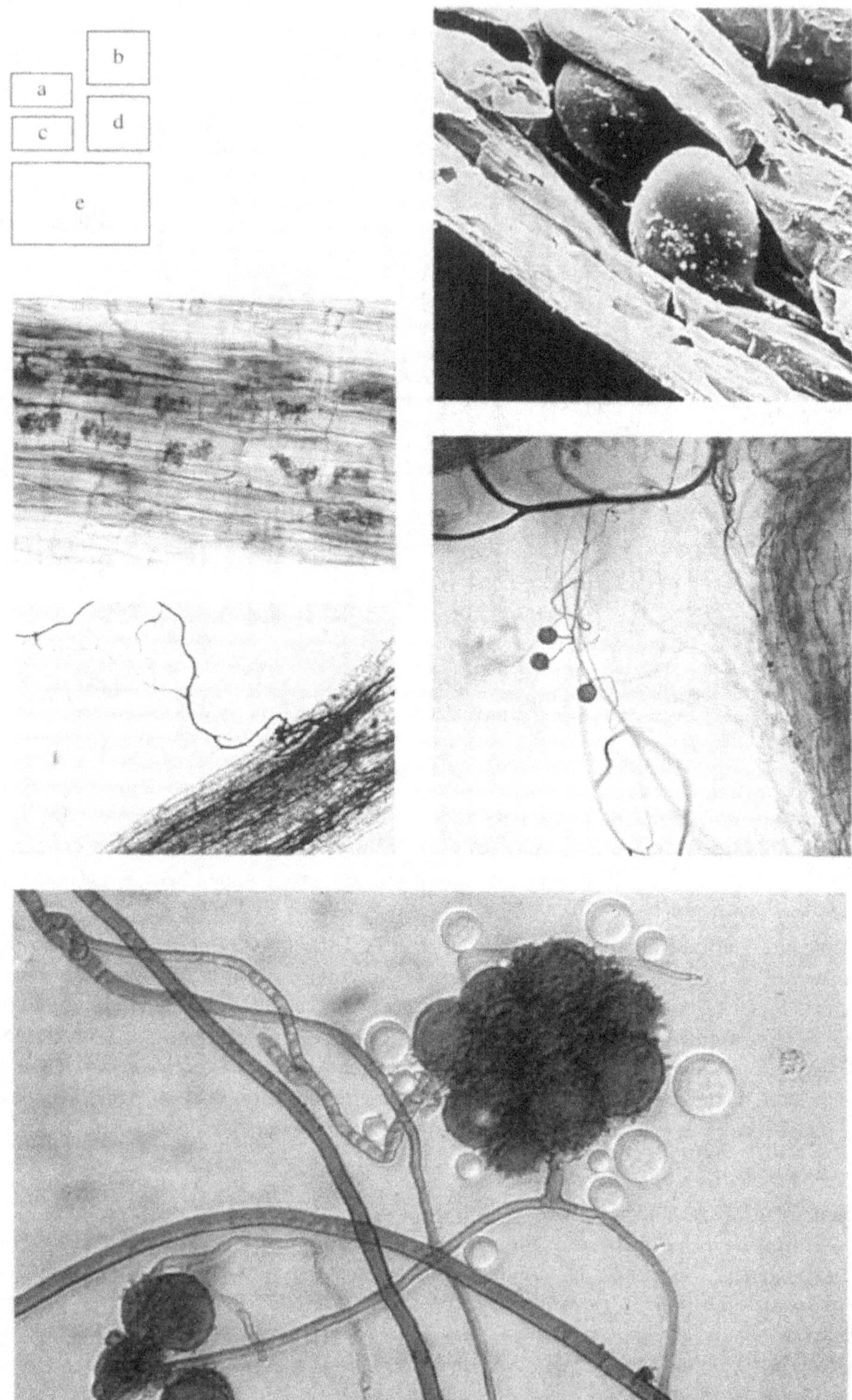

Les espèces de Champignons ectomycorhizogènes qui peuvent être associées aux racines sont beaucoup plus nombreuses que dans le cas des VAM. On trouve quelques Zygomycètes (*Endogone*), des Ascomycètes (dont la truffe) et surtout des Basidiomycètes. La spécificité de la symbiose peut être très étroite ou au contraire très large : le sapin de Douglas (*Pseudotsuga menziesii*) peut être mycorhizé par près de 2 000 espèces différentes de Champignons (Trappe, 1977). Certains de ces Champignons peuvent avoir une existence saprophytique autonome. Mais ils ne réalisent leur cycle complet que s'ils sont associés à une plante hôte. D'autres, très peu compétitifs, comme la truffe, n'ont pas de développement actif en l'absence de leur partenaire végétal. La contamination a lieu après la germination de spores stimulées par les exsudats racinaires, ou simplement de racine à racine. Un même arbre peut être infecté par plusieurs Champignons ectomycorhizogènes différents. Les espèces qui s'installent les premières sont en général les moins spécialisées ; elles sont remplacées progressivement par des espèces plus spécifiques. Un même arbre peut avoir à la fois des ecto- et des endo- mycorhizes (Lopez Aguillon et Garbaye, 1989).

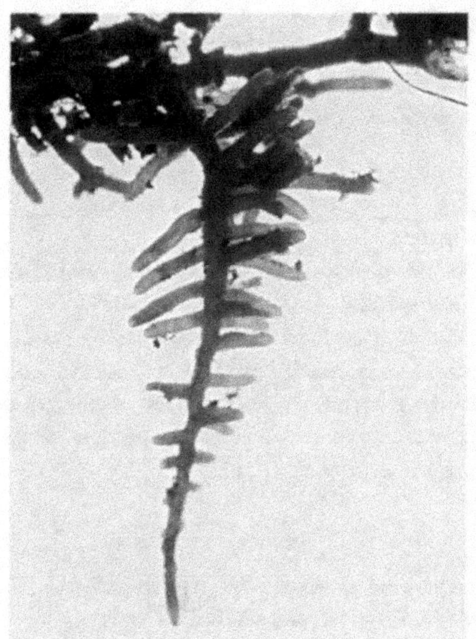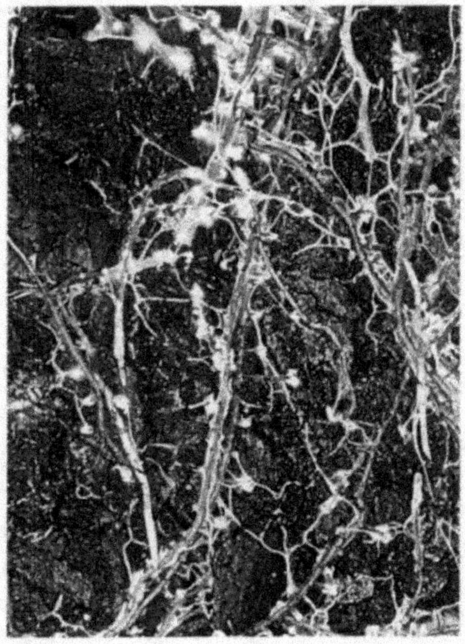

Figure 82. Associations ectomycorhiziennes. ▲▲
gauche : aspect typique d'une racine avec des ramifications courtes et épaissies (cliché Voiry, photothèque INRA).
droite : mycorhizes dichotomes ou coralloïdes engendrées par *Rhizopogon rubescens* sur *Pinus pinaster* (cliché D. Mousain, INRA).

Figure 81 : endomycorhizes à arbuscules et vésicules.
a : arbuscules à l'intérieur des cellules de l'hôte (cliché S. Gianinazzi, INRA).
b : vésicule formée à l'intérieur d'une cellule (cliché J. Garbaye, photothèque INRA).
c : le mycélium du Champignon s'étend très loin de la racine (Gianinazzi).
d : spores formées à l'extérieur de la racine (Gianinazzi).
e : un autre exemple de fructification externe (cliché L. Lopez, photothèque INRA).

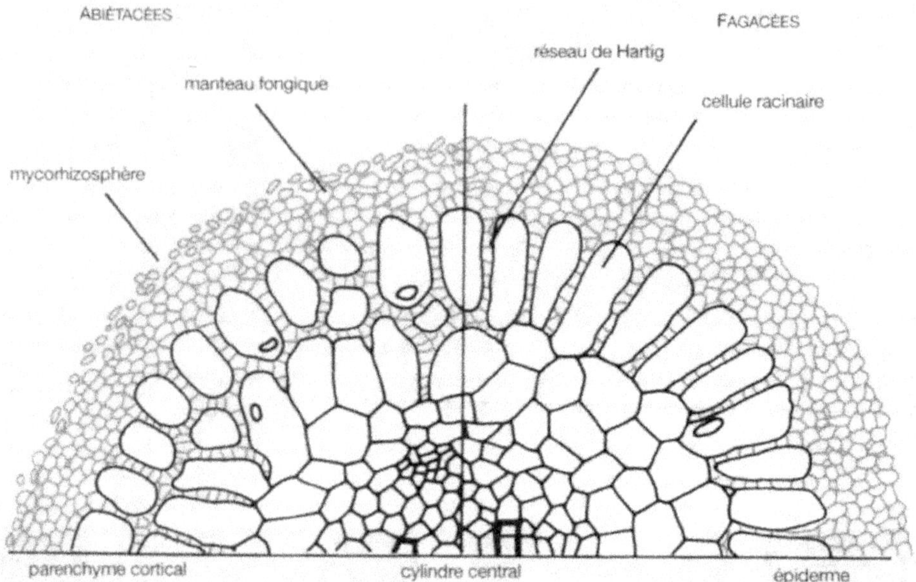

Figure 83. Représentation schématique d'ectomycorhizes de Gymnospermes (Abiétacées) et d'Angiospermes (Fagacées) (Strullu, 1991).

Les ectomycorhizes sont constituées par des racines courtes et d'aspect renflé caractéristique (fig. 82), ramifiées, complètement entourées d'une gaine d'hyphes entrelacées, le manteau fongique. C'est dans ce type d'association que la notion de mycorhizosphère prend tout son sens. Le manteau est intimement uni à la racine par des hyphes qui s'insinuent, sans y pénétrer, entre les cellules des assises externes du parenchyme cortical, formant le **réseau de Hartig** (fig. 83). Vers l'extérieur, le manteau se prolonge dans le sol par un réseau extra-matriciel analogue à celui des endomycorhizes.

Autres mycorhizes

On trouve chez les **Ericacées** (la callune par exemple) des associations d'un type spécial, les mycorhizes éricoïdes. Les racines infectées sont filiformes. Le tissu cortical est limité à une assise de cellules qui hébergent l'endophyte. Ce sont des endomycorhizes sans arbuscules : le Champignon (presque toujours *Pezizella ericae*, un Ascomycète) forme simplement des boucles à l'intérieur des cellules-hôtes.

Les **Orchidacées** forment aussi des endomycorhizes particulières. Les racines, très épaisses, sont infectées dès leur émission par des Basidiomycètes dont le mycélium, pelotonné, se développe à l'intérieur des cellules du parenchyme cortical.

Dans d'autres cas encore les plantes sont associées à des Champignons qui forment des pelotons mycéliens plus ou moins développés à l'intérieur des cellules épidermiques ou corticales, mais qui différencient aussi un manteau fongique externe et un réseau de Hartig. En raison de leur caractère mixte, ces associations sont appelées ectendomycorhizes. On les observe chez certaines Ericales (arbousiers, Monotropacées, Pyrolacées) et chez quelques Gymnospermes.

Certaines de ces associations sont établies entre des Champignons et des plantes dépourvues de chlorophylle. Leur fonctionnement est alors très différent de celui des symbioses mycorhiziennes classiques, dans lesquelles la plante fournit au Champignon des hydrates de carbone. Ici, c'est le Champignon qui assure la nutrition carbonée de son hôte. Ainsi, les Orchidées non chlorophylliennes, dont certaines peuvent atteindre une taille considérable en zone tropicale, dépendent entièrement de leur endophyte tout au long de leur cycle de développement. Les Champignons impliqués dans ces associations ont une activité cellulolytique et ligninolytique élevée ; certains sont même des parasites actifs des arbres forestiers : c'est le cas, par exemple, d'*Armillaria mellea* et de certains *Fomes* et *Thanatephorus*. Les *Monotropa*, plantes sans chlorophylle proches des Ericacées, forment des ectendomycorhizes avec des Champignons qui, par ailleurs, sont associés dans des ectomycorhizes avec les arbres voisins. Ces Champignons jouent un rôle d'intermédiaire et détournent, au profit des *Monotropa*, les composés photosynthétisés par les essences chlorophylliennes.

Autres endophytes symbiotiques

Tout organisme qui vit dans les tissus vivants d'une plante est un endophyte. Certains endophytes sont parasites, comme les *Meloidogyne* ou l'*Agrobacterium tumefaciens*. D'autres ne semblent pas exercer d'effet favorable ou défavorable sur les plantes qui les hébergent : c'est le cas des Bactéries présentes dans les vacuoles des cellules du parenchyme cortical des racines de betteraves sucrières (Jacobs *et al.*, 1985). D'autres enfin sont des symbiotes qui procurent à la plante des avantages sélectifs. Nous avons déjà parlé des *Rhizobium*, des *Frankia*, des Cyanobactéries, et des Champignons mycorhizogènes. Il existe d'autres exemples, moins connus mais néanmoins importants, de ces associations mutualistes.

Les Bactéries endophytes fixatrices d'azote

Une Bactérie très originale a été isolée des racines et des tiges de la canne à sucre en 1988 par l'équipe de Döbereiner, au Brésil. Cette Bactérie aérobie, baptisée *Acetobacter diazotrophicus*, se développe en présence de concentrations élevées de saccharose, acidifie son environnement au point que le pH peut descendre au-dessous de 3 et, surtout, fixe l'azote atmosphérique. La fixation n'est inhibée ni par l'oxygène, ni par les nitrates, et elle est peu réprimée par NH_4^+. Des études en plein champ ont permis d'établir qu'*A. diazotrophicus* peut fournir en moyenne 60 % des besoins en azote de la canne à sucre (jusqu'à 80 % avec certains cultivars), ce qui représente une fixation annuelle supérieure à 200 kg d'azote par hectare. La Bactérie semble incapable de se multiplier dans la nature en dehors de son hôte. Dans le sol, on la trouve uniquement dans la rhizosphère. Elle se perpétue par les fragments de tige servant de boutures. Bien que ce mode de vie témoigne d'une longue co-évolution, *A. diazotrophicus* n'est pas strictement inféodé à la canne à sucre. On l'a trouvé dans les racines et les parties aériennes d'une Graminée sauvage (*Pennisetum purpureum*) et de la patate douce. Par co-inoculation avec un Champignon VAM, on peut l'introduire expérimentalement dans des plantes qui ne sont pas des hôtes naturels, comme la betterave sucrière. Une telle possibilité soulève un intérêt économique considérable.

D'autres Bactéries endophytes fixatrices d'azote (*Herbaspirillum* spp.) ont, plus récemment, été isolées dans les racines de la canne à sucre, de *P. purpureum*, du riz, du maïs, du sorgho et de diverses Graminées sauvages (Döbereiner *et al.*, 1993).

Le mycélium stérile rouge

Un Basidiomycète binucléé stérile à mycélium rouge est associé aux racines du blé et d'un chiendent (*Lolium rigidum*) en Australie. Il peut envahir jusqu'à 97 % des cellules du parenchyme cortical et une partie des cellules du cylindre central sans que les plantes en soient affectées. Au contraire, les racines des plantes infectées sont plus développées, le poids des racines et des parties aériennes est supérieur à celui des témoins en conditions de culture aseptiques, et le blé est protégé du *Gaeumannomyces graminis* var. *tritici* en inoculations mixtes (Dewan et Sivasithamparam, 1990). Ce Champignon produit des phosphatases acides et réduit le manganèse dans la rhizosphère, améliorant ainsi l'assimilation du phosphore et du manganèse par ses hôtes (Rowland *et al.*, 1994).

Les Champignons associés aux Orchidées

Chez les Orchidées, les graines ne contiennent que quelques dizaines de cellules indifférenciées et, dépourvues de réserves, elles sont incapables de germer spontanément dans la nature. On sait, depuis les travaux réalisés par Noël Bernard au début de ce siècle, que la croissance du protocorme, puis la différenciation de l'embryon, ne peuvent débuter qu'après l'invasion de la graine par un Champignon symbiotique qui apporte à son hôte les glucides et les substances de croissance qui lui font défaut. Le Champignon (on a identifié plusieurs espèces de Basidiomycètes) gagne la partie centrale du massif cellulaire séminal et forme des pelotons à l'intérieur des cellules. Le degré d'infection semble strictement contrôlé par la plante car les pelotons mycéliens sont lysés au bout de quelque temps, de nouvelles cellules étant par ailleurs envahies. L'infection paraît éliciter la production de phytoalexines fongitoxiques, comme par exemple l'orchinol.

Après la germination des Orchidées, les mêmes espèces de Champignons peuvent former des endomycorhizes avec leurs hôtes. Mais la mycorhization ne résulte pas d'un passage du mycélium de la plantule au cortex racinaire. Les racines doivent être infectées à partir du sol au moment de leur formation.

Les Acremonium des Graminées fourragères

Ces Champignons, étudiés seulement depuis une quinzaine d'années, ont perdu toute aptitude à vivre en dehors de leurs plantes-hôtes et sont transmis de génération en génération par les semences. Ce ne sont donc pas à proprement parler des Champignons du sol. Proches du parasite responsable de la maladie connue sous le nom de quenouille des Graminées (*Epichloe typhina*), ils colonisent les parties aériennes des fétuques (*Festuca*) et des ray-grass (*Lolium*) au fur et à mesure de leur croissance. Ils améliorent la résistance de leurs hôtes à la sécheresse et synthétisent des alcaloïdes toxiques pour les Arthropodes et les Vertébrés. A ce titre, ils sont fréquemment responsables d'intoxications graves du bétail (Siegel *et al.*, 1987). Les composés toxiques sont apparemment transportés jusque dans les racines car les plantes infectées résistent beaucoup mieux aux attaques des Champignons du sol. Elles sont, aussi, plus difficilement mycorhizées.

Les symbioses associatives

A l'opposé de la relation de très grande interdépendance qui s'établit entre une plante et son endophyte, certaines associations mutualistes reposent au contraire sur des liens très lâches.

On les appelle des symbioses associatives. Ce terme, mal défini, pourrait s'appliquer à de nombreuses unions plus ou moins libres entre des plantes et des microorganismes du rhizoplan ou du cortex externe (par exemple des Bactéries PGPR). Il est, en pratique, surtout utilisé pour parler des relations entre les Poacées (céréales et Graminées sauvages) et les Bactéries libres fixatrices d'azote (*Azospirillum, Azotobacter, Bacillus, Beijerinckia, Enterobacter, Klebsiella, Rahnella*, etc.). Toutes ces Bactéries peuvent vivre en dehors de leur hôte, mais elles sont attirées spécifiquement par ses exsudats racinaires et font preuve de préférences parfois étroites : ainsi, *Azotobacter paspali* est inféodé à *Paspalum notatum*. Ce sont les *Azospirillum* qui ont été le plus étudiées. Ces Bactéries se fixent à la surface des racines, dans la zone d'élongation ou au niveau des poils absorbants. Cette fixation implique une reconnaissance préalable des polysaccharides de la capsule par des lectines de la plante et s'accomplit en deux étapes, comme dans le cas de l'infection par un parasite ou par un symbiote (p. 232). Il y a d'abord attachement réversible à la surface de l'hôte par les flagelles, puis ancrage définitif par des exopolysaccharides. Les *Azospirillum* demeurent dans la couche mucilagineuse qui recouvre la surface des racines ou s'enfoncent dans les assises corticales. Ils possèdent en effet des enzymes pectinolytiques qui leur permettent de s'insinuer dans les lamelles moyennes des cellules et de descendre, parfois, jusqu'à l'endoderme. Des substances de croissance, directement produites par les Bactéries ou synthétisées par la plante en réponse à la colonisation, modifient l'aspect du système racinaire : les racines s'allongent, elles ont davantage de racines latérales et de poils absorbants et plusieurs de ces poils sont recourbés et parfois bifurqués. La même succession d'évènements a lieu lors de la confrontation de *Klebsiella pneumoniae* et de *Poa pratensis* (Haahtela *et al.*, 1988). On a mis en évidence chez les *Azospirillum* des gènes *nif* de fixation de l'azote et des gènes plasmidiques analogues à certains des gènes *nod* de *Rhizobium meliloti*. Cependant, la réponse positive des Graminées inoculées avec ces Bactéries (tiges fertiles plus nombreuses, biomasse accrue, rendement plus élevé) semble moins due à la fixation d'azote qu'aux modifications induites dans leur physiologie : augmentation de l'absorption racinaire, ralentissement du taux respiratoire exprimé par rapport au poids sec (Hadas et Okon, 1987), amélioration de l'économie de l'eau (Sarig *et al.*, 1988). Ces effets sont particulièrement sensibles pendant les premières semaines du développement des plantes.

Les maladies d'étiologie complexe

Toutes les recherches classiques en pathologie humaine, animale et végétale considèrent implicitement qu'il existe une relation claire et biunivoque entre une maladie et l'agent pathogène qui lui est associé. L'application des règles de Koch, expression opérationnelle de ce postulat, longtemps considérées comme incontournables, a permis de remarquables avancées dans la connaissance des causes et du développement des maladies. Il existe cependant des cas où l'on ne peut pas établir de relation nette entre un parasite microbien précis et un symptôme particulier : un même faciès maladif peut être associé à plusieurs parasites différents ; ou bien, un agent pathogène peu agressif peut, dans certaines circonstances, provoquer une maladie grave ; ou encore, le microorganisme identifié comme parasite n'est en fait qu'un intermédiaire entre la plante et l'agent pathogène véritable. Nous allons donner quelques exemples de ces trois situations.

Les complexes parasitaires

Une plante introduite dans un sol neuf a relativement peu de chances d'y rencontrer des agents pathogènes nombreux et agressifs. Il n'en est plus de même lorsque plusieurs années de cultures répétées ont conduit à l'accumulation progressive d'un inoculum pathogène. On observe alors fréquemment des lésions du système racinaire et il est rare que ce mauvais état sanitaire puisse être rapporté à un unique responsable. Le plus souvent, plusieurs Champignons sont associés dans ce que l'on appelle un complexe parasitaire : *Pseudocercosporella herpotrichoides, Fusarium* spp. et *Rhizoctonia cerealis* sur le blé (Cavelier *et al.*, 1985), *Fusarium solani* f. sp. *phaseoli, Chalara elegans, Rhizoctonia solani* et *Pythium* spp. sur le haricot (Lechappe *et al.*, 1988), *Pyrenochaeta lycopersici, Colletotrichum coccodes, Fusarium* spp. et *Rhizoctonia solani* sur la tomate (Davet, 1976 c), *Aphanomyces cochlioides, Pyrenochaeta fallax, Fusarium* et *Cylindrocarpon* spp. sur la betterave (Didelot *et al.*, 1994).

Si dans certains cas les complexes parasitaires sont constitués par des parasites notoires, dans d'autres cas il peut être difficile d'en identifier clairement les composants. En effet, la conjugaison de plusieurs agents pathogènes qui, pris individuellement, seraient bénins, peut parfois entraîner un affaiblissement significatif des plantes : c'est ce que l'on pourrait appeler «l'effet Lilliput», par allusion à la piteuse défaite de Gulliver sous la multitude des attaques des petits Lilliputiens. Il est courant de dire, dans ce cas, que le sol est «fatigué» (voir p. 203).

Les microorganismes parasites cohabitent parfois simplement et colonisent de façon indépendante des parties différentes des racines. Les symptômes observés représentent alors la somme de ces attaques individuelles. Il arrive aussi qu'un parasite primaire ouvre la voie à un parasite secondaire qui, par lui-même, n'aurait pas pu surmonter les réactions de défense de la plante. La présence sur un même système racinaire d'une multiplicité de parasites est particulièrement néfaste dans deux cas particuliers :

- lorsque les conditions optimales de développement des parasites diffèrent de façon appréciable. On a alors affaire en quelque sorte à un système «tamponné», dans la mesure où la régression d'un des parasites, sous l'effet de conditions défavorables (naturelles ou non), est compensée par le développement d'un autre, de sorte que l'effet global pour la plante reste le même. Ainsi, à basse température, *F. solani* f.sp. *phaseoli* est freiné alors que *C. elegans* se développe activement ; mais, au fur et à mesure que la température s'élève, *F. solani* l'emporte sur *C. elegans* (Lechappe *et al.*, 1988). Sur le blé, les traitements aux benzimidazoles font régresser le piétin verse dû à *P. herpotrichoides* ; mais *R. cerealis*, peu sensible à ces fongicides, occupe rapidement la place libérée (Cavelier *et al.*, 1985).

- lorsque les parasites ne sont pas indépendants. Leur réunion a dans ce cas un effet supérieur à la somme des effets attribuables à chacun d'eux : il y a synergie. Il y a par exemple synergie entre *F. solani* et *Pythium ultimum* sur pois ou haricot (fig. 84), ou encore entre *F. solani* f. sp. *phaseoli* et *C. elegans* (Lechappe *et al.*, 1988). Il semblerait que les attaques de *P. ultimum* ou de *C. elegans* augmentent les exsudations, ce qui stimulerait le développement de *F. solani*, normalement limité au collet des plantes. Un cas particulièrement important est la synergie observée entre les Nématodes *Meloidogyne* et les *F. oxysporum* vasculaires. Pour obtenir des symptômes de flétrissement sur cotonnier, il faut apporter un

inoculum de 77 000 propagules de *F. oxysporum* f. sp. *vasinfectum* par g de sol en l'absence de Nématodes ; il suffit de 650 propagules, associées à 50 larves de *M. incognita* pour obtenir le même résultat (Garber *et al.*, 1979). La présence des *Meloidogyne*, non seulement aggrave les symptômes de fusariose sur les plantes sensibles mais, en de nombreuses occasions, permet au Champignon de surmonter les défenses des cultivars résistants. La physiologie de la plante est fortement modifiée par les Nématodes à galles. La rhizosphère est plus attractive, les tissus des galles, formés de cellules géantes indifférenciées, contiennent de grandes quantités de sucres, de lipides et d'acides organiques et constituent un passage préférentiel pour les envahisseurs. Au niveau de ces galles, les cellules sont incapables de différencier des tyloses qui empêchent normalement la progression du Champignon dans le xylème (Mai et Abawi, 1987). Enfin, la production de rishitine, une phytoalexine, est inhibée dans les racines porteuses de galles (Noguera, 1982). Ces interactions ne concernent pas uniquement les *Fusarium oxysporum*. *R. solani* est lui aussi attiré par les galles de *M. incognita* et provoque de ce fait des pourritures de racines de plantes adultes qu'il n'est pas capable d'attaquer dans un sol exempt de Nématodes (Golden et Van Gundy, 1975).

On connaît aussi des cas où ce n'est pas un Nématode, mais un Champignon, qui facilite l'entrée du parasite secondaire. On trouve alors dans les lésions un cortège parasitaire, qui s'y établit suivant un ordre séquentiel bien déterminé. Ainsi, la colonisation des tissus corticaux des racines de tomate par *Pyrenochaeta lycopersici* favorise leur envahissement ultérieur par *F. oxysporum*. *F. oxysporum* se développe mieux, *in vitro*, sur des racines colonisées que sur des racines saines (Davet, 1976 d). Il existe peut-être une interaction du même genre entre *Pyrenochaeta fallax* et *F. oxysporum* sur les racines de la betterave (fig. 85). *F. oxysporum* et *F. solani* peuvent être eux-mêmes accompagnés de *R. solani*.

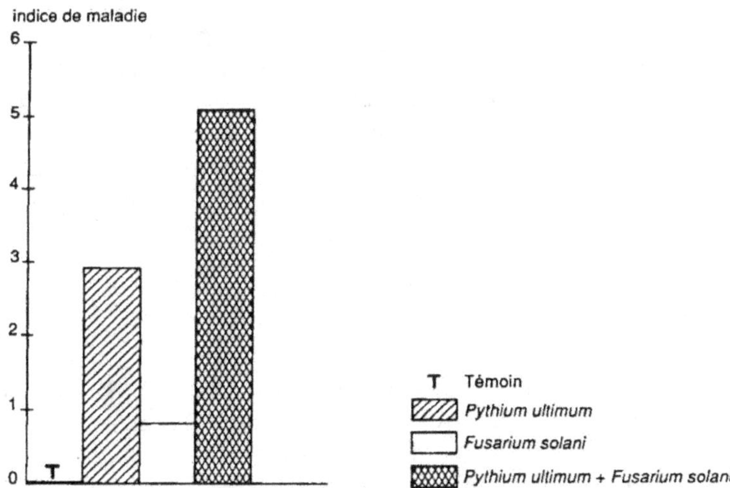

Figure 84. Effet de l'inoculation de haricots par *Pythium ultimum* et *Fusarium solani* f. sp. *phaseoli*, seuls ou en mélange, en sol pasteurisé et humidifié, dans une enceinte à 21°C. La gravité des symptômes est appréciée selon une échelle de 0 à 6, 0 correspondant à des racines parfaitement saines (d'après Pieczarka et Abawi, 1978).

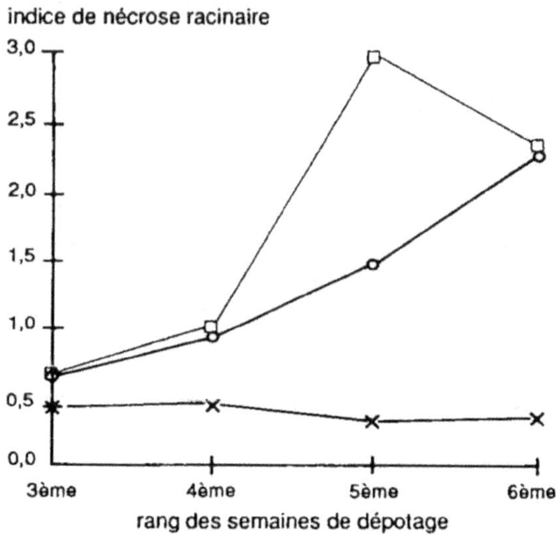

Figure 85. Effet, sur le système racinaire de la betterave, de l'inoculation par *Pyrenochaeta fallax* (O) et *Fusarium oxysporum* (✕), seuls ou en association (☐). Les Champignons sont incorporés dans des pots contenant de la terre stérile. Les nécroses sur racines sont estimées selon une échelle allant de zéro (aucune nécrose) à trois pour des nécroses très abondantes (d'après Didelot *et al.*, 1994).

Des travaux déjà anciens d'Elarosi (1958) ont montré que les enzymes pectinolytiques de ces Champignons avaient une action complémentaire et permettaient une macération beaucoup plus poussée des tissus lorsqu'elles étaient associées.

Les concepts de systèmes tamponnés et de complexes à effets synergiques pourraient aussi bien s'appliquer à la colonisation des racines par des associations de microorganismes bénéfiques. Ainsi, des communautés bactériennes spécifiques, Gram-négatives, associées au Champignon *Rhizopogon luteolus*, stimulent la formation de mycorhizes sur les racines de *Pinus radiata* (Garbaye et Bowen, 1989). De même, la quantité de nodosités formées sur l'aulne par les *Frankia* est 4 à 5 fois plus élevée en présence de Bactéries rhizosphériques qu'en conditions axéniques. Ces Bactéries paraissent nécessaires pour provoquer la courbure des poils absorbants, première étape avant la pénétration de l'Actinomycète (Knowlton *et al.*, 1980).

Les parasites opportunistes et les maladies de stress

Si l'on songe à l'infinité des microorganismes qui sont présents dans le sol, c'est un très petit nombre d'entre eux seulement qui réussit à surmonter les défenses de la plante. Même ceux qui parviennent jusqu'aux tissus corticaux doivent se contenter, dans leur majorité, de coloniser des cellules mortes ou sénescentes. Mais cet équilibre est instable et perpétuellement remis en question. Il est susceptible de basculer aussitôt que, par suite d'une modification de la physiologie de la plante, la résistance de la racine s'affaiblit. Cette modification peut être programmée génétiquement et correspondre au cycle de développement d'une plante annuelle, ou être due à une modification brutale des conditions extérieures (chaleur ou froid excessif, sécheresse, toxicité chimique, etc.), conduisant à une situation de stress. Dans ces deux cas, des microorganismes jusque là inoffensifs peuvent rapidement devenir des envahisseurs agressifs : ce sont des parasites opportunistes, bien connus en médecine humaine dans la pathologie qui accompagne le syndrome d'immuno-déficience acquise.

Les dépérissements provoqués par *Macrophomina phaseolina* sont un exemple typique de ce genre de maladie. Ce Champignon d'origine tropicale, bien que très commun, n'attaque jamais, dans nos régions tempérées, des plantes en développement actif, sans doute parce qu'il est à la limite de sa zone thermique de développement. Mais il peut envahir en quelques jours les racines, puis les tiges, de sujets affaiblis. Chez des plantes annuelles intensivement sélectionnées comme le maïs, le sorgho ou le tournesol, dont la tige porte une inflorescence énorme par rapport à la partie végétative, le puits métabolique qui se crée au moment du remplissage des graines constitue un stress naturel. C'est à ce stade précis que *M. phaseolina* se répand dans la plante (fig. 86) : c'est seulement lorsque leurs réserves sont épuisées que les tissus sont colonisés par le Champignon (Davet et Serieys, 1987). Tous les facteurs de stress environnementaux accentuent ces déséquilibres naturels et, en accélérant l'épuisement des réserves, augmentent la précocité des attaques. La contrainte la plus couramment subie par les tournesols en culture non irriguée est due à la sécheresse. Aussi les cultivars les plus résistants à la sécheresse sont, indirectement, les plus résistants à *M. phaseolina* (Davet *et al.*, 1986). L'effet de la sécheresse sur le développement de la fusariose du blé d'hiver est tout aussi évident. L'agent responsable, *Fusarium roseum* f. sp. *cerealis* «*culmorum*» se comporte comme un parasite mineur tant que le potentiel hydrique demeure supérieur à -3 MPa, mais il provoque des dégâts importants lorsque le potentiel descend au-dessous de ce seuil (Papendick et Cook, 1974).

Les maladies à vecteurs

Les plantes peuvent être contaminées par des virus transmis par des microorganismes telluriques. Les virus se multiplient seulement à l'intérieur du cytoplasme où ils ne peuvent pénétrer que par effraction. Ils y sont introduits par des Nématodes piqueurs ou par des Champignons parasites se développant à l'intérieur des cellules. Seuls les Champignons inférieurs, qui n'ont pas de paroi, sont des vecteurs de virus.

Les maladies apparaissent toujours en taches, d'abord de faible dimension, dans les champs. Ces taches s'accroissent très lentement, les vecteurs ayant des possibilités de déplacement limitées, mais persistent et se retrouvent au même emplacement même après quelques années d'interruption de la culture sensible.

Vection par les Nématodes

Une très faible proportion seulement de Nématodes phytoparasites est capable de transmettre des virus. Tous sont des ectoparasites libres appartenant à l'ordre des Dorylaimida, mieux représentés dans les sols légers que dans les terrains argileux. Les

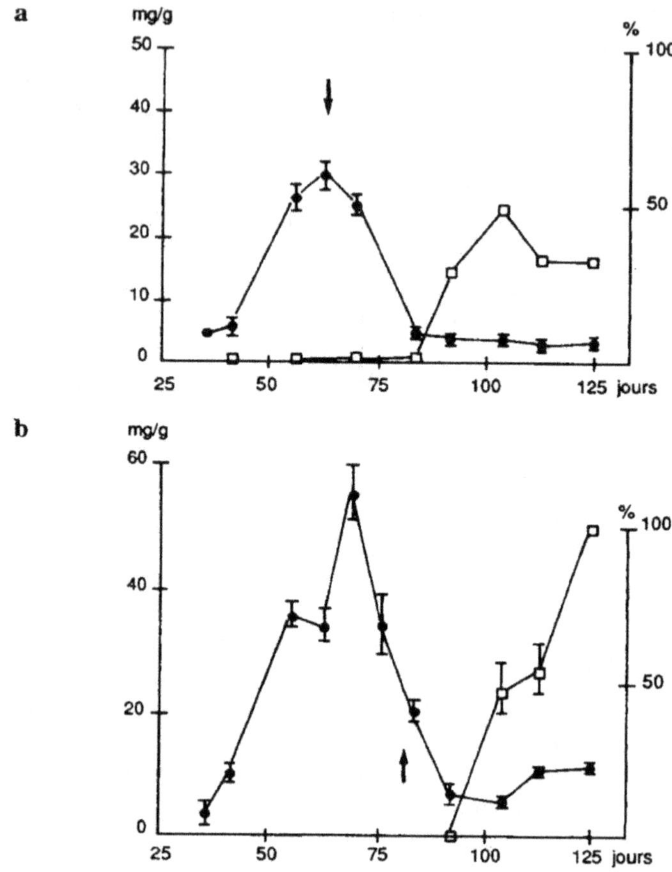

Figure 86. Évolution de la teneur en sucres (●) des racines (a) et des bases de tiges (b) de tournesols, culti-var Rodéo, et de leur colonisation par *Macrophomina phaseolina* (□). Le temps est compté en nombre de jours à partir du semis. La teneur en sucres est exprimée en mg/g de poids frais ; la colonisation, en pour-centage du nombre de fragments fournissant des colonies après mise en culture. La flèche de la figure a marque la floraison des fleurs ligulées. La flèche de la figure b correspond au noircissement des akènes et au début de la maturation des graines. Qu'il s'agisse des racines ou des tiges, les tissus sont envahis lorsque leurs réserves en sucres solubles sont épuisées. La diminution des réserves en sucres s'accompagne d'une chute des phénols totaux (non représentée sur cette figure). Les stades critiques sont atteints, dans les tiges, environ 1 semaine plus tard que dans les racines (d'après Davet et Serieys, 1987).

Longidoridae, Nématodes d'assez grande taille (1,5 à 13 mm), possèdent un long sty-let axial, l'odontostyle, complété par un odontophore (fig. 87). Les *Longidorus* et les *Xiphinema* sont des vecteurs de Nepovirus (pour Nematode transmitted polyhedral virus). Le court-noué, par exemple, virose de la vigne répandue dans les principales régions viticoles du monde, est transmis par *X. index* et *X. italiae*. Les Trichodoridae, qui sont plus petits (0,5 à 1,5 mm), percent les parois cellulaires au moyen d'un onchiostyle dépourvu de lumière intérieure (fig. 87). Ils transmettent des Tobravirus (pour Tobacco rattle virus), peu nombreux mais assez peu spécialisés. Le plus fréquent est le Tobacco rattle virus dont les vecteurs appartiennent aux genres *Trichodorus* et *Paratrichodorus*.

Les Nématodes absorbent des particules virales après avoir piqué une racine infectée. Les virus sont retenus à la surface de régions précises des stylets, de leurs fourreaux ou de l'oesophage (fig. 87). Cette adsorption est spécifique, limitée à quelques types de virus, et implique apparemment une correspondance entre la structure de l'enveloppe protéique virale et celle des téguments de l'animal. Les Nématodes peuvent rester longtemps infectieux : de plusieurs semaines à plusieurs mois en l'absence d'un hôte. La désorption a lieu au moment du passage de la salive de l'oesophage dans la cellule. Elle se fait progressivement, de sorte que plusieurs racines peuvent être contaminées successivement après une seule prise infectieuse. Mais les virus ne pénètrent jamais dans les tissus du vecteur. Ils sont éliminés au moment de la mue si l'absorption a été faite à un stade juvénile.

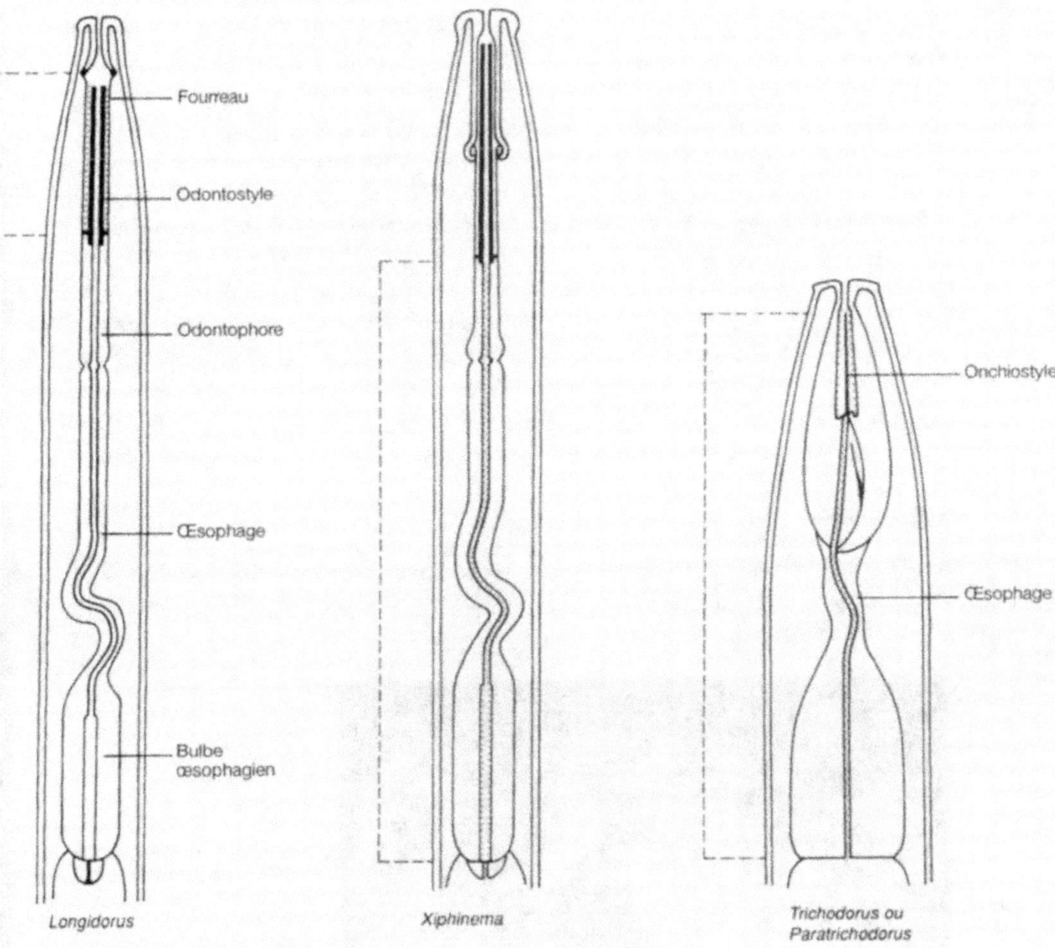

Figure 87. Schéma des pièces buccales des Nématodes vecteurs de virus et sites spécifiques d'adsorption des particules virales (vert). La longueur correspondante du tractus digestif est délimitée par le trait hachuré (Taylor, 1980).

Vection par les Champignons

Seuls les Champignons à zoospores sont des vecteurs de virus de plantes (fig. 88) et ils représentent, pour ces virus, le seul moyen de transmission possible : des racines plongées dans des suspensions de virus ne s'infectent pas en l'absence de zoospores. Ce sont soit des Chytridiomycètes, soit des Plasmodiophoromycètes.

Certains virus restent à l'extérieur de la membrane plasmique du vecteur, comme chez les Nématodes. Il suffit de placer des zoospores dans une suspension de particules virales pour qu'elles deviennent infectieuses : c'est le cas par exemple pour le Tobacco Necrosis Virus, transmis par *Olpidium brassicae*. Dans la nature, les zoospores se contaminent probablement au moment de leur émission par les sporanges, au contact des cellules infectées. Cette adsorption est spécifique, mais peu durable. Mais la plupart des virus transmis par les Champignons sont internes. On ne peut pas rendre les zoospores infectieuses en les plongeant dans une suspension virale. La contamination des thalles se fait lors de leur développement dans des tissus infectés. Ces thalles produisent ensuite des zoospores qui contiennent le virus et peuvent l'inoculer à de nouvelles racines. Les formes de repos de ces Champignons, très résistantes, demeurent viables et infectieuses pendant plusieurs années : plus de 10 ans dans le cas de *Polymyxa graminis*. Les virus véhiculés par les Plasmodiophoromycètes paraissent à l'heure actuelle en progression et sont à l'origine de maladies économiquement importantes, comme la rhizomanie de la betterave (fig. 89) et les mosaïques des céréales, transmises respectivement par *Polymyxa betae* et *P. graminis*. (La distinction entre ces deux espèces est remise en question depuis que l'on a trouvé que des souches tropicales de *P. graminis* pouvaient infecter des Dicotylédones comme l'arachide). Les virus transmis par les Plasmodiophoromycètes se rattachent soit au groupe des Furovirus (F*ungus-transmitted* rod-*shaped* virus), généralement capables d'infecter plusieurs hôtes (tout au moins expérimentalement), soit à celui des Bymovirus (B*arley* yel*low* m*osaic* virus) qui sont limités aux espèces d'un même genre botanique (tabl. 19).

Autres cas

A côté des exemples précédents, où le vecteur est un intermédiaire obligatoire entre l'hôte et son virus, il existe aussi des vecteurs occasionnels de parasites qui, par

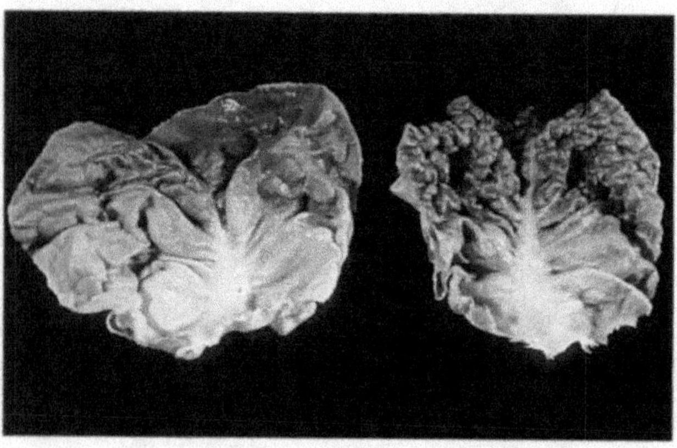

Figure 88. Symptômes de Big Vein, virose de la laitue transmise par un Chytridiomycète, *Olpidium brassicae*. A droite : remarquer l'élargissement des nervures, l'aspect cloqué du limbe et la taille réduite par rapport à la feuille de gauche provenant d'une plante saine (cliché C. Martin, Agriphyto).

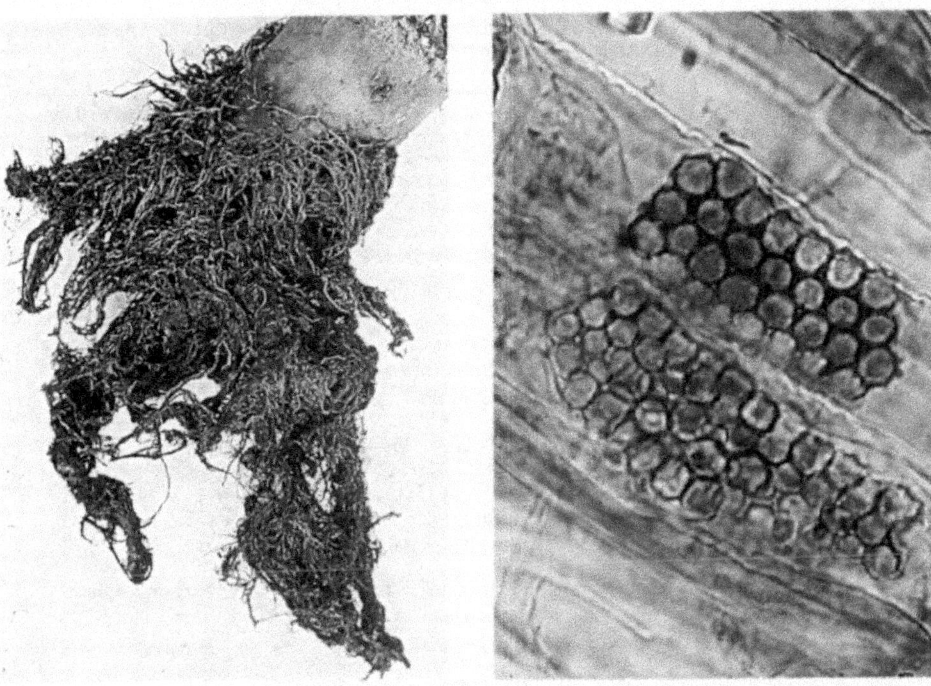

Figure 89. La rhizomanie de la betterave (clichés C. Putz, INRA).

En haut à gauche : aspect général du système racinaire d'une betterave fourragère virosée. Dans le chevelu racinaire, anormalement développé, on distingue un enchevêtrement de racines blanches et de racines brunes, nécrosées.

En haut à droite : plasmode de l'agent vecteur, *Polymyxa betae*, se différenciant en cystosore dans les cellules de la racine de l'hôte.

Ci-contre : particules du *Beet Necrotic Yellow Vein virus*, responsable de la rhizomanie de la betterave, observées en microscopie électronique à balayage (photothèque INRA).

Tableau 19. Virus de plantes transmis par des Champignons du sol (d'après Teakle, 1983, Lapierre et Hariri, 1985, Cooper et Asher, 1988 et Brunt et Richards, 1989).

Vecteurs		Virus	Principaux hôtes
Plasmodio-phoromycètes (Myxomycètes)	*Spongospora subterranea*	*Potato Mop Top V.*	pomme de terre
	Polymyxa graminis	*Oat Golden Stripe V.*	avoine
		Peanut Clump V.	arachide, *Sorghum arundinaceum, S. bicolor, Setaria italica*
		Rice Stripe Necrosis V.	riz
		Soilborne Wheat Mosaic V.	orge, blé
		Barley Yellow Mosaic V.	orge
		Oat Mosaic V.	avoine
		Wheat Spindle Streak Mosaic V.	blé
		Wheat Yellow Mosaic V.	blé
	Polymyxa betae	*Beet Necrotic Yellow Vein V.* (rhizomanie)	betterave, épinard
		Beet Soil Borne V.	betterave
	Polymyxa sp.	*Broad Bean Necrosis V.*	fève
Chytridiomycètes (Mastigomycètes)	*Olpidium brassicae*	*Tobacco Necrosis V.* (et virus satellite)	tabac
		Lettuce Big Vein V.	laitue
		Tobacco Stunt V.	tabac
		Freesia Leaf Necrosis V.	freesia
		Maladie des taches orangées	laitue
	Olpidium radicale	*Cucumber Necrosis V.*	concombre

ailleurs, peuvent fort bien envahir les racines par leurs propres moyens. Le rôle du vecteur se limite alors à accélérer la dispersion de l'agent pathogène. La microfaune du sol (Nématodes, Collemboles et Acariens) prend ainsi une part active à la dissémination des Champignons et des Bactéries. Nous en avons déjà vu un exemple avec la pourriture des gousses de l'arachide, beaucoup plus importante lorsque des Acariens sont présents (Shew et Beute, 1979). Un autre Acarien, *Rhizoglyphus echinopus*, est responsable de l'infection généralisée des bulbes de glaïeuls à partir de quelques plantes contaminées par *Pseudomonas marginata*. Dans un sol où il n'y a pas d'Acariens, des bulbes sains plantés à côté de bulbes malades ne sont pas infectés. Ils sont rapidement atteints si l'on introduit des Acariens (Forsberg, 1959). Les Nématodes saprophages ingèrent de grandes quantités de Bactéries et de spores de Champignons. Jensen (1967) a montré que des conidies de *Fusarium oxysporum* et de *Verticillium dahliae* demeuraient viables après être passées dans leur tube digestif et il a suggéré que ces Nématodes pouvaient véhiculer des propagules infectieuses de la rhizosphère d'une plante contaminée à celle d'une plante saine. Des Champignons du sol peuvent aussi être rapidement répandus par des Insectes dont les larves se développent dans le sol, parfois aux dépens des racines, mais dont les adultes sont capables de voler. C'est un problème particulièrement important dans les cultures sous abri. *Fusarium oxysporum* f. sp. *radicis-lycopersici*, responsable de la fusariose du collet de la tomate, de même que *Pythium aphanidermatum*, peuvent ainsi être disséminés par un petit Diptère, *Bradysia impatiens* ; *Scatella stagnalis* absorbe et rejette dans ses pelotes fécales des oospores de *Pythium* et des chlamydospores de *Chalara elegans* parfaitement viables (Stanghellini et Rasmussen, 1994). Mais le vent et, sous serre, les courants d'air, peuvent être des agents de transport de particules de terre contaminées aussi efficaces que des vecteurs animaux.

Aspects théoriques des relations entre les microorganismes du sol et les plantes

Nous venons de voir quelques exemples des relations qui s'établissent lorsqu'un agent pathogène ou symbiotique arrive au contact d'une racine. De tels évènements sont aléatoires. Pour qu'ils aient lieu, il faut tout d'abord qu'une unité infectieuse se trouve, à un moment donné, dans la zone d'influence de la racine. La probabilité pour qu'une telle rencontre se produise dépend de l'extension du système racinaire, mais aussi de l'importance de la population microbienne concernée. Il est donc nécessaire pour comprendre et, éventuellement, prévoir l'évolution de la relation plante-microorganisme, de connaître ce que nous appellerons la **densité d'inoculum**. Cependant, comme nous l'avons déjà constaté à propos des sols résistants, il ne suffit pas que l'agent infectieux soit présent dans la rhizosphère pour que l'infection ait lieu. C'est la valeur du **potentiel infectieux** qui détermine en fin de compte l'intensité des symptômes. Ces notions sont fondamentales. Développées initialement pour la compréhension des phénomènes parasitaires, elles peuvent aussi bien servir à l'étude des associations symbiotiques et sont parfaitement transposables, dans le domaine de la lutte biologique, à l'étude des relations entre un agent pathogène et un microorganisme antagoniste.

L'inoculum

Définition

Ce terme désigne l'ensemble des entités biologiques appartenant à un même groupe taxonomique, présentes dans le volume de sol considéré, potentiellement aptes à provoquer une infection sur un hôte donné. Cette définition, pourtant déjà longue, ne peut être utilisée que si chacun des termes est soigneusement précisé.

Le groupe taxonomique considéré est le plus souvent l'espèce. Mais il peut être plus large (le genre *Pythium*), ou au contraire plus étroit (une race d'une forme spéciale de *Fusarium oxysporum*, un clone de *Trichoderma harzianum*, un pathotype ou une souche particulière de Bactérie).

L'inoculum doit pouvoir être quantifié. Il est alors caractérisé par une densité, exprimée en nombre d'unités par g ou par cm³ de sol. L'unité est une entité biologique facile à définir lorsqu'il s'agit d'organismes individualisés comme les Bactéries ou les Nématodes. Le problème est beaucoup plus complexe avec les Champignons. Même lorsqu'ils sont présents dans le sol sous forme d'unités définies et dénombrables (des spores par exemple), on ne peut exclure que des hyphes mycéliennes présentes dans des débris végétaux ou libres dans le sol (cordons des *Phymatotrichum*, rhizomorphes) jouent aussi un rôle dans l'infection. D'autre part, plusieurs types de spores peuvent coexister chez la même espèce (endospores hyalines à vie limitée et spores mélanisées pluriloculaires à longue conservation chez *Chalara elegans*, par exemple). On en est alors réduit à utiliser une unité d'inoculum arbitraire, généralement désignée sous le nom de propagule.

> Le terme «propagule» correspond à l'expression anglo-saxonne *colony forming unit* (cfu). Il représente l'entité biologique qui donne naissance à une colonie sur un milieu d'isolement adéquat : individu unique ou groupe de cellules non dissociées s'il s'agit de Bactéries, chlamydospore, microsclérote, conidie ou fragment mycélien s'il s'agit de Champignons. C'est un terme commode pour désigner l'unité de base de dénombrement ou de dissémination, sans avoir à en préciser davantage la nature.

Mais quelle est la relation entre les propagules que l'on compte et l'inoculum que l'on cherche à évaluer ? L'inoculum est en effet défini par la cible que l'on a choisie : les unités biologiques qui le constituent ne se distinguent de la multitude des autres constituants vivants du sol que par leur aptitude à s'établir avec succès sur un hôte donné. Cependant, il est hors de question de quantifier l'inoculum présent dans un sol à partir de l'observation des symptômes provoqués sur des hôtes placés dans ce sol : on apprécierait de cette façon non pas la densité d'inoculum, mais le potentiel infectieux. On est donc confronté au problème suivant : dénombrer des propagules en dehors de la présence de leur hôte, sachant que la légitimité de l'identification de ces propagules repose sur leur confrontation avec cet hôte.

Mesure de la densité d'inoculum

Lorsque la taille des propagules le permet, le dénombrement peut être fait par comptage direct après fragmentation des agrégats. Ceci concerne essentiellement les Champignons à sclérotes, tels que *Sclerotium rolfsii* ou les *Sclerotinia*. Le comptage direct peut être aussi utilisé pour des conidies volumineuses ou facilement identifiables (Ledingham et Chinn, 1955 ; Gerdemann et Nicholson, 1963). Les techniques d'immuno-fluorescence et les tests ELISA ont donné un regain d'intérêt au comptage direct, pour peu qu'il soit possible d'obtenir un anti-sérum spécifique de l'organisme que l'on cherche à quantifier. Mais le seuil de détection est généralement trop élevé pour permettre l'étude des populations naturelles et la méthode est surtout utilisable dans des sols préalablement enrichis.

Le plus souvent, il est nécessaire de «révéler» le microorganisme en l'isolant sur un milieu de culture adéquat avant de procéder au comptage. La bonne interprétation des résultats de ces méthodes de dénombrement suppose que toutes les propagules soient réparties au hasard dans les échantillons, ce qui n'est pas le cas si elles sont groupées en amas. En général, on réalise plusieurs dilutions successives et l'on évalue la population en comptant les colonies à la dilution la plus favorable. On peut aussi mettre en incubation des pastilles d'eau gélosée emprisonnant une masse connue de terre tamisée (Ricci,

1974 ; Davet, 1979) ou utiliser des pièges que l'inoculum colonise sélectivement (Ricci, 1972 ; Rittenhouse et Griffin, 1985). Dans chacun de ces cas, on note simplement la présence ou l'absence de l'organisme dans la pastille ou dans le piège : ce sont des méthodes par tout ou rien, où l'on ne se préoccupe pas de savoir si la réponse positive est due à la présence d'une seule ou de plusieurs propagules. Pour analyser les résultats, on utilise des tables qui permettent de calculer le nombre le plus probable (MPN ou *most probable number*) de propagules présentes dans l'échantillon. La précision est comparable à celle des méthodes classiques de dénombrement, mais les comptages sont souvent plus faciles.

> La préparation de la terre qui servira aux analyses est une opération à laquelle on n'apporte pas toujours l'attention nécessaire. Certains microorganismes supportent mal la dessication. Nous avons vu d'autre part (p. 49) combien il était difficile d'extraire tous les germes des agrégats de terre. Pour beaucoup de Champignons, il est conseillé d'incorporer directement la terre finement broyée dans le milieu d'isolement maintenu en surfusion. Toutefois le broyage ne peut être réalisé que si le sol est sec. Rouxel et Bouhot (1971) ont montré combien les conditions de séchage, de broyage et de tamisage des échantillons pouvaient modifier les résultats des dénombrements des populations de *Fusarium oxysporum*.

L'intérêt des méthodes qui passent par une mise en culture des propagules est qu'elles permettent, après inoculation à l'hôte dans des conditions optimales, d'estimer quelle fraction de la population dénombrée répond effectivement au critère que l'on avait fixé au départ : l'aptitude théorique à provoquer une infection. Une population peut en effet paraître très homogène et comprendre en réalité une forte proportion d'individus incapables de fournir la réponse attendue. Cette inaptitude peut être temporaire (par exemple, due à la dormance pour des oospores de *Pythium*) ou constitutive (résultant par exemple de l'absence d'un gène ou de la perte d'un plasmide). Inversement, des éléments actifs d'une population peuvent donner des colonies présentant une grande variabilité d'aspect et difficiles à identifier. Dans des conditions expérimentales où l'on ne se préoccupe plus des populations naturelles et où l'on s'intéresse à un inoculum actif artificiellement introduit, les dénombrements peuvent être grandement facilités par l'emploi de souches résistantes à un antibiotique. On peut ainsi éliminer les populations indésirables du milieu d'isolement. On peut également envisager l'emploi de gènes rapporteurs comme le gène *Gus A* d'*Escherichia coli*, qui code pour une ß-glucuronidase. L'activité de cette enzyme dans les souches transformées se traduit par une coloration du milieu en présence d'un substrat adéquat, ce qui permet d'identifier très rapidement les colonies.

Répartition de l'inoculum

La détermination d'une seule densité d'inoculum peut être suffisante lorsqu'on travaille sur de petits volumes de terre et en conditions contrôlées. Mais on peut se demander quelle est, à l'échelle du champ cultivé, la signification d'une densité d'inoculum calculée à partir d'une prise de terre de quelques g ou de quelques mg. La représentativité de la mesure est améliorée si la valeur calculée est la moyenne des dénombrements effectués sur plusieurs prélèvements répartis dans le champ. Il résulte de plusieurs observations que l'échantillonnage ne doit pas être fait au hasard, mais selon un itinéraire précis, dit «en diamant» (fig. 90).

Même dans ces conditions, la connaissance d'une valeur moyenne ne présente d'intérêt que si l'on est sûr que l'inoculum est réparti au hasard dans le champ. Cela est vrai si, le terrain ayant été divisé en sous-unités de surface égale, les quantités de propagules comptées dans chaque sous-unité sont distribuées selon la loi de Poisson (dans ce cas, la variance est égale à la moyenne). En fait, un petit nombre de cas seulement ont été étudiés de façon systématique car une telle expérimentation est lourde à mettre en place. Il en ressort que la distribution des densités d'inoculum suit très rarement la loi de Poisson. Le plus souvent, la variance des échantillons est supérieure à la moyenne. C'est que, à l'oscillation des dénombrements autour de la moyenne, s'ajoute une fluctuation du niveau moyen lui-même. Cela dénote une **agrégation** des propagules, d'autant plus importante que le rapport variance sur moyenne est plus élevé. La distribution suit alors la loi binômiale négative (Punja *et al.*, 1985, Dillard et Grogan, 1985) ou ne correspond pas à une loi statistique connue (Mihail et Alcorn, 1987), et la population est alors répartie en taches ou selon un gradient. Il est important de souligner que l'agrégation des propagules peut passer inaperçue si la taille des parcelles élémentaires d'échantillonnage est trop grande (Mihail et Alcorn, 1987).

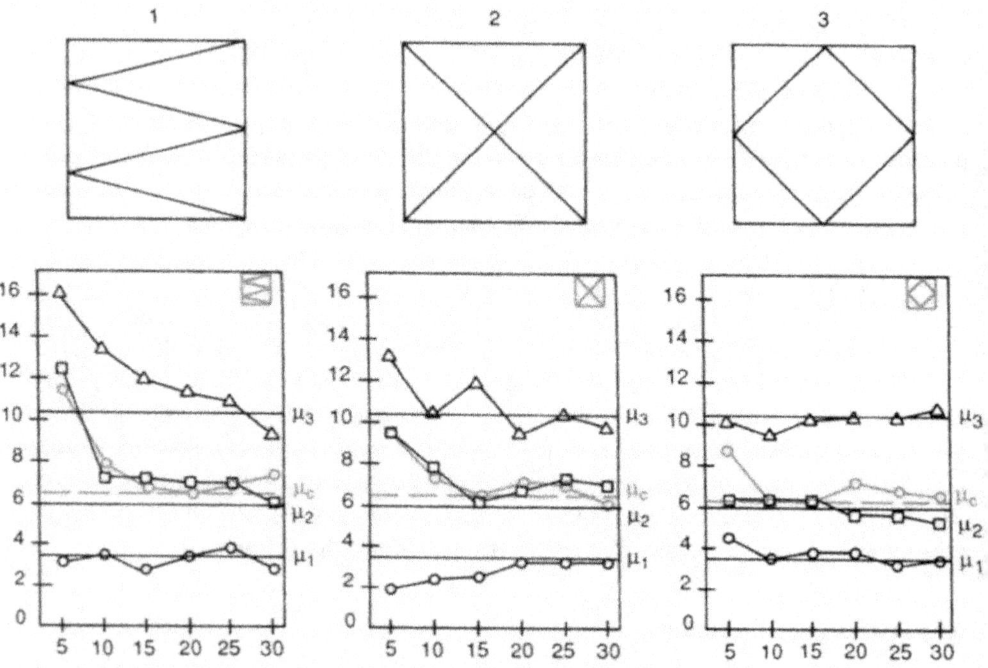

Figure 90. Densité d'inoculum de *Macrophomina phaseolina*.
En haut : Exemples d'itinéraires à suivre pour le prélèvement d'échantillons de sol : W (1), diagonales croisées (2), diamant (3).
En bas : Densités d'inoculum (nombre de sclérotes par g de sol) obtenues en faisant la moyenne de 5, 10, 15, 20, 25 ou 30 échantillons prélevés le long de chacun des itinéraires. Le champ a été divisé en 3 blocs, analysés séparément.
○ : bloc 1, □ : bloc 2, △ : bloc 3. Le champ pris dans son ensemble a également été échantillonné selon chacun des itinéraires (○). Les valeurs μ_1, μ_2 et μ_3 sont les densités d'inoculum moyennes calculées après avoir divisé chaque bloc en 750 parcelles contiguës représentant chacune un échantillon. La moyenne pour le champ entier est μ_c (d'après Mihail et Alcorn, 1987).

Le potentiel infectieux

La colonisation d'une plante par un microorganisme dépend de la rencontre (dont la probabilité augmente avec la densité d'inoculum) d'une racine et d'une propagule. Mais la rencontre ne suffit pas : encore faut-il que la propagule soit capable de s'introduire dans les tissus vivants de l'hôte. La plante oppose à cette invasion une résistance qui dépend à la fois de son patrimoine génétique et de l'environnement dans lequel elle se trouve. Le succès de l'infection est donc conditionné par un rapport de forces entre la plante et le microorganisme. La force qui, dans un sol infesté, s'exerce sur la racine et tend à surmonter la résistance de la plante est le potentiel infectieux.

La notion de potentiel infectieux a beaucoup évolué depuis que cette expression est apparue pour la première fois, il y a une soixantaine d'années. Nous n'en ferons pas l'historique, malgré l'intérêt heuristique d'une étude de ces modifications de sens. C'est avec le travail de réflexion entrepris par S.D. Garrett, en Angleterre, et R. Baker, aux Etats-Unis, que le concept a mûri et pris une signification que la plupart des chercheurs admettent désormais. Nous nous en tiendrons donc à leur définition. Le concept de potentiel infectieux a été enrichi, un peu plus tard, par les travaux des chercheurs français qui, comme nous le verrons, utilisent le terme dans une acception quelque peu différente.

Le potentiel infectieux selon Garrett

Pour Garrett (1970), le potentiel infectieux représente la «force invasive» d'un parasite. Il est défini comme l'énergie de croissance du parasite disponible pour l'infection de l'hôte, évaluée au niveau du site d'infection, par unité de surface de cet hôte.

Ainsi, le rassemblement sur une surface donnée de plusieurs conidies, ou de plusieurs hyphes à l'intérieur d'un rhizomorphe, crée un potentiel infectieux plus élevé que la présence d'une seule spore. Mais les hyphes qui se dirigent vers l'hôte doivent avoir aussi une certaine vigueur, déterminée par le statut nutritionnel de l'inoculum : des conidies possèdent moins de réserves, et donc moins d'énergie, si elles sont produites sur un milieu pauvre plutôt que sur un milieu riche. De la même façon, l'énergie infectieuse d'un inoculum de *Gaeumannomyces graminis* var. *tritici* dans le sol dépend de la taille des fragments végétaux qui contiennent le Champignon (Wilkinson *et al.*, 1985). La distance limite où doit se trouver une unité infectieuse pour initier une lésion sur une racine de blé est de 11 à 12 mm si les fragments ont 1 à 2 mm de diamètre, et de moins de 2 mm s'ils ont seulement 0,25 à 0,50 mm de diamètre (fig. 91). Toutefois, les ressources endogènes des propagules peuvent être complétées par un apport nutritionnel exogène, fourni notamment par les exsudats racinaires, dans la mesure où ils ne sont pas consommés prioritairement par la microflore antagoniste : nous voyons apparaître ici un facteur environnemental. A la composante biologique du milieu (antagonistes, prédateurs, compétiteurs, etc.) il faut ajouter les effets des facteurs physico-chimiques (pH, température, teneur en eau, etc.). Une dernière condition est nécessaire pour que la colonisation ait lieu : c'est que le candidat à l'infection possède un équipement génétique lui permettant de ne pas être reconnu par l'hôte comme un envahisseur, de surmonter ses défenses et de pénétrer dans ses tissus. Le potentiel infectieux est donc une fonction à quatre variables principales qui sont : la densité d'inoculum, les ressources propres du parasite, son patrimoine génétique, l'environnement.

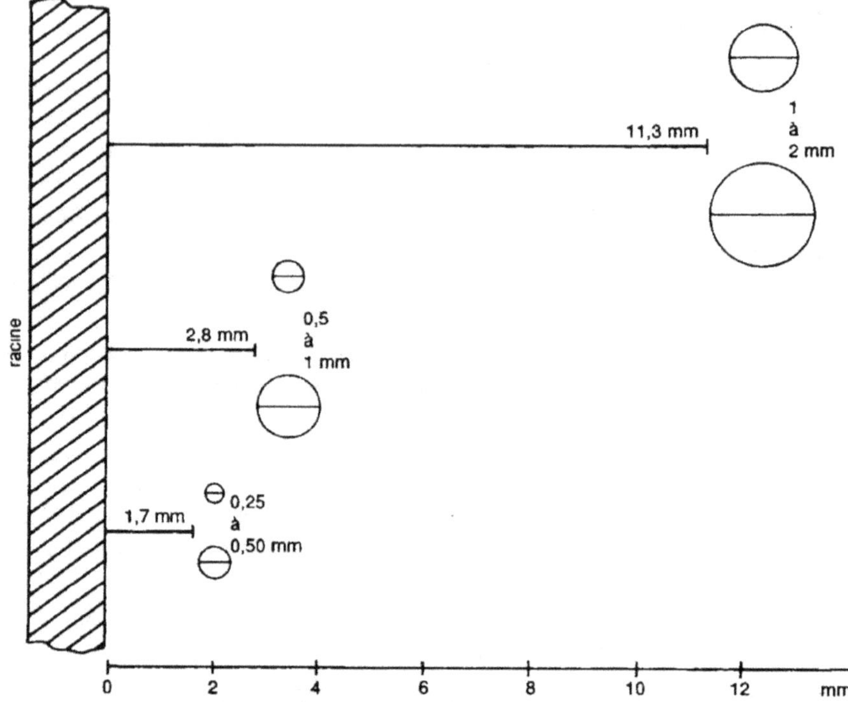

Figure 91. Influence de la dimension des particules infectieuses sur la distance moyenne limite en-deçà de laquelle un inoculum de *Gaeumannomyces graminis* var. *tritici* doit se trouver pour infecter une racine de blé. On a cultivé le Champignon sur des grains d'orge stérilisés qui ont ensuite été fragmentés. Les fragments ont été répartis en trois catégories selon leur taille (d'après Wilkinson *et al.*, 1985).

Le potentiel infectieux selon les chercheurs français

Dans la conception de Garrett et de la majorité des auteurs anglo-saxons, l'accent est mis essentiellement sur l'agent infectieux : le potentiel infectieux représente l'énergie qu'un microorganisme doit posséder pour infecter une racine. Sans remettre en cause la définition de Garrett, les Français adoptent un point de vue notablement différent. Dans cette optique, l'inoculum n'est plus qu'un facteur du milieu parmi d'autres, indispensable certes, mais pas hiérarchiquement supérieur aux autres facteurs. Ce qui compte, c'est le sol : les lésions, les nodosités, les mycorhizes que l'on observe sont l'expression des relations entre un sol particulier et une plante-hôte, dans des conditions définies.

Il faut en somme distinguer le potentiel infectieux de l'inoculum (*inoculum potential* au sens où l'entend Garrett) et le potentiel infectieux du sol (mieux traduit en anglais par l'expression *soil infectivity* : Hornby, 1990). Selon Bouhot (1980) le potentiel infectieux d'un sol infesté par un agent pathogène est la quantité d'énergie pathogène stockée et disponible dans le sol. L'énergie pathogène se manifeste par ses effets sur la plante. On peut définir l'unité de potentiel infectieux (UPI) du sol comme la quantité d'énergie pathogène nécessaire et suffisante pour induire une infection sur un hôte sensible. Il n'est cependant pas possible de compter directement des UPI. Mais, considérant qu'un volume donné de sol contient d'autant plus d'UPI que son potentiel infectieux est plus élevé, on peut par exemple décider que le volume de sol minimum nécessaire pour provoquer la mortalité de 50 % des plantes sensibles, dans les conditions les plus favorables au développement de la maladie, correspond à une unité standard de potentiel infectieux, appelée UPI 50 (Bouhot, 1979 b). De tels volumes de sol sont mesurables au moyen de tests biologiques (encadré ci-dessous). Cependant, le bon fonctionnement de ces tests exige que la réponse soit rapide (quelques jours) et dépourvue d'ambiguïté (de type «tout ou rien»). La méthode convient très bien aux agents de fontes de semis (*Pythium, Rhizoctonia solani*) mais s'applique mal à des parasites à évolution lente comme *Pyrenochaeta lycopersici* ou *Phomopsis sclerotioides*.

Pour mieux concrétiser le concept de potentiel infectieux du sol, Bouhot (1979 b) imagine que, dans le sol, un flux d'énergie pathogène se propage de l'inoculum jusqu'à la plante. L'intensité de ce flux est contrôlée par les diverses composantes de l'environnement, qui agissent comme le feraient des rhéostats sur un circuit électrique (fig. 92). Cette représentation, pour schématique qu'elle soit, a le mérite de bien montrer que les manifestations observées sur les racines sont l'expression d'un état du sol pris dans sa globalité : elles ne résultent pas de la simple confrontation plante-agent infectieux, mais du fonctionnement de tout un système.

Méthode d'estimation du potentiel infectieux des sols infestés par des Pythium.

Le pouvoir infectieux du sol est évalué en observant la mortalité d'une plante-piège très sensible aux *Pythium* : le concombre. Le développement des *Pythium* est favorisé par l'addition de poudre de flocons d'avoine à la terre infestée, à raison de 20 g/l. Le mélange infectieux est déposé autour du collet de concombres âgés de 6 jours. L'expression de la maladie est facilitée par l'ajustement du taux d'humidité à 70 % de la capacité de rétention du sol et par une incubation des plantes à 15°C et à l'obscurité pendant 24 h. Les concombres sont ensuite soumis à une alternance de lumière et de température (jour = 15 h, 20°C ; nuit : 9 h, 18°C). Les plantes mortes sont dénombrées le cinquième jour.
Pour utiliser le test de façon quantitative, il est nécessaire de construire une courbe exprimant la relation entre le taux de mortalité et la concentration de l'inoculum dans le sol déposé au collet des plantes. On utilise pour cela plusieurs dilutions du sol à étudier dans de la terre stérile : en général 30, 10, 1 et 0,1 %, en volume. Si la courbe obtenue n'est pas une droite, on peut la linéariser en transformant les taux de mortalité y en log y, Log $\left(\frac{1}{1-y}\right)$ ou en Probit y.

Les concentrations sont toujours exprimées selon une échelle logarithmique.
Pour obtenir la concentration Cx qui correspond à 1 UPI_{50}, il suffit alors de résoudre l'équation de la droite de régression pour y = 0,50. On en déduit Cx. Connaissant le volume de terre V déposé dans chaque essai au collet des plantes, on peut alors calculer combien d'UPI_{50} contient 1 g de terre, à l'aide de la formule suivante :

$$UPI_{50}/g = \frac{1}{Cx \times V \times d}.$$

où d représente la densité apparente de la terre (d'après Bouhot, 1975).

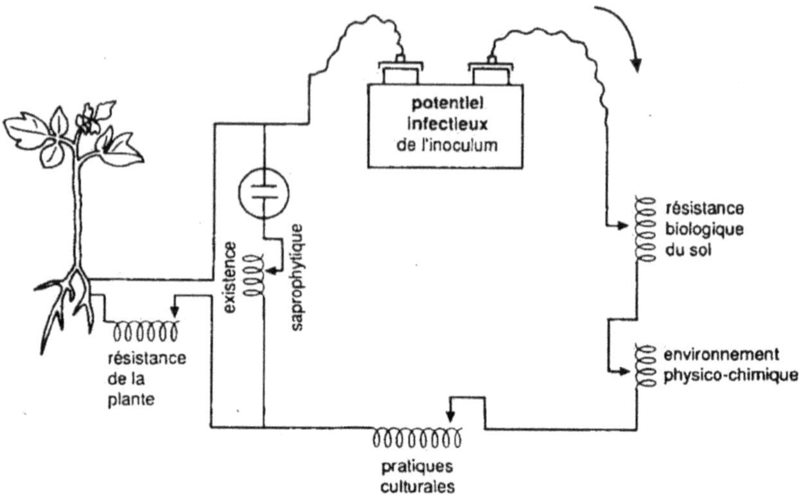

Figure 92. Analogie entre un circuit électrique et un «circuit d'énergie pathogène» (d'après Bouhot, 1979 b).

Le potentiel infectieux d'un sol, s'il varie en fonction des conditions environnementales, n'en reste pas moins une **caractéristique intrinsèque** du sol infesté, mesurée par ses effets sur une plante test dans des conditions bien définies. Ecrire qu'une manipulation biologique de la plante comme la prémunition ou la mycorhization diminue le potentiel infectieux constitue un abus de langage encore trop fréquent : ces traitements ne changent rien à la réponse de la plante test dans les conditions standard.

La modélisation de l'infection

Les modèles mathématiques donnent une représentation simplifiée de phénomènes biologiques complexes. Ils ont, s'ils sont valides, une valeur prédictive : à partir d'une situation connue à un moment t donné, ils doivent par exemple pouvoir indiquer comment la maladie aura évolué à l'instant $t + \Delta t$, dans le même environnement ou dans un environnement différent. Les modèles mathématiques peuvent avoir une valeur explicative lorsqu'ils sont fondés sur des lois préalablement vérifiées. Les paramètres qu'ils contiennent ont alors une signification biologique : c'est le cas, par exemple, pour l'équation de Monod (encadré ci-contre). Mais il arrive souvent qu'une représentation mathématique soit choisie, de préférence à une autre, simplement pour sa bonne adéquation à un jeu de données recueillies sur le terrain. Il serait alors dangereux d'accorder une trop grande confiance à la valeur explicative de paramètres utilisés de façon empirique pour l'établissement de la formule. En fait, un modèle est toujours réducteur et parvient difficilement à appréhender la complexité des phénomènes biologiques. Son principal intérêt réside sans doute dans la réflexion qu'il oblige à avoir sur la caractérisation des variables d'un système et sur l'enchaînement des causes et des effets. Aussi, plutôt que de nous appesantir sur des fonctions mathématiques dont aucune n'est pleinement satisfaisante, nous nous limiterons aux considérations essentielles qui ont présidé au choix de ces fonctions.

L'équation de Monod

L'équation de Monod permet de calculer le taux de croissance d'un microorganisme dans un milieu clos où un élément nutritif se trouve en quantité limitée.

$$\mu = \mu_{max} \cdot \frac{s}{Ks + s}$$

μ taux de croissance spécifique, exprimé en g de biomasse produite par g de substrat et par heure

μ_{max} taux de croissance spécifique maximum, obtenu en l'absence de toute limitation du substrat

s   concentration du facteur limitant

Ks   constante de saturation. C'est la concentration du facteur limitant pour laquelle le taux de croissance spécifique du microorganisme est égal à la moitié de son taux maximum.

Le paramètre Ks est comparable à la constante de dissociation moléculaire Km de l'équation de Michaelis-Menten, qui concerne les réactions enzymatiques. Dans cette équation, Km représente la concentration du substrat pour laquelle, en présence d'une quantité donnée d'enzyme, la vitesse de la réaction atteint la moitié de sa valeur limite. Plus l'affinité des éléments de la réaction est grande, plus Km est petit. Dans la formule de Monod, Ks peut être considéré comme une représentation de l'affinité du microorganisme pour le substrat : plus la valeur de Ks est faible, plus cette affinité est élevée et plus grande est l'aptitude du microorganisme à tirer parti rapidement de quantités limitées du substrat.

Dans une situation où les apports nutritifs sont réduits, les organismes caractérisés par une constante de saturation Ks faible sont donc les plus compétitifs. Par contre, lorsque le substrat est abondant, ce sont les organismes caractérisés par un taux maximum de croissance μ_{max} élevé qui sont les plus avantagés.

Progression de la maladie en fonction du temps

L'infection débute à partir des foyers primaires constitués par l'inoculum du sol. Elle se poursuit par la colonisation des tissus de l'hôte, puis par la formation de nouvelles propagules. Le cas le plus simple est celui où un seul cycle d'infection se déroule pendant la vie de la plante : la maladie est monocyclique. Le plus souvent cependant, des lésions secondaires apparaissent, soit après la dispersion des propagules formées dans les lésions initiales, soit par suite de la croissance de filaments mycéliens le long de la racine, ou d'une racine à une autre (fig. 93). Contrairement aux infections des parties aériennes où il est relativement facile de distinguer les infections primaires des infections secondaires, car elles se succèdent dans le temps, les infections polycycliques ne sont pas faciles à identifier sur les racines (Gilligan, 1987). Puisque le système racinaire est engagé dans une perpétuelle exploration du sol, il peut se former simultanément sur la même plante des lésions primaires (sur les nouvelles racines) et des lésions secondaires (sur les racines plus anciennes). La progression de la maladie ne suit donc généralement ni la loi des intérêts simples (maladies monocycliques) ni celle des intérêts composés (maladies polycycliques).

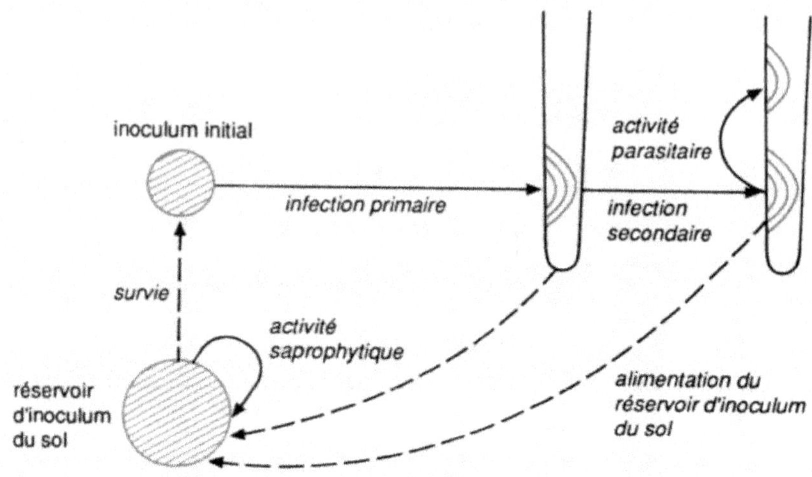

Figure 93. Schéma représentatif d'une infection polycyclique dans le sol (Gilligan,1987).

Il est important d'autre part de préciser comment on évalue la progression de la maladie. En général, on compte le nombre de plantes qui présentent des symptômes. Mais une même plante peut être atteinte par plusieurs propagules, de sorte que le nombre observé de plantes malades est inférieur au nombre de propagules qui les ont infectées et au nombre de lésions qui en ont résulté. La transformation des infections multiples de Gregory (1948) permet d'estimer le nombre moyen x d'infections par plante à partir de la proportion y de plantes infectées :

$$x = \mathrm{Log}\,\frac{1}{1-y}.$$

Cette transformation est couramment employée sans que les conditions qui restreignent son usage soient toujours vérifiées. Il est nécessaire en effet que toutes les parties souterraines de l'hôte soient également sensibles, que toutes les propagules aient le même pouvoir infectieux et que toutes les infections aient lieu au hasard. Cette dernière condition est en fait rarement remplie dans les infections naturelles puisque, comme nous l'avons vu, l'inoculum est le plus souvent agrégé en amas plus ou moins importants. La manière la plus précise d'évaluer la progression de la maladie serait de déterminer le nombre de points d'infection par m de racine, par jour, par propagule et par g de sol, comme l'ont fait Tomimatsu et Griffin (1982).

Relation infection-infestation

Il peut être intéressant de savoir à l'avance quel sera le taux d'infection d'une culture, connaissant le degré d'infestation d'un champ. Cette estimation est possible si l'on dispose d'un graphique représentant l'évolution de la maladie en fonction de la densité d'inoculum. Pour construire de tels graphiques, on évalue généralement les taux d'infection dans plusieurs champs différents, caractérisés chacun par un niveau d'inoculum particulier. Il faut se garder de tirer de ces courbes des conclusions trop hâtives sur la biologie des agents infectieux : les champs où les relevés ont été faits ne diffèrent pas seulement par leurs densités d'inoculum, mais par un grand nombre de conditions environnementales que l'on ne maîtrise pas.

Baker *et al.* (1967), s'inspirant des lois de la chimie physique, assimilent les propagules à des points équidistants les uns des autres, répartis uniformément dans le sol autour de la racine aux sommets d'un réseau tridimensionnel de tétraèdres. Selon leurs calculs, le nombre d'infections S est lié à la densité d'inoculum I par la formule $S = aI^b$, ou encore : $\log S = b \log I + \log a$.

En coordonnées logarithmiques, S varie donc linéairement en fonction de I. Le paramètre b, qui représente la pente de la droite, ne peut théoriquement prendre que deux valeurs : si les propagules peuvent germer à une certaine distance de la racine avant de l'infecter, $b = 1$; si un contact est nécessaire entre les propagules et la racine pour que l'infection ait lieu, $b = 2/3$. Inversement, si la relation entre S et I, construite à partir de données expérimentales en conditions contrôlées, est représentée par une droite de pente 1 en coordonnées logarithmiques, Baker *et al.* (1967) en concluent qu'il existe un effet rhizosphère (fig. 94). Si la pente de la droite est 2/3, on a affaire à un effet rhizoplan.

Ce modèle, validé par certains résultats mais infirmé par d'autres, a été fortement critiqué et a donné lieu à une polémique qui s'est traduite, pendant près de vingt ans, par des échanges d'articles véhéments dans la revue *Phytopathology*. Le calcul de l'effet rhizoplan et l'existence même de cet effet sont particulièrement contestés. Une autre école de

Tableau 20. Analyse des conditions qui doivent être remplies pour qu'un hôte soit infecté par une propagule. La probabilité que l'infection ait lieu est le produit $P = P_1 \times P_2 \times P_3 \times P_4$.

Probabilités élémentaires	Paramètres caractéristiques
P1 : probabilité qu'une propagule se trouve dans la pathozone	capacité de survie de l'inoculum densité d'inoculum possibilité de déplacement des propagules taux de croissance de l'hôte dimensions de la pathozone
P2 : probabilité que la propagule située dans la pathozone puisse germer	viabilité des propagules fongistase conditions favorables (température, humidité, etc.)
P3 : probabilité que le tube germinatif atteigne l'hôte	état nutritionnel des propagules (ressources et apports exogènes) antagonisme au sens large
P4 : probabilité que la propagule infecte l'hôte après l'avoir atteint	état nutritionnel des propagules génotype des propagules sensibilité de l'hôte (génétique) réceptivité de l'hôte (environnement) sensibilité du site d'infection

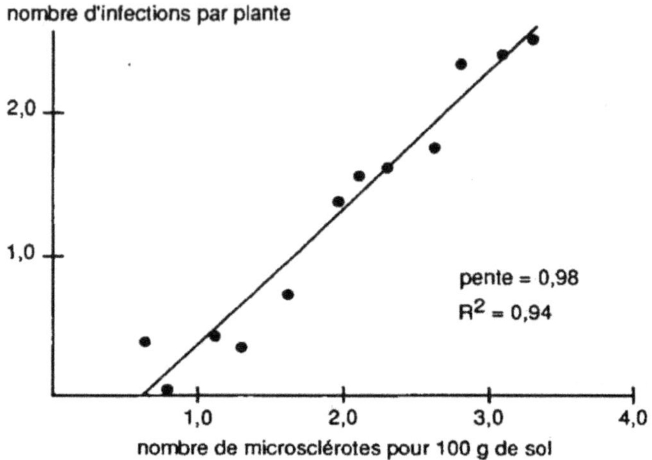

Figure 94. Relation, en coordonnées logarithmiques, entre la densité d'inoculum de *Cylindrocladium crotalariae* (exprimée en nombre de microsclérotes dans 100 g de sol) et le nombre d'infections observées par pied d'arachide. La pente de la droite est très proche de 1, ce qui, pour Baker *et al.* (1967), indique que le parasite est influencé par la rhizosphère de la plante (Tomimatsu et Griffin, 1982).

pensée, conduite par Gilligan (1979) a préféré une approche probabiliste et cherché quelle probabilité a une propagule d'infecter un organe souterrain. Pour que cela se produise, plusieurs conditions doivent être remplies, comme le rappelle le tableau 20. La première condition est que la propagule se trouve placée dans une portion particulière de l'espace que certains auteurs appellent la **pathozone**. C'est cette probabilité qui a été le plus souvent étudiée mathématiquement.

Forme et dimensions de la pathozone

La pathozone est le volume de sol, autour d'un organe souterrain, dans lequel doit se trouver le centre d'une propagule pour que le processus infectieux puisse se déclencher. Cette notion élargit le concept de rhizosphère : elle inclut en effet tout organe (graine, rhizome, coléoptile et, bien sûr, racine) susceptible d'être infecté et, de plus, elle tient compte du fait que certaines grosses propagules, comme par exemple les sclérotes de *Sclerotium rolfsii*, sont capables de germer spontanément, indépendamment de la stimulation exercée par un hôte. Les filaments issus de ces sclérotes ne peuvent cependant infecter une plante que s'ils en sont assez proches. Pour *S. rolfsii*, la pathozone est plus large que la rhizosphère, mais elle demeure de dimensions limitées. Pour un Champignon à rhizomorphes la pathozone est, par contre, beaucoup plus étendue.

La pathozone est généralement assimilée à un cylindre ou à une sphère, plus exactement à un tube ou à une coquille si l'on tient compte des dimensions de la racine ou de la graine qui se trouve à l'intérieur. Elle peut s'évaser en tronc de cône (si la profondeur du sol joue un rôle) ou prendre la forme d'un ellipsoïde irrégulier (si la graine a une polarité).

Tableau 21. Quelques exemples d'estimation du rayon r de la pathozone (le terme de pathozone est en fait inadéquat dans le cas du *Glomus* sp., qui est un Champignon symbiotique, non pathogène). Les méthodes de calcul diffèrent selon les auteurs.

Hôte	Agent infectieux	Organes	r (mm)	Principal facteur de variation	Référence
Blé	*Gaeumannomyces graminis* var. *tritici*	racines	1,7 à 11,3	taille des particules contenant l'inoculum	Wilkinson *et al.*, 1985
Blé	*Gaeumannomyces graminis* var. *tritici*	racines	4 à 6,6	densité de semis	Gilligan, 1990
Abies fraseri	*Phytophthora cinnamomi*	racines	0,06 à 5,2	densité d'inoculum et potentiel matriciel	Reynolds *et al.*, 1985
Soja	*Pythium ultimum*	graines	0,08 à 0,16 / 0,6	graines vivantes / graines mortes	Ferriss, 1982
Trifolium subterraneum	*Glomus* sp.	racines	2,5 à 13,2	densité d'inoculum (variabilité selon les répétitions)	Smith *et al.*, 1986

Une estimation de la probabilité qu'une propagule se trouve dans la pathozone et infecte un hôte est $\Phi = \dfrac{\mathrm{Log}(N/N_s)}{P}$,

où N désigne la quantité de racines présentes dans un volume V de terre contenant P propagules, et Ns le nombre de ces racines qui ne sont pas infectées (Gilligan, 1990). On peut considérer aussi que $\Phi = v/V$, v représentant le volume de la pathozone.

L'équation $v/V = \dfrac{\mathrm{Log}(N/N_s)}{P}$ permet de calculer les dimensions de la pathozone, en particulier son rayon : ce rayon peut être considéré comme la distance au-delà de laquelle la prospection d'une propagule à la recherche d'un hôte ne peut plus aboutir à une infection. (En somme, ce rayon est un peu l'équivalent de la distance critique à partir de laquelle un astéroïde passant à proximité de la terre peut être capté et attiré par les forces de gravité. Cette distance dépend des caractéristiques de la planète, mais varie aussi selon la masse et la vitesse de l'astéroïde). Plusieurs autres formulations ont été proposées, tenant compte ou non de la croissance des racines, de la compaction du sol engendrée par cette croissance, de l'agrégation de l'inoculum, de la diminution des chances d'infection quand la propagule s'éloigne de l'hôte tout en restant dans la pathozone et de la possibilité d'infections secondaires. Quelques résultats de calcul du rayon de cette zone d'influence sont indiqués dans le tableau 21. Comme on peut le constater, la variabilité à l'intérieur d'une même série d'essais est très importante dès que l'on modifie un facteur du milieu. La difficulté de caractériser avec précision, en plein champ, tous les paramètres de l'environnement, explique que les modèles mathématiques n'aient pas encore permis de progresser beaucoup en matière d'épidémiologie des microorganismes telluriques.

Pour un complément d'information sur les relations entre plantes et microorganismes

BOLTON H., FREDRICKSON J. K. et ELLIOTT L. F., 1993 - Microbial ecology of the rhizosphere. In *Soil microbial ecology*, F. B. Metting, Ed., Marcel Dekker Inc., New York, p. 27-63.

CURL E. A. et TRUELOVE B., 1986 - *The rhizosphere*. Advanced series in Agricultural Sciences n°15, Springer-Verlag, Berlin.

DÖBEREINER J. et PEDROSA F. O., 1987 - *Nitrogen-fixing Bacteria in nonleguminous crop plants*. Science Technology, Madison, Wisconsin.

DOMMERGUES Y. et KRUPA S. V. (Ed.), 1978 - *Interactions between nonpathogenic soil microorganisms and plants*. Elsevier Scientific Publishing, New York.

FOSTER R. C., 1986 - The ultrastructure of the rhizoplane and rhizosphere. *Annu. Rev. Phytopathol.* 24, 211-234.

GARRETT S. D., 1963 - *Soil fungi and soil fertility*. Pergamon Press, Oxford.

HARRISON B. D., 1977 - Ecology and control of viruses with soil-inhabiting vectors. *Annu. Rev. Phytopathol.* 15, 331-360.

ISAAC S., 1992 - *Fungal-plant interactions*. Chapman & Hall, London.

LOCKWOOD J. L., 1988 - Evolution of concepts associated with soilborne plant pathogens. *Annu. Rev. Phytopathol.* 26, 93-121.

LYNCH J. M. (Ed.), 1990 - *The rhizosphere*. John Wiley and Sons, New York.

PARKER C. A., ROVIRA A. D., MOORE K. J., WONG P. T. W. et KOLLMORGEN J. F. (Ed.), 1985 - *Ecology and management of soilborne plant pathogens*. American Phytopathological Society, Saint Paul, Minesota.

PETERS G. A. et MEEKS J. C., 1989 - The *Azolla-Anabaena* symbiosis : basic biology. *Annu. Rev. Plant Physiol. Plant Mol. Biol.* 40, 193-210.

PFLEGER F. L. et LINDERMAN R. G. (Ed.), 1994 - *Mycorrhizae and plant health*. American Phytopathological Society, Saint Paul, Minnesota.

ROLFE B. G. et GRESSHOFF P. M.,1988 - Genetic analysis of legume nodule initiation. *Annu. Rev. Plant Physiol. Plant Mol. Biol.* 39, 297-319.

SCHIPPERS B. et GAMS W. (Ed.), 1979 - *Soil-borne plant pathogens*. Academic Press, London.

SCHWINTZER C. R. et TJEPKEMA J. D. (Ed.), 1990 - *The biology of Frankia and actinorhizal plants*. Academic Press, New York.

SMITH S. E. et GIANINAZZI-PEARSON V., 1988 - Physiological interactions between symbionts in vesicular-arbuscular mycorrhizal plants. *Annu. Rev. Plant Physiol. Plant Mol. Biol.* 39, 221-244.

STACEY G., BURRIS R. H. et EVANS H. J. (Ed.), 1991 - *Biological nitrogen fixation*. Chapman & Hall, New York.

STRULLU D. G. (Ed.), 1991 - *Les mycorhizes des arbres et plantes cultivées*. « Technique et Documentation », Lavoisier, Paris.

WOLTZ S. S., 1978 - Non parasitic plant pathogens. *Annu. Rev. Phytopathol.* 16, 403-430.

Les possibilités
d'intervention

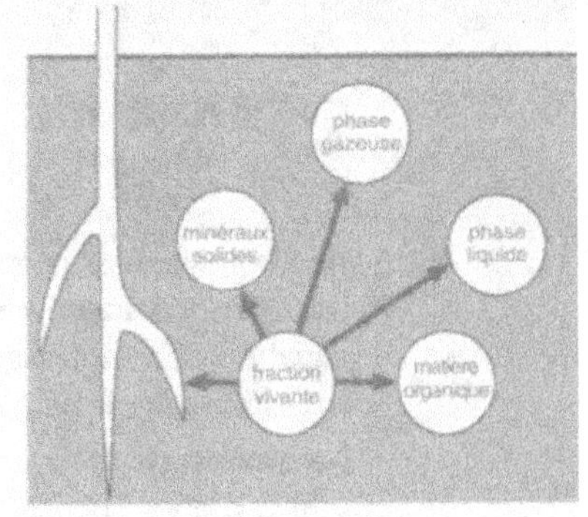

8

Pourquoi intervenir ?

La mise en culture d'un sol, même dans les systèmes les plus primitifs, se traduit par une modification des équilibres naturels et par l'imposition d'un nouvel équilibre, artificiellement maintenu. Cette perturbation est décelable à tous les niveaux d'observation, depuis le paysage champêtre jusqu'à la microbiocénose. Les systèmes culturaux, qu'ils soient traditionnels ou modernes, sont tous conçus pour tirer le meilleur parti de l'eau, de l'espace, du travail investi et de la fertilité du sol. Cette fertilité résulte en grande partie de processus biologiques. La gestion des communautés microbiennes est donc un aspect essentiel, parfois sous-estimé, des pratiques culturales. Pendant des millénaires, la santé des sols a été maintenue de façon empirique par des apports de matière organique, essentiellement sous forme de fumier. Confrontés dès les origines aux pertes de récolte dues à des attaques parasitaires, les premiers agriculteurs ont adapté peu à peu leurs systèmes culturaux de façon à maintenir les risques à un niveau globalement acceptable. Ainsi, dans le Pérou précolombien, pays d'origine de la pomme de terre (mais aussi de ses ennemis), il était interdit, sous peine de mort, de cultiver des pommes de terre dans un même champ à moins de 7 ans d'intervalle (Schumann, 1991). Nous savons aujourd'hui que cette précaution permettait de limiter la prolifération du Nématode à kystes *Globodera rostochiensis*.

Les maladies ne sont cependant que la manifestation la plus perceptible, parfois même spectaculaire, de l'activité microbienne. Nous avons découvert qu'il existait aussi une variété extraordinaire de microorganismes dont l'action est bénéfique. Les Bactéries fixatrices d'azote, libres ou symbiotiques, et les Champignons mycorhizogènes, récupérateurs de phosphore, contribuent directement à la fertilité du sol. L'ensemble des décomposeurs, en assurant aux plantes un approvisionnement régulier en éléments minéraux recyclés à partir des déchets organiques, jouent un rôle non moins important. Quelques microorganismes semblent capables de stimuler la croissance et le développement des plantes par une action directe, encore mal connue, sur leur physiologie. Beaucoup d'autres les protègent, par des mécanismes très variés, contre les agents pathogènes. Les microorganismes contribuent aussi directement au maintien de la structure du sol, nécessaire au bon fonctionnement des racines, en assurant la cohésion des agrégats. Enfin, capables de métaboliser la plupart des molécules artificiellement construites par l'industrie chimique, ils peuvent jouer un rôle précieux dans la dépollution des sites contaminés.

La découverte de la vie microbienne du sol remonte tout juste à la fin du siècle dernier. Il a fallu d'abord observer et décrire les phénomènes, et cette première étape est loin d'être terminée. Il ne semblait pas possible, jusqu'à une époque récente, d'intervenir pour modifier les équilibres naturels. Tout au plus envisageait-on de lutter contre les parasites par des méthodes si brutales qu'elles éliminaient indistinctement toutes les populations présentes, nuisibles et utiles. Désormais, les progrès réalisés dans la connaissance de la biologie des microorganismes telluriques permettent généralement une approche moins fruste et plus rationnelle.

Nous allons donc voir, dans les chapitres suivants, comment il est possible d'empêcher ou de restreindre l'action des organismes défavorables, comment on peut au contraire tirer parti des organismes favorables et quels sont les problèmes qui limitent encore leur emploi. Toutefois, avant d'aller plus loin, il nous semble nécessaire de rappeler brièvement quels sont, dans ce combat, les ennemis et les alliés.

Les microorganismes défavorables

Microorganismes parasites

Les microorganismes du sol parasites utilisent comme substrat nutritif les parties souterraines vivantes des plantes (semences, racines ou rhizomes). La conquête de ces habitats particuliers leur permet d'échapper à la compétition générale pour les ressources nutritives du sol. Cependant la plupart de ces parasites sont aussi des saprophytes capables de se maintenir, et souvent de se développer activement, sur des débris organiques. Spécialisés ou non, ils peuvent se succéder sur la plante du début à la fin du cycle végétatif. Les désordres qu'ils provoquent peuvent être regroupés dans l'une des cinq grandes catégories suivantes.

Fontes de semis

Les parasites qui s'attaquent aux semences sont en général des Champignons peu spécialisés (*Pythium, Rhizoctonia solani, Aphanomyces*) dont le développement, très rapide, est stimulé par les exsudations des graines en germination. Ils peuvent anéantir un semis en quelques jours : en 1982, les fontes de semis ont obligé les producteurs de betteraves sucrières à réensemencer 15 000 ha dans le Nord et l'Est de la France (Richard-Molard, 1983). En se lignifiant, les tissus végétaux deviennent résistants aux Champignons des fontes de semis mais les apex racinaires, constitués de cellules très jeunes et indifférenciées, demeurent très vulnérables. On a pendant longtemps largement sous-estimé, sinon ignoré, l'importance de ces attaques sur plantes adultes. On commence à se rendre compte, depuis quelques années, qu'elles peuvent sérieusement compromettre le développement du système racinaire. Ainsi, dans les grandes plaines céréalières du Nord-

Ouest des Etats-Unis, 60 à 70 % des plants de blé peuvent être infectés par des *Pythium*, ce qui se traduit par une réduction d'environ 8 % du rendement (Cook et Veseth, 1991). Des Nématodes comme les *Trichodorus* peuvent aussi s'attaquer aux extrémités des racines et en arrêter la croissance.

Parasites corticaux

Ils se développent dans le parenchyme cortical où ils provoquent des lésions plus ou moins étendues, souvent colonisées par des envahisseurs secondaires. Les nécroses peuvent demeurer discrètes et sans incidence majeure ; nombreuses, elles peuvent aboutir à la disparition de la racine ; proches du collet, à la mort de la plante (fig. 95 *cf.* planche couleur). Beaucoup de ces parasites causent des dégâts importants à un nombre d'hôtes restreint, mais peuvent se développer, sans attirer l'attention, sur une grande variété de plantes. Ainsi *Chalara elegans* (fig. 95, *cf.* planche couleur), parasite majeur du tabac et du haricot, peut se maintenir sur les racines de la plupart des Dicotylédones. *Pyrenochaeta lycopersici*, dont la présence sur la tomate cause la maladie des racines liégeuses, entraînant parfois des pertes de rendement de 20 %, peut coloniser le haricot, la laitue, des Crucifères et des Cucurbitacées sans en perturber visiblement la croissance. Mais un pouvoir pathogène important ne se traduit pas toujours par l'apparition de lésions corticales : *Pythium dissotocum*, par exemple, peut provoquer des retards considérables dans le développement des laitues en culture hydroponique sans qu'aucun symptôme ne soit visible sur les racines infectées.

Beaucoup de parasites sérieux des céréales sont des Champignons vivant dans le cortex racinaire : en France, le piétin échaudage (*Gaeumannomyces graminis* var. *tritici*) cause 20 à 30 % de pertes de rendement après 2 ou 3 années de culture répétée de blé et le piétin verse (*Pseudocercosporella herpotrichoides*) réduit en moyenne les récoltes de 5 à 10 % (Fehrmann, 1988). *Cochliobolus sativus* et *Rhizoctonia cerealis* peuvent contribuer aux dégâts.

Un grand nombre de Nématodes, dans l'ordre des Tylenchida, peuvent être également responsables de lésions sur les racines. *Ditylenchus dipsaci* dans les régions tempérées, *Radopholus similis* en zone tropicale sont parmi les plus répandus.

Alors que la plupart des parasites mentionnés ci-dessus se multiplient assez lentement dans les racines, entraînant rarement la mort de leur hôte, les Champignons à sclérotes (*Sclerotium, Sclerotinia*), qui attaquent les plantes au collet ou au-dessus du sol (fig. 95, *cf.* planche couleur), ont au contraire un développement très rapide, en partie facilité par une forte sécrétion d'acide oxalique qui met les cellules hors d'état de se défendre. Les dégâts varient selon les conditions climatiques. Si l'automne est humide et frais, la proportion de laitues détruites par *S. minor* peut dépasser 50 % dans certains champs maraîchers du Roussillon. Dans les sols humides, les *Phytophthora* sont souvent aussi de redoutables envahisseurs. Il en existe un très grand nombre, attaquant aussi bien des plantes annuelles que des vergers ou des arbres forestiers. En Australie, par suite de déséquilibres écologiques dont on connaît encore mal les raisons, plus de 220 000 ha de forêts d'*Eucalyptus* ont été atteints et partiellement détruits depuis 1920 dans la partie occidentale, et la maladie a commencé à se répandre dans le Sud-Est du continent dans les années cinquante (Weste, 1984).

Pourridiés

Ce sont des Champignons lignivores, capables de parcourir des distances importantes dans le sol grâce à leurs rhizomorphes, reliés à une base de départ précédemment colonisée. Les zones infestées constituent ainsi, en verger ou en exploitation forestière, des taches circulaires qui se développent à partir d'un foyer primaire. Ils représentent un problème sans solution vraiment satisfaisante en arboriculture fruitière, dans certains vignobles et en sylviculture. *Heterobasidion annosum* peut ainsi provoquer des pertes de 20 % du volume de bois de pin exploitable en forêt tempérée fraîche. Le pin maritime est particulièrement sensible à l'armillaire : dans un essai de replantation dans un sol des Landes naturellement infesté par *Armillaria obscura*, 90 % et 50 % des peuplements de *Pinus pinaster* et de *P. radiata*, respectivement, ont été tués au bout de 6 ans par le pourridié (Lung-Escarmant et Taris, 1988).

Maladies vasculaires

Bien que les agents responsables des maladies vasculaires ne comprennent qu'un très petit nombre d'espèces de Champignons et de Bactéries (tabl. 22) ils n'en sont pas moins largement répandus et provoquent de gros dégâts sur une très grande quantité de plantes, annuelles ou pérennes. Ils se développent dans le xylème. La circulation de la sève dans les vaisseaux infectés est arrêtée par la présence physique des parasites mais aussi par les réactions des cellules compagnes des vaisseaux à l'infection. Des toxines contribuent souvent à l'extension des symptômes. Malgré l'existence de variétés résistantes, les maladies vasculaires demeurent un facteur limitant important en culture maraîchère et en grande culture. En Amérique centrale, la fusariose du bananier, connue sous le nom de maladie de Panama, a décimé des milliers d'hectares de plantations durant la première moitié du vingtième siècle. Le cultivar sensible «Gros Michel» a été remplacé au cours des années 60 par un cultivar résistant, «Cavendish». Mais une nouvelle race de *Fusarium oxysporum* f. sp. *cubense*, surmontant cette résistance, est en train de se répandre. A ce fléau, il faut encore ajouter la

Tableau 22. Principaux parasites vasculaires pouvant infecter les plantes à partir du sol. Il existe d'autres parasites systémiques du xylème (*Ceratocystis ulmi, Clavibacter michiganensis, Xanthomonas campestris* pv. *campestris*) et du phloème (les phytoplasmes, comme l'agent de la flavescence dorée de la vigne, ou *Phytomonas*, un Protiste) mais leur transmission se fait essentiellement par voie aérienne.

Parasites	Hôtes
Champignons	
Fusarium oxysporum	très nombreux (très grande spécialisation : formes spéciales et races)
Verticillium dahliae	très nombreux (spécificité peu marquée)
V. albo atrum	
Phialophora gregata	soja
Phoma tracheiphila	*Citrus* (contamination en partie par voie aérienne)
Bactéries	
Pseudomonas solanacearum	très nombreux

bactériose vasculaire due à *Pseudomonas solanacearum* qui sévit dans la même région. En Afrique du nord le bayoud, fusariose du palmier dattier, progresse depuis le Maroc (où l'on considère qu'il a détruit les deux tiers de la palmeraie durant le siècle dernier) en direction des palmeraies algériennes (le M' Zab a été atteint en 1949) et de la Tunisie.

Galles et proliférations

Contrairement aux parasites corticaux dont l'attaque s'accompagne toujours d'une nécrose plus ou moins étendue, certains agents pathogènes ne tuent pas les cellules des tissus qu'ils envahissent. Mais leur présence entraîne des déséquilibres hormonaux qui se traduisent par la formation de galles (fig. 96) résultant d'une multiplication anarchique des cellules, ou par une prolifération anormale de racines. Les agents de galles peuvent être des Bactéries (*Agrobacterium tumefaciens*, représentant actuellement en France le principal ennemi du rosier : Aloisi *et al.*, 1994), des Champignons (*Plasmodiophora brassicae*) ou des Nématodes (*Meloidogyne*) ; les émissions anormales de racines sont provoquées par des Bactéries (*A. rhizogenes*) ou des Nématodes (*Heterodera*). En 1991, 100 000 ha de betteraves sucrières étaient infestés, en France, par *H. schachtii*, avec des pertes de rendement pouvant atteindre 40 % dans certains champs (Muchembled et Richard-Molard, 1991). *H. avenae*, surtout actif dans le Sud de la France, peut entraîner des réductions de rendement supérieures à 35 % sur blé d'hiver (Lacombe et Garcin, 1988).

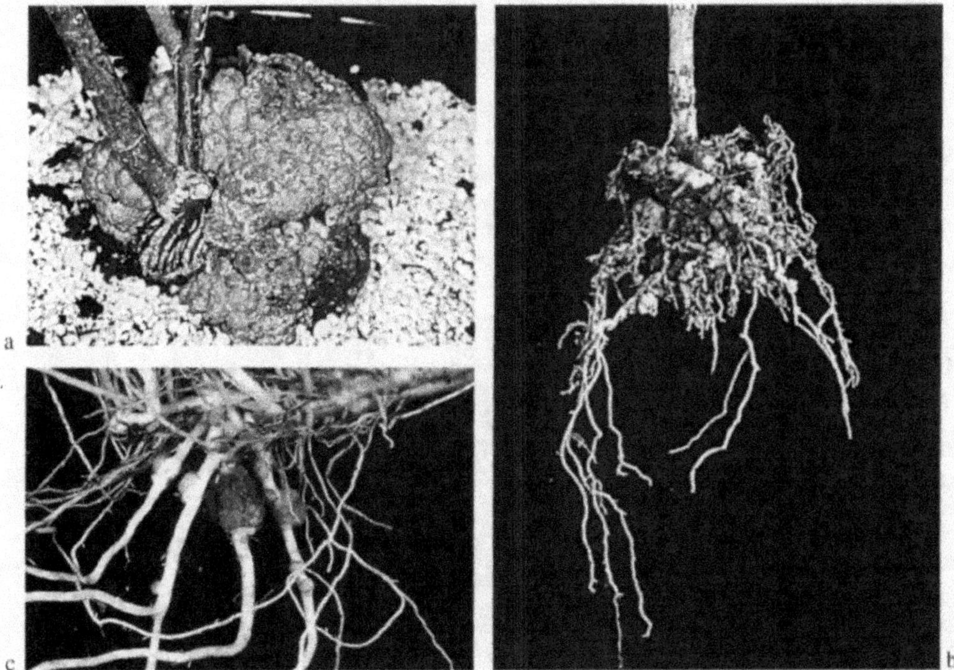

Figure 96. Divers types de galles : a : tumeur provoquée au collet d'un rosier par la Bactérie *Agrobacterium tumefaciens* (cliché C. Poncet, INRA) ; b : système racinaire d'oeillet fortement attaqué par un Nématode à galles (*Meloidogyne*) (cliché M. Ritter, photothèque INRA) ; c : galles formées sur des racines de tomate par le Champignon *Spongospora subterranea*, de la famille des Plasmodiophoracées (cliché D. Blancard, INRA).

La galle du collet

La Bactérie *Agrobacterium tumefaciens*, proche des *Rhizobium* et des *Pseudomonas*, provoque des tumeurs au collet et à la base des racines superficielles des Dicotylédones. Les processus d'adhésion et de tumorisation sont mis en route par les composés phénoliques de faible poids moléculaire (acétosyringone, alcools et acides précurseurs de la lignine) libérés par les glucosidases des cellules végétales à l'occasion de blessures, mêmes superficielles. Les gènes responsables de l'attachement sont portés par le chromosome bactérien tandis que la formation des galles dépend d'un plasmide Ti (*Tumor inducing*). Les messagers phénoliques sont reconnus par les produits d'un gène *Vir A* du plasmide, ce qui entraîne l'activation du gène *Vir G*, lui-même régulateur d'autres gènes *Vir*. Sur la figure, les principaux processus dans lesquels interviennent les produits des gènes *Vir* sont indiqués par des flèches noires. Sous l'action de ces gènes, un morceau de l'ADN plasmidique, le T-DNA, est mobilisé, linéarisé et, flanqué de protéines accompagnatrices (le complexe T), sort de la Bactérie, pénètre dans la cellule végétale sous-jacente puis, guidé par des protéines Vir, gagne le noyau où il s'intègre au génome de la cellule (parcours représenté en traits verts sur la figure).

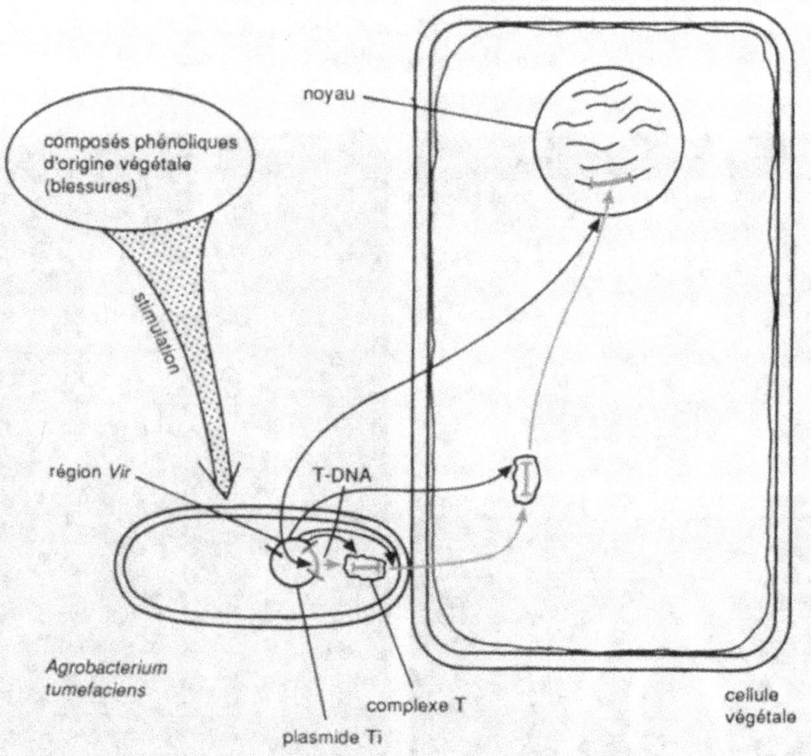

Les gènes plasmidiques du T-DNA s'expriment dans la cellule qui commence alors à synthétiser des hormones végétales (auxine et cytokinine) déclenchant le processus de tumorisation et des **opines**, molécules composées d'un acide aminé et d'un sucre ou d'un acide cétonique. Les opines constituent un substrat nutritif que seul l'*Agrobacterium* est capable de métaboliser. Il en existe plusieurs catégories (agropine, nopaline, octopine, succinamopine, mannopine), comprenant elles-mêmes plusieurs variétés.

La galle du collet est un fléau important des cultures florales et des pépinières arboricoles. On estimait en 1976 qu'elle avait provoqué 23 millions de dollars de dégâts rien qu'aux Etats-Unis.

Une Bactérie très voisine, *A. rhizogenes*, transfère elle aussi une partie de son plasmide Ri chez son hôte, en provoquant une abondante prolifération des racines. Ce sont les seuls exemples connus d'échange d'ADN entre des organismes appartenant à des règnes systématiques différents.

Microorganismes non parasites

Microorganismes de la rhizosphère

On sait que beaucoup de microorganismes qui vivent en commensaux des racines dans la rhizosphère peuvent avoir, dans certaines conditions, un effet défavorable. Malgré cela, il existe très peu de travaux permettant d'apprécier l'impact économique de cette microflore. La plupart des données chiffrées proviennent d'études de laboratoire et sont difficiles à extrapoler à des plantes cultivées en conditions naturelles. Ainsi, Alström et Burns (1989) constatent que des laitues et des haricots cultivés pendant 7 semaines en présence d'une souche de *Pseudomonas* productrice de cyanures ont une masse sèche réduite de 37 et de 65 %, respectivement, par rapport à des plantes témoins. Des *Pseudomonas* producteurs de toxine réduisent la croissance des racines de blé d'hiver semé dans de la vermiculite de 70 % par rapport aux témoins, sans aucune lésion visible (Fredrikson et Elliott, 1985). Sans en faire une démonstration rigoureuse, Schippers *et al.* (1987) attribuent à l'activité des Bactéries rhizosphériques cyanogènes des baisses de rendement de 10 à 15 % régulièrement observées dans des cultures de pommes de terre tandis que des Bactéries apportées en arrosage au pied de jeunes *Citrus* peuvent réduire leur masse, mesurée 8 mois plus tard, de plus de 50 % (Gardner *et al.*, 1984). Rappelons que les problèmes rencontrés lors de la replantation de vergers sont souvent dus aussi à l'activité de microorganismes de la rhizosphère.

La microfaune prédatrice associée aux racines peut avoir indirectement un effet défavorable sur la croissance des plantes en s'attaquant à la flore symbiotique. Plusieurs études montrent que des Amibes, des Nématodes et des Collemboles mycophages réduisent parfois considérablement la biomasse des Champignons ecto- ou endomycorhizogènes (Coûteaux et Bottner, 1994). Les populations de *Rhizobium* peuvent aussi être soumises à une prédation telle que le nombre de nodosités formées sur les racines de leurs hôtes est significativement réduit.

Microorganismes du sol et des substrats

Les microorganismes peuvent entrer en compétition avec les plantes lorsque des éléments minéraux essentiels ne sont pas suffisamment disponibles. Lorsque, au contraire, les conditions extérieures favorisent excessivement leur développement, d'autres microorganismes peuvent être considérés temporairement comme indésirables. Si la protéolyse dégage des quantités excessives d'ammoniac, si la nitrification est trop rapide, si la métabolisation accélérée d'un pesticide entraîne sa disparition prématurée, il peut être nécessaire ou tout au moins souhaitable d'intervenir. Les Algues elles-mêmes, ainsi que les Cyanobactéries, peuvent poser des problèmes dans les installations de culture hors-sol, par les prélèvements qu'elles opèrent dans les solutions nutritives et les bouchons qu'elles forment dans les systèmes de distribution.

Les microorganismes auxiliaires

Bactéries fixatrices d'azote

L'azote est un des principaux facteurs limitants de la production végétale. Aussi la consommation mondiale d'engrais azotés ne cesse-t-elle de croître. Cependant, si l'azote est présent dans l'atmosphère en quantité quasiment illimitée, sa réduction en ammoniac, puis son transport et son épandage, ont un coût énergétique très élevé. L'exploitation et le développement des voies biologiques de la fixation de l'azote représentent donc un enjeu considérable.

C'est dès la fin du dix-neuvième siècle que les Bactéries symbiotiques des Légumineuses ont été commercialisées et utilisées à grande échelle pour améliorer la fixation de l'azote par des plantes fourragères comme la luzerne et le trèfle. Quatre-vingts à quatre-vingt-dix pour cent des surfaces cultivées en luzerne sont ensemencées chaque année, aux Etats-Unis, avec *Rhizobium meliloti* et environ 10 000 ha en France, sur terres acides. Mais c'est avec le développement de la culture du soja que le marché des *Rhizobium* a réellement pris son essor (fig. 97). Originaire d'Extrême-Orient, *Bradyrhizobium japonicum* n'est pas naturellement présente dans les sols qui n'ont encore jamais porté cette plante et doit donc y être apportée. Bien que sa réintroduction ne soit plus nécessaire après une ou deux années de culture de soja, des surfaces considérables sont encore ensemencées chaque année. Rien qu'aux Etats-Unis, le marché de *B. japonicum* est estimé actuellement à 10 millions de dollars (Glass, 1993).

Les *Frankia*, beaucoup moins bien connues, ne font pas encore l'objet d'une production commerciale. Elles suscitent un très vif intérêt puisqu'elles sont capables de former des nodosités fixatrices d'azote sur 8 familles botaniques différentes, comprenant des espèces forestières utilisables dans des sols pauvres ou arides : *Casuarina*, aulnes, oliviers de Bohême (*Elaeagnus angustifolia*), argousiers (*Hippophae*), etc. De très grandes surfaces ont déjà été plantées, avec des arbustes inoculés en pépinière, dans divers pays du monde, constituant le plus souvent le prélude au reboisement par d'autres espèces non fixatrices d'azote.

Beaucoup d'espoirs sont également fondés sur les Bactéries rhizosphériques non symbiotiques telles qu'*Azospirillum lipoferum* et *A. brasilense*, *Bacillus polymyxa*, *Klebsiella pneumoniae* et quelques autres. Toutefois, les conséquences positives de ces symbioses associatives ne sont pas dues seulement à la fixation de l'azote.

Figure 97. Effet des *Rhizobium* sur la croissance des Légumineuses. En haut à gauche, soja inoculé par *Bradyrhizobium japonicum* ; à droite, témoin non inoculé (cliché G. Sommer, photothèque INRA). En bas à gauche, lupin blanc inoculé avec un *Rhizobium* ; à droite, le témoin non inoculé a un feuillage jaunâtre (cliché N. Amarger, photothèque INRA).

Rappelons encore que l'agriculture traditionnelle de l'Extrême-Orient fait appel à l'association symbiotique d'une Fougère (*Azolla*) et d'une Cyanobactérie (*Anabaena azollae*) pour enrichir les rizières en azote. Le travail requis pour la culture et la récolte des fougères entraîne l'abandon progressif de cette technique. Il existe cependant beaucoup de Cyanobactéries libres fixatrices d'azote et des recherches leur sont consacrées dans plusieurs pays producteurs de riz, en Inde notamment. La mise au point de techniques favorisant le développement de la microflore spontanée paraît plus susceptible d'apporter des résultats à court terme que l'ensemencement des rizières avec des souches sélectionnées.

Mycorhizes

Bien que les résultats soient variables selon l'association Phanérogame-Champignon considérée, la mycorhization se traduit presque toujours par une nette augmentation de la croissance de la plante. Les végétaux mycorhizés assimilent plus facilement le phosphore et parfois l'azote, résistent davantage aux stress hydriques, supportent mieux le calcaire et sont moins attaqués par les parasites des racines.

En sylviculture, il est courant d'observer des augmentations de taille de 20 % des plants mycorhizés, ce qui se traduit par un gain de 40 % en volume de bois, par rapport à des témoins sans ectomycorhizes (Garbaye, 1991). Aussi l'ensemencement des plants est-il pratiqué depuis longtemps dans les pépinières forestières, soit, de façon empirique, avec de la terre contenant des fragments de racines d'arbres mycorhizés, soit avec des Champignons préalablement multipliés sur des milieux artificiels. *Pisolithus tinctorius*, utilisé à très grande échelle pour les résineux, fait l'objet d'une production commerciale dans quelques pays. Il s'avère particulièrement précieux pour assurer le succès des opérations de reboisement dans les sols très peu fertiles, acides et sablonneux, et sur les terrils de mines, riches en ions toxiques. *Laccaria laccata*, *Hebeloma crustuliniforme* et *Rhizopogon vinicolor* sont tous trois largement utilisés pour mycorhizer le sapin de Douglas (*Pseudotsuga menziesii*). Les recherches sur la mycorhization contrôlée sont activement menées en zone méditerranéenne, où la reprise des jeunes arbres à la plantation est rendue difficile par les contraintes climatiques et édaphiques. Dans des boisements expérimentaux du Midi de la France, des résultats prometteurs ont été obtenus avec des pins pignons mycorhizés par *Suillus collinitus* et des cèdres de l'Atlas mycorhizés par *Tuber albidum*. Ainsi, dans un des essais, le taux de survie des cèdres inoculés en pépinière avec *T. albidum* était de 79 % un an après la plantation, tandis que celui des arbres non mycorhizés était de 70 % (Mousain *et al.*, 1994). Des efforts sont faits pour sélectionner des Champignons symbiotiques à la fois efficaces et susceptibles d'être récoltés pour être consommés. La truffe (*Tuber melanosporum*) représente une exception puisque c'est ici le Champignon qui constitue la culture principale, l'essence ligneuse n'étant qu'un auxiliaire symbiotique indispensable. Il y a moins de 40 ans que l'on est arrivé à réaliser, en Italie, les premières synthèses mycorhiziennes contrôlées de truffes et de feuillus. Il est désormais possible d'acheter des plants mycorhizés de chênes (*Quercus pubescens, Q. ilex...*) et de noisetiers (*Corylus avellana, C. colurna*) et la trufficulture est en pleine expansion, avec plus de 5 000 ha plantés en plants mycorhizés en France, et des rendements moyens de 30 kg par ha à partir de la quinzième année. Néanmoins, il reste beaucoup à faire pour connaître les facteurs qui déclenchent la fructification de ce Champignon particulier et pour bien définir les conditions de sa culture.

On a longtemps considéré qu'il était sans intérêt de faire un apport de Champignons endomycorhizogènes exogènes puisqu'ils étaient universellement présents dans les microflores naturelles. L'étude de leur variabilité a cependant montré que l'efficacité des associations mycorhiziennes pouvait varier considérablement, particulièrement dans les sols cultivés où la diversité des espèces et des souches est fortement réduite. En outre, certains milieux peuvent être complètement dépourvus de microflore : sols de serre ou de pépinière désinfectés (fig. 98), substrats artificiels, milieux de culture de vitroplants (encadré ci-dessous). La production d'inoculum, malgré les problèmes techniques qu'elle soulève encore, a donc commencé à une échelle commerciale. Le Champignon est multiplié sur des plantes-hôtes à croissance rapide (trèfle, ray-grass) cultivées sur des substrats désinfectés. Les racines mycorhizées ou le substrat de culture lui-même peu-

La mycorhization des vitro-plants

La multiplication des plantes *in vitro* à partir de cultures de méristèmes (micropropagation) permet d'obtenir rapidement un grand nombre de clones issus de plantes sélectionnées ou de régénérer des sujets sains à partir de plantes contaminées par des virus ou des Champignons systémiques. Bien que cette technique ne soit pas encore applicable à la totalité des espèces cultivées, la micropropagation est maintenant très couramment employée. Rien qu'en Europe, plusieurs centaines de laboratoires, publics ou commerciaux, l'utilisent pour multiplier des plantes florales ou ornementales, des plantes de grande culture (ananas, artichaut, betterave, blé, fraisier, pomme de terre), des arbres fruitiers (avocatier, *Citrus*, *Malus*, *Prunus*) et de la vigne.
Cependant, la reprise au moment du sevrage, période où les vitro-plants sont sortis des tubes et mis dans des substrats de culture, demeure très délicate. On s'est aperçu que l'on améliorait considérablement l'enracinement et la reprise des vitro-plants si l'on apportait des Champignons endomycorhizogènes dans le substrat de culture stérile. Si le couple hôte-Champignon est convenablement choisi, non seulement on obtient des plantes plus robustes, mais encore on raccourcit de plusieurs semaines la période d'acclimatation, ce qui représente un avantage économique considérable.

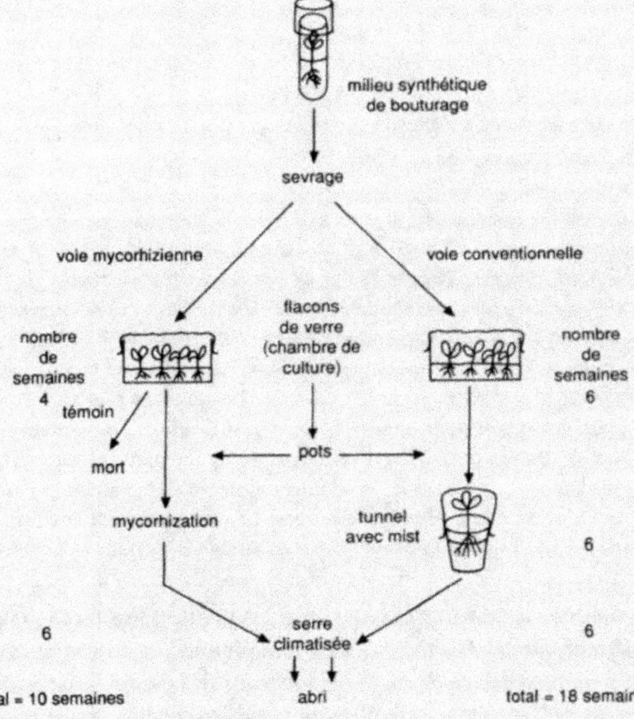

Dans le cas de vitro-plants d'*Anthyllis cytisoides* et de *Spartium junceum* (ci-contre), le gain de temps est de 8 semaines. La mycorhization permet d'abréger le séjour en chambre de culture et évite d'avoir à maintenir en humidité saturée (mist) pendant 6 semaines avant le passage en serre (Salamanca *et al.*, 1992).

Figure 98. La stérilisation du sol élimine les Champignons endomycorhizogènes. Il est nécessaire de les réintroduire pour restaurer la fertilité biologique du sol, comme on le voit avec ces semis d'oignons (cliché S. Gianinazzi, INRA). a : sol non désinfecté ; b : sol désinfecté réensemencé en Champignons mycorhizogènes ; c : sol désinfecté non réensemencé.

vent être utilisées comme source d'inoculum. Réservée, en raison de son coût, à des cultures de haut rapport, l'inoculation peut donner des résultats spectaculaires. Ainsi, des jeunes plants de vigne ensemencés avec une préparation commerciale au moment de leur mise en place dans un vignoble du Michigan ont eu une croissance améliorée de 40 %, par rapport à des plants non inoculés, au cours des 2 années suivantes, et une production supérieure de 24 % lors de la première récolte (Safir, 1994).

Biopesticides

Par analogie avec les pesticides chimiques, on appelle biopesticides des agents biologiques utilisés pour lutter contre des organismes pathogènes. Ce terme, bien que commode, n'est pourtant pas couramment employé, sans doute parce que «pesticide» est inconsciemment associé à «lutte chimique» et «pollution».

Pesticide évoque aussi une idée d'éradication, objectif qui n'est ni atteint ni recherché en matière de lutte biologique. Contrairement aux pesticides chimiques qui bouleversent les équilibres naturels, les biopesticides ont au contraire pour but de rétablir en faveur de la plante des équilibres rompus par les pratiques culturales. Pour bien marquer ces différences, les auteurs anglo-saxons tendent à utiliser l'expression *plant growth promoting microbiota* (agents microbiens promoteurs de croissance) plutôt que biopesticides : de cette façon, l'accent est mis sur l'aspect positif (l'amélioration de la croissance des plantes) plutôt que sur l'aspect négatif (l'élimination des agents pathogènes). Mais le qualificatif de «promoteur de croissance» (*growth promoting*) prête à confusion dans la mesure où il paraît sous-entendre que les microorganismes auxiliaires améliorent les rendements parce qu'ils synthétisent des facteurs de croissance. Ceci n'est vrai que dans quelques cas. Le plus souvent, l'amélioration est due simplement à la réduction de la pression parasitaire sous l'effet des antagonistes.

La liste des espèces susceptibles d'être utilisées comme agents de lutte biologique ne cesse de s'allonger. Elle comprend des Bactéries, des Champignons, des Protistes et des Nématodes. Beaucoup ne franchiront sans doute jamais le stade des essais de laboratoire. D'autres, après avoir donné des résultats satisfaisants à petite échelle, en conditions

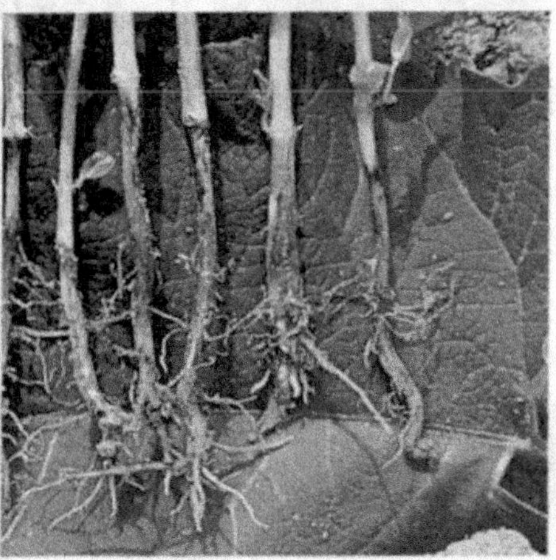

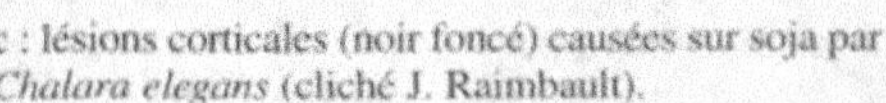

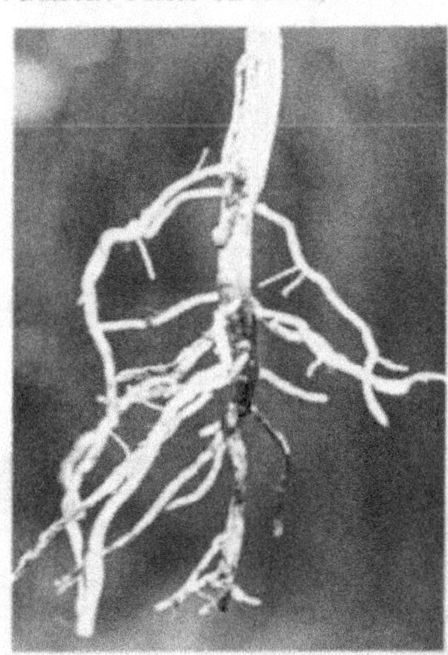

Figure 95. Quelques dégâts dus à des Champignons du sol.

a : destruction de jeunes plants de soja par *Rhizoctonia solani* (cliché B. Dalbello-Polèse CETIOM).

b : chancres au collet provoqués sur soja par *R. solani* (cliché J. Raimbault CETIOM).

c : lésions corticales (noir foncé) causées sur soja par *Chalara elegans* (cliché J. Raimbault).

d : pourriture basale d'un oignon due à *Sclerotium cepivorum*. Chaque petit point noir est un sclérote (cliché P. Bernaux, INRA).

e : attaque de *Sclerotinia sclerotiorum* sur tige de soja. On distingue en haut de la tige le mycélium blanc cotonneux du Champignon et, vers le centre de la photographie, un gros sclérote noir (cliché B. Dalbello-Polèse).

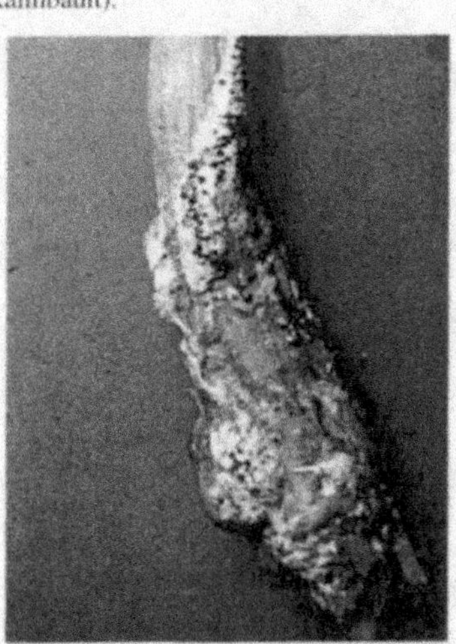

: dans cette serre, toutes les cultures sont isolées du sol par un plastique ; une importante source de contamination est ainsi supprimée (cliché M.M. Guimbard, photothèque INRA).

Figure 106. Importance de la prophylaxie en cult[ure] hors - sol. ▼ : bien que cultivées dans un mélange ho[r]ticole propre, les plantes au centre de la photograph[ie] sont atteintes de fusariose vasculaire car les sacs ont é[té] contaminés à partir du sol de la serre (cliché C. Mart[in] Agriphyto).

Figure 109 : semences de tournesol pelliculées. A gauche, pelliculage chimique ; à droite, pelliculage avec la Bactér[ie] *Pseudomonas fluorescens*. Les graines conservent leur forme mais sont plus lisses (cliché B. Digat, INRA).

contrôlées, se sont montrées décevantes en conditions normales d'application. Quelques espèces cependant ont passé avec succès les épreuves de l'expérimentation au champ et certaines font déjà l'objet d'une exploitation commerciale. En Angleterre, environ 10 000 ha de forêts de pins sont traités chaque année avec *Peniophora gigantea* pour empêcher la contamination des souches par *Heterobasidion annosum* et, en France, des souches hypoagressives de *Cryphonectria parasitica* ont été introduites dans plus de 10 000 ha de châtaigneraies pour lutter contre le chancre du châtaignier. Des préparations des souches K 84 et K 1026 d'*Agrobacterium radiobacter* sont en vente dans un grand nombre de pays pour empêcher le développement de la galle du collet, causée par *A. tumefaciens*.

Des recherches intensives sont par ailleurs menées sur les *Trichoderma*, Champignons communs du sol utilisables contre un grand nombre de Champignons parasites. Ils assurent une maîtrise très efficace des fontes de semis. Une souche de *Trichoderma* (= *Gliocladium*) *virens* a été agréée en 1990 par l'Agence américaine pour la Protection de l'Environnement (EPA) pour lutter contre *Rhizoctonia solani* et *Pythium ultimum* en culture maraîchère et florale. Des essais à grande échelle ont aussi confirmé l'efficacité des *Trichoderma* vis-à-vis de divers Champignons à sclérotes. Ainsi, dans un champ de carottes infesté par *Sclerotium rolfsii*, les pertes ont été réduites de 94 % par une souche de *T. virens* et la part commercialisable de la récolte était significativement plus élevée que dans les parcelles traitées au flutolanil, un fongicide (Papavizas, 1992). D'autres Champignons font aussi l'objet de recherches actives : *Coniothyrium minitans* (fig. 99) et *Teratosperma sclerotivora* pour lutter contre les *Sclerotinia* (*T. sclerotivora* est produit à titre expérimental par une compagnie américaine), *Talaromyces flavus* contre les *Verticillium*, *Pythium oligandrum* contre divers parasites... En France, des recherches théoriques et appliquées sur les *Fusarium oxysporum* saprophytes antagonistes de *F. oxysporum* parasites sont menées à Dijon depuis près de 20 ans. Des essais, réalisés sur plusieurs ha de cultures sous abri de tomates et de melons, en terre et surtout hors-sol, ont confirmé l'intérêt de la souche Fo 47. La protection qu'elle assure à la tomate contre *F. oxysporum* f. sp. *radicis lycopersici* est par exemple équivalente à celle du traitement chimique à l'hymexazol (Alabouvette *et al.*, 1993).

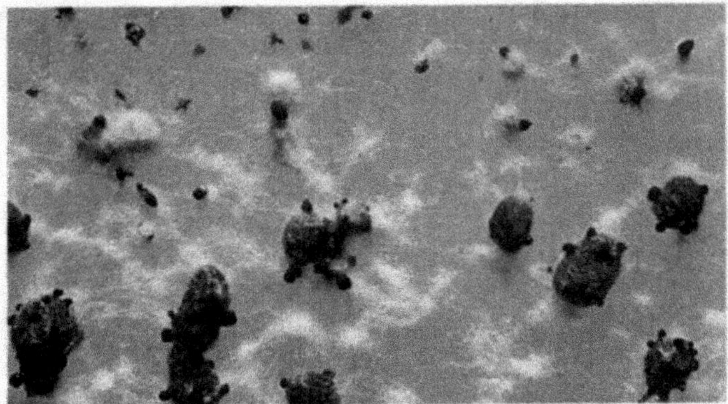

Figure 99. Parasitisme de *Sclerotinia minor* par *Coniothyrium minitans*. Les grosses masses noires sont des sclérotes de *S. minor*. Les petites excroissances visibles à leur surface sont des fructifications du mycoparasite *C. minitans* qui a complètement envahi et détruit les sclérotes (cliché P. Davet, INRA).

Les travaux réalisés depuis la fin des années 70 sur les Bactéries de la rhizosphère ont permis de sélectionner plusieurs souches capables d'assurer une protection efficace des racines vis-à-vis de parasites majeurs et/ou des Bactéries pernicieuses. La plupart sont des *Pseudomonas* fluorescents. Appliqués par enrobage à des tubercules de pommes de terre avant leur plantation dans des champs expérimentaux, ils permettent des augmentations de rendement allant jusqu'à 17 % (Kloepper *et al.*, 1980). Ils peuvent assurer à des cotonniers semés dans un sol infesté de *Pythium* une levée aussi bonne qu'un traitement au métalaxyl (Loper, 1988). D'autres Bactéries (*Enterobacter, Serratia, Streptomyces*) paraissent également intéressantes et une souche de *Bacillus subtilis* a même été homologuée aux Etats-Unis.

Les Bactéries rhizosphériques peuvent aussi exercer un effet protecteur général contre les Nématodes parasites. Les recherches portent cependant davantage sur des antagonistes spécifiques : la Bactérie *Pasteuria penetrans*, par exemple, introduite dans des parcelles infestées par *Meloidogyne incognita*, peut diminuer les pertes de récolte de 24 % chez le tabac, de 38 à 55 % chez la vesce (*Vicia villosa*) (Brown *et al.*, 1985). Plusieurs Champignons sont en cours d'étude. Les expérimentations avec des Champignons prédateurs (*Arthrobotrys robusta, A. irregularis*) n'ayant pas toujours été concluantes, on s'intéresse plutôt actuellement à des parasites des femelles et des oeufs, comme *Verticillium chlamydosporium* et *Paecilomyces lilacinus*. En verger de *Citrus*, les populations de *Tylenchulus semipenetrans* sont réduites de moitié quelques mois après l'introduction de *P. lilacinus* alors que, malgré une chute temporaire, elles dépassent les populations initiales dans les parties du verger traitées avec des nématicides. La récolte totale et le diamètre des fruits sont significativement plus élevés dans le traitement biologique que dans les traitements chimiques (Jatala, 1986).

L'utilisation des Champignons du sol comme **herbicides biologiques** est aussi envisageable. Une préparation desséchée et broyée de *Trichoderma virens* empêche la germination de l'amaranthe (*Amaranthus retroflexus*) sans gêner la levée du cotonnier semé dans la même parcelle. L'effet phytotoxique est dû à un stéroïde, le viridiol, synthétisé par *T. virens* (Howell et Stipanovic, 1984). Aux Etats-Unis, le Champignon *Phytophthora palmivora* est commercialisé pour débarrasser les vergers de *Citrus* de la mauvaise herbe *Morrenia odorata*. Mais les recherches s'orientent plutôt vers des Champignons et des Actinomycètes non parasites producteurs de toxines, du type de *T. virens* (Jones et Hancock, 1990).

Stimulateurs de croissance

L'effet bénéfique des microorganismes rhizosphériques, lorsqu'il est observé en l'absence de parasites reconnus, est généralement attribué à la mise en échec d'agents pathogènes mineurs difficiles à identifier. Cependant, des essais réalisés avec des plantes axéniques montrent que des Bactéries et des Champignons peuvent avoir une action stimulatrice directe, observable en l'absence de tout élément pathogène. Cet effet, déjà signalé à propos des *Azospirillum* mais indépendant de leur aptitude à fixer l'azote atmosphérique, a été mis en évidence chez certaines souches de *Pseudomonas putida* : des plants de *Brassica campestris* issus de graines enrobées avec une suspension de Bactéries ont un système racinaire plus développé et une masse plus élevée, et ils assimilent près de deux fois plus de phosphore que les plantes témoins. La région de l'ADN bactérien responsable de la stimulation de l'élongation racinaire a pu être clonée, mais le mécanisme d'action n'est pas encore connu (Lifshitz *et al.*, 1988).

Des composés diffusibles d'origine fongique peuvent également stimuler *in vitro* la germination et la croissance de diverses catégories de plantes (Gillespie-Sasse *et al.*, 1991 ; Besnard et Davet, 1993). Certaines souches de *Trichoderma*, introduites dans des substrats horticoles du commerce, améliorent le développement de nombreuses espèces maraîchères et florales. Les plantes traitées fleurissent plus tôt et plus abondamment (Baker, 1988). Les résultats de ces recherches n'ont pas encore fait l'objet d'une grande diffusion car beaucoup sont couverts par des brevets.

Améliorateurs de la structure du sol

La stabilisation des agrégats par des exopolysaccharides microbiens constitue une parade à l'érosion des terres pauvres en liants organiques ou minéraux. Des essais d'amélioration de la structure ont été faits en Argentine en apportant à la surface du sol des déchets cellulosiques, transformés par des *Cytophaga* en gelée cytophagienne colloïdale. Aux Etats-Unis, on s'intéresse plutôt aux Algues vertes unicellulaires (*Chlamydomonas* et *Asterococcus*) dont les exigences nutritives sont très faibles, pourvu que la teneur en eau du sol soit suffisante. Les *Chlamydomonas* sont commercialisés à petite échelle dans les grandes plaines fraîches et humides du Nord-Ouest Pacifique, où les systèmes d'irrigation par rampes tournantes sont très répandus : le traitement biologique revient moins cher que l'emploi de conditionneurs chimiques (Zimmerman, 1993).

Microorganismes biodécomposeurs

Les microorganismes sont de précieux auxiliaires pour la fermentation des composts et des déchets organiques. Il devrait être possible de mieux contrôler le développement des communautés microbiennes au cours de ces processus et, par exemple, de les enrichir en Bactéries fixatrices d'azote de façon à augmenter la valeur agronomique du matériau décomposé.

L'usage des pesticides chimiques est un des facteurs du développement spectaculaire de l'agriculture moderne. Mais, sans l'activité biodégradatrice des microorganismes, leur emploi aurait dû, depuis longtemps, être abandonné. Imagine-t-on quel serait le degré de stérilité des sols s'ils n'étaient pas débarrassés continuellement, par les décomposeurs microbiens, des herbicides que l'on y déverse ? Cette aptitude des microorganismes à métaboliser les composés les plus divers est de plus en plus systématiquement mise à profit pour la réhabilitation des sols contaminés par des produits xénobiotiques ou simplement pour la destruction de composés toxiques. La biodégradation était, il n'y a guère, souvent obtenue en incorporant les matériaux organiques dans des champs maintenus à un niveau de fertilisation et de teneur en eau propice au développement de la vie microbienne (*landfarming*). Ce procédé est maintenant abandonné en raison des risques de pollution qu'il présente. Les composés xénobiotiques sont toujours traités par mélange à de grands volumes de sol, mais dans des installations qui ne permettent pas de transferts horizontaux ou verticaux de matériaux toxiques. Il est aussi plus facile, dans ces conditions, d'optimiser le développement des communautés biodégradantes.

On s'est aperçu qu'il pouvait être utile de semer des végétaux dans les sols à dépolluer car la microflore rhizosphérique est plus abondante et beaucoup plus active que celle du sol nu. La minéralisation du trichloréthylène, estimée au laboratoire par le dosage du $^{14}CO_2$ dégagé à partir d'échantillons marqués au ^{14}C, est par exemple trois fois plus rapide dans un sol de rhizosphère que dans le sol témoin (Walton et Anderson, 1990).

Autres utilisations possibles

Malgré les progrès réalisés durant ces dernières décennies, la microbiologie du sol n'en est encore qu'à ses premiers balbutiements si l'on songe que la plupart des microbiologistes s'accordent pour estimer que près de 90 % des microorganismes du sol sont encore totalement inconnus. Parmi le petit nombre qui a déjà été identifié et en partie domestiqué, certains présentent certes un intérêt majeur pour le développement de l'agriculture : nous venons d'en voir quelques exemples. D'autres sont utilisés pour la production d'antibiotiques ou de protéines alimentaires (par exemple la Cyanobactérie *Spirulina*). D'autres encore dans l'industrie minière, pour l'extraction des métaux.

Le sol constitue donc un extraordinaire réservoir de gènes susceptibles des applications les plus variées. Pour tirer parti de ces gènes, on a jusqu'à présent utilisé l'organisme dans lequel ils se trouvent naturellement. Le développement des biotechnologies permet désormais d'envisager leur transfert dans d'autres microorganismes plus faciles à manipuler, voire directement dans des organismes supérieurs. C'est ainsi que l'on a proposé de créer des associations symbiotiques entre des Bactéries fixatrices d'azote et des plantes d'intérêt agronomique autres que les Légumineuses, comme les céréales, ou même d'introduire directement les gènes *nif* de fixation de l'azote dans des génomes végétaux. Il est difficile, dans ce domaine, de tracer la frontière entre l'utopie et les contraintes de la réalité.

**Pour un complément d'information sur l'aspect pratique
des relations entre plantes et microorganismes**

ARSHAD M. et FRANKENBERGER W. T., 1993 - Microbial production of plant growth regulators. In *Soil microbial ecology*, F. B. Metting Ed., Marcel Dekker Inc., New York, p. 307-347.

LYNCH J. M., 1983 - *Soil biotechnology : microbiological factors in crop productivity.* Blackwell Scientific Publications, Oxford.

MILLER F. C., 1993 - Composting as a process based on the control of ecologically selective factors. In *Soil microbial ecology*, F. B. Metting Ed., Marcel Dekker Inc., New York, p. 515-544.

SCHUMANN G. L., 1991 - *Plant diseases : their biology and social impact.* American Phytopathological Society, Saint Paul, Minnesota.

SEMAL J. (Ed.), 1989 - *Traité de pathologie végétale.* Presses agronomiques de Gembloux.

SKLADANY G. J. et METTING F. B., 1993 - Bioremediation of contaminated soil. In *Soil microbial ecology,* F. B. METTING Ed., Marcel Dekker Inc., New York, p. 483-513.

WOOD R. K. S. et JELLIS G. J. (Ed.), 1984 - *Plant diseases. Infection, damage and loss.* Blackwell Scientific Publications, Oxford.

ZIMMERMAN W. J., 1993 - Microalgal biotechnology and applications in agriculture. In *Soil microbial ecology,* F. B. Metting Ed., Marcel Dekker Inc., New York, p. 457-479.

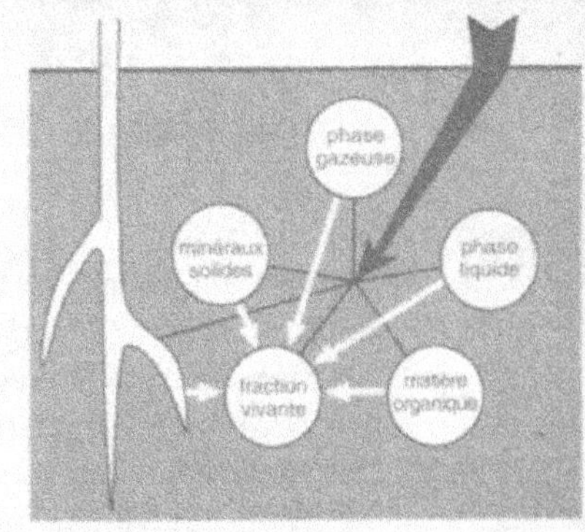

9

Interventions contre des organismes défavorables

Méthodes chimiques

Les fumigants

Ce sont des composés dont l'effet biocide s'étend à l'ensemble des habitants du sol. Ils se présentent généralement sous forme liquide ou solide, mais ils se volatilisent très rapidement après leur application. Leur volatilité est souvent si élevée qu'il est indispensable de recouvrir le sol avec des bâches plastiques aussitôt après le traitement de façon à éviter une dispersion trop rapide des gaz dans l'atmosphère. Cette précaution est d'autant plus nécessaire que les fumigants sont tous extrêmement toxiques. Ainsi, le bromure de méthyle et la chloropicrine ne peuvent être appliqués que par des entreprises spécialisées agréées. Leur très large spectre d'action, qui inclut les mauvaises herbes, fait trop souvent considérer les fumigants comme une arme absolue dont l'efficacité évite une réflexion préalable sur les raisons qui ont rendu la désinfection nécessaire. Ils représentent souvent une solution de facilité et seraient sans aucun doute encore davantage utilisés si leur prix très élevé ne limitait pas leur emploi aux cultures les plus rentables.

On oublie cependant trop souvent que les fumigants ne sont efficaces que si les vapeurs se répandent dans tout le volume de terre qui sera prospecté par les racines. La diffusion des gaz dépend elle-même de leur densité, qui varie avec la température, ainsi que de la préparation du sol et de sa teneur en eau. La présence de débris organiques enfouis récemment et mal décomposés diminue l'efficacité des traitements.

Cependant, même réalisée dans de bonnes conditions, une fumigation peut ne pas être efficace si des précautions élémentaires ne sont pas prises. Le traitement supprime en effet la microbiostase, il crée un **vide biologique** d'autant plus intense que la désinfection a été mieux réussie. Dans ces conditions, la moindre particule de terre infectée, le moindre débris végétal souillé arrivant au contact du sol stérilisé constitue un pied de cuve de germes pathogènes dont aucun effet de compétition ne vient freiner le développement. De la même façon, la plantation dans un sol désinfecté de quelques sujets contaminés en pépinière peut conduire à l'extension rapide de la maladie à tous les sujets sains voisins. Ceci peut se produire, par exemple, si l'on utilise des plants de fraisiers non certifiés hébergeant *Phytophthora cactorum* en infection latente.

La phytotoxicité des fumigants rend indispensable le respect d'un délai avant de remettre le sol en culture. La durée de la toxicité rémanente peut varier de quelques jours à quelques semaines selon le fumigant utilisé, sa dose d'emploi, la nature du sol, sa teneur en eau et la température. Le «test cresson» permet de s'assurer que toutes les vapeurs toxiques se sont bien dégagées.

> Le test consiste à prélever un échantillon de sol traité et à en remplir à moitié un bocal fermant hermétiquement. On dépose, sur la surface humidifiée, des graines de cresson alénois (*Lepidium sativum*), plante choisie en raison de sa germination très rapide. Le flacon est alors bouché. Si, au bout de 48 h, le cresson n'a pas levé, c'est que le sol contient encore des traces de fumigant.

La destruction d'une biomasse importante par la fumigation entraîne une accumulation de matière organique. Celle-ci subit une minéralisation rapide au moment de la recolonisation du sol par la microflore ambiante, libérant des éléments minéraux, en particulier du phosphore et de l'azote (essentiellement sous forme ammoniacale). Il est donc nécessaire d'en tenir compte au moment de la fertilisation.

La fumigation détruit indistinctement les parasites et les microorganismes utiles. Les Champignons endomycorhizogènes, en particulier, sont complètement éliminés. Cela peut se traduire par une croissance réduite et l'apparition de symptômes de carence chez des végétaux comme les *Citrus*, les arachides et certains *Allium* (en particulier le poireau).

Tableau 23. Fumigants à large spectre homologués en France pour le traitement du sol.

Nom chimique	Composés actifs	Observations
Bromure de méthyle	Bromure de méthyle	Application par une entreprise agréée
Chloropicrine	Chloropicrine	Application par une entreprise agréée
Dazomet	Méthylisothiocyanate Méthylamine Formaldéhyde H_2S, CS_2	Ne contiennent
Métam - Sodium	Méthylisothiocyanate	pas
Tétrathiocarbonate	CS_2	d'halogène

Un autre problème limite, et limitera de plus en plus, l'emploi des fumigants : c'est les risques qu'ils présentent pour l'environnement. Parmi les quelques fumigants qui sont encore autorisés (tabl. 23), le plus actif et le plus utilisé est sans conteste le bromure de méthyle. Mais son usage est fortement remis en question depuis quelques années. Dans les exploitations maraîchères, il est en effet nécessaire de copieusement lessiver le sol après une désinfection au bromure de méthyle si l'on veut éviter une accumulation de brome dans les tissus végétaux (en particulier dans les salades) : pratique qui entraîne une pollution élevée des eaux souterraines dans les régions où la nappe phréatique se trouve à faible profondeur et où les fumigations sont fréquentes, comme la Belgique ou les Pays-Bas. Le bromure de méthyle présente encore un autre inconvénient : même emprisonnés sous une bâche plastique, une partie des gaz s'échappe dans l'atmosphère et pourrait, semble-t-il, gagner la stratosphère et y contribuer à la destruction de la couche d'ozone. Aussi a-t-il été décidé, dans le protocole de Montréal, de geler à partir de 1995 la production de bromure de méthyle à son niveau de 1991 (elle augmente actuellement de 6 % par an). Une interdiction totale serait ensuite possible si les études en cours confirment sa nocivité.

Les océans sont une source naturelle de bromure de méthyle. Ils en produisent, selon les estimations, de 50 000 à 200 000 t par an. L'industrie, pour sa part, en fabrique environ 80 000 t par an, mais une partie seulement est libérée dans l'atmosphère. Le gaz a été détecté dans l'atmosphère à 1 km d'altitude. On suppose qu'il se dissocie et que le brome s'oxyde :

$$CH_3Br \longrightarrow Br^-, Br \text{ et } BrO$$

L'étude du «trou d'ozone» a d'autre part révélé la présence de brome dans la stratosphère. Comme le chlore et le fluor, le brome peut détruire l'ozone selon la réaction :

$$Br + O_3 \longrightarrow BrO + O_2$$

Le problème est actuellement de savoir quelle est la part relative du bromure de méthyle industriel et du bromure de méthyle naturel qui gagne la stratosphère. Les producteurs de gaz et les utilisateurs proposent, en attendant, de diminuer les émissions dans l'atmosphère en utilisant des films plastiques moins perméables. Ainsi, le passage à travers des films de polyamide à 3 couches est de l'ordre du g par h et par m^2, alors que les films classiques en polyéthylène laissent passer 60 $g/h/m^2$. Les films en éthylène-vinyl-alcool et les plastiques revêtus d'une pellicule d'aluminium paraissent également intéressants. L'emploi de ces films permettrait en outre, en limitant les pertes de gaz, de réduire les doses appliquées de façon appréciable.

Traitements sélectifs

Lorsque la cible est bien définie, il est possible de recourir à des traitements plus spécifiques. Les nématicides (tabl. 24), très toxiques, demeurent d'un emploi délicat : ce sont en fait des fumigants à spectre limité. Les fongicides (tabl. 25) sont plus faciles à manipuler et ne sont pas phytotoxiques, ce qui permet de localiser le produit au voisinage immédiat de la plante au lieu de l'épandre en sol nu sur l'ensemble de la surface. On les applique au moment du semis ou de la plantation selon des techniques variées : dépôt dans le lit de semences, enrobage des graines, incorporation dans les mottes destinées aux semis, trempage de plants ou de boutures. Ils peuvent être aussi pulvérisés au pied des plantes en cours de culture, mais avec des chances de réussite plus limitées.

Tableau 24. Nématicides actuellement homologués en France. Les fumigants indiqués dans le tableau 23 ont également une action nématicide.

Nom chimique	Famille	Observations
Aldicarbe	Carbamates	Emploi réglementé Systémique
Dichloropropène	Aliphatiques chlorés	Faiblement fongicide
Ethoprophos	Organo-phosphorés	Interdit avant une culture de carottes. Faiblement fongicide

Les pesticides à spectre restreint ont l'avantage de beaucoup moins perturber les écosystèmes que les fumigants. Ne créant pas de vide biologique, ils sont plus sûrs à court terme. A moyen terme, ils présentent eux aussi des inconvénients importants dûs, cette fois-ci, à leur spécificité. Ceci est particulièrement vrai pour les fongicides. Leur succès contre un agent pathogène majeur permet en effet à d'autres agents pathogènes, insensibles au traitement et inhibés jusque là par le Champignon éliminé, de se manifester. Le quintozène et les benzimidazoles favorisent ainsi d'une façon considérable les attaques de *Pythium* et de *Phytophthora*. La généralisation de l'emploi des benzimidazoles pour lutter contre les fusarioses et contre le piétin verse (*Pseudocercosporella herpotrichoides*) des céréales semble être aussi, pour les mêmes raisons, à l'origine du développement de *Rhizoctonia cerealis* et de *Typhula incarnata*, deux Basidiomycètes insensibles à ces fongicides et jusque là considérés comme peu importants (Cavelier *et al.*, 1985). Le déséquilibre est accentué si, en outre, les antagonistes naturels de la nouvelle vague d'agents pathogènes sont inhibés par les traitements : les *Trichoderma*, par exemple, sont très sensibles aux benzimidazoles.

Un pesticide, même lorsqu'il est spécifique, peut avoir des effets inhibiteurs imprévus sur certains groupes microbiens. Ainsi, plusieurs fongicides sont toxiques pour les *Rhizobium*. Utilisés pour traiter des semences de Légumineuses, ils peuvent empêcher la nodulation (Staphorst et Strijdom, 1976). Ce problème est particulièrement important dans le cas du soja car la Bactérie qui lui est associée, *Bradyrhizobium japonicum*, n'est pas naturellement présente dans nos sols et doit être introduite au moment du semis lorsqu'on cultive cette plante pour la première fois. Cette introduction risque fort d'être un échec si les graines ont été traitées, par exemple, à la carboxine. L'iprodione, le métalaxyl et l'hymexazol ont également un effet défavorable sur les *Rhizobium* (Revellin *et al.*, 1993). La plupart des fongicides systémiques, d'autre part, sont toxiques pour les Champignons endomycorhizogènes. Seuls les anti-Oomycètes sont compatibles, le fosétyl-Al paraissant même avoir un effet stimulant (Jabaji-Hare et Kendrick, 1987).

Notons que ces effets secondaires ne sont pas l'apanage des fongicides. Herbicides et insecticides peuvent également perturber les équilibres microbiens.

Pour empêcher la transformation trop rapide des engrais azotés ammoniacaux en nitrates et réduire ainsi la contamination des nappes phréatiques, on utilise des inhibiteurs de nitrification, certains à large spectre d'action comme l'azoture de potassium ou la dicyandiamide, d'autres plus spécialisés. La 2-chloro-6-(trichlorométhyl)-pyridine, le 4-amino-1,2,4-triazole, la 2,4-diamino-6-trichlorométhyl-s-triazine ont fait l'objet de brevets.

Tableau 25. Fongicides actuellement homologués pour lutter contre des Champignons du sol. L'usage de la plupart de ces produits est généralement limité à des cultures déterminées, non précisées dans ce tableau. Les fongicides dont le nom est suivi d'un astérisque ne sont employés qu'en mélange avec une autre matière active, afin de limiter les risques d'apparition de souches de Champignons résistantes.

Champignons-cibles	Famille chimique	Produits
Aphanomyces spp.	Isoxazoles	Hymexazol
Cercosporella herpotrichoides	Imidazoles	Prochloraze
	Pyrimidinamines	Cyprodinil
	Triazoles	Bromuconazole, Epoxiconazole, Flutriafol[*], Tébuconazole
Chalara elegans	Imidazoles	Imazalil
Corticium fuciforme	Dicarboximides	Iprodione
Didymella lycopersici	Carbamates	Thiophanate-méthyl
Fusarium spp.	Anilides	Carboxine[*]
	Carbamates	Thiabendazole, Thiophanate-méthyl
	Dérivés benzéniques	Quintozène
	Dithiocarbamates	Mancozèbe, Manèbe, Thirame
	Guanidines	Triacétate de guazatine
	Imidazoles	Imazalil
	Isoxazoles	Hymexazol
	Phtalimides	Captane
	Quinoléines	Oxyquinoléate de Cu, Oxyquinoléine
Phoma spp.	Carbamates	Thiabendazole
	Dicarboximides	Iprodione
	Dithiocarbamates	Mancozèbe, Manèbe, Thirame
	Imidazoles	Imazalil
	Quinoléines	Oxyquinoléate de Cu
	Triazoles	Hexaconazole
Phytophthora spp.	Acétamides	Cymoxanil[*]
	Acylalanines	Furalaxyl, Métalaxyl
	Carbamates	Propamocarbe-HCl
	Ethyl-phosphites métalliques	Fosétyl-Al
	Oxazilidinones	Oxadixyl[*]
Plasmodiophora brassicae	Carbamates	Thiophanate-méthyl
pourridiés	Quinoléines	Oxyquinoléine
Pyrenochaeta lycopersici	Carbamates	Thiophanate-méthyl
Pythium spp.	Acylalanines	Furalaxyl, Métalaxyl
	Acylamides	Ofurace[*]
	Anilides	Carboxine[*]
	Carbamates	Propamocarbe-HCl
	Dithiocarbamates	Mancozèbe, Manèbe, Thirame
	Isoxazoles	Hymexazol
	Phtalimides	Captane
	Quinoléines	Oxyquinoléate de Cu, Oxyquinoléine
Rhizoctonia solani	Anilides	Flutolanil, Mépronil
	Carbamates	Carbendazime, Thiabendazole, Thiophanate - méthyl
	Dérivés aromatiques	Tolchlofos-méthyl
	Dérivés benzéniques	Quintozène
	Dicarboximides	Iprodione
	Dithiocarbamates	Mancozèbe
	Phénylurées	Pencycuron
	Triazoles	Hexaconazole
Sclerotinia spp., *Sclerotium cepivorum*	Carbamates	Bénomyl, Carbendazime, Diéthofencarbe[*], Thiophanate-méthyl
	Dérivés benzéniques	Quintozène
	Dicarboximides	Iprodione, Procymidone, Vinchlozoline
	Dithiocarbamates	Thirame
Spondylocladium atrovirens	Carbamates	Thiophanate-méthyl
Verticillium dahliae	Carbamates	Thiophanate-méthyl

Utilisation de composés chimiques non biocides

Leurres chimiques

On peut obtenir une réduction de la densité d'inoculum d'un parasite en provoquant la germination ou l'éclosion de ses organes de conservation alors qu'aucune plante-hôte ne se trouve à proximité. L'organisme activé se trouve alors livré aux phénomènes de compétition et périclite plus ou moins rapidement. C'est ce qui a été réalisé dans le cas de la pourriture blanche de l'ail et de l'oignon, due à *Sclerotium cepivorum*. Le messager volatil qui induit la germination des sclérotes est le disulfure de diallyle (voir p. 231). Injecté en solution dans un sol contaminé, il permet de réduire de 70 % la quantité de sclérotes viables sans perturber les équilibres biologiques (Entwistle *et al.*, 1982 ; Coley-Smith, 1990). Les résultats varient fortement selon la température, qui ne doit pas être trop haute, 15°C paraissant constituer un optimum. L'utilisation pratique du disulfure de diallyle n'est pas encore envisageable à cause de son prix trop élevé. Mais de telles études ont le grand intérêt de montrer que d'autres voies que l'usage des pesticides classiques sont possibles.

Inhibiteurs d'enzymes

Les enzymes spécifiques impliquées dans les mécanismes de l'invasion parasitaire sont encore trop mal connues pour que l'on puisse envisager d'en inhiber sélectivement le fonctionnement. Par contre, il est possible, dans quelques cas, de bloquer des réactions enzymatiques concernant des phénomènes non parasitaires, mais indésirables. Il s'agit en premier lieu de la dégradation de l'urée qui, si elle est trop rapide, conduit à une accumulation d'ammoniac qui peut à son tour entraîner des pertes d'azote par volatilisation et dénitrification. Il existe plusieurs inhibiteurs de l'uréase (tabl. 26). Appliqués à la surface du sol, ils empêchent le fonctionnement de l'uréase dans les horizons superficiels. L'urée est décomposée progressivement en profondeur, et l'ammoniac peut alors être retenu par

Tableau 26. Quelques inhibiteurs de l'uréase susceptibles d'être utilisés dans la pratique. Beaucoup d'autres inhibiteurs ont été expérimentés, mais ils sont trop chers, trop peu efficaces au champ, ou dangereux pour l'environnement. Les produits ci-dessous donnent de mauvais résultats dans les rizières, où les conditions d'hydromorphie sont particulièrement favorables à l'hydrolyse de l'urée. Dans ce cas, on peut utiliser la cyclohexylphosphorictriamide (CHPT). L'efficacité de la CHPT est toutefois moins bonne en présence d'Algues (Keerthisinghe et Freney, 1994).

Groupe chimique	Référence
Quinones	
Hydroquinone	Bremner et Mulvaney (1978)
Phosphoroamides	
Phénylphosphorodiamidate (PPD)	Martens et Bremner (1984)
Triamide N - (n-butyl) thiophosphorique (NBPT)	Chai et Bremner (1987)
N - (diaminophosphinyl) benzamide (DAPB)	Martens et Bremner (1984)
Hydroxamates	
Acide acétohydroxamique (AHA)	Pugh et Waid (1969)
Thiosulfate d'ammonium	Goos et Fairlie (1988)

Tableau 27. Quelques microorganismes dont l'expression du pouvoir pathogène est modulée par le pH du sol.

Agents pathogènes dont l'expression est favorisée par un pH acide	Agents pathogènes dont l'expression est favorisée par un pH neutre ou alcalin
Aphanomyces euteiches *Fusarium oxysporum* vasculaires *Plasmodiophora brassicae* *Pythium spp.*	*Chalara elegans* *Gaeumannomyces graminis* var. *tritici* *Fusarium solani* var. *coeruleum* *Phymatotrichum omnivorum* *Streptomyces scabies* *Verticillium albo - atrum* *Verticillium dahliae*

les composants du sol. Un autre exemple concerne la disparition accélérée des herbicides de la famille des thiocarbamates, observable lorsque, après plusieurs applications successives, le sol se trouve exagérément enrichi en microorganismes biodégradateurs. Le diétholate, composé sans action herbicide, peut protéger les thiocarbamates d'une biodégradation trop rapide. Il s'agit vraisemblablement d'une inhibition des enzymes par compétition entre la molécule de l'herbicide et celle du diétholate (Obrigawitch *et al.*, 1982). Cependant, le diétholate peut lui-même être soumis à une biodégradation accélérée s'il est utilisé plusieurs fois de suite au même endroit. Un autre composé, le S-éthyl-N, N-bis (3-chloroallyl) thiocarbamate, paraît moins exposé à ce risque (Harvey, 1990).

Modifications du pH

Il est possible, en faisant varier le pH, de modifier considérablement l'impact d'une maladie (tabl. 27). L'effet est complexe et concerne à la fois la plante-hôte, l'agent pathogène et ses antagonistes. On peut aussi recourir à une élévation du pH pour favoriser des Bactéries utiles, comme par exemple les *Rhizobium*.

Le relèvement du pH est généralement réalisé par la pratique du chaulage, qui consiste à incorporer dans le sol de la chaux ou des matériaux riches en calcium (avec parfois le risque de rendre plus difficile pour les plantes l'assimilation de certains microéléments). La diminution du pH est obtenue indirectement en apportant du soufre, qui est oxydé en sulfate par les microorganismes (fig. 100). Ces amendements concernent l'ensemble d'un champ et entraînent des modifications relativement durables de la réaction du sol. Mais il est aussi possible d'agir de façon temporaire et localisée en jouant seulement sur le pH de la rhizosphère d'une culture particulière. Une fumure azotée ammoniacale abaisse le pH rhizosphérique tandis qu'un engrais nitrique l'augmente (*cf.* p. 214). L'effet acidifiant de la fumure ammoniacale peut être prolongé si l'on apporte en même temps un inhibiteur de nitrification (Smiley et Cook, 1973).

Ozone

Dans le cas particulier des cultures hors-sol, dont nous parlerons un peu plus loin, les liquides de drainage sont de plus en plus souvent récupérés et recyclés. Il est alors indispensable de stériliser ces solutions nutritives avant de les remettre en circulation.

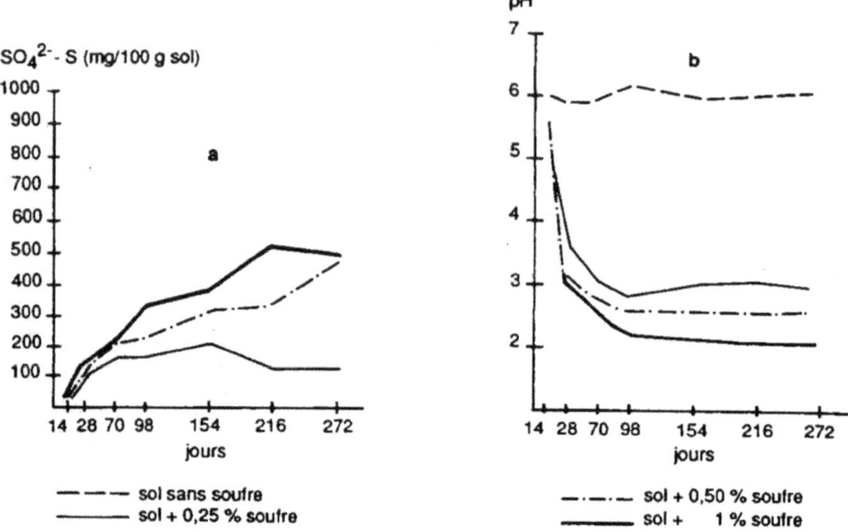

Figure 100. Apparition d'ions SO$_4^-$ (a) et abaissement du pH résultant de l'oxydation du soufre dans le sol (b). (Adamczyk - Winiarska *et al.*, 1975).

L'oxydation par l'ozone constitue un moyen intéressant car elle ne laisse pas de résidus toxiques. L'efficacité est meilleure lorsque le milieu est acide, ce qui est généralement le cas. Le débit considéré comme optimal est de 10 g d'ozone par m^3 de solution à stériliser, avec une durée de confinement de 1 h.

Méthodes physiques

Traitement par la chaleur

La chaleur est un des moyens les plus anciennement utilisés de désinfection du sol. On se sert pour cela de vapeur d'eau sous pression que l'on injecte dans le sol en place sous des cloches métalliques ou sous des bâches, ou que l'on introduit à la base de cuves contenant la terre à désinfecter. La terre ne doit pas être tassée et doit être plutôt sèche. La durée minimum du traitement est d'une vingtaine de minutes. Les Nématodes et la plupart des Champignons sont tués à partir de 60°C. Certains virus peuvent supporter des températures plus élevées. La résistance des Bactéries varie selon leur aptitude à former des spores : les *Bacillus*, par exemple, peuvent survivre à la désinfection. On peut exploiter cet effet différentiel de la vapeur sur les Bactéries et les Champignons en réduisant la température de traitement. En mélangeant de l'air à la vapeur, il est possible de maintenir une température de 70°C dans le sol, ce qui présente un double avantage : on évite de créer un vide biologique en conservant une flore bactérienne saprophyte et l'on diminue le coût du traitement. Ce coût n'en demeure pas moins très élevé et limite l'usage de la vapeur aux exploitations à très haut rendement. La désinfection par la vapeur a le gros avantage de ne pas introduire de produits toxiques dans l'environnement. Mais, comme les fumigations chimiques, elle élimine les Champignons mycorhizogènes. Si elle est trop poussée, elle crée aussi un vide biologique ; si elle est modérée, elle risque de provoquer une accumulation temporaire d'ammoniac car les Bactéries ammonifiantes résistent mieux à la chaleur que les Bactéries de la nitrification.

Dans les exploitations horticoles, qui disposent presque toujours d'une installation de chauffage des serres, la chaleur peut être utilisée aussi pour la désinfection des liquides de drainage recyclés. Il faut une exposition d'au moins 10 secondes à 95°C pour inactiver les virus en suspension, et d'une trentaine de secondes pour éliminer les chlamydospores de *Fusarium oxysporum* (Runia *et al.*, 1988). Plusieurs fabricants proposent des chaudières à combustion submergée dans lesquelles le liquide à stériliser est pulvérisé dans la flamme, puis récupéré par condensation à la base du foyer (voir p. 307).

Des essais de chauffage du sol par l'émission de micro-ondes ont été tentés mais n'ont pas donné lieu à des développements pratiques.

Solarisation

La solarisation, mise au point par Katan en Israël dans les années 70, consiste à utiliser le soleil comme source d'énergie (Katan, 1981). Le sol, soigneusement ameubli et aplani, est arrosé de façon à ce que la tranche que l'on désire traiter soit copieusement humectée dans toute son épaisseur (il est par contre souhaitable de maintenir sèches les couches profondes : on évite ainsi une déperdition de chaleur vers le sous-sol par conduction). On recouvre ensuite la surface avec une bâche plastique transparente maintenue bien tendue (fig. 101). Aux latitudes méditerranéennes on peut ainsi atteindre en période de fort ensoleillement, pendant quelques heures par jour, des températures supérieures ou égales à 50°C à 10 cm de profondeur. L'élévation moyenne de température par rapport au sol nu est de 10 à 15°C.

L'humidification du sol a un triple objectif : augmenter la conductivité et la capacité calorifique, sensibiliser les Champignons et les semences, et activer la flore bactérienne. La plupart des Champignons sont tués s'ils sont exposés, même de manière discontinue, à des températures supérieures à 40°C pendant un temps suffisamment long. La durée critique d'exposition diminue très rapidement lorsque la température augmente : elle s'exprime en jours à 38°C, en heures à 44°C, en minutes au-delà de 50°C (*cf.* fig. 34, p. 119). Aussi, bien que les températures atteintes dans les 20 à 25 cm supérieurs du sol ne paraissent pas considérables, elles sont généralement suffisantes, si le sol est humide, pour éliminer les Champignons pathogènes (ils résistent beaucoup plus longtemps en sol sec). Même lorsqu'elles ne sont pas détruites, les propagules qui survivent sont affaiblies (enzymes et réserves dénaturées, fonctions physiologiques perturbées, exsudations accrues) et beaucoup plus sensibles à la concurrence active des Bactéries et de quelques Champignons saprophytes thermotolérants comme *Aspergillus terreus, Talaromyces flavus* et certaines Mucorales.

Le grand intérêt de la solarisation réside dans cette stimulation de la microflore saprophyte épargnée par l'élévation de la température. On constate généralement que le

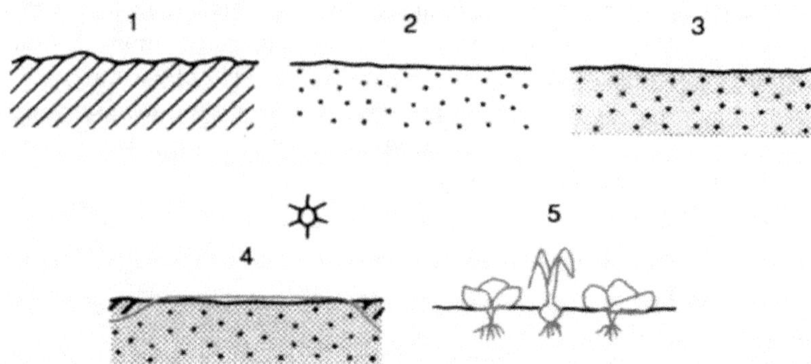

Figure 101. Les étapes de la solarisation. Le sol à désinfecter (1) est soigneusement préparé (2). Il est très copieusement arrosé (3). Un film plastique transparent est appliqué à sa surface et maintenu bien tendu (4). Lorsque, quelques semaines plus tard, la solarisation est terminée, le film plastique est ôté et les cultures sont mises en place sans faire de travaux profonds de façon à ne pas remonter à la surface des couches de sol non désinfectées (5) (d'après Davet, 1991).

nombre de microorganismes ayant des potentialités antagonistes (par exemple les Bactéries Gram-positives productrices d'antibiotiques) augmente notablement. A l'effet thermique, purement physique, de la solarisation s'ajoute donc un effet biologique : la modification des équilibres microfloristiques confère au sol une sorte de résistance générale aux maladies. Ce phénomène a été confirmé par de nombreux essais consistant à infester un même sol, préalablement solarisé ou bien non traité, avec des quantités équivalentes d'inoculum d'un agent pathogène, puis à y semer ou planter des végétaux sensibles. L'intensité des symptômes est toujours beaucoup plus faible chez les plantes cultivées dans les sols solarisés réinfestés que chez les plantes témoins. Cet effet protecteur est toutefois limité dans le temps. Il s'efface au bout de quelques mois (en moyenne de 5 à 15) tandis que la composition microfloristique initiale se rétablit progressivement à partir des parties contiguës non traitées.

On peut essayer de prolonger la durée de la résistance acquise en introduisant, après la solarisation, des microorganismes auxiliaires dans le sol afin de renforcer ses capacités antagonistes. Ce faisant, on n'augmente pas sensiblement les rendements mais on peut, pour un même résultat final, raccourcir de façon appréciable la durée de la solarisation. Ainsi, dans un essai réalisé à Perpignan en 1991 par C. Martin, une solarisation de 7 semaines suivie d'un apport de *Trichoderma harzianum* a eu la même efficacité vis-à-vis de *Sclerotinia minor* qu'une solarisation de 12 semaines.

L'efficacité de la solarisation dépend linéairement de l'énergie radiative totale reçue à la surface du sol (fig. 102). Cela signifie que l'on peut, dans certaines limites, se satisfaire d'un rayonnement modéré en augmentant la durée du traitement. La méthode n'est donc pas, comme on le pensait à l'origine, limitée aux régions à très fort ensoleillement dans lesquelles elle a d'abord été utilisée : Méditerranée orientale et Californie. Elle est parfaitement applicable sous des climats plus tempérés. En Roussillon, elle a été utilisée sur plus d'une centaine d'ha en 1994 (fig. 103) et elle donne aussi de très bons résultats dans la vallée de l'Ain et la région lyonnaise (Martin et Thicoïpé, 1994). Plusieurs espèces de

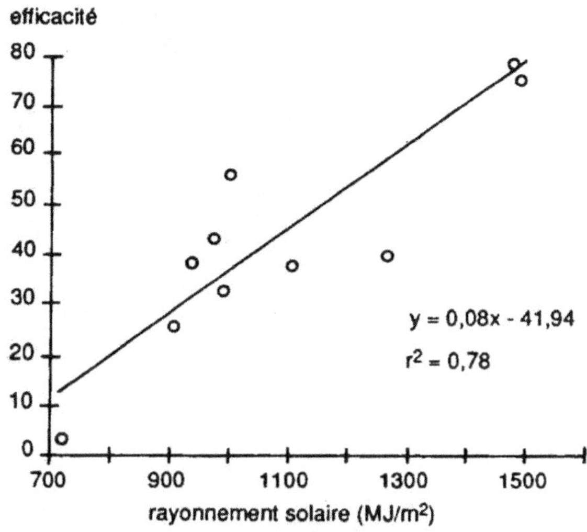

Figure 102. Relation entre la quantité totale d'énergie reçue par une parcelle sous forme de rayonnement solaire et l'efficacité de la solarisation vis-à-vis de la pourriture du collet des laitues due à *Sclerotinia minor* (Martin *et al.*, 1995).

Nématodes ainsi que de nombreuses plantes adventices peuvent être maîtrisées par la solarisation, et la méthode permet également de porter remède au phénomène de biodégradation accélérée qui apparaît dans certains sols traités plusieurs fois de suite avec le même pesticide (Alfizar *et al.*, 1992). La solarisation est cependant peu efficace contre des parasites adaptés aux températures élevées que l'on rencontre dans les régions semi-arides, comme *Macrophomina phaseolina* ou *Monosporascus eutypoides*. Dans le cas de *M. eutypoides*, dont la température optimale de germination des ascospores est supérieure à 30°C, la solarisation peut même avoir un effet stimulant (Reuveni *et al.*, 1983). De même, les Nématodes à galles (*Meloidogyne*) et des adventices telles que *Portulaca oleracea*, les *Cyperus* et certains *Melilotus* ne sont pas bien contrôlés.

La solarisation peut être efficacement combinée avec un désinfectant chimique du sol, comme le dazomet ou le métam-sodium, alors employé à faible dose. On peut aussi enfouir, avant la pose des bâches, des composts ou des résidus végétaux qui dégagent des vapeurs toxiques lors de leur décomposition. Des déchets de culture de chou, par exemple, émettent des aldéhydes et des isothiocyanates volatils dont l'effet fongicide est très net. Ces gaz ne se forment pas dans un sol non humidifié ni chauffé (Gamliel et Stapleton, 1993).

Submersion

Employée à grande échelle dans les années 50 pour lutter contre la fusariose du bananier (Stover, 1962) avec un succès variable, la submersion est, de nos jours, tombée en désuétude. Ioannou *et al.* (1977) ont pourtant montré qu'elle pouvait aussi empêcher *Verticillium dahliae* de former des microsclérotes dans les résidus de culture infectés. Nous avons nous-

Figure 103. La solarisation (clichés C. Martin, Agriphyto) : a et b : application de la couverture plastique. c : culture de laitues mise en place après solarisation ; d : pertes dues à *Sclerotinia minor* dans les laitues plantées dans une partie non solarisée de la même parcelle.

même pu constater dans le Roussillon que les attaques de *Sclerotinia minor* sur laitue retombaient à un niveau très bas dans les parcelles qui avaient été inondées accidentellement en automne à la suite de fortes pluies. La submersion permet en outre de réduire fortement les populations de plusieurs catégories de Nématodes parasites, notamment des *Meloidogyne* (Johnson et Berger, 1972). On peut, selon les cas, alterner deux à trois cycles assez courts (2 semaines) de submersion et de mise à sec ou maintenir une assez grande épaisseur d'eau stagnante de façon à créer des conditions d'anaérobiose. Dans les pays où le sol est plat et l'eau largement disponible, la submersion peut contribuer à limiter à un faible niveau le stock d'inoculum pathogène du sol. L'agriculture traditionnelle de la Chine du Sud pratique une alternance de cultures maraîchères sur un sol exondé et de cultures submergées : riz, lotus, châtaignes d'eau (*Trapa natans*), etc. Ceci permet d'assurer une production intensive avec un taux de parasitisme acceptable (Williams, 1979).

Rayonnement ultra-violet

On peut avoir recours au rayonnement ultra-violet pour stériliser les solutions nutritives recyclées en culture hydroponique. Comme l'ozonisation, c'est une méthode «propre» et sans danger pour l'environnement. On utilise, dans les installations commerciales, des lampes à basse pression qui émettent à une longueur d'onde proche de 254 nm, valeur considérée comme optimale pour détruire les acides nucléiques. Mais l'irradiation, qui ne dure que quelques secondes, n'est efficace que si elle atteint tous les microorganismes en suspension dans la solution. Il est donc indispensable de filtrer préalablement les liquides à stériliser afin de les clarifier. On peut utiliser pour cela un filtre à sable qui, par lui-même, retient déjà une partie des agents infectieux, notamment les Champignons.

Notons que, dans les chaudières à condensation, la stérilisation du liquide pulvérisé dans le foyer est assurée par la chaleur, mais aussi par le rayonnement ultra-violet émis par la flamme du brûleur (Steinberg *et al.*, 1994).

Méthodes culturales

Travail du sol

Le labour est destiné d'une part à ameublir le sol pour faciliter la circulation de l'air et de l'eau et le développement des racines, d'autre part à enfouir les résidus de récolte, les mauvaises herbes, et, le cas échéant, les fumures organiques et minérales. Par la même occasion, on enfouit aussi l'inoculum pathogène présent en surface et dans les bases de tiges de la culture précédente. De ce fait, les germes qui attaquent les plantes au voisinage du collet se trouvent éloignés de leur point d'entrée habituel et la nouvelle culture peut, dans une large mesure, échapper à l'infection. C'est le cas pour beaucoup de Champignons à sclérotes comme *Rhizoctonia solani*, *Sclerotium rolfsii*, *S. oryzae*, *Sclerotinia sclerotiorum*, *S. minor* et *Phymatotrichum omnivorum*. Mais cette mise à l'écart a généralement peu d'effet sur la capacité de survie des sclérotes, de sorte que le labour suivant peut remonter à la surface un inoculum très actif. Cependant, lorsque le Champignon est sensible aux teneurs élevées en dioxyde de carbone, comme *R. solani*, les populations diminuent de façon appréciable et cette réduction persiste d'une année sur l'autre (Lewis *et al.*, 1983). Lorsqu'il s'agit de Champignons susceptibles de pénétrer en n'importe quel point du système racinaire, le labour tend au contraire à distribuer l'inoculum dans une plus grande épaisseur de sol.

Les travaux du sol contribuent aussi, d'une façon générale, à faire progresser l'inoculum horizontalement dans le sens de passage des engins.

Depuis quelques années, le coût des labours et aussi le souci de préserver le sol de l'érosion ont répandu l'usage de semer directement les céréales sur les restes de la culture précédente, demeurés à la surface du sol (*no-tillage, direct drilling*). Le désherbage est assuré chimiquement. Ce mode de culture évite le ruissellement de l'eau que l'on observe sur un sol nu et permet de constituer des réserves plus importantes dans les climats où les pluies sont rares et violentes. La surface du sol, protégée du dessèchement par les chaumes, se réchauffe aussi moins rapidement. Semé dans ces conditions après un blé, le sorgho est beaucoup moins exposé aux attaques de *Fusarium moniliforme*, Champignon opportuniste lié au stress hydrique et favorisé par des températures élevées (Doupnik et Boosalis,

1980). On devrait certainement pouvoir faire la même observation avec *Macrophomina phaseolina*. D'un autre côté, le maintien d'une couverture organique à la surface du sol favorise les Champignons dont l'aptitude saprophytique est élevée, comme les *Rhizoctonia* et les *Pythium*, en leur fournissant substrat et humidité (fig. 104).

Les Nématodes migrateurs parasites de l'ordre des Dorylaimida semblent préférer les sols labourés, dans lesquels ils se déplacent plus facilement. Les *Pratylenchus* au contraire, plus petits, sont peu affectés par la compaction et prolifèrent en sol non travaillé (Corbett et Webb, 1970).

La constitution d'une semelle de labour à faible profondeur en culture traditionnelle, ou le tassement général en culture sans travail du sol, contribue indirectement au développement des maladies racinaires en restreignant le volume de terre exploré par les plantes. L'ameublissement du sol et, le cas échéant, un sous-solage, permettent aux racines de s'enfoncer plus rapidement et plus profondément et, souvent, d'échapper ainsi à leurs parasites, qu'il s'agisse de Champignons (Burke *et al.*, 1972) ou de Nématodes (Bird *et al.*, 1974). Une plante dont le système racinaire est bien développé peut supporter une charge parasitaire supérieure à celle que tolère une plante croissant dans de mauvaises conditions. La difficulté éprouvée par les racines à s'enfoncer correctement dans le sol peut, par ailleurs, conduire à l'expression de faciès maladifs caractéristiques. Ainsi, dans certains sols très argileux d'Afrique du Sud, une souche particulière de *Rhizoctonia solani*

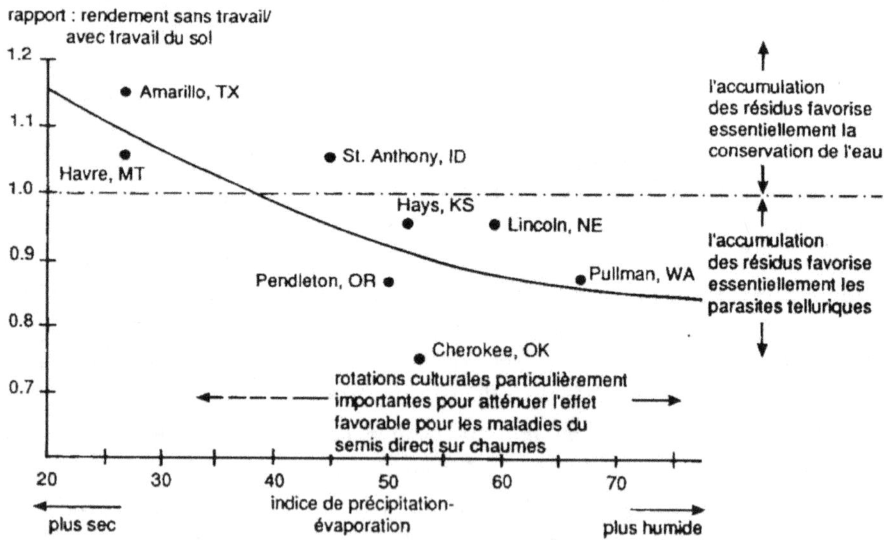

Figure 104. Influence du mode de culture sur le rendement du blé en monoculture et en l'absence de traitements fongicides. Les observations ont porté sur 108 champs répartis dans 8 régions céréalières des Etats-Unis. On a comparé les rendements en culture sans travail du sol (semis dans les chaumes de la céréale précédente, laissés en place) et en culture traditionnelle (avec labour pour enfouir les résidus de culture). On a ensuite calculé le rapport moyen entre les rendements obtenus avec chacun de ces modes de culture, pour chaque région. La courbe représente la relation entre ces rapports et le climat, défini en comparant le taux des précipitations à l'évaporation. Le maintien en place de la culture précédente est avantageux dans les régions sèches ; dans les régions humides, il conduit à des baisses de rendement d'autant plus importantes que les pluies sont plus abondantes car il favorise les attaques parasitaires (d'après Zinng et Whitfield, 1957, *in* Cook et Veseth, 1991).

se développe dans le cortex des racines de blé en y formant des excroissances en forme de billes, provoquant un rabougrissement des plantes (Deacon et Scott, 1985). Une amélioration de la structure du sol fait régresser les symptômes.

Maîtrise de l'eau

Le degré d'humectation du sol influence directement le développement des microorganismes, ou exerce sur eux un effet indirect par l'intermédiaire de leurs antagonistes. *Chalara elegans, Gaeumannomyces graminis* var. *tritici, Rhizoctonia solani*, sont avantagés dans les sols humides. Un drainage les fait régresser. Dans le cas des *Phytophthora*, des *Pythium* et des *Aphanomyces*, Champignons à zoospores flagellées et à affinités aquatiques, de fortes teneurs en eau favorisent à la fois la dispersion et l'attaque. Ainsi, des grains de blé semés dans un terrain très humide (potentiel matriciel de -0,01 MPa) sont infectés par des *Pythium* (essentiellement *P. ultimum* et *P. irregulare*) dans les 2 jours qui suivent le semis (fig. 105). Ils germent mais donnent des plants chétifs et peu productifs. Les attaques sont très fortement réduites dès que le potentiel devient inférieur à -0,04 à -0,05 MPa, valeurs encore très favorables à une bonne germination (Hering *et al.*, 1987). Dans des régions où le climat est suffisamment régulier, on peut minimiser les dégâts en semant le blé dans un sol juste assez humide pour permettre la germination, avant les fortes pluies d'automne ou, au printemps, dans un sol ressuyé, après la période des grosses averses (Cook et Veseth, 1991). Les Nématodes aussi apprécient les sols humides et risquent, de ce fait, de proliférer dans les exploitations maraîchères ou arboricoles arrosées par des dispositifs de goutte-à-goutte. Si les couches profondes contiennent suffisamment de réserves où la plante peut puiser, il peut être utile de laisser la partie supérieure du sol se dessécher périodiquement. Un dessèchement de la couche arable peut être aussi obtenu par une jachère de quelques mois au cours de laquelle plusieurs labours successifs sont réalisés.

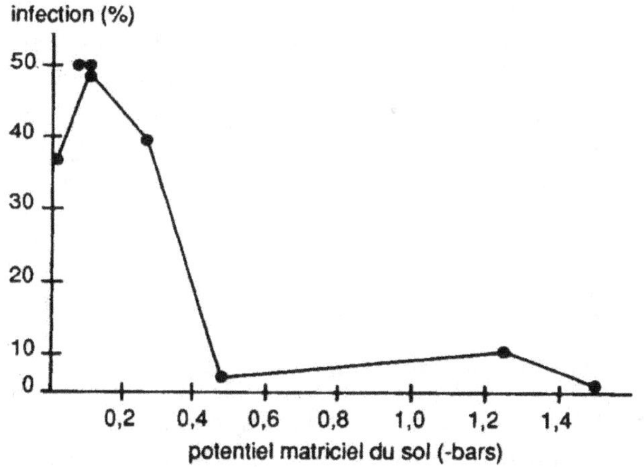

Figure 105. Relation entre le potentiel matriciel du sol, exprimé ici en bars (10 bars = 1MPa) et le taux d'infection par des *Pythium* spp. d'embryons de grains de blé. La notation est faite 2 jours après le semis dans des pots maintenus à 20°C et à des potentiels fixés (Hering *et al.*, 1987).

Dans certains cas, il est au contraire avantageux de maintenir dans le sol une forte humidité, au moins pendant un temps limité, de façon à favoriser la microflore antagoniste. La planification des irrigations est par exemple très importante dans les terrains contaminés par *Streptomyces scabies*, qui provoque la galle de la pomme de terre. Les risques sont très élevés pendant les 5 semaines qui suivent l'initiation des tubercules. Si l'on maintient le sol humide pendant cette période, les lenticelles, portes d'entrée de la Bactérie, sont protégées par l'activité des Bactéries saprophytes concurrentes et les tubercules restent sains (Lewis, 1970). On sait aussi que la fusariose des céréales est favorisée par la sécheresse parce que *Fusarium roseum* f. sp. *cerealis* «culmorum» est capable de se développer à des potentiels matriciels auxquels ses principaux antagonistes sont inhibés. L'abaissement du potentiel hydrique dans le sol et dans la plante est lié à la transpiration, c'est-à-dire au développement des feuilles. On peut donc jouer indirectement sur la demande en eau par une réduction de la surface foliaire totale : en diminuant la densité de semis et la fumure azotée (Papendick et Cook, 1974).

Dans d'autres cas, l'arrosage agit à la fois sur l'hôte et sur les microorganismes. En Afrique occidentale, les pépinières villageoises de riz sont souvent établies sur des ados et subissent de forts à-coups d'irrigation, qui favorisent considérablement les attaques de *Sclerotium rolfsii*. Une irrigation régulière, commencée dès la levée, fait par elle-même régresser le parasite et permet aussi d'obtenir des plants plus résistants parce que plus vigoureux. Après le repiquage, dans les rizières non aménagées où l'apport d'eau dépend des crues, un retrait de l'eau trop précoce est souvent accompagné par des attaques d'*Ophiobolus oryzinus* (apparenté à *Gaeumannomyces graminis*) tandis qu'une inondation avec un maintien d'eau stagnante sur une grande épaisseur sensibilise les plantes à *Sclerotium oryzae* (Davet et Ravisé, 1965). Les sojas, les tournesols, les sorghos affectés par un stress hydrique sont rapidement envahis par *Macrophomina phaseolina* si la température est par ailleurs assez élevée. D'un autre côté, des pommes de terre plantées dans un sol qui contient *Verticillium dahliae* ne doivent pas être trop arrosées en début de culture : si les parties aériennes se développent trop abondamment, elles risquent en effet de ne plus pouvoir être alimentées par les racines lorsque le système vasculaire commence à être obturé, et de se flétrir précocément. Un arrosage commençant après l'initiation des tubercules permet au contraire une meilleure survie (Cappaert *et al.*, 1994).

Il faut bien reconnaître qu'en pratique la maîtrise de l'humidité du sol est très difficile à obtenir (elle supposerait une maîtrise du climat) et qu'elle est rarement suffisante pour assurer à elle seule une protection contre les maladies.

Systèmes culturaux

La monoculture et ses conséquences

Les agriculteurs tendent à se spécialiser, pour des raisons à la fois pratiques et économiques et, de plus en plus souvent, limitent leur production à deux espèces, voire une seule, aussi bien en maraîchage qu'en grande culture. Rien ne s'oppose, en théorie, à ce que la même plante soit cultivée indéfiniment au même endroit, pourvu que les fumures minérales et organiques compensent les exportations de la culture et que les champs soient exempts de parasites. Mais le problème se pose en des termes différents lorsqu'un organisme pathogène est présent dans le sol. Trois situations peuvent alors se présenter.

Monoculture sans prolifération du parasite ni baisse de rendement

C'est ce qui se passe lorsqu'on a affaire à un sol résistant. Ainsi, les sols de Châteaurenard (voir p. 193) sont résistants aux fusarioses vasculaires et la monoculture, ou la culture répétée, de melons sensibles y est possible même en présence de *Fusarium oxysporum* f. sp. *melonis*. Il importe cependant de noter qu'un sol n'est généralement résistant qu'à une espèce donnée de parasite : la terre de Châteaurenard n'assure aucune protection vis-à-vis de *Pyrenochaeta lycopersici*, qui provoque la maladie des racines liégeuses de la tomate. Il est non moins important de savoir que des pratiques culturales mal adaptées peuvent faire disparaître la résistance d'un sol : un traitement de la terre de Châteaurenard avec un fumigant destiné à combattre *P. lycopersici* anéantit la microflore antagoniste des *F. oxysporum* vasculaires ; le maintien d'une humidité permanente dans les sols de la Guadeloupe résistants à *Pseudomonas solanacearum* empêche les argiles de jouer leur rôle protecteur et supprime les obstacles au développement de la Bactérie.

La démarche rationnelle de l'agriculteur moderne devrait donc être, en premier lieu, de vérifier si ses sols présentent une résistance vis-à-vis d'un, ou de quelques-uns, des parasites susceptibles d'attaquer les cultures qu'il envisage de pratiquer. Si une résistance se manifeste, il est alors nécessaire de tout faire pour la sauvegarder. Si les sols sont réceptifs à toutes les maladies, plusieurs mesures peuvent être envisagées : emploi de variétés résistantes, protection chimique ou biologique, adaptation de l'itinéraire technique et, en dernier ressort... choix d'une autre culture. En fait, dans la pratique, il existe encore peu de tests permettant de caractériser le niveau de résistance des sols aux maladies (voir l'encadré page suivante) et, lorsqu'une telle propriété peut être mise en évidence, les mécanismes qui l'expliquent ne sont pas toujours élucidés. Il n'est donc généralement pas facile de savoir quelles sont les mesures à prendre ou à éviter absolument. Mais il est certain que les connaissances progresseront dans les années à venir.

Augmentation, déclin et stabilisation de la maladie

Dans le cas du piétin échaudage du blé (*Gaeumannomyces graminis* var. *tritici*), qui constitue un exemple classique de cette situation, la régression de la maladie s'observe généralement après 3 à 5 ans de monoculture. C'est à peu près aussi le temps qu'il faut attendre pour arriver, en monoculture de pomme de terre, à une réduction notable des attaques de *Streptomyces scabies* (dans certains types de sols) ou de *Rhizoctonia solani* (dans d'autres sols). L'établissement de la résistance est dû au développement progressif d'une microflore antagoniste. Par exemple, après 5 à 6 ans d'une monoculture de tournesol, la diminution des attaques de *Sclerotinia sclerotiorum* est due à la multiplication du mycoparasite *Coniothyrium minitans* (Huang et Kozub, 1991). Les techniques culturales jouent un rôle dans l'installation de cette flore antagoniste : ainsi, le déclin du piétin échaudage n'a pas lieu dans les champs non labourés et semés directement sur chaumes (Cook et Veseth, 1991). Les conditions climatiques doivent aussi se prêter au développement de l'antagoniste. En Angleterre, la régression du Nématode des céréales *Heterodera avenae*, après plusieurs années de culture ininterrompue d'orge ou de blé, est due à

Les diagnostics phytosanitaires

Les techniques mises au point pour évaluer le potentiel infectieux peuvent être utilisées pour établir un diagnostic sanitaire des sols. En France, le laboratoire de diagnostics de la flore pathogène des sols de Fleury les Aubrais, qui dépend du Service de la Protection des Végétaux, est en mesure d'indiquer, pour un certain nombre de maladies, l'importance des dégâts que risque de subir une plante cultivée dans un terrain donné. En fonction des résultats des tests on pourra estimer qu'il n'y a pas de risque, qu'il est prudent de traiter préventivement, ou qu'il vaut mieux envisager de cultiver une autre plante. Les principaux tests actuellement pratiqués sont indiqués dans le tableau ci-dessous :

Maladie	Agent pathogène	Plante-test	Durée du test
fusariose de l'asperge	*Fusarium* spp.	asperge	5 semaines
fusarioses vasculaires (melon, tomate, lin, oeillet)	*Fusarium oxysporum* (formes spécialisées)	melon, tomate, lin, oeillet	variable selon la plante
pourriture sèche des tubercules de pomme de terre	*Fusarium roseum* var. *sambucinum*, *F. solani* var. *coeruleum*	demi-tubercules de pomme de terre	2 semaines
gangrène des tubercules de pomme de terre	*Phoma exigua* var. *foveata*	demi-tubercules de pomme de terre	6 semaines
fontes de semis	*Pythium* spp.	concombre	6 jours
hernie du chou	*Plasmodiophora brassicae*	chou chinois (Pé Tsaï)	6 semaines
rhizomanie de la betterave	*Polymyxa betae* (vecteur du virus BNYV)	betterave	3 semaines
pied noir de la betterave	*Aphanomyces cochlioides*	betterave	8 jours
pourritures du pois	*Aphanomyces euteiches*	pois	8 jours
noircissement racinaire du pois	*Fusarium solani* et *Phoma medicaginis* var. *pinodella*	pois	5 semaines

Le diagnostic sanitaire nécessite un échantillonnage soigneux : le terrain doit être divisé en sous-parcelles homogènes (au moins 10 par ha) ; pour chaque sous-parcelle, 8 à 12 prélèvements élémentaires sont regroupés de façon à constituer un échantillon représentatif pour les analyses de laboratoire. La mise en oeuvre de ces tests représente donc un travail important. C'est pourquoi ils sont, pour l'instant, réservés aux Instituts Techniques ou à des groupements de producteurs.

l'Oomycète nématophage *Nematophthora gynophila* (Kerry, 1981). Ce Champignon émet des zoospores : il ne se multiplie facilement que dans les sols très humides et ne peut s'installer dans les climats marqués par des périodes de sécheresse.

Mais, si les antagonistes n'ont pas une activité saprophytique élevée, leurs populations risquent de diminuer rapidement lorsque les plantes sensibles (s'ils sont associés à leur rhizosphère) ou les agents pathogènes (si ce sont des mycoparasites ou des nématophages) ne sont plus présents dans l'environnement. Ces équilibres sont donc instables. Il suffit par exemple d'interrompre une monoculture de blé pendant une année pour observer à nouveau, lors de la culture suivante, de violentes attaques de piétin. Trois cultures successives d'avoine, de luzerne, de pommes de terre ou de soja, venant après 7 années de monoculture de blé, anéantissent aussi complètement le pouvoir antagoniste acquis par le sol qu'une désinfection au bromure de méthyle (Cook, 1981). Il n'est donc pas possible de passer sans précautions d'un système de culture à un autre.

Prolifération des parasites des racines

C'est malheureusement le cas le plus fréquent. Le parasite se multiplie abondamment dans son hôte et, après sa mort, demeure à l'abri de la compétition dans les organes qu'il a colonisés, de sorte que la quantité d'inoculum augmente d'année en année. Le taux d'infestation des racines de tomate par des Nématodes comme les *Meloidogyne*, ou par des Champignons comme *Pyrenochaeta lycopersici*, croît ainsi rapidement et atteint un niveau tel que, sauf désinfection du sol, la culture doit être abandonnée. Il est cependant vraisemblable que la poursuite de la culture de la plante sensible amènerait à un état d'équilibre. C'est ce que suggère un essai réalisé par Ebben et Last (1975), où l'on constate que le pourcentage de racines infectées par *P. lycopersici* se stabilise après sept années de monoculture de tomate. Il se maintient à une valeur légèrement supérieure à 60 % jusqu'à la neuvième et dernière année de l'essai. Mais un tel taux d'attaque n'est pas économiquement supportable.

Dans une telle situation, il est indispensable d'envisager une **rotation** évitant la culture de plantes sensibles plusieurs années de suite au même endroit.

La monoculture a parfois aussi des effets indésirables même en l'absence d'agents pathogènes. Elle entraîne l'accumulation dans le sol de composés d'origine végétale qui, au-delà d'un certain seuil, peuvent devenir phytotoxiques : cela semble être le cas dans les vieilles aspergeraies (Young et Chou, 1985). Elle diminue, d'une façon générale, la diversité des populations microbiennes. On assisterait en particulier à une dérive des populations de Champignons endomycorhizogènes et à la sélection de souches à croissance et à reproduction rapides, à tendances parasitaires, et à l'élimination des souches moins vigoureuses mais plus intéressantes d'un point de vue agronomique (Johnson *et al.*, 1992).

Les rotations culturales

Pratiquées depuis des siècles, les rotations ont été mises au point, d'abord de façon empirique, pour répondre à des problèmes de fertilité et de parasitisme. Une rotation convenablement étudiée, en effet, a généralement comme conséquence d'assurer une coupure que l'on pourrait qualifier de passive dans le cycle de développement des agents pathogènes. Mais, dans certains cas particuliers, les plantes cultivées en alternance contribuent activement à la régression des populations parasites.

Diminution des populations par coupure du cycle

L'efficacité de la coupure introduite par la culture de plantes non-hôtes dépend du degré de spécialisation de l'agent pathogène visé et de ses capacités de maintien dans le sol. La multiplication d'un parasite peu spécialisé comme *Verticillium dahliae*, capable d'envahir la plupart des Dicotylédones herbacées ou ligneuses, n'est interrompue que si la rotation inclut des céréales. Mais les microsclérotes du Champignon lui assurent une longue persistance, ce qui rend problématique son éradication par ces techniques culturales. *Macrophomina phaseolina*, la plupart des *Pythium*, les Nématodes à galles (*Meloidogyne*) possèdent aussi une très large gamme d'hôtes. La situation est plus favorable lorsqu'on a affaire à des parasites spécialisés tels que *Gaeumannomyces graminis* var. *tritici*. Une rotation dans laquelle le blé ou l'orge ne revient que tous les 3 ou 4 ans suffit pour maintenir la maladie en-dessous du seuil de nuisibilité. Cependant, dans une situation de ce type, l'inoculum ne diminue pas toujours autant qu'on pourrait l'imaginer. Beaucoup de plantes peuvent en effet héberger des microorganismes parasites sans manifester de symptômes de maladie. Ces «porteurs sains», s'ils ne permettent pas une augmentation des populations, contribuent du moins à leur maintien : c'est ainsi que les formes vasculaires de *Fusarium oxysporum* et certaines variétés de *F. solani* peuvent persister, malgré leur haut degré de spécialisation, en l'absence d'une culture sensible (Armstrong et Armstrong, 1948 ; Schroth et Hendrix, 1962).

Les rotations ont donc un effet préventif. Elles constituent un moyen d'éviter une accumulation trop importante d'inoculum pathogène ; elles peuvent rarement être considérées comme une méthode de lutte curative. L'interruption du cycle de développement des parasites peut être assurée d'une manière plus efficace par la pratique d'une jachère nue, dans laquelle le sol est sarclé ou désherbé chimiquement. Mais le maintien d'un sol nu pendant une longue période augmente considérablement les risques d'érosion et de lessivage des nitrates et cette pratique est déconseillée et parfois, même, interdite.

Interruption active du cycle

Un certain nombre de plantes agissent comme des leurres naturels vis-à-vis des microorganismes parasites en provoquant la germination de leurs organes de conservation ou l'éclosion de leurs oeufs mais, ensuite, selon les espèces, la pénétration des larves, le déroulement de leur cycle ou la reproduction des adultes est inhibée, ou les larves sont empoisonnées après avoir ingéré le contenu de quelques cellules. Il en résulte dans tous les cas une diminution importante du nombre de propagules infectieuses. Plusieurs Composées (les oeillets d'Inde ou *Tagetes, Chrysanthemum morifolium*, les *Gaillardia*) et Légumineuses (*Concanavalia ensiformis, Crotalaria spectabilis, Styzolobium deeringianum*), des Graminées (*Avena sativa, Brachiaria decumbens, Eragrostis curvula, Panicum maximum*), ainsi que quelques plantes oléagineuses d'intérêt économique comme le ricin, le sésame et les arachides permettent ainsi de réduire la densité d'inoculum de nombreuses espèces de Nématodes phytophages de l'ordre des Tylenchyda (Panchaud-Mattei, 1990). Des variétés de moutarde blanche et de radis fourrager stimulent l'éclosion des kystes d'*Heterodera schachtii* sans permettre le développement des larves. Le couple plante-Nématode doit être convenablement choisi car l'effet peut être très spécifique : *Tagetes minuta*, par exemple, est efficace contre *Meloidogyne incognita*, mais pas contre *M. arenaria* (Belcher et Hussey, 1977).

Certaines plantes peuvent aussi jouer un rôle de leurre vis-à-vis de Champignons du sol. Ainsi, les glaïeuls, bien qu'ils n'appartiennent pas au genre *Allium*, provoquent la germination des sclérotes de *Sclerotium cepivorum* (p. 231), mais ils ne sont pas colonisés. Cultivés avant une plante sensible comme l'ail, ils permettent une augmentation de récolte de 67 % par rapport à un précédent sans effet biologique comme la pomme de terre (tabl. 28). De

Tableau 28. Effet du précédent cultural sur l'état sanitaire de l'ail dans un sol infesté par *Sclerotium cepivorum*. Les glaïeuls provoquent une diminution de la densité d'inoculum en stimulant la germination des sclérotes sans être colonisés. Les pommes de terre, qui n'ont aucun effet stimulant, ne modifient pas la densité d'inoculum (Montegano et Vergniaud, 1987).

Précédent cultural	Pourcentage de bulbes malades	Poids moyen d'un bulbe (en g)	Rendement (en t/ha)
glaïeuls	6,4	114	9,5
pommes de terre	30,6	91,8	5,7

même, l'avoine peut constituer une culture intéressante dans les sols infestés par des Oomycètes (*Aphanomyces, Phytophthora* et *Pythium*). Les racines de l'avoine (et d'*Arrhenatherum elatius*) attirent les zoospores qui s'accumulent autour de la zone d'élongation. Mais, au lieu de s'enkyster, les zoospores s'immobilisent à quelques dizaines de μm, se dilatent, puis se désintègrent sous l'effet d'une saponine toxique diffusible, l'avénacine (Deacon et Mitchell, 1985).

Amendements minéraux et organiques

Les éléments minéraux

La manipulation des **engrais azotés** permet assez souvent de modifier les équilibres microbiens. Ils agissent de multiples façons. On peut ainsi utiliser l'azote nitrique ou ammoniacal pour augmenter ou diminuer (de près d'une unité) le pH de la rhizosphère comme nous l'avons vu p. 301. Les nitrates peuvent aussi servir, en cas d'anaérobiose accidentelle, à relever le potentiel d'oxydo-réduction et à éviter la réduction des sulfates en sulfures toxiques pour les racines. L'azote en tant que tel a parfois aussi un effet dépressif direct sur les Champignons du sol. Ainsi, une fumure azotée, surtout si elle est apportée sous forme ammoniacale ou sous forme d'urée (qui libère de l'ammoniac), inhibe la germination et la croissance de *Sclerotium rolfsii*. Des apports fractionnés assurent la meilleure protection (Messiaen *et al.*, 1976). *Verticillium dahliae* est fortement inhibé par le sulfate d'ammonium (Dutta et Isaac, 1979). Cependant, de nombreuses études montrent que l'azote ammoniacal augmente aussi la gravité des fusarioses vasculaires, non seulement parce qu'il abaisse le pH rhizosphérique, mais aussi parce qu'il accroît l'agressivité des parasites : un isolat de *Fusarium oxysporum* f. sp. *lycopersici* est beaucoup plus agressif vis-à-vis de la tomate lorsqu'il a été cultivé en présence d'un sel d'ammonium qu'en présence d'un nitrate (Jones *et al.*, 1989). Nous avons vu d'autre part que *Gaeumannomyces graminis* se maintient plus facilement dans les résidus de cultures céréalières (fortement cellulosiques) lorsque le sol est riche en azote. La manipulation de la fumure azotée doit donc tenir compte des problèmes parasitaires dominants.

La **fumure phosphatée** ou **potassique** ne semble pas influer beaucoup sur l'évolution des maladies. Néanmoins, il semble avéré que les teneurs élevées en phosphate aggravent les fusarioses vasculaires (Jones *et al.*, 1989).

Indépendamment de son effet élévateur du pH lorsqu'il est apporté sous forme de chaux, le **calcium** pourrait avoir aussi un effet direct sur les équilibres microbiens : certains sols de Hawaï deviennent résistants à *Pythium splendens* lorsqu'on y ajoute du calcium, aussi bien sous forme de $CaCO_3$ que de $CaSO_4$ qui ne modifie pas le pH (Kao et Ko, 1986).

Les **microéléments** jouent parfois un rôle, soit parce qu'ils sont immobilisés et rendus inassimilables pour la plante par l'action de l'agent pathogène, soit parce qu'ils constituent un facteur limitant pour le développement du parasite. La première situation est illustrée par l'oxydation de Mn^{++} en Mn^{4+} sous l'action de *Gaeumannomyces graminis* var. *tritici* dans la rhizosphère du blé, aboutissant à une carence dans les sols où le manganèse est peu abondant et pouvant justifier un apport minéral au moment du semis. Il est intéressant de noter que les Bactéries qui protègent le blé contre ce Champignon sont toutes capables de réduire le manganèse (Huber *et al.*, 1993). Les fusarioses vasculaires sont un exemple de la deuxième situation. Les *Fusarium oxysporum* ont des besoins élevés en fer, en zinc et en manganèse. La faible solubilité de ces éléments lorsque le pH dépasse 6,5 pourrait expliquer la moindre incidence des fusarioses dans les sols chaulés ou naturellement alcalins. On sait par ailleurs que la compétition pour le fer constitue l'un des mécanismes de la résistance biologique des sols.

Les amendements organiques

La matière organique a de multiples effets bénéfiques sur les qualités du sol : elle améliore la structure et, en stabilisant les agrégats, protège les terres de l'érosion, elle augmente la capacité en eau et la capacité d'échange, réduisant ainsi le lessivage et la pollution des nappes souterraines, elle enrichit le sol en éléments nutritifs libérés progressivement, enfin, elle sert de support à une vie microbienne intense. Les principales sources de matière organique sont constituées par les résidus de culture ou par des engrais verts, par le fumier (de moins en moins utilisé du fait de la séparation entre agriculture et élevage) et par des composts (en voie de développement, *cf.* encadré ci-contre). Il est important de connaître la composition de la matière organique que l'on enfouit car son influence sur les équilibres microbiens dépend de sa nature.

L'apport de matière organique dans un sol a très souvent des effets bénéfiques sur l'état sanitaire des racines. Ainsi, le fumier et le compost diminuent les attaques de *Rhizoctonia solani* sur radis et sur haricot (Voland et Epstein, 1994) et les attaques de *Pyrenochaeta lycopersici* et de *Phytophthora parasitica* sur tomate (Workneh *et al.*, 1993). Mais les raisons de cette amélioration ne sont pas encore clairement comprises. Il semble possible, dans le petit nombre d'exemples étudiés jusqu'à présent, de discerner trois mécanismes principaux : une régulation quantitative et qualitative de l'azote disponible, une stimulation globale ou sélective de la microflore antagoniste, une libération de composés inhibiteurs.

Disponibilité et forme de l'azote

Lorsqu'un Champignon a besoin d'un apport extérieur d'azote pour germer, comme c'est le cas pour *Fusarium solani* f. sp. *phaseoli*, l'enfouissement d'un substrat dont le rapport C/N est élevé (paille, engrais vert fauché à maturité) joue un rôle inhibiteur en immobili-

Le compostage

Le compostage consiste en une décomposition biologique contrôlée de déchets organiques d'origine agricole ou urbaine (ordures ménagères). Cette transformation est réalisée majoritairement par une microflore aérobie, ce qui la distingue de la pourriture ou de la putréfaction. L'accumulation d'un substrat abondant, humide et aéré, conduit à une prolifération microbienne très rapide et à une intense activité métabolique qui s'accompagne d'une élévation de la température. On atteint généralement 50 à 60°C au bout de quelques jours mais il n'est pas intéressant de laisser augmenter davantage la température car l'activité métabolique diminue alors considérablement. Il faut donc refroidir la masse en fermentation, généralement en la retournant en présence d'un courant d'air.

Au cours du compostage, les matériaux facilement décomposables sont consommés et transformés en biomasse microbienne. Le produit final est riche en colloïdes et contient des éléments minéraux stabilisés dans des composés lentement biodégradables. Le pH est généralement compris entre 7 et 8 à cause des processus d'ammonification. Une mauvaise aération du milieu, laissant place à une fermentation anaérobie, entraînerait l'apparition d'acides organiques souvent phytotoxiques, qui abaissent le pH.

Les Bactéries (*Bacillus* et Actinomycètes) sont prépondérantes pendant la première phase du compostage tandis que les Champignons dominent pendant la phase de refroidissement. La plupart des germes pathogènes sont éliminés après la montée en température.

sant l'azote minéral, alors que des engrais verts jeunes (à faible C/N) seraient sans effet positif (Huber et Watson, 1970). Jouan et Lemaire (1974) ont aussi constaté l'effet inhibiteur d'amendements riches en cellulose sur *Rhizoctonia solani*. Du fumier frais ou du sang desséché, qui libèrent au contraire rapidement de l'azote ammoniacal, sont défavorables aux *Pythium* et à *Sclerotium rolfsii*, ainsi qu'aux Nématodes.

Stimulation des antagonistes

Avec les composts et le fumier, on fait entrer dans le sol des quantités considérables de microorganismes exogènes tandis qu'un apport de matière organique fraîche stimule plutôt le développement des microbes indigènes. On constate dans tous les cas une forte augmentation de la biomasse active, qui se traduit rapidement par une microbiostase accrue et des phénomènes de compétition. C'est sans doute la raison principale de l'effet positif des fumures organiques, observé vis-à-vis des *Pythium* (Bouhot, 1981), de *Sclerotinia minor* (Lumsden *et al.*, 1986), de *Pyrenochaeta lycopersici* (Workneh et Van Bruggen, 1994) et de certains Nématodes à galles (Johnson *et al.*, 1967). Il est parfois possible d'assigner un rôle prépondérant à un groupe particulier de la microflore totale : Mucorales dans le compost utilisé par Bouhot (1981), *Trichoderma* et Bactéries (*Flavobacterium balustinum, Pseudomonas putida, Xanthomonas maltophilia*) dans les composts à base d'écorces d'arbres feuillus (Hoitink et Fahy, 1986). Mais parfois c'est simplement l'activité de la biomasse microbienne totale, avec la concurrence nutritionnelle qui en résulte, qui est très nettement corrélée avec la diminution de la gravité de la maladie (Chen *et al.*, 1988).

Effets toxiques

Les composts frais d'écorces de feuillus contiennent des composés fongitoxiques et nématotoxiques solubles spécifiques. Les esters d'acides hydroxy-oléiques empêchent par exemple les *Phytophthora* de former des sporocystes et des zoospores, mais ils n'inhibent pas *Rhizoctonia solani* (Hoitink et Fahy, 1986). Certains tourteaux (coton, ricin, sésame), utilisables comme amendements après extraction de leur huile, sont toxiques pour plusieurs espèces de Nématodes.

Nous avons déjà évoqué (p. 113) l'intérêt des résidus de cultures de Crucifères qui libèrent, en se décomposant, divers composés toxiques soufrés. L'effet protecteur des déchets de culture de laitues contre la fusariose du collet des tomates paraît dû à un mécanisme original. Les tissus de la laitue contiennent des orthodiphénols, et en particulier des esters de l'acide caféique, capables de chélater le fer. Ils empêcheraient l'assimilation du fer par *Fusarium oxysporum* f. sp. *radicis lycopersici* de la même manière que les sidérophores des *Pseudomonas* antagonistes (Kasenberg et Traquair, 1989).

Culture hors-sol

Dans les exploitations maraîchères et florales, la culture intensive aboutit rapidement à l'accumulation de parasites des racines, rendant inévitable la stérilisation par la vapeur ou l'emploi régulier des fumigants. On a pensé pouvoir s'affranchir du sol et trouver une solution aux problèmes phytosanitaires en utilisant des substrats artificiels, qui permettent par ailleurs un meilleur contrôle de l'alimentation des plantes. Ces substrats peuvent être constitués de matériaux organiques (tourbe, compost, fibres ligneuses) mélangés ou non à du sable ou à de la perlite, ou d'un matériau inerte (pouzzolane, laine de roche, polyuréthane). Dans beaucoup d'exploitations, il n'y a même plus de substrat du tout. Les racines se développent dans une gouttière aplatie où circule une solution nutritive : c'est le système hydroponique, ou NFT (*Nutrient Film Technique*).

Ces milieux sont caractérisés par un très faible pouvoir tampon, aussi bien sur le plan biologique que sur le plan chimique. Ils sont bien, à l'origine, dépourvus de germes parasites, mais ils ne sont pas inaptes au développement des microorganismes : humides, aérés, riches en éléments minéraux et en exsudats racinaires, ils constituent au contraire un support idéal, où nulle concurrence ne s'exerce (hormis dans le cas des composts). Ils sont donc à la merci d'une contamination accidentelle et nécessitent par conséquent une surveillance et des règles d'hygiène très strictes. Le risque est particulièrement élevé en culture hydroponique et dans les installations où les liquides de drainage sont recyclés puisqu'un seul point d'infection suffit pour contaminer toute la solution nutritive, qui circule en circuit fermé. Les agents pathogènes peuvent être introduits dès le début de la culture, avec des plants issus de pépinières mal soignées. La contamination peut aussi avoir lieu en cours de culture par suite de pollution accidentelle. Dans les systèmes hors-sol, l'irrigation est localisée et le parterre des serres et des abris demeure donc sec. Les déplacements dans les allées soulèvent des particules de poussière qui, en se déposant sur les substrats, peuvent y apporter des germes pathogènes (fig. 106, *cf.* planche couleur). Les *Fusarium* corticaux et vasculaires, *Verticillium dahliae*, *Pyrenochaeta lycopersici*, *Didymella lycopersici*, *Phomopsis sclerotioides*, sont assez fréquents sur les substrats solides. On peut les observer aussi en NFT, mais ce mode de culture a surtout favorisé le développement d'une flore pathogène particulière, constituée de parasites bien adaptés aux milieux liquides : Bactéries (*Pseudomonas solanacearum*), Plasmodiophoromycètes (*Spongospora subterranea* sur tomate), Chytridiomycètes (*Olpidium* sur la mâche, la laitue et le melon), Pythiacées (*Pythium* et *Phytophthora* divers, *Plasmopara lactucae-radicis* sur laitue). Les installations de désinfection des solutions nutritives tendent à se généraliser avec l'extension des problèmes parasitaires en culture hors-sol. L'apport direct de fongicides dans les solutions peut aussi être envisagé. Dans ce cas, les concentrations doivent être ajustées en fonction des substrats de culture de façon à éviter des effets phytotoxiques et l'accumulation de résidus dans les plantes. L'addition d'agents tensioactifs, en cours d'expérimentation, pourrait se révéler efficace pour lutter contre les Champignons qui émettent des zoospores (Stanghellini et Rasmussen, 1994). L'injection d'eau de Javel au moyen d'une pompe doseuse réglée de façon à ce que le liquide nutritif contienne 1ppm de chlore actif permet de limiter la prolifération des Algues et réduit aussi les risques de contamination par les Champignons à zoospores (Martin, communication personnelle). Mais ce type de désinfection ne concerne que quelques cibles et il faut prendre garde à la phytotoxicité.

Méthodes biologiques

Toute action qui met en jeu des organismes vivants pour déplacer les équilibres microbiens dans un sens favorable à la plante peut être rangée dans la panoplie des moyens de lutte biologiques. Selon cette définition, la plupart des techniques culturales peuvent être considérées comme des méthodes biologiques car elles modifient les biocénoses en agissant sur les conditions environnementales. Dans un sens plus restrictif, on qualifie usuellement de méthodes biologiques celles qui font appel à des organismes vivants particuliers bien caractérisés. Les unes utilisent des microorganismes auxiliaires pour s'opposer à l'action des agents pathogènes : c'est la **lutte biologique** proprement dite. Les autres cherchent à empêcher le développement des maladies par une action sur la plante-hôte elle-même : parfois, ce résultat peut aussi être obtenu grâce à des microorganismes auxiliaires ; ce type d'intervention se rattache donc à la lutte biologique au sens strict. Le plus souvent, on essaye de rendre la plante plus résistante en agissant sur son génome : c'est ce que l'on qualifie parfois de **lutte génétique**.

Lutte biologique

Les organismes pathogènes peuvent être neutralisés par des mécanismes très variés qui aboutissent à leur destruction, à leur exclusion ou à leur modification. Nous citerons simplement quelques uns des modèles les mieux connus.

Destruction

Elle peut avoir lieu à proximité ou à distance de la plante-hôte. Souvent même, elle se fait en son absence : les microorganismes auxiliaires sont alors introduits avant la mise en place de la culture sensible afin de diminuer la densité de l'inoculum pathogène. *Trichoderma harzianum, T. hamatum, Teratosperma sclerotivora, Coniothyrium minitans* attaquent ainsi les sclérotes qui constituent les formes de conservation de *Sclerotium cepivorum* ou des *Sclerotinia*. Leurs hyphes s'insinuent dans les craquelures que présente l'enveloppe pigmentée des sclérotes puis gagnent les tissus de réserve non mélanisés et les détruisent par lyse enzymatique. Les sclérotes sont réduits à des coquilles vides à l'intérieur et à la surface desquelles les mycoparasites fructifient abondamment.

Les Nématodes s'infectent en se déplaçant dans le sol. Les propagules adhésives de *Pasteuria penetrans* (un Actinomycète) ou de *Paecilomyces lilacinus* (un Champignon) se fixent sur leur cuticule et émettent un tube germinatif qui pénètre dans le corps de l'animal et y forme un thalle en le digérant progressivement. Le Nématode, après sa mort, libère une grande quantité de nouvelles propagules infectieuses. Les Champignons à boucles adhésives, comme les *Arthrobotrys*, et ceux qui parasitent les oeufs, comme *Verticillium chlamydosporium*, suscitent pour l'instant moins d'intérêt. Tous ces parasites se maintiennent généralement bien dans le sol, mais ils font preuve d'une spécificité assez étroite qui se manifeste dès les premières étapes de la fixation sur l'hôte.

Exclusion

Les microorganismes pathogènes peuvent être empêchés de pénétrer dans la plante-hôte sans forcément être détruits. Il s'agit là d'une protection rapprochée qui s'exerce dans la rhizosphère. Les antagonistes doivent être présents à proximité immédiate des sites de pénétration. Il est nécessaire pour cela qu'ils soient rhizocompétents, c'est-à-dire capables de coloniser rapidement les racines au fur et à mesure de leur croissance, ou alors que leur distribution dans le substrat soit homogène et suffisamment élevée pour que toutes les zones sensibles aient des chances d'être protégées. L'exclusion peut être due à des mécanismes très différents qui, souvent, se complètent.

Compétition

Nous avons déjà vu que la compétition pour les sources de carbone est à la base de l'effet protecteur de certains *Fusarium oxysporum* saprophytes vis-à-vis des *F. oxysporum* vasculaires et corticaux, et que la compétition pour le fer, exercée par l'intermédiaire de leurs sidérophores, explique en partie l'action des *Pseudomonas* fluorescents. On considère généralement que la protection contre *Heterobasidion annosum* assurée dans les forêts de pins par *Peniophora gigantea* est un exemple de compétition pour le site. *H. annosum*, qui n'est en fait qu'un parasite de faiblesse, s'installe d'abord sur les souches de pin fraîchement coupées, puis descend vers les racines sénescentes et, tirant profit de l'énergie fournie par cette masse de tissus végétaux moribonds, s'attaque alors aux arbres vivants voisins. La lutte contre ce pourridié, mise au point en Angleterre par Rishbeth il y a plus de 30 ans, consiste à l'empêcher de coloniser les souches. Pour cela, on les badigeonne, après l'abattage des arbres, avec une suspension de spores d'un Champignon saprophyte, *P. gigantea*, capable d'occuper rapidement le substrat et de le défendre contre les intrus (c'est à son propos que nous avons parlé d'interférences hyphales, p. 176).

A l'échelle de la rhizosphère, la compétition pour les sites d'infection est souvent évoquée sans être rigoureusement démontrée : c'est après avoir éliminé toutes les autres explications possibles que Sneh *et al.* (1989) arrivent à la conclusion que seule la compétition pour les sites d'infection peut rendre compte de la protection exercée par des isolats non pathogènes de *Rhizoctonia solani* vis-à-vis des souches pathogènes, sur de jeunes plants de radis et de cotonnier. Cependant, les travaux récents sur les mécanismes de reconnaissance entre plante et envahisseur symbiotique ou parasite montrent qu'il existe bien des points de fixation privilégiés : les jeunes poils absorbants, par exemple, pour les *Rhizobium*. L'occupation de ces sites par un microorganisme auxiliaire devrait donc contribuer à la protection de la racine contre l'invasion par des microorganismes pathogènes.

Antibiose

L'implication, longtemps controversée, des antibiotiques dans les mécanismes de lutte biologique, a été confirmée par les études de mutagénèse dirigée réalisées sur les *Pseudomonas* fluorescents de la rhizosphère. Des souches de *P. fluorescens* productrices de phénazine, de phloroglucinol, de pyolutéorine et de pyrolnitrine ont été sélectionnées, et elles sont capables de protéger le blé contre *Gaeumannomyces graminis* var. *tritici*, le tabac contre *Chalara elegans*, et le cotonnier contre *Pythium ultimum* et *Rhizoctonia solani*, respectivement.

La lutte contre la galle du collet provoquée par *Agrobacterium tumefaciens* fait appel à une catégorie particulière d'antibiotiques, **les bactériocines**. Les bactériocines sont des antibiotiques de faible poids moléculaire, émis par certaines souches de Bactéries, et spécifiquement toxiques pour les souches de la même espèce qui n'en synthétisent pas. On a ainsi trouvé parmi les *A. tumefaciens* non pathogènes (regroupés maintenant dans l'espèce *A. radiobacter*) une souche (K 84) productrice d'une bactériocine, l'agrocine 84. Cette agrocine est toxique pour les formes d'*A. tumefaciens* les plus courantes, celles qui induisent chez la plante-hôte la production de nopaline et d'agropine (fig. 107 et encadré p. 282). Il suffit, pour protéger les plants racinés et les boutures, de les tremper dans une suspension de K 84. La souche K 84 est elle-même insensible à la bactériocine qu'elle sécrète. Toutefois, le plasmide qui est responsable à la fois de la production de l'agrocine 84 et de l'immunité de la souche K 84 vis-à-vis de sa propre bactériocine est facilement transférable *in vitro* aux souches pathogènes. Il est vraisemblable que ce transfert puisse avoir lieu aussi dans les conditions naturelles. Pour éviter ce risque, on a construit un nouveau plasmide, portant une délétion dans la portion de l'ADN qui contrôle le transfert, mais identique au plasmide d'origine pour tous les autres gènes (Jones *et al.*, 1988). La souche transformée, dénommée K 1026, est désormais commercialisée dans plusieurs pays.

Les *Trichoderma* produisent une très grande variété d'antibiotiques qui sont un élément complémentaire ou, dans le cas des souches antagonistes de *Pythium*, essentiel, de leurs propriétés d'auxiliaires biologiques.

Beaucoup de Champignons ectomycorhizogènes sécrètent aussi des composés inhibiteurs. *Leucopaxillus cerealis* var. *piceina* synthétise par exemple du diatrétyne nitrile

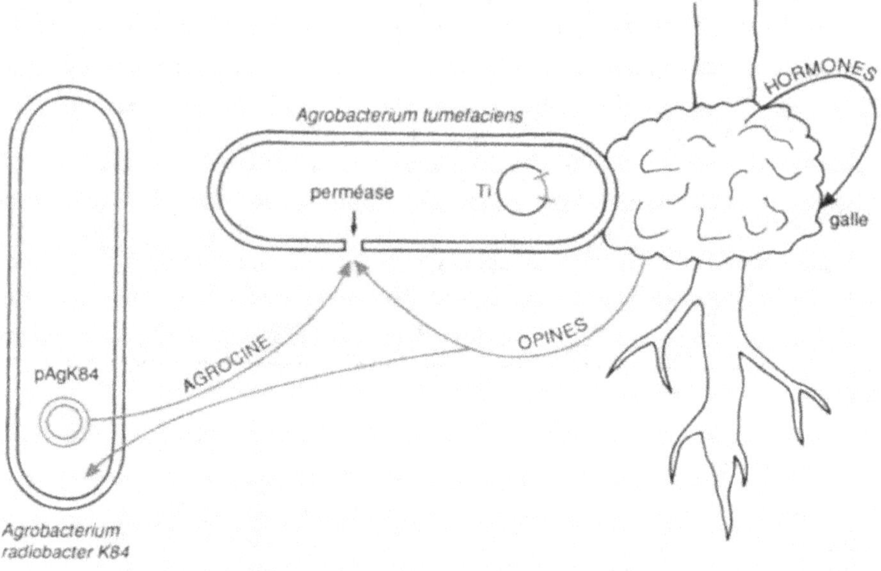

Figure 107. Interactions entre la souche K 84 d'*Agrobacterium radiobacter* et *A. tumefaciens*. La souche K 84 possède un plasmide (p Ag K 84) qui code pour la synthèse de l'agrocine, un antibiotique agissant spécifiquement sur les souches d'*A. tumefaciens* qui induisent la production de deux opines, la nopaline et l'agropine, dans les cellules transformées de la plante-hôte. L'agrocine 84 pénètre dans les cellules-cibles grâce à la perméase qui permet aux opines de franchir la membrane et d'entrer dans la Bactérie parasite. La souche K 84 peut elle-même utiliser les opines synthétisées par les cellules transformées.

capable d'inhiber complètement la germination des zoospores de *Phytophthora cinnamomi* à la concentration de 2 µg/ml, protégeant ainsi les racines de diverses espèces de pins de l'infection (Marx et Davey, 1969). L'effet inhibiteur peut généralement être considéré comme une conséquence de l'association symbiotique en tant que telle : ainsi, la synthèse d'acide oxalique, toxique pour *Fusarium oxysporum* f. sp. *pini*, par *Paxillus involutus*, est 5 fois plus importante lorsque ce Champignon est associé à des racines de pin qu'en culture pure (Duchesne *et al.*, 1989). Dans la plupart des modèles étudiés, l'effet inhibiteur est sélectif et caractéristique d'un couple Champignon pathogène-Champignon ectomycorhizogène, mais il s'étend souvent aux racines ordinaires proches des racines mycorhizées.

Barrière physique ou camouflage

La protection assurée par les Champignons ectomycorhizogènes a été quelquefois attribuée à un effet purement mécanique : le manteau dont ils entourent les racines empêcherait physiquement les microorganismes de les atteindre. Quoique vraisemblable, cet effet (limité, s'il existe, aux régions mycorhizées) n'a jamais été rigoureusement démontré.

La croissance des hyphes de *Pythium ultimum* est stimulée et orientée par les exsudats volatils émis par les graines lorsqu'elles germent. L'enrobage des semences avec une souche de *Pseudomonas putida* capable de métaboliser ces exsudats (l'éthanol en particulier) diminue fortement leur diffusion et améliore ainsi la levée dans des sols contaminés (Paulitz, 1991). Il s'agit en quelque sorte d'un masquage de l'effet spermosphère. Dans un article récent, Gilbert *et al.* (1994) font une analyse des travaux dans lesquels la flore rhizosphérique de plantes soumises à des attaques parasitaires est comparée à celle de plantes protégées par un agent biologique, ou génétiquement résistantes, ou encore cultivées dans un sol résistant. Ils remarquent que, dans tous les cas sauf un, plus l'effet rhizosphère (qui se traduit par la présence d'une microflore abondante et différente de la flore du sol) est important, plus grande est la gravité des symptômes. Ils en concluent que les plantes les mieux protégées sont celles dont la rhizosphère est la plus difficile à distinguer du reste du sol : en d'autres termes, les racines, ainsi camouflées, ne pourraient plus être détectées par les parasites. Allant à contre-courant de la tendance générale, ils suggèrent alors que, pour réaliser ce camouflage, il serait préférable de rechercher des auxiliaires biologiques en dehors de la zone d'influence des racines plutôt que de sélectionner des microorganismes rhizocompétents.

Modification

Dans quelques cas particuliers, les souches agressives du parasite peuvent subir une modification qui les transforme en souches hypo-agressives, non pathogènes. L'exemple le mieux étudié est celui du chancre du châtaignier, causé par *Cryphonectria* (= *Endothia*) *parasitica*. Ce Champignon s'introduit dans les arbres à la faveur de blessures et se développe sous l'écorce, provoquant la formation de chancres qui finissent par ceinturer le tronc, entraînant la mort des parties distales. Cependant, certains arbres guérissent spontanément. Les souches de *C. parasitica* isolées à partir des bourrelets cicatriciels formés autour des chancres en voie de guérison sont différentes des autres. Elles sont moins pigmentées, sporulent peu et produisent moins d'acide oxalique, de laccase et de diverses autres protéines toxiques. Elles sont capables de pénétrer dans l'écorce, mais les barrières subéro-phellodermiques ont le temps de se mettre en place et leur croissance est rapidement arrêtée (Grente, 1965). Le cytoplasme de ces souches hypoagressives contient des fragments d'ARN à double brin (dsRNA) qui ressemblent à des particules virales. On n'a cependant jamais observé de capsides protéiques autour de ces acides nucléiques. Les souches hypoagressives, contagieuses, s'anastomosent avec des souches normales et leur transmettent leur dsRNA. Les souches ainsi contaminées deviennent à leur tour hypoagressives. Sur le plan pratique, ce résultat est obtenu en introduisant la souche hypoagressive à la périphérie des chancres. Les souches contaminées sont ensuite disséminées naturellement par la pluie et les insectes à partir des arbres guéris. Il suffit de traiter 10 % des chancres pendant 4 années consécutives pour obtenir une bonne diffusion du caractère hypoagressif dans la châtaigneraie. Cette méthode présente cependant un inconvénient important : le dsRNA ne peut être transmis d'une souche contaminée à une souche saine qu'après anastomose, et l'anastomose n'est possible qu'entre souches compatibles. Or, la compatibilité végétative est régie par au moins 5 gènes chez *C. parasitica*. Une étude préalable des groupes de compatibilité est donc indispensable avant d'entreprendre un traitement.

Des travaux japonais ont aussi montré que des souches de *Rhizoctonia solani* pouvaient perdre leur pouvoir pathogène après s'être anastomosées avec des souches hypoagressives compatibles (Hashiba, 1987). L'agent infectieux responsable de la transformation est ici un plasmide linéaire à ADN.

Prémunition

La prémunition est une méthode de lutte biologique dans laquelle le microorganisme auxiliaire est utilisé non plus pour s'opposer directement à l'action des microorganismes pathogènes, mais pour stimuler les réactions de défense de la plante. La présence et la participation active de la plante-hôte sont donc indispensables : il en découle que, dans une même espèce, certains génotypes sont plus aptes que d'autres à être prémunis. La protection induite par le microorganisme auxiliaire s'étend à toute la plante, mais on ne connaît pas encore la nature des signaux qui transmettent le stimulus et cette ignorance constitue le principal frein au développement de ce procédé. La protection de la plante résulte de l'activation de plusieurs mécanismes de défense différents, ce qui lui confère une grande étendue (le même traitement peut immuniser contre des Bactéries, des Champignons et des virus) et une grande stabilité (le contournement par un mutant de la résistance induite est peu probable). Sa durée est variable. Chez certaines plantes, elle peut persister pendant tout le cycle de développement et même, parfois, être transmise par greffage.

Plusieurs *Pseudomonas* fluorescents non producteurs d'antibiotiques, classés dans le groupe des PGPR, sont capables d'induire chez leurs hôtes une résistance systémique aux agents pathogènes. On peut par exemple protéger des oeillets contre la trachéomycose due à *Fusarium oxysporum* f. sp. *dianthi*. Van Peer *et al.* (1991) ont montré qu'il ne pouvait s'agir ni de compétition ni d'antagonisme en évitant tout contact entre les *Pseudomonas* et les *Fusarium* : les Bactéries, en suspension, sont apportées dans le substrat de culture qui contient les plants racinés et le Champignon est introduit directement dans le xylème des tiges, une semaine plus tard. Les plantes sont protégées, bien qu'aucune Bactérie ne soit présente dans les tiges. On observe une accumulation de phytoalexines dans les tiges des oeillets bactérisés, en réponse à l'infection par le *Fusarium*. Cependant, il n'y a pas de phytoalexines dans les oeillets bactérisés mais non infectés. Le rôle des *Pseudomonas* rhizosphériques est donc de mettre la plante «en état d'alerte». Les lipopolysaccharides des parois bactériennes semblent être les médiateurs de cette activation.

Des travaux sont actuellement menés en France sur *Pseudomonas solanacearum*, parasite vasculaire qui provoque un flétrissement grave des Solanacées dans les régions tropicales. Des mutants *hrp⁻* ont été obtenus par manipulation génétique. Ils ont perdu leur pouvoir pathogène vis-à-vis des cultivars sensibles et ne provoquent plus de réponse hypersensible chez les cultivars résistants. Ils demeurent cependant capables d'envahir des racines de tomate et de se maintenir dans la base des tiges. Totalement inoffensifs, ils induisent chez les plantes une réaction de défense qui les protège d'une invasion ultérieure par des *P. solanacearum* pathogènes (Trigalet, 1994). Des essais sont en cours dans plusieurs pays tropicaux afin de préciser leurs conditions d'emploi et de sélectionner les mutants les mieux adaptés à l'environnement naturel.

Les Champignons endomycorhizogènes induisent chez leur hôte des réactions de défense atténuées qui pourraient contribuer à améliorer leur résistance aux parasites. Ainsi, on décèle dans les racines de soja infectées par *Glomus mosseae* ou *G. fasciculatum* des quantités, faibles mais significatives, de phytoalexines potentiellement toxiques pour les Champignons (glycéolline I), les Bactéries et les Nématodes (coumestrol)

(Morandi *et al.*, 1984). La mycorhization provoque d'autres changements de la physiologie de la plante. La composition des exsudats racinaires, par exemple, est modifiée quantitativement et qualitativement. La production de chlamydospores par *Chalara elegans*, possible dans des racines ordinaires de tabac, est inhibée dans des racines mycorhizées en raison des fortes concentrations d'arginine qui s'y trouvent (Baltruschat et Schönbeck, 1975).

Lutte génétique

La prémunition active les mécanismes de défense de la plante. La mise en oeuvre de ces mécanismes a lieu spontanément chez les plantes pourvues des gènes adéquats. L'obtention de variétés résistantes aux maladies constitue ce que l'on appelle parfois la lutte génétique.

Un seul gène, dominant, suffit parfois à conférer la résistance. Par exemple, le gène *Fom 1* assure au cultivar de melon «Doublon» une résistance de haut niveau à *Fusarium oxysporum* f. sp. *melonis*. Mais les **résistances monogéniques** sont souvent contournées par l'apparition de nouvelles races du parasite. C'est ce qui s'est produit dans le cas du melon. La culture généralisée du cultivar «Doublon» et de ses dérivés a entraîné l'apparition d'une race de *F. oxysporum* f. sp. *melonis* capable de surmonter la résistance apportée par *Fom 1*. Un autre gène, *Fom 2*, a pu être trouvé dans des variétés orientales et a été introduit dans les cultivars commerciaux. Cependant, on connaît maintenant des races 1-2 qui surmontent à la fois la résistance venant du gène *Fom 1* et celle du gène *Fom 2*.

Les **résistances polygéniques**, qui sont dues à l'addition des effets de plusieurs gènes, dominants ou récessifs, sont moins fortes que les résistances monogéniques mais elles ne sont pas menacées par l'apparition de nouvelles races du parasite. Des résistances de ce type à la fusariose vasculaire ont aussi été mises en évidence dans des melons d'Extrême-Orient. Elles sont plus longues et plus difficiles à introduire dans les cultivars commerciaux.

Les gènes de résistance peuvent être parfois identifiés chez des individus appartenant à des populations cultivées. Le plus souvent, ils sont présents dans des espèces sauvages qu'il est nécessaire de croiser avec l'espèce à améliorer. Plusieurs rétrocroisements sont ensuite nécessaires pour aboutir à un cultivar de qualité agronomique satisfaisante. Il arrive que l'acquisition d'une résistance soit liée à des défauts que les rétrocroisements ne peuvent pas éliminer complètement, ou encore que l'hybridation ne soit pas possible. Ainsi, le gène *Ve* de résistance à la verticilliose est facilement transférable à la tomate à partir de *Lycopersicon pimpinellifolium* mais on n'a pas encore réussi à l'introduire chez l'aubergine. On peut néanmoins surmonter cet obstacle en greffant les plantes sensibles sur des porte-greffes résistants : des aubergines greffées sur des tomates possédant le gène *Ve* échappent à la verticilliose et, par la même occasion, ne sont plus attaquées par *Chalara elegans* qui n'infecte pas la tomate. Le greffage permet donc de faire «comme si» l'on disposait de cultivars résistants. Cette opération, facile à réaliser, est cependant coûteuse en main-d'oeuvre et ne peut être envisagée que pour des cultures de haut rapport (tabl. 29). Le **greffage** doit être considéré comme une solution temporaire, permettant d'attendre que des variétés résistantes soient disponibles.

Tableau 29. Quelques exemples de porte-greffes parfois utilisés pour protéger des plantes maraîchères sensibles contre des parasites telluriques.

Espèce cultivée greffée	Porte-greffe	Parasites combattus
tomate ou aubergine	hybride *Lycopersicon esculentum* x *L. hirsutum*	*Pyrenochaeta lycopersici* *Fusarium oxysporum* f. sp. *lycopersici* *Fusarium oxysporum* f. sp. *radicis lycopersici* *Verticillium dahliae* *Meloidogyne incognita*
aubergine	tomate (*Ve*)	*Verticillium dahliae* *Chalara elegans*
melon	*Benincasa cerifera*	*F. oxysporum* f. sp. *melonis*
concombre	*Cucurbita ficifolia*	*F. oxysporum* f. sp. *cucumerinum*
pastèque	*Lagenaria siceraria*	*F. oxysporum* f. sp. *niveum*

La cartographie des génomes, avec la détermination de marqueurs moléculaires liés aux principaux gènes, permet d'identifier plus rapidement les descendances intéressantes et de diminuer le nombre de rétrocroisements nécessaires pour obtenir une plante d'intérêt agronomique. Mais les contraintes imposées par les incompatibilités entre espèces limitent considérablement les possibilités d'amélioration par les méthodes de la génétique classique. Avec le développement de la biologie moléculaire, il est maintenant devenu théoriquement possible de s'affranchir des problèmes de compatibilité et de la nécessité des rétrocroisements. Plusieurs techniques permettent d'introduire un gène précis, quelle que soit son origine, dans le génome de cellules végétales. Cependant, pour certaines des espèces expérimentées, on ne sait pas encore régénérer une plante entière à partir des cellules transformées.

On peut introduire des gènes étrangers dans un génome végétal par bombardement des cellules avec des microprojectiles enrobés d'ADN ou par électroporation de protoplastes. La méthode la plus utilisée depuis le début des années 80 fait appel au plasmide Ti d'*Agrobacterium tumefaciens*. Le gène à transférer est inclus dans la partie du plasmide qui s'intègre au génome de la plante-hôte, le T-DNA, préalablement débarrassé des gènes codant pour la synthèse des phytohormones de façon à éviter le développement anarchique des cellules transformées (Caplan *et al.*, 1983). On y ajoute un gène marqueur permettant de reconnaître les cellules qui ont été transformées. On peut également utiliser le plasmide Ri d'*A. rhizogenes*. Cette méthode n'est malheureusement pas applicable aux céréales car elles ne sont pas infectées par les *Agrobacterium*. Dans ce cas, un autre vecteur peut être envisagé : il s'agit cette fois d'un Champignon, *Olpidium brassicae*, vecteur de plusieurs virus végétaux. Un plasmide contenant le gène à transférer est construit et encapsidé dans l'enveloppe protéique du Tobacco Necrosis Virus, virus normalement transmis par *O. brassicae*. Des racines de blé ont ainsi pu être transformées, en trempant simplement les plants dans une suspension contenant ces pseudo-virions et des zoospores d'*O. brassicae* (Zhang *et al.*, 1994).

A l'heure actuelle, seulement un nombre infime de gènes de résistance a pu être cloné ou même simplement caractérisé chez les végétaux. Cependant un grand nombre de laboratoires se consacrent à leur recherche et il est très vraisemblable que l'on obtiendra des plantes résistantes transgéniques d'ici quelques années.

> L'identification, chez certaines Bactéries pathogènes, de gènes d'avirulence et de gènes contrôlant les réactions d'hypersensibilité devrait permettre de déterminer les molécules dont ils gouvernent la synthèse et, par la suite, de trouver leurs récepteurs chez la plante, puis les gènes qui codent pour ces récepteurs. De même, pour les Champignons, on tente d'utiliser les éliciteurs que l'on connaît pour identifier les récepteurs et les gènes correspondants.
>
> Cependant, le fonctionnement d'un gène dominant de résistance est déclenché par un gène d'avirulence spécifique correspondant de l'agent pathogène. On peut donc se demander quel intérêt pratique pourra présenter l'introduction d'un tel gène dans des plantes génétiquement très éloignées de l'espèce d'origine, et donc vraisemblablement parasitées par des races de l'agent pathogène possédant des gènes d'avirulence différents.

Le transfert de gènes de résistance paraît prometteur pour accélérer les programmes d'amélioration variétale, plus problématique s'il s'agit d'élargir la gamme des espèces déjà accessibles à la génétique traditionnelle. Il est bon aussi de ne pas oublier qu'une résistance reposant sur le fonctionnement d'un seul gène, qu'il soit introduit par transgénose ou par les voies classiques de la génétique mendélienne, est toujours susceptible d'être contournée par une simple mutation de l'agent pathogène.

**Pour un complément d'information sur la lutte
contre les microorganismes défavorables**

ALLMARAS R. R., KRAFT J. M. et MILLER D. E., 1988 - Effects of soil compaction and incorporated crop residue on root health. *Annu. Rev. Phytopathol.* 26, 219-243.

Anonyme, 1993 - *Les techniques de transgénèse en agriculture. Applications aux animaux et aux végétaux.* (Rapport commun Académie des Sciences-CADAS). «Technique et Documentation », Lavoisier, Paris.

CAMPBELL R., 1989 - *Biological control of microbial plant pathogens.* Cambridge University Press, Cambridge.

COOK R. J. et BAKER K. F., 1983 - *The nature and practice of biological control of plant pathogens* (2ème éd.), American Phytopathological Society, Saint Paul, Minnesota.

ENGELHARD A. W. (Ed.), 1989 - *Soilborne plant pathogens : management of diseases with macro- and microelements.* American Phytopathological Society, Saint Paul, Minnesota.

KATAN J., GRINSTEIN A., GREENBERGER A., YARDEN O. et DEVAY J. E., 1987 - The first decade (1976-1986) of soil solarization (solar heating) : a chronological bibliography. *Phytoparasitica* 15, 229-255.

KLEE H., HORSCH R. et ROGERS S., 1987 - *Agrobacterium* - mediated plant transformation and its further applications to plant biology. *Annu. Rev. Plant Physiol.* 38, 467-486.

KLOEPPER J. W., 1993 - Plant growth-promoting rhizobacteria as biological control agents. In *Soil microbial ecology*, F. B. Metting Ed., Marcel Dekker Inc., New York, p. 255-274.

MARTIN C., 1992 - La solarisation, méthode de désinfection des sols aux perspectives nouvelles. In *Les plastiques en agriculture*, CPA-PHM, Paris, p. 553-566.

MESSIAEN C.M., 1981 - *Les variétés résistantes : méthodes de lutte contre les maladies et ennemis des plantes.* INRA, Paris.

PALTI J., 1981 - *Cultural practices and infectious crop diseases.* Springer-Verlag, Berlin.

SHIPTON P. J., 1977 - Monoculture and soilborne plant pathogens. *Annu. Rev. Phytopathol.* 15, 387-407.

SIKORA R. A., 1992 - Management of the antagonistic potential in agricultural ecosystems for the biological control of plant parasitic nematodes. *Annu. Rev. Phytopathol.* 30, 245-270.

SUMNER D. R., DOUPNIK B. et BOOSALIS M. G., 1981 - Effects of reduced tillage and multiple cropping on plant diseases. *Annu. Rev. Phytopathol.* 19, 167-187.

VANACHTER A. (Ed.), 1989 - Third international Symposium on soil disinfestation (Leuven, Belgium). *Acta Horticulturae* 255, 1-371.

WELLER D. M., 1988 - Biological control of soilborne plant pathogens in the rhizosphere with bacteria. *Annu. Rev. Phytopathol.* 26, 379-407.

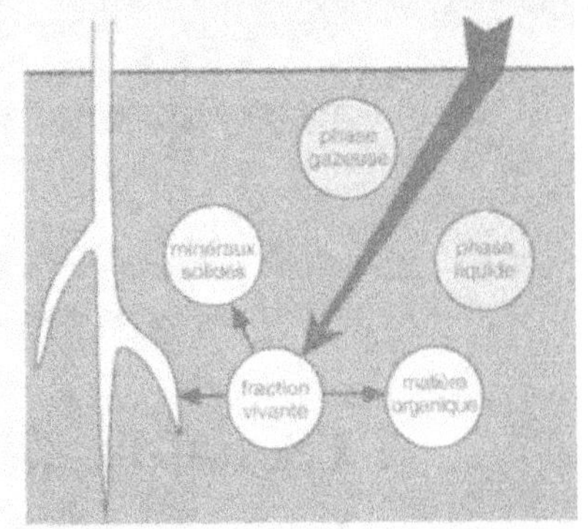

10

Utilisation de microorganismes auxiliaires

Un grand nombre de pratiques culturales ont pour conséquence directe ou indirecte de favoriser le développement de populations microbiennes naturellement présentes dans l'environnement, sur lesquelles l'agriculture s'appuie depuis ses origines : Bactéries fixatrices d'azote, communautés antagonistes des parasites et des prédateurs, Champignons mycorhizogènes, etc. Nous en avons vu quelques exemples dans le chapitre précédent. Longtemps utilisée de façon empirique, la collaboration de ces microorganismes est recherchée systématiquement depuis que les progrès de la microbiologie ont mis clairement leur rôle en évidence. Une nouvelle étape a été franchie lorsque l'on a imaginé la possibilité de renforcer les communautés naturelles, ou de remédier à leur insuffisance, en introduisant dans le sol des populations microbiennes sélectionnées et multipliées à l'échelle industrielle. Plusieurs problèmes doivent néanmoins être résolus dans ce cas avant de parvenir à des résultats satisfaisants. Les uns portent sur le choix des critères qui permettront de sélectionner des individus à la fois efficaces et sans danger pour l'environnement. Les autres concernent la production, la formulation et les conditions d'application de ces produits biologiques.

Choix des microorganismes

Les microorganismes sont d'abord sélectionnés pour leur aptitude à remplir la fonction qui leur est assignée. Mais pour qu'un organisme dont le comportement est satisfaisant dans les conditions du laboratoire puisse être retenu, il est nécessaire qu'il demeure efficace dans le milieu complexe où il sera employé. Soumis à une intense concurrence, il devra donc se montrer compétitif. Encore faut-il que son succès sur ses concurrents ne soit pas dû à des toxines dangereuses pour la santé publique et qu'une compétitivité excessive n'entraîne pas un bouleversement des équilibres naturels. Enfin, l'utilisation d'une préparation biologique doit pouvoir trouver une place dans l'itinéraire technique sans remettre en question l'ensemble des autres pratiques.

Critères d'efficacité

Le travail de sélection consiste à exploiter la variabilité des espèces et à choisir la souche la plus intéressante parmi une collection aussi large que possible. Il est donc nécessaire de faire d'abord une prospection poussée en recherchant les microorganismes de préférence là où ils ont le plus de chances de se trouver : les biodégradateurs dans des sols pollués, les antagonistes dans la rhizosphère de plantes saines, les symbiotes fixateurs d'azote dans des nodosités, etc. Le problème le plus délicat est de définir selon quels critères on décidera qu'une souche est supérieure aux autres. L'idéal serait de comparer tous les isolats dans leurs conditions réelles d'emploi, ce qui est généralement impossible pour des raisons de place, de temps et de main d'oeuvre. Il est donc nécessaire de recourir à des tests miniaturisés (des inoculations sur des plantules en tubes, par exemple) ou représentatifs d'une activité reconnue comme primordiale (synthèse d'enzymes, d'antibiotiques, de sidérophores, dégradation d'un substrat particulier). Ceci n'est possible que dans la mesure où les mécanismes d'action sont déjà bien élucidés. Les tests reposant sur un dosage chimique sont précieux parce qu'ils permettent de classer avec précision un grand nombre de souches dans un temps relativement court. Mais le recours à un critère unique peut faire perdre des informations importantes et conduire à l'élimination de candidats de grande valeur. En effet, en matière de lutte biologique notamment, l'efficacité d'un microorganisme antagoniste repose sur la mise en oeuvre simultanée de plusieurs mécanismes différents. Pour remédier à cet inconvénient, on peut imaginer un test à plusieurs niveaux : un lot de souches, retenu après sélection selon un premier critère, est criblé selon un second critère, et ainsi de suite. La lourdeur des opérations de tri augmente rapidement avec le nombre de niveaux.

Le recours à la mutagenèse permet, en créant une variabilité artificielle, d'élargir les possibilités de choix. Cependant, les agents mutagènes provoquent souvent aussi des mutations indésirables qui peuvent diminuer la compétitivité des souches dans un environnement hostile. Les techniques de génie génétique permettent désormais d'envisager des modifications moins traumatisantes du génome.

Quelles que soient les méthodes qui ont permis de les obtenir, les souches qui ont montré leur efficacité au laboratoire doivent encore être éprouvées dans des conditions qui, tout en étant proches de la réalité, permettent une bonne reproductibilité des résultats. Cette nouvelle série d'essais, réalisés en serre ou dans des enceintes climatisées, a pour but principal d'étudier les capacités d'adaptation à l'environnement, de faire un choix ultime parmi le matériel sélectionné et de préciser ses conditions d'emploi. S'il s'agit d'un microorganisme génétiquement modifié, il faut en outre montrer que son utilisation ne présente pas de risques écologiques.

Il faut enfin, dans une dernière étape, réaliser de multiples essais en plein champ pour vérifier que l'agent biologique choisi répond bien à ce que l'on attend de lui et que la plus-value qu'il permet d'obtenir n'est pas inférieure à son coût.

Il est toujours important de ne pas perdre de vue que, si grandes que soient ses potentialités, un microorganisme symbiotique ou rhizosphérique ne remplira pleinement son rôle que si le fonctionnement de la plante à laquelle il est associé n'est pas perturbé par des contraintes environnementales. Ainsi est-il sans intérêt d'essayer d'introduire dans un sol une souche de *Rhizobium* sélectionnée si la Légumineuse-hôte est par ailleurs soumise à un stress hydrique ou envahie de Pucerons.

Compétitivité

Un microorganisme hautement antagoniste en boîte de Petri ou dans de la terre stérilisée peut être complètement inhibé par la microbiostase dans un environnement naturel, ou même rapidement détruit par des parasites ou des prédateurs. Il faut donc que les souches sélectionnées possèdent une forte aptitude à la vie saprophytique. Une telle aptitude dépend d'un grand nombre de facteurs et ne peut donc pas être déterminée à partir de critères simples. Dans certains cas cependant il est possible d'imaginer des tests assez rapides réalisables au laboratoire. On peut ainsi classer des clones de *Trichoderma* en évaluant leur croissance à partir de pastilles constituées par des mélanges d'une terre de référence non stérile et d'inoculum en concentrations croissantes. Les *Trichoderma* se distinguent facilement des autres Champignons qui croissent sur le milieu grâce à leur sporulation verte caractéristique et leur taux d'occupation du substrat peut être rapidement apprécié selon une échelle de notation arbitraire (Davet et Camporota, 1986).

Lorsque l'organisme introduit est destiné à détruire des agents pathogènes présents dans le sol, la présence d'autres souches de la même espèce n'est généralement pas gênante ; leurs effets s'ajoutent à ceux de l'auxiliaire sélectionné. Mais lorsque, pour agir, cet organisme doit être présent à la surface ou à l'intérieur des racines d'une plante hôte, il est extrêmement important qu'il puisse occuper le maximum de sites possibles. La compétition avec les souches indigènes de la même espèce peut alors devenir un facteur limitant. Des essais en pots avec différents *Glomus* (Champignons endomycorhizogènes) montrent par exemple qu'une espèce introduite peut être complètement exclue du système racinaire par les *Glomus* indigènes si elle est peu compétitive. Par contre, si l'espèce étrangère est hautement compétitive, il suffit de placer l'inoculum au-dessous du lit de semences pour obtenir une bonne colonisation des racines après la germination (Hepper *et al.*, 1988). La présence dans un sol de souches compétitives indigènes de *Rhizobium* peut compromettre l'inoculation d'une Légumineuse par une souche plus performante mais moins compétitive. Des essais au champ ont permis d'établir que, pour obtenir une réponse positive à un apport d'inoculum, il faut qu'au moins deux tiers du total des nodosités soient colonisés par la souche introduite et, pour qu'une souche étrangère de *Rhizobium* colonise plus de la moitié des nodosités, il faut en appliquer une quantité mille fois plus élevée que la densité de l'inoculum naturel (Thies *et al.*, 1991). Dans de telles situations, il est donc nécessaire d'utiliser un inoculum très concentré et de le placer de telle sorte qu'il arrive au contact des racines avant ses concurrents. Cette condition peut être réalisée soit par un enrobage des semences, grâce auquel l'infection a lieu dès la germination, soit par une inoculation pendant le séjour en pépinière s'il s'agit de sujets à transplanter. Comme il est difficile d'estimer la compétence rhizosphérique des microorganismes, faute de comprendre clairement à quoi elle est attribuable, le passage par la plante hôte demeure indispensable pour juger de l'aptitude des souches.

Innocuité

A l'exception des herbicides biologiques, les microorganismes auxiliaires ne doivent causer aucun dommage aux plantes. L'utilisation de certaines souches de *Trichoderma virens*, très efficaces contre *Rhizoctonia solani* et *Pythium ultimum* grâce à leur production de gliotoxine et de gliovirine, est ainsi limitée parce qu'elles synthétisent aussi un stéroïde phytotoxique, le viridiol. De tels problèmes doivent être pris en compte dès les premières études d'application.

Par la suite, avant de mettre sur le marché un agent biologique, il est indispensable de démontrer qu'il n'est pas toxique pour l'homme ni pour les animaux, qu'il est incapable de se développer à la température du corps humain et, d'une façon générale, qu'il ne présente aucun risque pour l'environnement. En ce qui concerne les **microorganismes sélectionnés** par des méthodes classiques à partir de populations naturelles, la législation hésite entre deux attitudes. Ou bien ils sont considérés comme de simples variétés améliorées, de la même façon qu'un nouveau cultivar de blé ou une nouvelle race de lapin, et leur homologation se fait essentiellement sur des critères d'efficacité : c'est l'attitude généralement adoptée vis-à-vis des microorganismes considérés comme des améliorateurs de croissance. Ou bien on exige la constitution d'un dossier d'homologation complet, comprenant les mêmes études toxicologiques que s'il s'agissait d'un nouveau composé chimique : c'est le sort des agents de lutte biologique, sans doute victimes de leur qualificatif de «bio-pesticides». Cette méfiance, pour légitime qu'elle soit, peut avoir des effets pervers : le marché des biopesticides étant extrêmement étroit, la lourdeur et le coût des études toxicologiques constituent un obstacle considérable au développement des méthodes de lutte biologique (favorisant de ce fait indirectement la poursuite de l'emploi des pesticides chimiques) ; elle conduit d'autre part les sociétés qui désirent néanmoins commercialiser des microorganismes auxiliaires à les présenter systématiquement comme des stimulateurs de croissance alors même que leur action s'explique essentiellement par une protection contre des agents pathogènes (on escamote alors les études toxicologiques).

Il va de soi que la préparation commercialisée ne doit pas être contaminée par d'autres microorganismes. On est parfois loin de cette situation si l'on en juge par les résultats, récemment publiés, d'une enquête sur la qualité d'inoculums de *Rhizobium* formulés sur tourbe (Olsen *et al.*, 1995). Sur 40 échantillons prélevés dans des lots non périmés vendus au Canada par des compagnies nord-américaines, 39 contenaient davantage (parfois jusqu'à 1 000 fois plus !) de contaminants que de cellules de *Rhizobium*. Plusieurs de ces contaminants étaient fortement inhibiteurs des *Rhizobium in vitro* et l'un d'eux, *Pseudomonas aeruginosa*, était une Bactérie potentiellement pathogène pour l'homme. La réglementation française, plus stricte, impose un contrôle de qualité.

D'autres problèmes, qui ne sont pas forcément pris en compte par les règlements existants, sont particuliers aux biopesticides. Certains de ces microorganismes sont très proches, en effet, des parasites qu'ils sont destinés à combattre : la souche Fo 47 antagoniste de *Fusarium oxysporum* f. sp. *radicis lycopersici* est aussi un *F. oxysporum* ; les *Pseudomonas solanacearum* qui protègent les tomates du flétrissement bactérien sont directement dérivés de la Bactérie pathogène. On peut légitimement s'interroger sur les risques de voir ces

Y a-t-il dans la nature des transferts de gènes entre organismes génétiquement éloignés ?

Il existe de très grandes analogies non seulement dans la succession des réactions qui conduisent à la production des antibiotiques du groupe des ß-lactames chez les Streptomycètes (céphamycines) et chez les Champignons (pénicillines et céphalosporines), mais aussi dans les gènes qui interviennent dans ces réactions. On observe par exemple une homologie de 61 % entre les gènes qui codent pour l'isopénicilline-N-synthétase (catalysant la synthèse d'un métabolite intermédiaire) chez *Streptomyces clavuligerus*, une Bactérie, et *Aspergillus nidulans*, un Champignon. Ceci paraît constituer un solide argument en faveur de l'hypothèse d'un transfert horizontal de ce gène (ainsi que d'autres gènes impliqués dans la même chaîne métabolique) d'un microorganisme procaryote à des organismes eucaryotes (Peñalva *et al.*, 1990).

auxiliaires se transformer un jour en parasites. Ces risques sont pris en compte et évalués lors des études de pré-développement. Pour le Fo 47 par exemple, les chances que cette souche saprophyte devienne une forme spéciale parasite ne sont pas plus élevées que celles des milliards d'autres *F. oxysporum* saprophytes présents dans tous les sols.

Les **organismes génétiquement modifiés** (OGM), définis par la loi comme «*des organismes dont le matériel génétique a été modifié autrement que par multiplication ou recombinaison naturelles*», sont soumis à une législation harmonisée à l'échelle européenne. Toute étude portant sur des OGM doit recevoir l'agrément préalable de la Commission de Génie Génétique. Elle ne peut être réalisée qu'en milieu confiné dans des laboratoires et dans des serres spécialement équipés répondant à des normes très précises. L'expérimentation hors du milieu confiné et la mise sur le marché d'OGM sont subordonnées à une autorisation de la Commission d'Etude de la Dissémination des Produits issus du Génie Biomoléculaire, après examen des risques pour la santé publique et l'environnement.

Il faut bien reconnaître qu'en l'état actuel de nos connaissances, il est très difficile de savoir quels risques la dissémination d'OGM présente pour l'environnement. S'il est possible d'étudier et dans une certaine mesure de prévoir le comportement d'une population microbienne introduite dans le sol, il est en revanche beaucoup plus difficile d'apprécier les risques de transfert horizontal des nouvelles informations génétiques qu'elle possède. On sait que des gènes peuvent être effectivement échangés entre des Bactéries de groupes taxonomiques différents et que des transferts sont sans doute possibles entre Procaryotes et Eucaryotes (voir l'encadré ci-dessus). Toutefois, pour que ces transferts aient lieu, il faut que des populations suffisamment abondantes des deux partenaires soient présentes au même moment dans la même niche écologique. L'ADN échangé doit ensuite être répliqué et transmis aux générations suivantes. Bien qu'elle soit extrêmement faible, la probabilité d'une diffusion des gènes à l'extérieur de populations transgéniques n'est donc pas complètement nulle. On peut cependant remarquer que cette possibilité de dissémination existe tout autant pour les gènes «naturels». Les risques à prendre en compte devraient donc surtout concerner les gènes «exotiques», originaires de milieux complètement différents de celui dans lequel ils sont introduits.

Compatibilité

Pour être acceptés par les utilisateurs, les nouveaux produits biologiques ne doivent pas entraîner un bouleversement des méthodes et du calendrier de travail. Ils doivent être formulés et conditionnés de façon à pouvoir être épandus avec des appareils agricoles ordinaires. Ils doivent enfin, autant que possible, être compatibles avec les autres produits de traitement.

Ce dernier point soulève parfois quelques problèmes. Ainsi, les pesticides utilisés en enrobage de semences pour améliorer la germination et la levée ne sont pas toujours compatibles avec les *Rhizobium*. Certains traitements fongicides sont toxiques pour les Champignons endomycorhizogènes ou pour des biopesticides : les *Trichoderma*, par exemple, sont très fortement inhibés par les benzimidazoles. Il est parfois possible de remédier à ces inconvénients. Si des semences de Légumineuses sont imprégnées d'un produit toxique, on ne procèdera pas à une inoculation des *Rhizobium* par enrobage, mais on utilisera des microgranulés déposés au-dessous des graines au moment du semis. Il est par ailleurs assez facile de sélectionner des souches de Champignons résistantes à une famille de fongicides : par exemple des *Trichoderma* résistants aux benzimidazoles. On peut même dans un tel cas envisager d'apporter l'antagoniste en combinaison avec le fongicide : outre son action directe sur le parasite-cible, le traitement chimique confère un avantage sélectif à l'organisme auxiliaire en éliminant une partie de la microflore concurrente.

Association de plusieurs microorganismes auxiliaires

Il est parfois profitable d'utiliser un mélange de plusieurs microorganismes. S'ils sont compatibles entre eux, leurs effets sont souvent additifs et parfois même synergiques. Ainsi, certaines souches de *Pseudomonas* fluorescents et certains isolats de *Fusarium oxysporum* saprophytes assurent une bonne protection contre les fusarioses vasculaires ; mais de nombreux essais ont montré que la protection était encore plus efficace lorsque l'on associait un *Pseudomonas* à un *Fusarium* antagoniste. Les sidérophores de la Bactérie séquestrent le fer et entraînent une pénurie qui accroît la sensibilité des *Fusarium* pathogènes à la compétition pour le carbone due à la présence des *Fusarium oxysporum* saprophytes (Lemanceau et Alabouvette, 1993). L'effet de synergie peut s'observer même entre des souches appartenant à la même espèce microbienne. Dans des essais réalisés à Pullman sur le piétin échaudage, les blés protégés par un mélange de 4 souches de *Pseudomonas fluorescens* ont un rendement augmenté de 20,4 %, alors qu'aucune de ces souches utilisée individuellement n'améliore la récolte de façon appréciable (certaines même la diminuent). Malheureusement, un même mélange ne convient pas à tous les sites d'expérimentation et l'on ne dispose pas encore de critères permettant de choisir les associations les plus efficaces en fonction de paramètres caractéristiques de l'environnement (Pierson et Weller, 1994).

Dans des sols pauvres en phosphore assimilable, l'infection des racines du soja par le Champignon endomycorhizogène *Glomus mosseae* entraîne une augmentation de l'absorption du phosphore, mais aussi du nombre de nodosités formées par *Bradyrhizobium japonicum* et de l'activité nitrogénasique totale, ce qui se traduit en définitive par une augmentation du rendement. Cependant une forte fumure phosphatée élimine l'effet de *G. mosseae* sur la nodulation et l'activité nitrogénasique (Asimi *et al.*, 1980).

L'infection d'une racine par un microorganisme symbiotique, puis le fonctionnement de la symbiose, sont très souvent améliorés par la présence de Bactéries rhizosphériques. Certaines souches de *Pseudomonas putida*, par exemple, stimulent la nodulation du haricot, que ce soit en présence de populations indigènes de rhizobactéries ou après l'apport d'un inoculum étranger de *Rhizobium phaseoli* (Grimes et Mount, 1984). *P. fluorescens* peut contribuer à l'augmentation du nombre de nodules formés par *B. japonicum* sur les racines du soja (Nishijima *et al.*, 1988). Un Champignon solubilisateur des phosphates comme *Penicillium bilaii* semblerait, de même, avoir un effet positif (Rice *et al.*, 1995). Des suspensions de *Frankia* appliquées en conditions axéniques à des racines d'aulne (*Alnus rubra*) ne provoquent pas la déformation des poils absorbants qui constitue la première étape de la pénétration et il se forme très peu ou pas de nodosités. Par contre, si l'on ajoute à la suspension un mélange de Bactéries de la rhizosphère ou des souches particulières de *P. cepacia*, on observe des courbures des poils racinaires sur tous les plants inoculés et un grand nombre de nodosités sont formées (Knowlton *et al.*, 1980). De la même façon, la formation d'endo ou d'ecto-mycorhizes peut être considérablement améliorée par la participation de Bactéries. Ainsi, dans des essais réalisés avec des sapins de Douglas (*Pseudotsuga menziesii*) en pépinières de production, le taux de racines mycorhizées est de 60 % quand le Champignon *Laccaria laccata* est apporté seul, et de 83 à 88 % quand il est associé à des *Bacillus* ou des *Pseudomonas*. La masse sèche des racines et des parties supérieures des arbustes, évaluée cinq mois plus tard, est très nettement plus élevée dans trois (fig. 108) des cinq combinaisons Bactéries plus Champignons expérimentées. Aussi semble-t-il possible d'envisager la production d'un inoculum mixte à l'échelle commerciale (Duponnois et Garbaye, 1991).

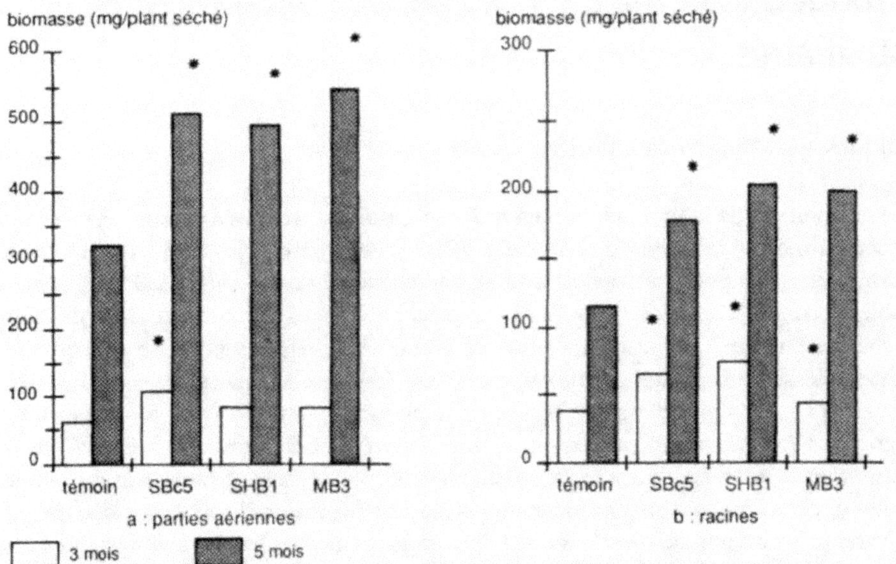

Figure 108. Effets positifs d'une inoculation mixte (Champignon ectomycorhizogène *Laccaria laccata* plus Bactéries sélectionnées) sur la croissance pondérale des parties aériennes (a) et des racines (b) de jeunes sapins de Douglas (*Pseudotsuga menziesii*) mesurée après 3 mois et 5 mois de culture en pépinière. Témoin : *L. laccata* seul ; SBc 5 : *L. laccata* + *Pseudomonas* sp. ; SHB 1 : *L. laccata* + *Bacillus* sp. ; MB 3 : *L. laccata* + *B. amyloliquefaciens*. Les astérisques indiquent que les valeurs sont significativement différentes des témoins au seuil de 5 % (Duponnois et Garbaye, 1991).

On a même étudié des relations mettant en jeu une plante (*Trifolium subterraneum*) et trois catégories de microorganismes : des *Rhizobium* et des Champignons endomycorhizogènes indigènes et une souche de *Pseudomonas putida*. On dénombre une fois et demie plus de nodosités sur les racines du trèfle lorsqu'on ajoute au sol des Champignons endomycorhizogènes ou une souche de *P. putida* séparément ; mais on en compte deux fois plus si on les introduit ensemble. Ces augmentations s'accompagnent de variations dans le même sens de la masse sèche des plantes. La colonisation des racines par les Champignons endomycorhizogènes passe de 7 à 23 % en présence de *P. putida* (Meyer et Linderman, 1986).

Des Bactéries appartenant à plusieurs espèces communes de la rhizosphère (*Pseudomonas, Bacillus, ...*) peuvent donc avoir un effet améliorateur très net (*helper*) sur l'établissement de relations symbiotiques entre des plantes et d'autres Bactéries ou des Champignons. Il s'agit apparemment d'un phénomène assez général, bien que cette propriété soit limitée à certaines souches particulières parmi l'ensemble des populations rhizosphériques. Les mécanismes ne sont pas encore clairement compris mais sont probablement très variés. On peut supposer que les effets stimulateurs s'exercent avant l'établissement de la symbiose (modification des exsudations et de la microflore associée aux racines), au moment de l'infection (déformation des poils absorbants, action enzymatique sur les parois cellulaires) et se perpétuent par la suite (synthèse d'agents chélateurs et de régulateurs de croissance).

Production et mise en oeuvre des microorganismes auxiliaires

La production de l'inoculum

La technologie de la fermentation **en milieu liquide** est maîtrisée depuis déjà longtemps grâce à l'industrie pharmaceutique qui l'utilise pour produire des antibiotiques. Dans les fermenteurs, qui peuvent couramment atteindre des volumes de 100 à 200 m^3, il est possible de contrôler avec précision les principaux paramètres qui influent sur le développement des cultures : pH et composition des fluides nutritifs, température, teneur en oxygène, vitesse de brassage du milieu, etc. C'est donc par fermentation en milieu liquide qu'est réalisée la production de masse de la plupart des auxiliaires biologiques à usage agricole : *Rhizobium, Pseudomonas, Trichoderma, Gliocladium, Fusarium, Hebeloma, Pisolithus,...* A la fin du cycle de production, il faut séparer la biomasse du milieu de culture, ce qui est réalisé par filtration ou par centrifugation. Mais, alors que dans l'industrie pharmaceutique c'est le milieu de culture, contenant les métabolites, qui est intéressant, les liquides résiduaires ne représentent ici que des déchets dont le retraitement est nécessaire avant leur élimination dans le milieu extérieur. Le séchage de la biomasse est une opération délicate : trop brutal, il peut diminuer la viabilité de l'inoculum ; trop long, il augmente les risques de contamination. Dans tous les cas il nécessite une forte consommation d'énergie. D'autre part, si la fermentation en milieu liquide convient parfaitement aux Bactéries, elle est moins bien adaptée à la production des Champignons : certaines espèces sporulent difficilement dans ces conditions.

Il est alors possible de recourir à une fermentation à **l'état solide**. Le substrat peut être constitué par des résidus de faible valeur marchande (bagasse de canne à sucre, son, paille hachée, pulpe de betterave, etc.) humidifiés par une solution nutritive contenant essentiellement de l'azote. Les risques de contamination bactérienne sont considérablement réduits par l'absence d'eau libre et les contraintes d'asepsie sont moins rigoureuses qu'en fermentation liquide. Il n'est pas nécessaire de séparer la biomasse de son substrat : le produit obtenu peut être utilisé directement, après un séchage limité beaucoup moins coûteux en énergie que dans le cas de la biomasse recueillie après fermentation en milieu liquide. Malgré ces avantages, la fermentation sur substrat solide est encore peu utilisée à l'échelle industrielle. *Talaromyces flavus* et *Teratosperma sclerotivora* sont produits à petite échelle selon un procédé de ce type. Un inoculum de *Trichoderma harzianum* titrant 10^9 à 10^{10} conidies par g de produit séché a été produit à plusieurs reprises dans un prototype de 1,6 m³ construit à la plate-forme de prédéveloppement en biotechnologie de l'INRA de Dijon (Durand, 1983).

La fermentation sur substrat solide peut être utilisée pour une production artisanale d'inoculum, par exemple par un groupement de producteurs ou dans le cadre d'une économie agricole à faible niveau d'intrants. Des arboriculteurs du Roussillon produisent de cette façon depuis plus de quinze ans un inoculum de *Trichoderma harzianum* destiné à la lutte contre *Armillaria mellea* dans les plantations de pêchers, d'abricotiers et de kiwis. Des grains d'orge bouillis sont égouttés puis ensemencés par une suspension de conidies et répartis, sur une épaisseur d'une dizaine de cm, sur le sol d'un local propre et fermé. Après le démarrage de la culture, les grains sont brassés une ou deux fois pour assurer une bonne colonisation. La production annuelle des arboriculteurs catalans oscille entre 12 et 25 tonnes.

Le conditionnement

Une fois produite, la biomasse doit être conditionnée sous une forme qui favorise au mieux sa survie tout en permettant un usage facile. La présentation ne sera pas la même selon que la préparation est destinée à enrober des semences ou à être introduite dans le sol.

Pour un traitement de semences, l'inoculum se présente généralement sous forme d'une poudre mouillable constituée par de la biomasse séchée et broyée ou lyophilisée. La biomasse fraîche est souvent mélangée d'abord à un support inerte (tourbe ou lignite) qui en facilite le séchage et la manipulation. La lyophilisation revient cher et n'est pas toujours une garantie de bonne conservation : beaucoup de Champignons supportent mal ce traitement. L'adhérence de la poudre aux téguments des semences peut être assurée par un fixateur comme la gomme arabique ou la méthyl cellulose.

Pour l'incorporation dans le sol ou dans les substats horticoles, l'inoculum peut être présenté sous forme de poudre mouillable ou de granulés, ou encapsulé dans des polymères. Le *Fusarium oxysporum* Fo 47, par exemple, récolté par filtration après fermentation en milieu liquide, est mélangé avec du talc et séché à 20°C sous un courant d'air filtré (Alabouvette *et al.*, 1993). Les microorganismes produits sur des substrats solides d'origine végétale ou sur de la vermiculite imbibée d'une solution nutritive peuvent être utilisés directement ou après un broyage grossier. Des suspensions bactériennes peuvent également être utilisées pour imprégner des granulés constitués par de la tourbe ou de l'argile. L'encapsulation des biopréparations dans un polymère organique est une solution qui permet à la fois une bonne conservation et une manipulation facile. La matrice organique la plus communément employée est un gel d'alginate. La biomasse bactérienne ou fongique est mise en suspension dans une solution d'alginate de sodium. Cette suspension, éventuellement additionnée d'adjuvants inertes ou nutritifs, est introduite goutte à goutte dans une solution de chlorure de calcium. Les gouttes sont rapidement figées par le calcium et, si l'épaisseur et la concentration de la solution sont convenablement ajustées, elles se déposent sous forme de billes solides au fond du récipient. Les billes d'alginate, très poreuses, peuvent être éventuellement recouvertes d'une pellicule qui améliore leur résistance mécanique et permet une meilleure conservation des organismes qu'elles contiennent.

Ces préparations peuvent demeurer actives pendant plusieurs mois si on les maintient dans une chambre froide (vers 5°C). Mais le taux de propagules viables décroît généralement rapidement si elles sont conservées à la température ambiante. Ce problème de la conservation de la viabilité et des propriétés de l'inoculum constitue un des freins à l'emploi des auxiliaires biologiques.

L'application

Les apports inondatifs au cours desquels l'auxiliaire biologique est répandu ou enfoui dans la totalité de la parcelle à traiter permettent d'obtenir une infestation homogène du sol. Ils sont possibles lorsque les volumes à traiter sont faibles, ce qui est le cas des pépinières, des soles maraîchères ou des substrats pour cultures hors-sol. Ils sont souvent utilisés aussi lors d'expérimentations réalisées en petites parcelles. Mais, rapportées à l'hectare, les quantités d'inoculum nécessaires seraient si élevées qu'elles excluraient dans presque tous les cas toute possibilité d'exploitation commerciale du procédé. Il est donc nécessaire, en grande culture, d'envisager d'autres techniques d'application.

Les quantités d'inoculum mises en jeu sont considérablement réduites si l'on se contente de déposer l'auxiliaire (généralement présenté sous forme de granulés) dans les sillons au moment du semis. L'opération peut être automatisée, et le semoir réglé de façon à ce que l'inoculum soit placé juste au-dessous de la graine. La jeune plantule se trouve ainsi, dès sa germination, au contact d'une très abondante population d'auxiliaires. Cette technique est souvent employée pour les biopesticides. Elle est parfois utilisée aussi pour les *Rhizobium* et les Champignons endomycorhizogènes. La technique du semis sur gel (plus connue sous le nom de *fluid drilling*) convient très bien à l'utilisation d'auxiliaires biologiques. Les graines, que l'on a fait prégermer, sont mises en suspension dans un gel aqueux avant d'être semées : la levée est ainsi très rapide et les plantes obtenues sont plus vigoureuses ; pouvant être semées une à une, elles n'ont pas besoin d'être démariées. On peut ajouter aux gels des fongicides chimiques, mais aussi des Champignons antagonistes, par exemple *Laetisaria arvalis* (Conway, 1986) ou des *Trichoderma*. L'eau contenue dans le gel permet une germination rapide des conidies et des chlamydospores. L'agent gélifiant intervient lui-même directement : par son pH (les silicates de magnésium, trop alcalins, ne conviennent pas aux *Trichoderma*) et par sa composition (les polymères organiques peuvent servir de source de carbone au Champignon). Le semis de graines de radis sur un gel d'hydroxyéthyl cellulose contenant une souche de *T. hamatum* a régulièrement donné de meilleurs résultats que des traitements chimiques avec du quintozène dans un sol infesté par *Rhizoctonia solani*, au cours d'essais réalisés sur plusieurs sites différents (Mihuta-Grimm et Rowe, 1986).

On peut réduire encore davantage les quantités d'inoculum nécessaires en appliquant directement les auxiliaires à la surface des organes à traiter. Ces traitements concernent le plus souvent des graines et l'on réalise alors un **enrobage** ou un **pelliculage** (fig. 109, *cf.* planche couleur).

L'enrobage consiste à déposer autour de la graine des couches relativement épaisses de substances inertes (tourbe, argile, matrice cellulosique, ...) alternées avec des auxiliaires biologiques ou des agents chimiques. La semence enrobée ressemble à une amande à l'intérieur d'une dragée. Ce procédé, assez coûteux, est surtout utilisé pour augmenter le volume des graines très petites (tabac, laitue) ou pour régulariser la forme des graines irrégulières (betterave). Le semis est plus facile et plus précis.

Quand on fait un pelliculage, on applique simplement une ou plusieurs couches minces d'un polymère poreux et hydrosoluble. Les microorganismes sont protégés par la pellicule dont les propriétés mouillantes assurent une répartition très homogène autour de la semence. La graine conserve sa forme mais elle est plus lisse et circule plus aisément dans le semoir.

On peut aussi, bien sûr, traiter directement les semences à la ferme en les trempant dans une suspension de microorganismes auxiliaires, avec ou sans adjuvant. C'est ce qui est couramment réalisé pour l'inoculation des Légumineuses par des *Rhizobium* ou pour les expérimentations à petite échelle avec des biopesticides. Les fixateurs les plus utilisés sont la gomme arabique et la méthyl cellulose, parfois l'alcool polyvinylique ou une huile végétale.

Quel que soit le procédé employé, il est nécessaire dans un premier temps d'humecter les graines, puis de les sécher. Le séchage est une opération délicate à réaliser à l'échelle industrielle. Il doit être très progressif pour éviter d'altérer les facultés germinatives du matériel biologique, végétal et microbien. La conservation des semences enrobées ou pelliculées avec des microorganismes pose aussi des problèmes qui ne sont pas encore parfaitement résolus.

Une technique de préconditionnement à la germination a été mise au point en Angleterre dans les années 60 pour faciliter la levée. Initialement, elle consistait à placer les graines, avant de les semer, dans une solution osmotique dont le potentiel hydrique était calculé de telle sorte que les tissus s'imbibent, mais pas suffisamment pour que l'émission de la radicule soit possible (*seed priming*). Cependant, les solutions osmotiques sont coûteuses et ce type de conditionnement est délicat à mettre en oeuvre. On peut, plus simplement, humidifier les graines et les mélanger à une quantité de lignite ou de charbon finement pulvérisé, calculée de façon à absorber une partie de l'humidité et à maintenir le potentiel hydrique juste au-dessous du niveau requis pour qu'elles puissent germer : c'est le *solid matrix priming*. Ce préconditionnement peut, comme le semis sur gel, être combiné avec un traitement biologique. Ainsi, des graines de tomate et de concombre préconditionnées et enrobées par une suspension de spores de *Trichoderma harzianum* germent et lèvent mieux dans un sol infesté par *Pythium ultimum* que des graines préconditionnées ou non, protégées ou non par un traitement au thirame (Harman et Taylor, 1988).

Lorsqu'il s'agit de boutures ou de plants racinés, on peut aussi réaliser un apport localisé d'inoculum en plongeant les sujets dans des suspensions obtenues à partir de cultures microbiennes ou de poudres mouillables. L'adhérence des propagules bactériennes ou fongiques peut être considérablement améliorée en ajoutant à la suspension de l'alginate de sodium à 0,5 ou 1 % que l'on durcit ensuite en trempant les racines dans une solution de chlorure de calcium de même concentration. Le gel maintient l'inoculum au contact de la racine et il assure en outre une protection contre les microorganismes présents dans le milieu extérieur (Deacon et Fox, 1988).

Qu'il s'agisse d'un apport généralisé ou localisé, les auxiliaires biologiques doivent, pour être efficaces, échapper aux effets antagonistes des autres populations microbiennes du sol. La compétition est faible dans des terreaux compostés et quasiment nulle dans des substrats horticoles tels que la laine de roche, la vermiculite ou le polyuréthane, mais elle est très intense dans un sol ordinaire. On peut alors favoriser l'installation des auxiliaires en faisant une désinfection préalable à la vapeur ou avec un fumigant. A défaut d'une désinfection complète, on peut incorporer dans le sol en même temps que l'inoculum un fongicide auquel l'auxiliaire biologique est peu sensible. Bien choisi, le fongicide peut en outre renforcer l'action de l'auxiliaire si celui-ci est un biopesticide (Abd el Moity *et al.*, 1982 ; Cole et Zvenyika, 1988). La solarisation facilite aussi le développement des populations si elles sont introduites aussitôt après l'enlèvement des bâches plastiques : pour un même apport d'inoculum, les populations de *Trichoderma* (dénombrées 3 mois après leur introduction) sont 2 à 7 fois plus élevées dans les parties des parcelles solarisées que dans les parties non solarisées (Martin *et al.*, 1995).

Il existe bien d'autres solutions pour conférer un avantage sélectif aux microorganismes que l'on souhaite introduire dans le sol. On peut par exemple jouer sur le pH de la préparation : les pH acides favorisent les *Trichoderma* ; il sera donc préférable d'utiliser des formulations à base de tourbe ou de lignite. Pour des Bactéries au contraire, on recherchera un environnement proche de la neutralité. Le conditionnement sous forme de billes d'alginate et les techniques d'enrobage des semences et de semis sur gel permettent d'utiliser une grande variété d'adjuvants. Certains pourront constituer simplement des sources de carbone peu accessibles aux autres microorganismes, d'autres pourront avoir des effets plus complexes. Ainsi, les polysaccharides (amidon, inuline, laminarine, xylane) et le mannitol induisent la production d'enzymes lytiques par *Trichoderma harzianum* ; la germination des conidies de *T. koningii* est stimulée par certains acides gras et son activité antagoniste est fortement accrue en présence d'acide p-hydroxybenzoïque, sans que les raisons de cet effet soient connues (Nelson *et al.*, 1988). On peut aussi imaginer de faire appel à certains des médiateurs chimiques qui interviennent dans les phénomènes de reconnaissance entre les plantes et les microorganismes symbiotiques. On devrait, par exemple, pouvoir procurer un avantage sélectif à des *Rhizobium* introduits sur des semences de Légumineuses en adjoignant à l'enrobage des quantités infinitésimales de facteurs Nod : on sait qu'ils stimulent l'infection et qu'ils accélèrent la formation des nodosités (Dénarié et Joly, 1994). Il est enfin possible, rappelons-le, d'utiliser des Bactéries *helpers* qui favorisent l'établissement d'associations symbiotiques entre des plantes et des Bactéries ou des Champignons (voir p. 334).

Créera-t-on un jour des symbioses associatives artificielles ?

Nous avons vu dans le chapitre 8 que les cellules des galles et des proliférations racinaires formées sur les plantes parasitées par des *Agrobacterium* élaboraient des opines, molécules constituant un substrat nutritif spécifiquement utilisé par la Bactérie parasite. On détecte de même dans les nodosités des Légumineuses des rhizopines, soupçonnées de jouer un rôle comparable vis-à-vis des *Rhizobium*. La production de nutriments à l'usage exclusif d'une souche bactérienne particulière confère très vraisemblablement à cette souche un avantage considérable dans la compétition qui l'oppose aux autres Bactéries du sol. Des essais réalisés avec des *Lotus corniculatus* transformés, rendus producteurs d'opines après incorporation de gènes plasmidiques d'*A. rhizogenes*, ont confirmé que les souches d'*A. tumefaciens* capables de cataboliser ces opines étaient effectivement avantagées, par rapport aux autres populations, dans la rhizosphère de ces plantes (Guyon *et al.*, 1993).

Partant de ces observations, on peut imaginer d'établir des relations privilégiées entre des végétaux cultivés et des microorganismes auxiliaires. On pourrait associer une plante, transformée de façon à lui faire produire une molécule du type des opines, à une Bactérie, génétiquement modifiée et rendue capable de cataboliser cette molécule. On serait ainsi assuré de maintenir des microorganismes sélectionnés (fixateurs d'azote, stimulateurs de croissance, antagonistes de parasites, ...) dans la rhizosphère même si, à l'origine, ils ne sont pas rhizocompétents.

Pour un complément d'information sur la production et l'utilisation de microorganismes auxiliaires

COOK R. J., 1993 - Making greater use of introduced microorganisms for biological control of plant pathogens. *Annu. Rev. Phytopathol.* 31, 53-80.

GLASS D. J., 1993 - Commercialization of soil microbial technologies. In *Soil microbial ecology*, F. B. Metting Ed., Marcel Dekker Inc., New York, p. 595-618.

HARVEY L. M., SMITH J. E., KRISTIANSEN B., NEILL J. et SENIOR E., 1989 - The cultivation of ectomycorrhizal fungi. In *Biotechnology of fungi for improving plant growth*, J. M. Whipps et R. D. Lumsden Ed., Cambridge University Press, Cambridge, p. 27-39.

HOCART M. J. et PEBERDY J. F., 1989 - Protoplast technology and strain selection. In *Biotechnology of fungi for improving plant growth*, J. M. Whipps et R. D. Lumsden Ed., Cambridge University Press, Cambridge, p. 235-258.

JARSTFER A. G. et SYLVIA D. M., 1993 - Inoculum production and inoculation strategies for vesicular-arbuscular mycorrhizal fungi. In *Soil microbial ecology*, F. B. Metting Ed., Marcel Dekker Inc., New York, p. 349-377.

Loi n°92 - 654 du 13 juillet 1992 relative au contrôle de l'utilisation et de la dissémination des organismes génétiquement modifiés. *Journal Officiel de la République Française*, 9523-9527.

LUMSDEN R. D. et LEWIS J. A., 1989 - Selection, production, formulation and commercial use of plant disease biocontrol fungi : problems and progress. In *Biotechnology of fungi for improving plant growth*, J. M. Whipps et R. D. Lumsden Ed., Cambridge University Press, Cambridge, p. 171-190.

MULONGOY K., GIANINAZZI S., ROGER P. A. et DOMMERGUES Y., 1992 - Biofertilizers : agronomic and environmental impacts and economics. In *Biotechnology : economic and social aspects,* E. J. Da Silva, C. Ratledge et A. Sasson Ed., Cambridge University Press, Cambridge, p. 55-69.

TAYLOR A. G. et HARMAN G. E., 1990 - Concepts and technologies of selected seed treatments. *Annu. Rev. Phytopathol.* 28, 321-339.

WALTER J. P. et PAAU A. S., 1993 - Microbial inoculant production and formulation. In *Soil microbial ecology,* F. B. Metting Ed., Marcel Dekker Inc., New York, p. 579-594.

Conclusion

Nous avons vu au début de cet ouvrage combien l'existence même des microorganismes telluriques était tributaire de la matière organique synthétisée par les végétaux. Nous nous sommes rendu compte par la suite que les microorganismes exerçaient à leur tour une influence considérable sur le développement des plantes. Influence indirecte, mais capitale, sur le milieu dans lequel les plantes plongent leurs racines pour se fixer et s'alimenter : le pH, le potentiel d'oxydo-réduction, la composition chimique, la structure du sol dépendent très largement de l'activité microbienne. Influence directe aussi puisque les racines côtoient ou même hébergent une multitude de microorganismes dont le rôle est souvent considérable dans le développement des plantes, parfois dès leur germination comme c'est le cas pour les Orchidées. Dans ce domaine, le meilleur se mêle au pire : certains microorganismes fournissent aux végétaux des éléments minéraux essentiels, des substances de croissance, une protection contre les agressions d'origine biotique ou abiotique ; d'autres s'attaquent à eux et limitent leur développement. Leur effet pathogène se manifeste parfois par des symptômes caractéristiques ; le plus souvent leur action est insidieuse. Il y a très peu de temps seulement que l'on s'est rendu compte, en comparant (à des niveaux de fumure équivalents) les rendements obtenus sur des terrains désinfectés ou non au bromure de méthyle et protégés de contaminations d'origine extérieure, que les agressions parasitaires occultes pouvaient entraîner jusqu'à vingt-cinq pour cent de pertes de production.

Malgré cela, l'environnement biologique souterrain des plantes est encore trop souvent négligé. Combien de phytopathologistes tiennent compte, dans leurs essais, des interactions entre les parasites qu'ils étudient et les microorganismes symbiotiques, omniprésents, qu'ils ignorent ? Combien de sélectionneurs se préoccupent des modifications de la microflore (parfois considérables, nous l'avons vu) que leurs croisements entraînent dans la rhizosphère de leurs nouveaux génotypes ? La nature est un tout. Le monde végétal et le monde microbien ne sont que des éléments d'un même ensemble auquel nous participons aussi. Nous avons cru pouvoir l'ignorer et, pendant de longues années, nous avons eu tendance à penser que l'agriculture était une activité industrielle comme une autre, et à considérer le sol comme un réacteur chimique dans lequel il suffisait d'introduire de l'azote, du phosphore et du potassium pour obtenir une production toujours plus élevée. Dans un tel système, seules étaient prises en compte les capacités de biosynthèse des végétaux ; l'activité des microorganismes était presque ignorée, et d'ailleurs complètement masquée par les apports de fertilisants et les traitements chimiques. Cette conception a fini par montrer ses limites : les engrais coûtent cher, les sols sont emportés par l'érosion, les attaques parasitaires obligent à des traitements pesticides de plus en plus nombreux et les nappes phréatiques sont polluées.

Un nouveau concept, introduit par les Anglo-Saxons sous le terme de *sustainable agriculture* a donc fait son chemin. Cette **agriculture durable** se propose de produire sans gaspiller l'énergie, d'exploiter le sol sans l'épuiser, d'intervenir sans polluer. Elle a pris conscience que la production agricole dépendait d'équilibres biologiques complexes et que leur rupture pouvait avoir des conséquences désastreuses. Ces équilibres cependant ne doivent pas être considérés comme naturellement parfaits. Nous avons vu à plusieurs reprises qu'il était possible de les modifier dans un sens plus favorable à la croissance des plantes. Mais de tels déplacements prennent souvent du temps. Qu'il s'agisse d'évolution des taux de matière organique, de fixation d'azote, de symbioses mycorhiziennes ou de lutte biologique, les effets des interventions se manifestent rarement à court terme, ce qui rend leur appréciation difficile dans les schémas d'expérimentation couramment employés. Un apport d'engrais, un traitement fongicide ont au contraire un résultat immédiat. Cependant les modifications des équilibres microbiens, si elles sont lentes, sont également durables : lorsqu'une population de *Rhizobium* est bien installée dans un sol, il est inutile de renouveler régulièrement les apports d'inoculum. Il est prévisible qu'une meilleure connaissance de **l'écologie** des microorganismes auxiliaires permettra de sélectionner pour chacun d'eux les souches les mieux adaptées au milieu auquel elles sont destinées, ou encore de créer des variétés de plantes capables de maintenir dans leur rhizosphère les populations microbiennes qui leur sont le plus favorables. On tend ainsi vers la mise en place de systèmes qui s'auto-entretiennent et qui exigent le moins possible d'intrants renouvelables.

Il faut convenir qu'il est difficile de demander à des entreprises industrielles, qui ont eu jusqu'à présent à répondre à une demande annuelle croissante d'engrais et de pesticides, de porter un grand intérêt à la recherche et à la production d'inoculums microbiens qui ne soient pas destinés à être renouvelés constamment. Un tel marché ne présente pas un grand attrait commercial. Aussi, dans l'état actuel des choses, les recherches dans le domaine de la biologie des sols sont financées essentiellement par des subventions publiques. Leur développement, leur stagnation ou leur abandon dépendent dans une certaine mesure d'un choix de société, dans tous les cas d'un choix politique.

La notion, relativement récente, d'agriculture durable n'est en définitive que l'extension à l'ensemble des pratiques agricoles de ce que les spécialistes de la protection des cultures connaissent depuis longtemps sous le nom de lutte intégrée. Il s'agit, par tous les moyens dont on dispose (y compris chimiques s'ils n'ont pas d'effets pervers) de créer un environnement qui permette l'installation d'un nouvel équilibre biologique favorable aux cultures et durable. C'est une démarche difficile, puisqu'elle fait appel à un grand nombre de techniques pour agir sur les principaux paramètres qui déterminent le milieu et puisqu'elle oblige à évaluer les conséquences, au moins à moyen terme, de ces interventions. L'agriculteur devient ainsi un manager. Cette attitude est-elle vraiment nouvelle ? **«L'agriculture, c'est le mesnage des champs»** disait-on au temps d'Olivier de Serres.

ABBASS Z. et OKON Y. - 1993 - Plant growth promotion by *Azotobacter paspali* in the rhizosphere. *Soil Biol. Biochem.* 25, 1075 - 1083.

ABD EL MOITY T.H., PAPAVIZAS G.C. et SHATLA M.N. - 1982 - Induction of new isolates of *Trichoderma harzianum* tolerant to fungicides and their experimental use for control of white rot of onion. *Phytopathology* 72, 396 - 400.

ABUZINADH R.A. et READ D.J. - 1989 - The role of proteins in the nitrogen nutrition of ectomycorrhizal plants. IV. The utilization of peptides by birch (*Betula pendula* L.) infected with different mycorrhizal fungi. *New Phytol.* 112, 55 - 60.

ACHOUAK W., DE MOT R. et HEULIN T. - 1995 - Purification and partial characterization of an outer membrane protein involved in the adhesion of *Rahnella aquatilis* to wheat roots. *FEMS Microbiol. Ecol.* 16, 19 - 24.

ADAMCZYK - WINIARSKA Z., KROL M. et KOBUS J. - 1975 - Microbial oxidation of elemental sulphur in brown soil. *Plant Soil* 43, 95 - 100.

ADAMS P.B. - 1971 - *Pythium aphanidermatum* oospore germination as affected by time, temperature, and pH. *Phytopathology* 61, 1149 - 1150.

AHMAD J.S. et BAKER R. - 1987 - Rhizosphere competence of *Trichoderma harzianum*. *Phytopathology* 77, 182 - 189.

AHMAD J.S. et BAKER R. - 1988 - Growth of rhizosphere - competent mutants of *Trichoderma harzianum* on carbon substrates. *Can. J. Microbiol.* 34, 807 - 814.

AKKERMANS A.D.L., ABDULKADIR S. et TRINICK M.J. - 1978 - N_2 - fixing root nodules in Ulmaceae : *Parasponia* or (and) *Trema* spp ? *Plant Soil* 49, 711 - 715.

ALABOUVETTE C. - 1986 - Fusarium - wilt suppressive soils from the Châteaurenard region : review of a 10 - year study. *Agronomie* 6, 273 - 284.

ALABOUVETTE C., LEMANCEAU P. et STEINBERG C. - 1993 - Recent advances in the biological control of Fusarium wilts. *Pestic. Sci.* 37, 365 - 373.

ALEF K. et KLEINER D. - 1986 - Arginine ammonification, a simple method to estimate microbial activity potentials in soils. *Soil Biol. Biochem.* 18, 233 - 235.

ALFIZAR A., MARTIN C. et DAVET P. - 1992 - Appearance, persistence, and potential control of enhanced biodegradation of iprodione and vinclozolin in the field. *Agronomie* 12, 733 - 738.

ALLEN E.B. et ALLEN M.F. - 1986 - Water relations of xeric grasses in the field : interactions of mycorrhizas and competition. *New Phytol.* 104, 559 - 571.

ALLEN R.N. et NEWHOOK F.J. - 1973 - Chemotaxis of zoospores of *Phytophthora cinnamomi* to ethanol in capillaries of soil pore dimensions. *Trans. Br. mycol. Soc.* 61, 287 - 302.

ALOISI S., PIONNAT S., JACOB Y., PELLOLI G., BOTTON E., BETTACHINI A., HERICHER D., ANTONINI C., SIMONINI L. et PONCET C. - 1994 - Crown gall du rosier : stratégies de lutte. *Quatrième Conf. Internat. Maladies des Plantes*, Bordeaux, 6 - 8 décembre 1994, « Annales », A.N.P.P., Paris, 791 - 797.

ALSTRÖM S. et BURNS R.G. - 1989 - Cyanide production by rhizobacteria as a possible mechanism of plant growth inhibition. *Biol. Fertil. Soils* 7, 232 - 238.

AMIN K.S. et SEQUEIRA L. - 1966 - Phytotoxic substances from decomposing lettuce residues in relation to the etiology of corky root of lettuce. *Phytopathology* 56, 1054 - 1061.

AMIR H. et ALABOUVETTE C. - 1993 - Involvement of soil abiotic factors in the mechanisms of soil suppressiveness to *Fusarium* wilts. *Soil Biol. Biochem.* 25, 157 - 164.

ANDERSON A.J. - 1983 - Isolation from root and shoot surfaces of agglutinins that show specificity for saprophytic Pseudomonads. *Can. J. Bot.* 61, 3438 - 3443.

ANDERSON J.P.E. et DOMSCH K.H. - 1978 - Mineralization of bacteria and fungi in chloroforme - fumigated soils. *Soil Biol. Biochem.* 10, 207 - 213.

ANDERSON J.W. - 1978 - *Sulphur in biology*. Edward Arnold, London.

ANDERSON R.V., GOULD W.D., WOODS L.E., CAMBARDELLA C., INGHAM R.E. et COLEMAN D.C. - 1983 - Organic and inorganic nitrogenous losses by microbivorous nematodes in soil. *Oikos* 40, 75 - 80.

ARCHER S.A. - 1976 - Ethylene and fungal growth. *Trans. Br. mycol. Soc.* 67, 325 - 326.

ARMSTRONG G.M. et ARMSTRONG J.K. - 1948 - Non susceptible hosts as carriers of wilt Fusaria. *Phytopathology* 38, 808 - 826.

ARSHAD M. et FRANKENBERGER W.T. - 1990 - Ethylene accumulation in soil in response to organic amendments. *Soil Sci. Soc. Am. J.* 54, 1026 - 1031.

ASIMI S., GIANINAZZI - PEARSON V. et GIANINAZZI S. - 1980 - Influence of increasing soil phosphorus levels on interactions between vesicular - arbuscular mycorrhizae and *Rhizobium* in soybeans. *Can. J. Bot.* 58, 2200 - 2205.

BAKER R. - 1988 - *Trichoderma* spp. as plant - growth stimulants. *CRC Crit. Rev. Biotechnol.* 7, 97-106.

BAKER R., MAURER C.L. et MAURER R.A. - 1967 - Ecology of plant pathogens in soil. VII. Mathematical models and inoculum density. *Phytopathology* 57, 662 - 666.

BAKKEN L.R. et OLSEN R.A. - 1989 - DNA - content of soil bacteria of different cell size. *Soil Biol. Biochem.* 21, 789 - 793.

BALTRUSCHAT H. et SCHONBECK F. - 1975 - Untersuchungen über den Einfluss der endotrophen Mycorrhiza auf den Befall von Tabak mit *Thielaviopsis basicola*. *Phytopathol. Z.* 84, 172-188.

BARBER D.A. et LEE R.B. - 1974 - The effect of micro - organisms on the absorption of manganese by plants. *New Phytol.* 73, 47 - 106.

BARCLAY W.R. et LEWIN R.A. - 1985 - Microalgal polysaccharide production for the conditioning of agricultural soils. *Plant Soil* 88, 159 - 169.

BARRON G.L. - 1992 - Lignolytic and cellulolytic fungi as predators and parasites. In *The fungal community*, G.C. Carroll et D.T. Wicklow Ed., Marcel Dekker, New York, 311 - 326.

BARRON G.L. et DIERKES Y. - 1977 - Nematophagous fungi : *Hohenbuehelia*, the perfect state of *Nematoctonus*. *Can. J. Bot.* 55, 3054 - 3062.

BATEMAN D.F. et BEER S.V. - 1965 - Simultaneous production and synergistic action of oxalic acid and polygalacturonase during pathogenesis by *Sclerotium rolfsii*. *Phytopathology* 55, 204 - 211.

BECARD G. et PICHE Y. - 1989 - New aspects on the acquisition of biotrophic status by a vesicular - arbuscular mycorrhizal fungus *Gigaspora margarita*. *New Phytol.* 112, 77 - 83.

BECKER J.O., HEDGES R.W. et MESSENS E. - 1985 - Inhibitory effect of pseudobactin on the uptake of iron by higher plants. *Appl. environ. Microbiol.* 49, 1090 - 1093.

BECKMAN C.H., HALMOS S. et MACE M.E. - 1962 - The interaction of host, pathogen and soil temperature in relation to susceptibility to Fusarium wilt of bananas. *Phytopathology* 52, 134 - 140.

BEEMSTER A.B.R., BOLLEN G.J., GERLAGH M., RUISSEN M.A., SCHIPPERS B. et TEMPEL A. (Ed.) - 1991 - *Biotic interactions and soil - borne diseases*. Elsevier, Amsterdam.

BELCHER J.V. et HUSSEY R.S. - 1977 - Influence of *Tagetes patula* and *Arachis hypogaea* on *Meloidogyne incognita*. *Plant Dis. Rep.* 61, 525 - 528.

BELL A.A. et PRESLEY J.T. - 1969 - Temperature effects upon resistance and phytoalexin synthesis in cotton inoculated with *Verticillium albo - atrum*. *Phytopathology* 59, 1141 - 1146.

BESNARD O. et DAVET P. - 1993 - Mise en évidence de souches de *Trichoderma* spp. à la fois antagonistes de *Pythium ultimum* et stimulatrices de la croissance des plantes. *Agronomie* 13, 413 - 421.

BIRD G.W., BROOKS D.L., PERRY C.E., FUTRAL J.G., CANERDAY T.D. et BOSWELL F.C. - 1974 - Influence of subsoiling and soil fumigation on the cotton stunt disease complex, *Hoplolaimus columbus* and *Meloidogyne incognita*. *Plant Dis. Rep.* 58, 541 - 544.

BISHOP C.D. et COOPER R.M. - 1983 - An ultrastructural study of root invasion in three vascular wilt diseases. *Physiol. Plant Pathol.* 22, 15 - 27.

BISHOP P.E. et JOERGER R.D. - 1990 - Genetics and molecular biology of alternative nitrogen fixation systems. *Annu. Rev. Plant Physiol. Plant Mol. Biol.* 41, 109 - 125.

BISHOP P.E., JARLENSKI D.M.L. et HETHERINGTON D.R. - 1982 - Expression of an alternative nitrogen fixation system in *Azotobacter vinelandii*. *J. Bacteriol.* 150, 1244 - 1251.

BLAKE D.R. et ROWLAND F.S. - 1988 - Continuing world - wide increase in the tropospheric methane, 1978 to 1987. *Science* 239, 1129 - 1131.

BLAL B., MOREL C., GIANINAZZI - PEARSON V., FARDEAU J.C. et GIANINAZZI S. - 1990 - Influence of vesicular - arbuscular mycorrhizae on phosphate fertilizer efficiency in two tropical acid soils planted with micropropagated oil palm (*Elaeis guineensis* Jacq.). *Biol. Fertil. Soils* 9, 43 - 48.

BOLTON H. et ELLIOTT L.F. - 1989 - Toxin production by a rhizobacterial *Pseudomonas* sp. that inhibits wheat root growth. *Plant Soil* 114, 269 - 278.

BOTTNER P. et BILLES G. - 1987 - La rhizosphère : site d'interactions biologiques. *Rev. Ecol. Biol. Sol* 24, 369 - 388.

BOUHOT D. - 1975 - Technique sélective et quantitative d'estimation du potentiel infectieux des sols, terreaux et substrats infectés par *Pythium* sp. *Ann. Phytopathol.* 7, 155 - 158.

BOUHOT D. - 1979 a - Un test biologique à deux niveaux pour l'étude des fatigues de sol. Application à l'étude des nécroses des racines de céleri - rave. *Ann. Phytopathol.* 11, 95 - 109.

BOUHOT D. - 1979 b - Estimation of inoculum density and inoculum potential : techniques and their value for disease prediction. In *Soil - borne plant pathogens*, B. Schippers et W. Gams Ed., Academic Press, London, 21 - 34.

BOUHOT D. - 1980 - *Le potentiel infectieux des sols* (soil infectivity). Thèse de Doctorat ès Sciences, Université de Nancy.

BOUHOT D. - 1981 - Induction d'une résistance biologique aux *Pythium* dans les sols par l'apport d'une matière organique. *Soil Biol. Biochem.* 13, 269 - 274.

BOURQUIN A.W. - 1990 - Bioremediation of hazardous waste. *Biofutur* 93, 24 - 35.

BOWEN G.D. et ROVIRA A.D. - 1976 - Microbial colonization of plant roots. *Annu. Rev. Phytopathol.* 14, 121 - 144.

BOWERS J.H. et PARKE J.L. - 1993 - Colonization of pea (*Pisum sativum* L.) taproots by *Pseudomonas fluorescens* : effect of soil temperature and bacterial motility. *Soil Biol. Biochem.* 25, 1693 - 1701.

BRAUN P.G. - 1991 - The combination of *Cylindrocarpon lucidum* and *Pythium irregulare* as a possible cause of apple replant disease in Nova Scotia. *Can. J. Plant Pathol.* 13, 291 - 297.

BREMNER J.M. et MULVANEY R.L. - 1978 - Urease activity in soils. In *Soil enzymes*, R.G. Burns Ed., Academic Press, London, 149 - 196.

BRISBANE P.G. et ROVIRA A.D. - 1988 - Mechanisms of inhibition of *Gaeumannomyces graminis* var. *tritici* by fluorescent pseudomonads. *Plant Pathol.* 37, 104 - 111.

BROWN M.E. - 1974 - Seed and root bacterization. *Annu. Rev. Phytopathol.* 12, 181 - 197.

BROWN S.M., KEPNER J. et SMART G.C. - 1985 - Increased crop yields following application of *Bacillus penetrans* to field plots infested with *Meloidogyne incognita*. *Soil Biol. Biochem.* 17, 483 - 486.

BRUNT A.A. et RICHARDS K.E. - 1989 - Biology and molecular biology of furoviruses. *Adv. Virus Res.* 36, 1 - 32.

BURESH R.J., SAMSON M.I. et DE DATTA S.K. - 1993 - Quantification of denitrification in flooded soils as affected by rice establishment method. *Soil Biol. Biochem.* 25, 843 - 848.

BURKE D.W., MILLER D.E., HOLMES L.D. et BARKER A.W. - 1972 - Counteracting bean root rot by loosening the soil. *Phytopathology* 62, 306 - 309.

BURNS R.G. - 1978 - Enzyme activity in soil : some theoretical and practical considerations, in *Soil enzymes*, R. G. Burns Ed., Academic Press, London, 295 - 340.

BURNS R.G. - 1982 - Enzyme activity in soil : location and a possible role in microbial ecology. *Soil Biol. Biochem.* 14, 423 - 427.

BUSHBY H.V.A. et MARSHALL K.C. - 1977 - Water status of *Rhizobia* in relation to their susceptibility to dessication and to their protection by montmorillonite. *J. Gen. Microbiol.* 99, 19 - 27.

CAETANO-ANOLLES G., CRIST-ESTES D.K. et BAUER W.D. - 1988 - Chemotaxis of *Rhizobium meliloti* to the plant flavone luteolin requires functional nodulation genes. *J. Bacteriol.* 170, 3164 - 3169.

CALLOT G., CHAMAYOU H., MAERTENS C. et SALSAC L. - 1982 - *Les interactions sol - racine. Incidence sur la nutrition minérale.* « Mieux comprendre ». INRA, Paris.

CAMERON J.N. et CARLILE M.J. - 1978 - Fatty acids, aldehydes and alcohols as attractants for zoospores of *Phytophthora palmivora*. *Nature* 271, 448 - 449.

CAMPBELL R. et EPHGRAVE J.M. - 1983 - Effect of bentonite clay on the growth of *Gauemannomyces graminis* var. *tritici* and on its interaction with antagonistic bacteria. *J. Gen. Microbiol.* 129, 771 - 777.

CAPLAN A., HERRERA - ESTRELLA L., INZE D., VAN HAUTE E., VAN MONTAGU M., SCHELL J. et ZAMBRYSKI P. - 1983 - Introduction of genetic material into plant cells. *Science* 222, 815 - 821.

CAPPAERT M.R., POWELSON M.L., CHRISTENSEN N.W., STEVENSON W.R. et ROUSE D.I. - 1994 - Assessment of irrigation as a method of managing potato early dying. *Phytopathology* 84, 792 - 800.

CASTEJON - MUNOZ M. et BOLLEN G.J. - 1993 - Induction of heat resistance in *Fusarium oxysporum* and *Verticillium dahliae* caused by exposure to sublethal heat treatments. *Neth. J. Plant Pathol.* 99, 77 - 84.

ČATSKA V. et VANČURA V. - 1980 - Volatile and gaseous metabolites released by germinating seeds of lentil and maize cultivars with different susceptibilities to fusariosis and smut. *Folia Microbiol.* 25, 177 - 181.

CATSKA V., VANCURA V., HUDSKA G. et PRIKRYL Z. - 1982 - Rhizosphere micro - organisms in relation to the apple replant problem. *Plant Soil* 69, 187 - 197.

CAVALCANTE V.A. et DÖBEREINER J. - 1988 - A new acid - tolerant nitrogen - fixing bacterium associated with sugarcane. *Plant Soil* 108, 23 - 31.

CAVELIER N., LUCAS P. et BOULCH G. - 1985 - Evolution du complexe parasitaire constitué par *Rhizoctonia cerealis* Van der Hoeven et *Pseudocercosporella herpotrichoides* (Fron) Deighton, champignons parasites de la base des tiges de céréales. *Agronomie* 5, 693 - 700.

CAYROL J.- C. et QUILES C. - 1985 - Les nématodes libres : auxiliaires utiles en agriculture. *P.H.M. - Rev. Hortic.* 260, 27 - 29.

CERNY G. - 1976 - Method for the distinction of Gramnegative from Grampositive Bacteria. *Eur. J. appl. Microbiol.* 3, 223 - 225.

CHAI H.S. et BREMNER J.M. - 1987 - Evaluation of some phosphoroamides as soil urease inhibitors. *Biol. Fertil. Soils* 3, 189 - 194.

CHAKLY M. et BERTHELIN J. - 1982 - Rôle d'une ectomycorhize «*Pisolithus tinctorius - Pinus caribea*» et d'une bactérie rhizosphérique sur la mobilisation du phosphore de phosphates minéraux et organiques insolubles, in *Les Mycorhizes, partie intégrante de la plante : biologie et perspectives d'utilisation*, S. Gianinazzi *et al.* Ed. INRA, « les Colloques » 13, 215 - 220.

CHAO W.L., LI R.K. et CHANG W.T. - 1988 - Effect of root agglutinin on microbial activities in the rhizosphere. *Appl. environ. Microbiol.* 54, 1838 - 1841.

CHEN W., HOITINK H.A.J. et MADDEN L.V. - 1988 - Microbial activity and biomass in container media for predicting suppressiveness to damping - off caused by *Pythium ultimum*. *Phytopathology* 78, 1447 - 1450.

CHET I. - 1987 - *Trichoderma*. Application, mode of action, and potential as a biocontrol agent of soilborne plant pathogenic fungi. In *Innovative approaches to plant disease control*, I. Chet Ed., John Wiley and Sons, New York, 137 - 160.

CHINN S.H.F. et TINLINE R.D. - 1964 - Inherent germinability and survival of spores of *Cochliobolus sativus*. *Phytopathology* 54, 349 - 352.

CHOU C.-H. et MULLER C.H. - 1972 - Allelopathic mechanisms of *Arctostaphylos glandulosa* var. *zacaensis*. *Am. Midl. Nat.* 88, 324 - 347.

CLARHOLM M. - 1985 - Interactions of bacteria, protozoa and plants leading to mineralization of soil nitrogen. *Soil Biol. Biochem.* 17, 181 - 187.

CLERJEAU M. - 1976 - Exigences thermiques de croissance et d'agressivité de divers isolats de *Pyrenochaeta lycopersici* Schneider et Gerlach. *Ann. Phytopathol.* 8, 9 - 15.

COLE J.S. et ZVENYIKA Z. - 1988 - Integrated control of *Rhizoctonia solani* and *Fusarium solani* in tobacco transplants with *Trichoderma harzianum* and triadimenol. *Plant Pathol.* 37, 271 - 277.

COLEY-SMITH J.R. - 1987 - Alternative methods of controlling white rot disease of *Allium*. In *Innovative approaches to plant disease control*, I. Chet Ed., John Wiley and Sons, New York, 161 - 177.

COLEY-SMITH J.R. - 1990 - White rot disease of *Allium* : problems of soil - borne diseases in microcosm. *Plant Pathol.* 39, 214 - 222.

CONWAY K.E. - 1986 - Use of fluid - drilling gels to deliver biological control agents to soil. *Plant Dis.* 70, 835 - 839.

COOK R.J. - 1981 - The influence of rotation crops on take - all decline phenomenon. *Phytopathology* 71, 189 - 192.

COOK R.J. et BAKER K.F. - 1983 - *The nature and practice of biological control of plant pathogens.* Am. phytopathol. Soc., Saint Paul, Minnesota.

COOK R.J. et VESETH R.J. - 1991 - *Wheat health management.* Am. phytopathol. Soc., Saint Paul, Minnesota.

COOK R.J. et WELLER D.M. - 1987 - Management of take - all in consecutive crops of wheat or barley. In *Innovative approaches to plant disease control*, I. Chet Ed., John Wiley and Sons, New York, 41 - 76.

COOKE R.C. et RAYNER A.D.M. - 1984 - *Ecology of saprotrophic fungi.* Longman, New York.

COOPER J.I. et ASHER M.J.C. - 1988 - *Viruses with fungal vectors.* Association of applied Biologists, Wellesbourne.

COOSEMANS J. - 1995 - Control of algae in hydroponic systems, in Fourth Internatinonal Symposium on soil and substrate infestation and disinfestation, Leuven, Belgique. A. Vanachter Ed., Acta Hortic. 382, 263 - 268.

CORBETT D.C.M. et WEBB R.M. - 1970 - Plant and soil nematode population changes in wheat grown continuously in ploughed and in unploughed soil. *Ann. appl. Biol.* 65, 327 - 335.

CORMAN A., COUTEAUDIER Y., ZEGERMAN M. et ALABOUVETTE C. - 1986 - Réceptivité des sols aux fusarioses vasculaires : méthode statistique d'analyse des résultats. *Agronomie* 6, 751 - 757.

COUTEAUX M.M. - 1967 - Une technique d'observation des Thécamoebiens du sol pour l'estimation de leur densité absolue. *Rev. Ecol. Biol. Sol* 4, 593 - 596.

COUTEAUX M.M. et BOTTNER P. - 1994 - Biological interactions between fauna and the microbial community in soils. In *Beyond the biomass*, K. Ritz, J. Dighton et K.E. Giller Ed., Wiley - Sayce, 159 - 172.

CROZAT Y., CLEYET - MAREL J.-C., GIRAUD J.-J. et OBATON M. - 1982 - Survival rates of *Rhizobium japonicum* populations introduced into different soils. *Soil Biol. Biochem.* 14, 401 - 405.

CSINOS A. et HENDRIX J.W. - 1978 - Parasitic and nonparasitic pathogenesis of tomato plants by *Pythium myriotylum*. *Can. J. Bot.* 56, 2334 - 2339.

DANSO S.K.A., KEYA S.O. et ALEXANDER M. - 1975 - Protozoa and the decline of *Rhizobium* populations added to soil. *Can. J. Microbiol.* 21, 884 - 895.

DASHMAN T. et STOTZKY G. - 1986 - Microbial utilization of amino acids and a peptide bound on homoionic montmorillonite and kaolinite. *Soil Biol. Biochem.* 18, 5 - 14.

DAVET P. - 1973 - Distribution et évolution du complexe parasitaire des racines de tomate dans une région du Liban où prédomine le *Pyrenochaeta lycopersici* Gerlach et Schneider. *Ann. Phytopathol.* 5, 53 - 63.

DAVET P. - 1976 a - Recherches sur le *Colletotrichum coccodes* (Wallr.) Hughes. V. Observations sur quelques enzymes participant aux dégradations parasitaires des racines de tomate. *Ann. Phytopathol.* 8, 25 - 29.

DAVET P. - 1976 b - Etude de quelques interactions entre les champignons associés à la maladie des racines liégeuses de la tomate. I. Phase non parasitaire. *Ann. Phytopathol.* 8, 171 - 182.

DAVET P. - 1976 c - Etude de quelques interactions entre champignons associés à la maladie des racines liégeuses de la tomate. II. Phase parasitaire. *Ann. Phytopathol.* 8, 183 - 190.

DAVET P. - 1976 d - Etude d'interactions entre le *Fusarium oxysporum* et le *Pyrenochaeta lycopersici* sur les racines de la tomate. *Ann. Phytopathol.* 8, 191 - 202.

DAVET P. - 1979 - Technique pour l'analyse des populations de *Trichoderma* et de *Gliocladium virens* dans le sol. *Ann. Phytopathol.* 11, 529 - 533.

DAVET P. - 1991 - La solarisation : une technique non polluante de lutte contre les champignons du sol. *Bul. Sem.* 116, 2 - 3.

DAVET P. et CAMPOROTA P. - 1986 - Etude comparative de quelques méthodes d'estimation de l'aptitude à la compétition saprophytique dans le sol des *Trichoderma. Agronomie* 6, 575 - 581.

DAVET P. et RAVISE A. - 1965 - Les maladies de racines du riz en Afrique occidentale. *Congrès de la Protection des cultures tropicales.* C.R publiés par la Chambre de Commerce et d'Industrie de Marseille, 23 - 27 mars 1965, 809 - 812.

DAVET P. et SERIEYS H. - 1987 - Relation entre la teneur en sucres réducteurs des tissus du tournesol (*Helianthus annuus* L.) et leur invasion par *Macrophomina phaseolina* (Tassi) Goid. *J. Phytopathol.* 118, 212 - 219.

DAVET P., HERBACH M., RABAT M. et PIQUEMAL G. - 1986 - Effet de quelques facteurs intrinsèques ou extrinsèques d'affaiblissement des tournesols sur leur sensibilité au dessèchement précoce. *Agronomie* 6, 803 - 810.

DE MOT R. et VANDERLEYDEN J. - 1991 - Purification of a root - adhesive outer membrane protein of root - colonizing *Pseudomonas fluorescens. FEMS Microbiol. Lett.* 81, 323 - 328.

DEACON J.W. et DONALDSON S.P. - 1993 - Molecular recognition in the homing responses of zoosporic fungi, with special reference to *Pythium* and *Phytophthora. Mycol. Res.* 97, 1153 - 1171.

DEACON J.W. et FOX F. - 1988 - Delivery of microbial inoculants into the root zone of transplant crops. *Proceedings of the British Crop Protection Conference (Pests and Diseases)*, Brighton, 2, 645 - 653.

DEACON J.W. et LEWIS S.J. - 1982 - Natural senescence of the root cortex of spring wheat in relation to susceptibility to common root rot (*Cochliobolus sativus*) and growth of a free-living nitrogen-fixing bacterium. *Plant Soil* 66, 13 - 20.

DEACON J.W. et MITCHELL R.T. - 1985 - Toxicity of oat roots, oat root extracts, and saponins to zoospores of *Pythium* spp. and other fungi. *Trans. Br. mycol. Soc.* 84, 479 - 487.

DEACON J.W. et SCOTT D.B. - 1985 - *Rhizoctonia solani* associated with crater disease (stunting) of wheat in South Africa. *Trans. Br. mycol. Soc.* 85, 319 - 327.

DEL GALLO M. et HAEGI A. - 1990 - Characterization and quantification of exocellular polysaccharides in *Azospirillum brasilense* and *Azospirillum lipoferum. Symbiosis* 9, 155 - 161.

DENARIE J. et JOLY P.B. - 1994 - La fixation de l'azote. II. Les enjeux de la recherche. *Biofutur* 133, 30 - 34.

DERANSART C., CHAUMAT E., CLEYET - MAREL J.C., MOUSAIN D. et LABARERE J. - 1990 - Purification assay of phosphatases secreted by *Hebeloma cylindrosporum* and preparation of polyclonal antibodies. *Symbiosis* 9, 185 - 194.

DEWAN M.M. et SIVASITHAMPARAM K. - 1990 - Effect of colonization by a sterile red fungus on viability of seed and growth and anatomy of wheat roots. *Mycol. Res.* 94, 553 - 557.

DIDELOT D., MUCHEMBLED C., LAMBERT C.L. et MAI DAO - 1994 - Fatigue des sols en culture betteravière. Importance des nécroses radicellaires et identification des agents responsables.

Quatrième Conf. Internat. Maladies des Plantes, Bordeaux, 6 - 8 décembre 1994, A.N.P.P, Paris, 359 - 366.

DIJST G. - 1990 - Effect of volatile and unstable exudates from underground potato plant parts on sclerotium formation by *Rhizoctonia solani* AG - 3 before and after haulm destruction. *Neth. J. Plant Pathol.* 96, 155 - 170.

DILLARD H.R. et GROGAN R.G. - 1985 - Relationship between sclerotial spatial pattern and density of *Sclerotinia minor* and the incidence of lettuce drop. *Phytopathology* 75, 90 - 94.

DOBBS C.G. et HINSON W.H. - 1953 - A widespread fungistasis in soils. *Nature*, Lond., 172, 197 - 199.

DÖBEREINER J., REIS V.M., PAULA M.A. et OLIVARES F. - 1993 - Endophytic diazotrophs in sugar cane, cereals and tuber plants. In *New horizons in nitrogen fixation*, R. Palacios, J. Mora et W.E. Newton Ed., Kluwer Academic, Dordrecht, 671 - 676.

DOMMERGUES Y. - 1962 - Contribution à l'étude de la dynamique microbienne des sols en zone semi - aride et en zone tropicale sèche. *Ann. agron.* 13, 265 - 324 et 391 - 468.

DOMMERGUES Y. et MANGENOT F. - 1970 - *Ecologie microbienne du sol.* Masson, Paris.

DOMMERGUES Y., JACQ V. et BECK G. - 1969 - Influence de l'engorgement sur la sulfato - réduction rhizosphérique dans un sol salin. *C. R. Acad. Sci.*, Ser. D : Sci. nat. FRA, Paris 268, 605 - 608.

DOMSCH K.H. - 1985 - Interactions with microflora. In *Fongicides et protection des plantes : 100 ans de progrès*, I. M. Smith Ed., BCPC Publications, Croydon. 143 - 148.

DOMSCH K.H., JAGNOW G et ANDERSON T.-H. - 1983 - An ecological concept for the assessment of side - effects of agrochemicals on soil microorganisms. *Residue Rev.* 86, 65 - 105.

DOUPNIK B. et BOOSALIS M.G. - 1980 - Ecofallow, a reduced tillage system, and plant diseases. *Plant Dis.* 64, 31 - 35.

DUCEL G. - 1987 - La décontamination cutanée. *Antibiosept* 4, 1 - 8.

DUCHAUFOUR P. - 1980 - Ecologie de l'humification et pédogénèse des sols forestiers. In *Actualités d'écologie forestière : sol, flore, faune*, P. Pesson Ed., Gauthier - Villars, Paris, 177 - 201.

DUCHESNE L.C., ELLIS B.E. et PETERSON R.L. - 1989 - Disease suppression by the ectomycorrhizal fungus *Paxillus involutus* : contribution of oxalic acid. *Can. J. Bot.* 67, 2726 - 2730.

DUPONNOIS R. et GARBAYE J. - 1991 - Effect of dual inoculation of Douglas fir with the ectomycorrhizal fungus *Laccaria laccata* and mycorrhization helper bacteria (MHB) in two bare - root forest nurseries. *Plant Soil* 138, 169 - 176.

DURAND A. - 1983 - Les potentialités de la culture à l'état solide en vue de la production de microorganismes filamenteux., in *Les antagonismes microbiens. Modes d'action et application à la lutte biologique contre les maladies des plantes*, B. Dubos et J.M Olivier Ed. INRA, « les Colloques » 18, 263 - 277.

DURAND G. - 1966 - Thèse de Doctorat ès Sciences, Université de Toulouse.

DUTTA B.K. et ISAAC I. - 1979 - Effects of inorganic amendments (N, P and K) to soil on the rhizosphere microflora of *Antirrhinum* plants infected with *Verticillium dahliae* Kleb. *Plant Soil* 52, 561 - 569.

EADY R.R., ROBSON R.L. et SMITH B.E. - 1988 - Alternative and conventional nitrogenases. In *The nitrogen and sulphur cycles*, J.A. Cole et S.J. Ferguson Ed., Cambridge University Press, 363 - 382.

EBBEN M.H. et LAST F.T. - 1975 - Incidence of root rots - their prediction and relation to yield losses : a glasshouse study. In *Biology and control of soil - borne plant pathogens*, G.W. Bruehl Ed., Am. Phytopathol. Soc., Saint Paul, Minnesota, 6 - 10.

EL AZIZ R., ANGLE J.S. et CHANEY R.L. - 1991 - Metal tolerance of *Rhizobium meliloti* isolated from heavy - metal contaminated soils. *Soil Biol. Biochem.* 23, 795 - 798.

ELAROSI H. - 1958 - Fungal associations. III. The role of pectic enzymes on the synergistic relation between *Rhizoctonia solani* Kühn and *Fusarium solani* Snyder and Hansen, in the rotting of potato tubers. *Ann. Bot.* N.S. 22, 399 - 416.

ENTWISTLE A.R., MERRIMAN P.R., MUNASINGHE H.L. et MITCHELL P. - 1982 - Diallyl - disulphide to reduce the numbers of sclerotia of *Sclerotium cepivorum* in soil. *Soil Biol. Biochem.* 14, 229 - 232.

EPARVIER A. et ALABOUVETTE C. - 1994 - Use of ELISA and GUS - transformed strains to study competition between pathogenic and nonpathogenic *Fusarium oxysporum* for root colonization. *Biocontrol Sci. Technol.* 4, 35 - 47.

FEHRMANN H. - 1988 - *Pseudocercosporella herpotrichoides* (Fron) Deighton. In *European handbook of plant diseases*, I.M. Smith, J. Dunez, R.A. Lelliott, D.H. Phillips et S.A. Archer Ed., Blackwell Scientific Publications, Oxford, 409 - 412.

FERRISS R.S. - 1982 - Relationship of infection and damping-off of soyabean to inoculum density of *Pythium ultimum. Phytopathology* 72, 1397-1403.

FORSBERG J.L. - 1959 - Relationship of the bulb mite *Rhizoglyphus echinopus* to bacterial scab of gladiolus. *Phytopathology* 49, 538.

FRAVEL D.R. et ROBERTS D.P. - 1991 - *In situ* evidence for the role of glucose oxidase in the biocontrol of Verticillium wilt by *Talaromyces flavus. Biocontrol. Sci. Technol.* 1, 91 - 99.

FREDRICKSON J.K. et ELLIOTT L.F. - 1985 - Effects on winter wheat seedling growth by toxin-producing rhizobacteria. *Plant Soil* 83, 399 - 409.

FRIES N. - 1973 - Effects of volatile organic compounds on the growth and development of fungi. *Trans. Br. mycol. Soc.* 60, 1 - 21.

FRIES N., SERCK-HANSSEN K., DIMBERG L.H. et THEANDER O. - 1987 - Abietic acid, an activator of basidiospore germination in ectomycorrhizal species of the genus *Suillus* (Boletaceae). *Experiment. Mycol.* 11, 360 - 363.

GADD G.M. et GRIFFITHS A.J. - 1978 - Microorganisms and heavy metal toxicity. *Microb. Ecol.* 4, 303 - 317.

GAMLIEL A. et STAPLETON J.J. - 1993 - Characterization of antifungal volatile compounds evolved from solarized soil amended with cabbage residues. *Phytopathology* 83, 899 - 905.

GARBAYE J. - 1991 - Utilisation des mycorhizes en sylviculture. In *Les mycorhizes des arbres et plantes cultivées*, D.G. Strullu Ed., «Technique et Documentation», Lavoisier, Paris, 197 - 248.

GARBAYE J. et BOWEN G.D. - 1989 - Stimulation of ectomycorrhizal infection of *Pinus radiata* by some microorganisms associated with the mantle of ectomycorrhizas. *New Phytol.* 112, 383 - 388.

GARBER R.H., JORGENSON E.C., SMITH S. et HYER A.H. - 1979 - Interaction of population levels of *Fusarium oxysporum* f. sp. *vasinfectum* and *Meloidogyne incognita* on cotton. *J. Nematol.* 11, 133 - 137.

GARDNER J.M., CHANDLER J.L. et FELDMAN A.W. - 1984 - Growth promotion and inhibition by antibiotic - producing fluorescent pseudomonads on citrus roots. *Plant Soil* 77, 103 - 113.

GARDNER J.M., CHANDLER J.L. et FELDMAN A.W. - 1985 - Growth responses and vascular plugging of citrus inoculated with rhizobacteria and xylem - resident bacteria. *Plant Soil* 86, 333 - 345.

GARRETT S.D. - 1960 - *Biology of root-infecting fungi.* Cambridge University Press.

GARRETT S.D. - 1966 - Cellulose-decomposing ability of some cereal foot-rot fungi in relation to their saprophytic survival. *Trans. Br. mycol. Soc.* 49, 57 - 68.

GARRETT S.D. - 1970 - *Pathogenic root-infecting fungi.* Cambridge, University Press.

GERDEMANN J.W. et NICOLSON T.H. - 1963 - Spores of mycorrhizal *Endogone* species extracted from soil by wet sieving and decanting. *Trans. Br. mycol. Soc.* 46, 235 - 244.

GERLAGH M. - 1968 - Introduction of *Ophiobolus graminis* into new polders and its decline. *Neth. J. Plant Pathol.* 74, suppl. 2, 1 - 97.

GIANINAZZI - PEARSON V. - 1992 - Recent research into the cellular, molecular and genetical bases of compatible host - fungus interactions in (vesicular) arbuscular endomycorrhiza : approaches and advances. In *Interactions plantes - microorganismes* (Congrès de Dakar, 17 - 22 fév. 1992), Fondation Internationale pour la Science, Stockholm, 253 - 263.

GILBERT G.S., HANDELSMAN J. et PARKE J.L. - 1994 - Root camouflage and disease control. *Phytopathology* 84, 222 - 225.

GILLESPIE - SASSE L.M.J., ALMASSI F., GHISALBERTI E.L. et SIVASITHAMPARAM K. - 1991 - Use of a clean seedling assay to test plant growth promotion by exudates from a sterile red fungus. *Soil Biol. Biochem.* 23, 95 - 97.

GILLIGAN C.A. - 1979 - Modeling rhizosphere infection. *Phytopathology* 69, 782 - 784.

GILLIGAN C.A. - 1987 - Epidemiology of soil-borne plant pathogens. In *Populations of plant pathogens : their dynamics and genetics*, M.S. Wolfe et C.E. Caten Ed., Blackwell Scientific Publications, Oxford, 119 - 133.

GILLIGAN C.A. - 1990 - Mathematical models of infection. In *The rhizosphere*, J.M. Lynch Ed. John Wiley and Sons, Chichester, 207 - 232.

GLASS D.J. - 1993 - Commercialization of soil microbial technologies. In *Soil microbial ecology*, F.B. Metting, Jr., Ed., Marcel Dekker Inc., New York, 595 - 618.

GOLDEN J.K. et VAN GUNDY S.D. - 1975 - A disease complex of okra and tomato involving the nematode *Meloidogyne incognita*, and the soil - inhabiting fungus, *Rhizoctonia solani. Phytopathology* 65, 265 - 273.

GOOS R.J. et FAIRLIE T.E. - 1988 - Effect of ammonium thiosulfate and liquid fertilizer droplet size on urea hydrolysis. *Soil Sci. Soc. Am. J.* 52, 522 - 524.

GOUDRIAAN J. - 1992 - Où va le gaz carbonique ? Le rôle de la végétation. *La Recherche* 23, 597-604.

GREGORY P.A. - 1948 - The multiple infection transformation. *Ann. appl. Biol.* 35, 412 - 417.

GRENTE J. - 1965 - Les formes hypovirulentes d'*Endothia parasitica* et les espoirs de lutte contre le chancre du châtaignier. *C. R. Acad. Agric.* 51, 1033 - 1037.

GRIFFIN D.M. - 1972 - *Ecology of soil fungi*. Chapman and Hall, London.

GRIME J.P., MACKEY J.M.L., HILLIER S.H. et READ D.J. - 1987 - Floristic diversity in a model system using experimental microcosms. *Nature* 328, 420 - 422.

GRIMES H.D. et MOUNT M.S. - 1984 - Influence of *Pseudomonas putida* on nodulation of *Phaseolus vulgaris. Soil Biol. Biochem.* 16, 27 - 30.

GUCKERT A., CHONE T. et JACQUIN F. - 1975 - Microflore et stabilité structurale des sols. *Rev. Ecol. Biol. Sol* 12, 211 - 223.

GUPTA V.V.S.R. et GERMIDA J.J. - 1988 - Distribution of microbial biomass and its activity in different soil aggregate size classes as affected by cultivation . *Soil Biol. Biochem.* 20, 777 - 786.

GUR A. et COHEN Y. - 1989 - The peach replant problem. Some causal agents. *Soil Biol. Biochem.* 21, 829 - 834.

GUYON P., PETIT A., TEMPE J. et DESSAUX Y. - 1993 - Transformed plants producing opines specifically promote growth of opine - degrading *Agrobacteria. Mol. Plant - Microbe Interact.* 6, 92 - 98.

HAAHTELA K., LAAKSO T., NURMIAHO - LASSILA E.L., RÖNKKÖ R. et KORHONEN T.K. - 1988 - Interactions between N_2 - fixing enteric bacteria and grasses. *Symbiosis* 6, 139 - 150.

HADAS R. et OKON Y. - 1987 - Effect of *Azospirillum brasilense* inoculation on root morphology and respiration in tomato seedlings. *Biol. Fertil. Soils* 5, 241 - 247.

HAGNERE C. et HARF C. - 1992 - Bactéries résistantes au mercure hébergées par des amibes libres de l'environnement hydrique. *C. R. 3ème Colloque Soc. Fr. Microbiol.*, Lyon, 21 - 24 avril 1992, 90.

HARMAN G.E. et TAYLOR A.G. - 1988 - Improved seedling performance by integration of biological control agents at favorable pH levels with solid matrix priming - *Phytopathology* 78, 520 - 525.

HARMAN G.E., MATTICK L.R., NASH G. et NEDROW B.L. - 1980 - Stimulation of fungal spore germination and inhibition of sporulation in fungal vegetative thalli by fatty acids and their volatile peroxidation products. *Can. J. Bot.* 58, 1541 - 1547.

HARMAN G.E., NEDROW B. et NASH G. - 1978 - Stimulation of fungal spore germination by volatiles from aged seeds. *Can. J. Bot.* 56, 2124 - 2127.

HARRISON L.A., LETENDRE L., KOVACEVICH P., PIERSON E. et WELLER D. - 1993 - Purification of an antibiotic effective against *Gaeumannomyces graminis* var. *tritici* produced by a biocontrol agent, *Pseudomonas aureofaciens*. *Soil Biol. Biochem.* 25, 215 - 221.

HARTMAN R.E., KEEN N.T. et LONG M. - 1972 - Carbon dioxide fixation by *Verticillium albo - atrum*. *J. Gen. Microbiol.* 73, 29 - 34.

HARVEY R.G. - 1990 - Biodegradation of butylate, EPTC, and extenders in previously treated soils. *Weed Sci.* 38, 237 - 242.

HASHIBA T. - 1987 - An improved system for biological control of damping - off by using plasmids in fungi. In *Innovative approaches to plant disease control*, I. Chet Ed., John Wiley and Sons, New York, 337 - 351.

HATTORI T. et HATTORI R. - 1976 - The physical environment in soil microbiology : an attempt to extend principles of microbiology to soil microorganisms. *CRC Crit. Rev. Microbiol.* 4, 423-461.

HAUTER R. et MENGEL K. - 1988 - Measurement of pH at the root surface of red clover (*Trifolium pratense*) grown in soils differing in proton buffer capacity. *Biol. Fertil. Soils* 5, 295 - 298.

HAWES M.C. et BRIGHAM L.A. - 1991 - Impact of root border cells on microbial populations in the rhizosphere. In *Advances in Plant Pathology*, vol. 8, J.H. Andrews et I. Tommerup Ed., Academic Press, London, 119 - 148.

HAYMAN D.S. - 1975 - Phosphorus cycling by soil microorganisms and plant roots. In *Soil microbiology*, N. Walker Ed., Butterworths, London, 67 - 91.

HEDGER J.N. et HUDSON H.J. - 1974 - Nutritional studies of *Thermomyces lanuginosus* from wheat straw compost. *Trans. Br. mycol. Soc.* 62, 129 - 143.

HEDLUND K., BODDY L. et PRESTON C.M. - 1991 - Mycelial responses of the soil fungus, *Mortierella isabellina*, to grazing by *Onychiurus armatus* (Collembola). *Soil Biol. Biochem.* 23, 361 - 366.

HEIJNEN C.E. et VAN VEEN J.A. - 1991 - A determination of protective microhabitats for bacteria introduced into soil. *FEMS Microbiol. Ecol.* 85, 73 - 80.

HEIJNEN C.E., VAN ELSAS J.D., KUIKMAN P.J. et VAN VEEN J.A. - 1988 - Dynamics of *Rhizobium leguminosarum* biovar *trifolii* introduced into soil : the effect of bentonite clay on predation by protozoa. *Soil Biol. Biochem.* 20, 483 - 488.

HENIN S. - 1944 - Influence des phénomènes microbiens sur la formation d'une structure stable. *C.R. Acad. Agric. F.* 30, 373 - 375.

HENRY C.M. et DEACON J.W. - 1981 - Natural (non pathogenic) death of the cortex of wheat and barley seminal roots, as evidenced by nuclear staining with acridine orange. *Plant Soil* 60, 255 - 274.

HEPPER C.M. et SMITH G.A. - 1976 - Observations on the germination of *Endogone* spores. *Trans. Br. mycol. Soc.* 66, 189 - 194.

HEPPER C.M., AZCON - AGUILAR C., ROSENDAHL S. et SEN R. - 1988 - Competition between three species of *Glomus* used as spatially separated introduced and indigenous mycorrhizal inocula for leek (*Allium porrum* L.). *New Phytol.* 110, 207 - 215.

HERING T.F., COOK R.J. et TANG W.H. - 1987 - Infection of wheat embryos by *Pythium* species during seed germination and the influence of seed age and soil matric potential. *Phytopathology* 77, 1104 - 1108.

HEULIN T., GUCKERT A. et BALANDREAU J. - 1987 - Stimulation of root exudation of rice seedlings by *Azospirillum* strains : carbon budget under gnotobiotic conditions. *Biol. Fertil. Soils* 4, 9-14.

HILL T.C.J., MC PHERSON E.F., HARRIS J.A. et BIRCH P. - 1993 - Microbial biomass estimated by phospholipid phosphate in soils with diverse microbial communities. *Soil Biol. Biochem.* 25, 1779 - 1786.

HIRSCH P.R., JONES M.J., MC - GRATH S.P. et GILLER K.E. - 1993 - Heavy metals from past applications of sewage sludge decrease the genetic diversity of *Rhizobium leguminosarum* biovar *trifolii* populations. *Soil Biol. Biochem.* 25, 1485 - 1490.

HOITINK H.A.J. et FAHY P.C. - 1986 - Basis for the control of soilborne plant pathogens with composts. *Annu. Rev. Phytopathol.* 24, 93 - 114.

HORIO T., KAWABATA Y., TAKAYAMA T., TAHARA S., KAWABATA J., FUKUSHI Y., NISHIMURA H. et MIZUTANI J. - 1992 - A potent attractant of zoospores of *Aphanomyces cochlioides* isolated from its host, *Spinacia oleracea. Experientia* 48, 410 - 414.

HORNBY D. - 1979 - Take-all decline : a theorist's paradise. In *Soil-borne plant pathogens*, B. Schippers et W. Gams Ed., Academic Press, London, 133 - 156.

HORNBY D. - 1990 - Root diseases. In T*he rhizosphere*, J.M. Lynch Ed., John Wiley and Sons, Chichester, 233 - 258.

HOWELL C.R. et STIPANOVIC R.D. - 1983 - Gliovirin, a new antibiotic from *Gliocladium virens*, and its role in the biological control of *Pythium ultimum. Can. J. Microbiol.* 29, 321 - 324.

HOWELL C.R. et STIPANOVIC R.D. - 1984 - Phytotoxicity to crop plants and herbicidal effects on weeds of viridiol produced by *Gliocladium virens. Phytopathology* 74, 1346 - 1349.

HSU S.C. et LOCKWOOD J.L. - 1973 - Chlamydospore formation in Fusarium in sterile salt solutions. *Phytopathology* 63, 597 - 602.

HUANG H.C. et KOZUB G.C. - 1991 - Monocropping to sunflower and decline of Sclerotinia wilt. *Bot. Bull. Acad. Sin.* 32, 163 - 170.

HUBER D.M. et WATSON R.D. - 1970 - Effect of organic amendment on soil - borne plant pathogens. *Phytopathology* 60, 22 - 26.

HUBER D.M., MCCAY - BUIS T.S., GRAHAM R.D. et ROBINSON N. - 1993 - Cultural conditions affecting take-all and their effect on manganese availability. Résumé *in* C.R. 6ème Congrès Internat. Phytopathol. Montréal, 28 juil. - 6 août 1993, 283.

HUISMAN O.C. - 1982 - Interrelations of root growth dynamics to epidemiology of root - invading fungi. *Annu. Rev. Phytopathol.* 20, 303 - 327.

HUSSAIN A. et VANCURA V. - 1970 - Formation of biologically active substances by rhizosphere bacteria and their effect on plant growth. *Folia Microbiol.* 15, 468 - 478.

HÜTSCH B.W., WEBSTER C.P. et POWLSON D.S. - 1993 - Long - term effects of nitrogen fertilization on methane oxidation in soil of the Broadbalk wheat experiment. *Soil Biol. Biochem* 25, 1307 - 1315.

HUYSMAN F. et VERSTRAETE W. - 1993 - Water-facilitated transport of bacteria in unsaturated soil columns : influence of cell surface hydrophobicity and soil properties. *Soil Biol. Biochem.* 25, 83 - 90.

IKEDIUGWU F.E.O. et WEBSTER J. - 1970 - Hyphal interference in a range of coprophilous fungi. *Trans. Br. mycol. Soc.* 54, 205 - 210.

INBAR J. et CHET I. - 1992 - Biomimics of fungal cell-cell recognition by use of lectin-coated nylon fibres. *J. Bacteriol.* 174, 1055 - 1059.

IOANNOU N., SCHNEIDER R.W. et GROGAN R.G. - 1977 - Effect of flooding on the soil gas composition and the production of microsclerotia by *Verticillium dahliae* in the field. *Phytopathology* 67, 651 - 656.

JABAJI - HARE S.H. et KENDRICK W.B. - 1987 - Response of an endomycorrhizal fungus in *Allium porrum* L. to different concentrations of the systemic fungicides, Metalaxyl (Ridomil) and Fosetyl - Al (Aliette). *Soil Biol. Biochem.* 19, 95 - 99.

JACKSON M.B. - 1985 - Ethylene and responses of plants to soil waterlogging and submergence. *Annu. Rev. Plant Physiol.* 36, 145 - 174.

JACOBS M.J., BUGBEE W.M. et GABRIELSON D.A. - 1985 - Enumeration, location, and characterization of endophytic bacteria within sugar beet roots. *Can. J. Bot.* 63, 1262 - 1265.

JATALA P. - 1986 - Biological control of plant - parasitic nematodes. *Annu. Rev. Phytopathol.* 24, 453 - 489.

JENKINSON D.S. et POWLSON D.S. - 1976 - The effects of biocidal treatments on metabolism in soil. V. A method for measuring soil biomass. *Soil Biol. Biochem.* 8, 209 - 213.

JENSEN H.J. - 1967 - Do saprobic nematodes have a significant role in epidemiology of plant diseases ? *Plant Dis. Rep.* 51, 98 - 102.

JOHNSON L.F., CHAMBERS A.Y. et REED H.E. - 1967 - Reduction of root - knot of tomatoes with crop residue amendments in field experiments. *Plant Dis. Rep.* 51, 219 - 222.

JOHNSON N.C., COPELAND P.J., CROOKSTON R.K. et PFLEGER F.L. - 1992 - Mycorrhizae : possible explanation for yield decline with continuous corn and soybean. *Agron. J.* 84, 387 - 390.

JOHNSON S.R. et BERGER R.D. - 1972 - Nematode and soil fungi control in celery seedbeds on muck soil. *Plant Dis. Rep.* 56, 661 - 664.

JONES D.A., RYDER M.H., CLARE B.G., FARRAND S.K. et KERR A. - 1988 - Construction of a Tra⁻ deletion mutant of pAgK84 to safeguard the biological control of crown gall. *Mol. Gen. Genet.* 212, 207 - 214.

JONES J.P., ENGELHARD A.W. et WOLTZ S.S. - 1989 - Management of Fusarium wilt of vegetables and ornamentals by macro-and microelement nutrition. In *Soilborne plant pathogens. Management of diseases with macro-and microelements*, A.W. Engelhard Ed., Am. phytopathol. Soc., Saint Paul, Minnesota, 18 - 32.

JONES R.W. et HANCOCK J.G. - 1990 - Soilborne fungi for biological control of weeds. *A.C.S. Symp. ser.* 439, 276 - 286.

JOST J.L., DRAKE J.F., FREDRICKSON A.G. et TSUCHIYA H.M. - 1973 - Interactions of *Tetrahymena pyriformis, Escherichia coli, Azotobacter vinelandii*, and glucose in a minimal medium. *J. Bacteriol.* 113, 834 - 840.

JOUAN B. et LEMAIRE J.M. - 1974 - Modifications des biocénoses du sol. I. Etude préliminaire de l'influence de l'incorporation de substrats nutritifs au sol et ses conséquences pour l'évolution d'agents phytopathogènes d'origine tellurique. *Ann. Phytopathol.* 6, 297 - 308.

JOUPER - JAAN A., GOODMAN A.E. et KJELLEBERG S. - 1992 - Bacteria starved for prolonged periods develop increased protection against lethal temperatures. *FEMS Microbiol. Ecol.* 101, 229 - 236.

KAO C.W. et KO W.H. - 1986 - The role of calcium and microorganisms in suppression of cucumber damping-off caused by *Pythium splendens* in a Hawaiian soil. *Phytopathology* 76, 221 - 225.

KASENBERG T.R. et TRAQUAIR J.A. - 1989 - Lettuce siderophores and biocontrol of fusarium rot in greenhouse tomatoes. *Can. J. Plant Pathol.* 11, 192.

KATAN J. - 1981 - Solar heating (solarization) of soil for control of soilborne pests. *Annu. Rev. Phytopathol.* 19, 211 - 236.

KEEL C., SCHNIDER U., MAURHOFER M., VOISARD C., LAVILLE J., BURGER U., WIRTHNER P., HAAS D. et DEFAGO G. - 1992 - Suppression of root diseases by *Pseudomonas fluorescens* CHAO : importance of the bacterial secondary metabolite 2,4 - diacetylphloroglucinol. *Mol. Plant - Microb. Interact.* 5, 4 - 13.

KEERTHISINGHE D.G. et FRENEY J.R. - 1994 - Inhibition of urease activity in flooded soils : effect of thiophosphorictriamides and phosphorictriamides. *Soil Biol. Biochem.* 26, 1527 - 1533.

KERRY B.R. - 1981 - Fungal parasites : a weapon against cyst nematodes. *Plant Dis.* 65, 390 - 393.

KLIRONOMOS J.N., WIDDEN P. et DESLANDES I. - 1992 - Feeding preferences of the collenbolan *Folsomia candida* in relation to microfungal successions on decaying litter. *Soil Biol. Biochem.* 24, 685 - 692.

KLOEPPER J.W. et SCHROTH M.N. - 1981 - Relationship of *in vitro* antibiosis of plant growth - promoting rhizobacteria to plant growth and the displacement of root microflora. *Phytopathology* 71, 1020 - 1024.

KLOEPPER J.W., SCHIPPERS B. et BAKKER P.A.H.M. - 1992 - Proposed elimination of the term *endorhizosphere*. *Phytopathology* 82, 726 - 727.

KLOEPPER J.W., SCHROTH M.N. et MILLER T.D. - 1980 - Effects of rhizosphere colonization by plant growth - promoting rhizobacteria on potato plant development and yield. *Phytopathology* 70, 1078 - 1082.

KLUEPFEL D.A. et TONKYN D.W. - 1992 - The ecology of genetically altered bacteria in the rhizosphere. In *Biological control of plant diseases. Progress and challenges for the future*, E.C. Tjamos, G.C. Papavizas et R.J. Cook Ed., Plenum Press, New York, 407 - 413.

KNOWLTON S., BERRY A. et TORREY J.G. - 1980 - Evidence that associated soil bacteria may influence root hair infection of actinorhizal plants by *Frankia*. *Can. J. Microbiol.* 26, 971 - 977.

KO W.H. et CHOW F.K. - 1977 - Characteristics of bacteriostasis in natural soils. *J. Gen. Microbiol.* 102, 295 - 298.

KO W.H. et HORA F.K. - 1972 - Identification of an Al ion as a soil fungitoxin. *Soil Sci.* 113, 42 - 45.

KO W.H. et LOCKWOOD J.L. - 1970 - Mechanism of lysis of fungal mycelia in soil. *Phytopathology* 60, 148 - 154.

KO W.H., HORA F.K. et HERLICSKA E. - 1974 - Isolation and identification of a volatile fungistatic factor from alkaline soil. *Phytopathology* 64, 1398 - 1400.

KOBAYASHI N. et KO W. H. - 1985 - Nature of suppression of *Rhizoctonia solani* in Hawaiian soils. *Trans. Br. mycol. Soc.* 84, 691 - 694.

KOMADA H. - 1975 - Development of a selective medium for quantitative isolation of *Fusarium oxysporum* from natural soil. *Rev. Plant Protect. Res.* 8, 114 - 124.

KOSKE R.E. - 1982 - Evidence for a volatile attractant from plant roots affecting germ tubes of a VA mycorrhizal fungus. *Trans. Br. mycol. Soc.* 79, 305 - 310.

KOTHARI S.K., MARSCHNER H. et RÖMHELD V. - 1991 - Contribution of the VA mycorrhizal hyphae in acquisition of phosphorus and zinc by maize grown in a calcareous soil. *Plant Soil* 131, 177 - 185.

KRUPA S. et NYLUND J. - 1972 - Studies on ectomycorrhizae of pine. III. Growth inhibition of two root pathogenic fungi by organic volatile constituents of ectomycorrhizae root systems of *Pinus sylvestris* L. *Eur. J. For. Pathol.* 2, 88 - 94.

KUCEY R.M.N., JANZEN H.H. et LEGGETT M.E. - 1989 - Microbially mediated increases in plant - available phosphorus. *Adv. Agron.* 42, 199 - 228.

KUIKMAN P.J. et VAN VEEN J.A. - 1989 - The impact of protozoa on the availability of bacterial nitrogen to plants. *Biol. Fertil. Soils* 8, 13 - 18.

LACOMBE J.P. et GARCIN C. - 1988 - Résultats récents obtenus avec l'aldicarbe contre les néma-todes sur céréales à paille. C.R. Deuxième Conf. Internat. Mal. Plantes, Bordeaux, 8-10 nov. 1988, A.N.P.P., Paris, 437 - 444.

LÄHDESMÄKI P. et PIISPANEN R. - 1992 - Soil enzymology : role of protective colloid systems in the preservation of exoenzyme activities in soil. *Soil Biol. Biochem.* 24, 1173 - 1177.

LAPIERRE H. et HARIRI D. - 1985 - Les virus transmis par le sol. *Phytoma* 368, 24 - 26.

LARTEY R.T., CURL E.A., PETERSON C.M. et HARPER J.D. - 1989 - Mycophagous grazing and food preference of *Proisotoma minuta* (Collembola : Isotomidae) and *Onychiurus encarpatus* (Collembola : Onychiuridae). *Environ. Entomol.* 18, 334 - 337.

LATTUDY F. - 1990 - La précipitation des métaux lourds. *Biofutur* 93, 36 - 37.

LECHAPPE J., ROUXEL F. et SANSON M.T. - 1988 - Le complexe parasitaire du pied du haricot. I. Mise en évidence des principaux champignons responsables de la maladie : *Fusarium solani* f. sp. *phaseoli, Thielaviopsis basicola. Agronomie* 8, 451 - 457.

LEDINGHAM R.J. et CHINN S.H.F. - 1955 - A flotation method for obtaining spores of *Helmintho-sporium sativum* from soil. *Can. J. Bot.* 33, 298 - 303.

LEMAIRE J.-M. et COPPENET M. - 1968 - Influence de la succession céréalière sur les fluctuations de la gravité du piétin échaudage (*Ophiobulus graminis* Sacc.). *Ann. Epiphyt.* 19, 589 - 599.

LEMANCEAU P. et ALABOUVETTE C. - 1993 - Suppression of Fusarium wilts by fluorescent pseudo-monads : mechanisms and applications. *Biocontrol Sci. Technol.* 3, 219 - 234.

LEMANCEAU P., ALABOUVETTE C. et COUTEAUDIER Y. - 1988 - Recherches sur la résistance des sols aux maladies. XIV. Modification du niveau de réceptivité d'un sol résistant et d'un sol sensible aux fusarioses vasculaires en réponse à des apports de fer ou de glucose. *Agronomie* 8, 155 - 162.

LEMANCEAU P., BAKKER P.A.H.M., DE KOGEL W.J., ALABOUVETTE C. et SCHIPPERS B. - 1993 - Antagonistic effect of nonpathogenic *Fusarium oxysporum* strain Fo 47 and pseudobactin

358 upon pathogenic *Fusarium oxysporum* f. sp. *dianthi. Appl. environ. Microbiol.* 59, 74 - 82.

LEONG J. - 1986 - Siderophores : their biochemistry and possible role in the biocontrol of plant pathogens. *Annu. Rev. Phytopathol.* 24, 187 - 209.

LEROUGE P., ROCHE P., PROME J.C., FAUCHER C., VASSE J., MAILLET F., CAMUT S., DE BILLY F., BARKER D.G., DENARIE J. et TRUCHET G. - 1990 - *Rhizobium meliloti* nodulation genes specify the production of an alfalfa-specific sulfated lipo-oligosaccharide signal. In *Nitrogen fixation : achievements and objectives*, P.M. Gresshoff, L.E. Roth, G. Stacey et W.E. Newton Ed., Chapman and Hall, New York, 177 - 186.

LEVRAT P., PUSSARD M. et ALABOUVETTE C. - 1992 - Enhanced bacterial metabolism of a *Pseudomonas* strain in response to the addition of culture filtrate of a bacteriophagous Amoeba. *Eur. J. Protistol.* 28, 79 - 84.

LEWIS B.G. - 1970 - Effects of water potential on the infection of potato tubers by *Streptomyces scabies* in soil. *Ann. appl. Biol.* 66, 83 - 88.

LEWIS J.A. et PAPAVIZAS G.C. - 1971 - Effect of sulfur containing volatile compounds and vapors from cabbage decomposition on *Aphanomyces euteiches. Phytopathology* 61, 208 - 214.

LEWIS J.A., LUMSDEN R.D., PAPAVIZAS G.C. et KANTZES J.G. - 1983 - Integrated control of snap bean diseases caused by *Pythium* spp. and *Rhizoctonia solani. Plant Dis.* 67, 1241 - 1244.

LIEBMAN J.A. et EPSTEIN L. - 1992 - Activity of fungistatic compounds from soil. *Phytopathology* 82, 147 - 153.

LIFSHITZ R., GUILMETTE H. et KOZLOWSKI M. - 1988 - Tn 5 - mediated cloning of a genetic region from *Pseudomonas putida* involved in the stimulation of plant root elongation. *Appl. environ. Microbiol.* 54, 3169 - 3172.

LIFSHITZ R., KLOEPPER J.W., KOZLOWSKI M., SIMONSON C., CARLSON J., TIPPING E.M. et ZALESKA I. - 1987 - Growth promotion of canola (rapeseed) seedlings by a strain of *Pseudomonas putida* under gnotobiotic conditions. *Can. J. Microbiol.* 33, 390 - 395.

LINDERMAN R.G. et GILBERT R.G. - 1973 - Influence of volatile compounds from alfalfa hay on microbial activity in soil in relation to growth of *Sclerotium rolfsii. Phytopathology* 63, 359-362.

LINGAPPA B.T. et LOCKWOOD J.L. - 1962 - Fungitoxicity of lignin monomers, model substances, and decomposition products. *Phytopathology* 52, 295 - 299.

LOCKWOOD J.L. - 1964 - Soil fungistasis. *Annu. Rev. Phytopathol.* 2, 341 - 362.

LOCKWOOD J.L. - 1977 - Fungistasis in soils. *Biol. Rev.* 52, 1 - 43.

LOCKWOOD J.L. - 1981 - Exploitation competition. In *The fungal community : its organization and role in the ecosystem*, D.T. Wicklow et G.C. Carroll Ed., Marcel Dekker, New York, 319 - 349.

LÖFFLER H.J.M., VAN DONGEN M., SCHIPPERS B. - 1986 - Effect of NH_3 on chlamydospore formation of *Fusarium oxysporum* f. sp. *dianthi* in an NH_3 - flow system. *J. Phytopathol.* 117, 43-48.

LOPER J.E. - 1988 - Role of fluorescent siderophore production in biocontrol of *Pythium ultimum* by a *Pseudomonas fluorescens* strain. *Phytopathology* 78, 166 - 172.

LOPEZ AGUILLON R. et GARBAYE J. - 1989 - Some aspects of a double symbiosis with ectomycorrhizal and VAM fungi. *Agric. Ecosystems Environ.* 29, 263 - 266.

LOUVET J. et BULIT J. - 1964 - Recherches sur l'écologie des champignons parasites dans le sol. I. Action du gaz carbonique sur la croissance et l'activité parasitaire de *Sclerotinia minor* et de *Fusarium oxysporum* f. sp. *melonis. Ann. Epiphyt.* 15, 21 - 44.

LUMSDEN R.D., MILLNER P.N. et LEWIS J.A. - 1986 - Suppression of lettuce drop caused by *Sclerotinia minor* with composted sewage sludge. *Plant Dis.* 70, 197 - 201.

LUNG - ESCARMANT B. et TARIS B. - 1988 - Etude du comportement d'une gamme d'hôtes feuillus et résineux vis-à-vis d'*Armillaria obscura* : approche méthodologique et perspectives. C.R. *Deuxième Conf. Internat. Mal. Plantes,* Bordeaux, 8-10 nov. 1988, A.N.P.P., Paris, 1185 - 1191.

LUTCHMEAH R.S. et COOKE R.C. - 1984 - Aspects of antagonism by the mycoparasite *Pythium oligandrum*. *Trans. Br. mycol. Soc.* 83, 696 - 700.

LYNCH J.M. - 1981 - Promotion and inhibition of soil aggregate stabilization by micro - organisms. *J. Gen. Microbiol.* 126, 371 - 375.

MAERTENS C. et BOSC M. - 1981 - Etude de l'évolution de l'enracinement du tournesol (variété Stadium). *Informations Techniques CETIOM*, 73, 3 - 11.

MAI W.F. et ABAWI G.S. - 1987 - Interactions among root-knot nematodes and *Fusarium* wilt fungi on host plants. *Annu. Rev. Phytopathol.* 25, 317 - 338.

MANGENOT F. et DIEM H.G. - 1979 - Fundamentals of biological control. In *Ecology of root pathogens*, S.V. Krupa et Y.R. Dommergues Ed., Elsevier Scientific Publishing Company, Amsterdam, 207 - 265.

MARSCHNER H., RÖMHELD V. et OSSENBERG-NEUHAUS H. - 1982 - Rapid method for measuring changes in pH and reducing processes along roots of intact plants. *Z. Pflanzenphysiol. Bd.* 105 S, 407 - 416.

MARSHALL K.C. - 1968 - Interaction between colloidal montmorillonite and cells of *Rhizobium* species with different ionogenic surfaces. *Biochim. Biophys. Acta* 156, 179 - 186.

MARTENS D.A. et BREMNER J.M. - 1984 - Effectiveness of phosphoroamides for retardation of urea hydrolysis in soils. *Soil Sci. Soc. Am. J.* 48, 302 - 305.

MARTIN C. et THICOIPE J.P. - 1994 - La solarisation. Une désinfection des sols alternative ou complémentaire des fumigants chimiques ? *Phytoma* 464, 34 - 36.

MARTIN C., DAVET P., DUBOIS M. et LAGIER J. - 1995 - Prospects of integrated control of lettuce drop caused by *Sclerotinia* spp. In *Biological control of sclerotium - forming pathogens*, J. M. Whipps et T. Gerlagh Ed., Bull. OILB SROP 18, 57-59.

MARTIN C., VEGA D., BASTIDE J. et DAVET P. - 1990 - Enhanced degradation of iprodione in soil after repeated treatments for controlling *Sclerotinia minor*. *Plant Soil* 127, 140 - 142.

MARTY D. et BIANCHI M. - 1992 - Présence simultanée et paradoxale de bactéries aérobies strictes (nitrifiantes) et anaérobies strictes (méthanogènes) dans des particules. *C.R. 3ème Congrès S.F.M.*, 21 - 24 avril 1992, Lyon, 71.

MARX D.H. et DAVEY C.B. - 1969 - The influence of ectotrophic mycorrhizal fungi on the resistance of pine roots to pathogenic infections. III. Resistance of aseptically formed mycorrhizae to infection by *Phytophthora cinnamomi*. *Phytopathology* 59, 549 - 558.

MAURHOFER M., KEEL C., SCHNIDER U., VOISARD C., HAAS D. et DEFAGO G. - 1992 - Influence of enhanced antibiotic production in *Pseudomonas fluorescens* strain CHAO on its disease suppressive ability. *Phytopathology* 82, 190 - 195.

MAVINGUI P., LAGUERRE G., BERGE O. et HEULIN T. - 1992 - Genetic and phenotypic diversity of *Bacillus polymyxa* in soil and in the wheat rhizosphere. *Appl. environ. Microbiol.* 58, 1894 - 1903.

MEGEE R.D., DRAKE J.F., FREDRICKSON A.G. et TSUCHIYA H.M. - 1972 - Studies in intermicrobial symbiosis, *Saccharomyces cerevisiae* and *Lactobacillus casei*. *Can. J. Microbiol.* 18, 1733 - 1742.

MESSIAEN C.M., BLANCARD D., ROUXEL F. et LAFON R. - 1991 - *Les maladies des plantes maraîchères*. INRA, Paris.

MESSIAEN C.M., MAMPOUYA P.C. et BELLIARD - ALONZO L. - 1976 - Effet des composés azotés solubles sur la croissance mycélienne de *Sclerotium rolfsii* Sacc. dans le sol. *Ann. Phytopathol.* 8, 17 - 23.

METTING B. - 1987 - Dynamics of wet and dry aggregate stability from a three-year microalgal soil conditioning experiment in the field. *Soil Sci.* 143, 139 - 143.

MEYER J.R. et LINDERMAN R.G. - 1986 - Response of subterranean clover to dual inoculation with vesicular-arbuscular mycorrhizal fungi and a plant growth-promoting bacterium, *Pseudomonas putida*. *Soil Biol. Biochem.* 18, 185 - 190.

MIHAIL J.D. et ALCORN S.M. - 1987 - *Macrophomina phaseolina* : spatial patterns in a cultivated soil and sampling strategies. *Phytopathology* 77, 1126 - 1131.

MIHUTA-GRIMM L. et ROWE R. C. - 1986 - *Trichoderma* spp. as biocontrol agents of *Rhizoctonia* damping - off of radish in organic soil and comparison of four delivery systems. *Phytopathology* 76, 306 - 312.

MILLAR W.N. et CASIDA L.E. - 1970 - Evidence for muramic acid in soil. *Can. J. Microbiol.* 16, 299 - 304.

MILLER R.M. et JASTROW J.D. - 1990 - Hierarchy of root and mycorrhizal fungal interactions with soil aggregation. *Soil Biol. Biochem.* 22, 579 - 584.

MONTEGANO B. et VERGNIAUD P. - 1987 - Essai de lutte contre la pourriture blanche de l'ail (*Sclerotium cepivorum* Berk.). Rapport interne SRIV - INRA, Centre de recherches agronomiques d'Avignon.

MONTENECOURT B.S. et EVELEIGH D.E. - 1979 - Production and characterization of high yielding cellulase mutants of *Trichoderma reesei. TAPPI Annual meeting proceedings*, New York, 12 - 14 mars 1979, 101 - 108.

MONTUELLE B. - 1966 - Synthèse bactérienne de substances de croissance intervenant dans le métabolisme des plantes. *Ann. Inst. Pasteur Paris* 111 (suppl. 3), 136 - 146.

MORANDI D., BAILEY J.A. et GIANINAZZI-PEARSON V. - 1984 - Isoflavonoid accumulation in soybean roots infected with vesicular-arbuscular mycorrhizal fungi. *Physiol. Plant Pathol.* 24, 357 - 364.

MOREL R. - 1989 - *Les sols cultivés.* Lavoisier, Paris.

MORRIS B.M. et GOW N.A.R. - 1993 - Mechanism of electrotaxis of zoospores of phytopathogenic fungi. *Phytopathology* 83, 877 - 882.

MORRIS P.F. et WARD E.W.B. - 1992 - Chemoattraction of zoospores of the soybean pathogen, *Phytophthora sojae*, by isoflavones. *Physiol. Mol. Plant Pathol.* 40, 17 - 22.

MOUSAIN D., PLASSARD C., ARGILLIER C., SARDIN T., LEPRINCE F., EL KARKOURI K., ARVIEU J.C. et CLEYET-MAREL J.-C. - 1994 - Stratégie d'amélioration de la qualité des plants forestiers et des reboisements méditerranéens par utilisation de la mycorhization contrôlée en pépinière. *Acta bot. Gallica* 141, 571-580.

MOWE G., KING B. et SENN S.J. - 1983 - Tropic responses of fungi to wood volatiles. *J. Gen. Microbiol.* 129, 779 - 784.

MUCHEMBLED C. et RICHARD-MOLARD M. - 1991 - Lutte génétique en culture de betteraves. *C.R. Troisième Conf. Internat. Mal. Plantes,* Bordeaux, 3 - 5 déc. 1991, A.N.P.P., Paris, 745 - 751.

NEAL J.L., LARSON R.I. et ATKINSON T.G. - 1973 - Changes in rhizosphere populations of selected physiological groups of bacteria related to substitution of specific pairs of chromosomes in spring wheat. *Plant Soil* 39, 209 - 212.

NELSON E.B. - 1987 - Rapid germination of sporangia of *Pythium* species in response to volatiles from germinating seeds. *Phytopathology* 77, 1108 - 1112.

NELSON E.B., HARMAN G.E. et NASH G.T. - 1988 - Enhancement of *Trichoderma*-induced biological control of *Pythium* seed rot and pre-emergence damping-off of peas. *Soil Biol. Biochem.* 20, 145 - 150.

NISHIJIMA F., EVANS W.R. et VESPER S.J. - 1988 - Enhanced nodulation of soybean by *Bradyrhizobium* in the presence of *Pseudomonas fluorescens. Plant Soil* 111, 149 - 150.

NOGUERA G.R. - 1982 - Alterations in the production of rishitin in roots and tyloses in stems and the interaction of *Meloidogyne-Fusarium* in tomato plants. *Agron. trop. Maracay* 32, 303 - 308.

NORSTADT F.A. et McCALLA T.M. - 1969 - Microbial populations in stubble-mulched soil. *Soil Sci.* 107, 188 - 193.

NORTON J.M. et HARMAN G.E. - 1984 - Responses of soil microorganisms to volatile exudates from germinating pea seeds. *Can. J. Bot.* 63, 1040 - 1045.

OBRIGAWITCH T., ROETH F.W., MARTIN A.R. et WILSON JR R.G. - 1982 - Addition of R-33865 to EPTC for extended herbicide activity. *Weed Sci.* 30, 417 - 422.

ODUM E.P ET ODUM H.T. - 1953 - *Fundamentals of Ecology.* Saunders, Philadelphia. Seconde édition (1959) révisée (1987).

OLD K.M. et CHAKRABORTY S. - 1986 - Mycophagous soil Amoebae : their biology and significance in the ecology of soil - borne plant pathogens. In *Progress in protistology*, vol. 1, Biopress Ltd., 163 - 194.

OLSEN P.E., RICE W.A. et COLLINS M.M. - 1995 - Biological contaminants in North American legume inoculants. *Soil Biol. Biochem.* 27, 699 - 701.

ORCHARD V.A. et COOK F.J. - 1983 - Relationship between soil respiration and soil moisture. *Soil Biol. Biochem.* 15, 447 - 453.

OWEN EVANS G., SHEALS J.G. et MACFARLANE D. - 1961 - *The terrestrial Acari of the British Isles. An introduction to their morphology, biology and classification.* Vol. I : Introduction and biology. British Museum of Natural History, London.

OWENS L.D., GUGGENHEIM S. et HILTON J.L. - 1968 - Rhizobium-synthesized phytotoxin : an inhibition of ß-cystathionase in *Salmonella typhimurium. Biochim. Biophys. Acta* 158, 219 - 225.

OZAWA T. et YAMAGUSHI M. - 1986 - Fractionation and estimation of particle-attached and unattached *Bradyrhizobium japonicum* strains in soils. *Appl. environ. Microbiol.* 52, 911 - 914.

PANAGÓPOULOS C.G., PSALLIDAS P.G. et ALIVIZATOS A.S. - 1979 - Evidence of a breakdown in the effectiveness of biological control of crown-gall. In *Soil - borne plant pathogens*, B. Schippers et W. Gams Ed., Academic Press, London, 569 - 578.

PANCHAUD - MATTEI E. - 1990 - Propriétés nématicides de quelques plantes. *P.H.M. - Revue Horticole* 309, 29 - 31.

PAPAVIZAS G.C. - 1992 - Biological control of selected soilborne plant pathogens with *Gliocladium* and *Trichoderma.* In *Biological control of plant diseases*, E.C. Tjamos, G.C. Papavizas et R.J. Cook Ed., Plenum Press, New York, 223 - 230.

PAPENDICK R.I. et COOK R.J. - 1974 - Plant water stress and development of *Fusarium* foot rot in wheat subjected to different cultural practices. *Phytopathology* 64, 358 - 363.

PARES R.D. et GUNN L.V. - 1989 - The role of non-vectored soil transmission as a primary source of infection by pepper mild mottle and cucumber mosaic viruses in glasshouse-grown Capsicum in Australia. *J. Phytopathology* 126, 353 - 360.

PATRICK Z.A., TOUSSOUN T.A. et KOCH L.W. - 1964 - Effect of crop-residue decomposition products on plant roots. *Annu. Rev. Phytopathol.* 2, 267 - 292.

PATRICK Z.A., TOUSSOUN T.A. et SNYDER W.C. - 1963 - Toxic substances in arable soils associated with decomposing plant residues. *Phytopathology* 53, 152 - 161.

PAUL E.A. et CLARK F.E. - 1989 - *Soil microbiology and biochemistry.* Academic Press, San Diego.

PAULITZ T.C. - 1991 - Effect of *Pseudomonas putida* on the stimulation of *Pythium ultimum* by seed volatiles of pea and soybean. *Phytopathology* 81, 1282 - 1287.

PAUSTIAN K. et SCHNURER J. - 1987 - Fungal growth response to carbon and nitrogen limitations : application of a model to laboratory and field data. *Soil Biol. Biochem.* 19, 621 - 629.

PEDERSEN C.T., SAFIR G.R., SIQUEIRA J.O. et PARENT S. - 1991 - Effect of phenolic compounds on asparagus mycorrhiza. *Soil Biol. Biochem.* 23, 491 - 494.

PENALVA M.A., MOYA A., DOPAZO J. et RAMON D. - 1990 - Sequence of isopenicillin N synthetase genes suggests horizontal transfer genes from prokaryotes to eukaryotes. *Proc. R. Soc. London* 241, 164 - 168.

PENN D.J. et LYNCH J.M. - 1982 - The effect of bacterial fermentation of couch grass rhizomes and *Fusarium culmorum* on the growth of barley seedlings. *Plant Pathol.* 31, 39 - 43.

PETERS G.A. et MEEKS J.C. - 1989 - The *Azolla-Anabaena* symbiosis : basic biology. *Annu. Rev. Plant Physiol. Plant Mol. Biol.* 40, 193 - 210.

PHILLIPS D.A. - 1992 - Flavonoids : plant signals to soil microbes. In *Phenolic metabolism in plants*, H.A. Stafford et R.K. Ibrahim Ed., Plenum Press, New York, 201 - 231.

PIECZARKA D.J. et ABAWI G.S. - 1978 - Effect of interaction between *Fusarium, Pythium,* and *Rhizoctonia* on severity of bean root rot. *Phytopathology* 68, 403 - 408.

PIERSON E.A. et WELLER D.M. - 1994 - Use of mixtures of fluorescent pseudomonads to suppress take-all and improve the growth of wheat. *Phytopathology* 84, 940 - 947.

PILET P.E., VERSEL J.M. et MAYOR G. - 1983 - Growth distribution and surface pH patterns along maize roots. *Planta* 158, 398 - 402.

PLESOFSKY - VIG N. et BRAMBL R. - 1985 - Topical review : the heat shock response of fungi. *Experiment. Mycol.* 9, 187 - 194.

PLINE M., DIEZ J.A. et DUSENBERY D.B. - 1988 - Extremely sensitive thermotaxis of the nematode *Meloidogyne incognita. J. Nematol.* 20, 605 - 608.

PREVOST D., ANGERS D.A. et NADEAU P. - 1991 - Determination of ATP in soils by high performance liquid chromatography. *Soil Biol. Biochem.* 23, 1143 - 1146.

PUGH K.B. et WAID J.S. - 1969 - The influence of hydroxamates on ammonia loss from various soils treated with urea. *Soil Biol. Biochem.* 1, 207 - 217.

PULLMAN G.S., DE VAY J.E. et GARBER R.H. - 1981 - Soil solarization and thermal death : a logarithmic relationship between time and temperature for four soilborne plant pathogens. *Phytopathology* 71, 959 - 964.

PUNJA Z.K. et JENKINS S.F. - 1984 - Influence of temperature, moisture, modified gaseous atmosphere, and depth in soil on eruptive sclerotial germination of *Sclerotium rolfsii. Phytopathology* 74, 749 - 754.

PUNJA Z.K., SMITH V.L., CAMPBELL C.L. et JENKINS S.F. - 1985 - Sampling and extraction procedures to estimate numbers, spatial pattern and temporal distribution of sclerotia of *Sclerotium rolfsii* in soil. *Plant Dis.* 69, 469 - 474.

PUSSARD M., ALABOUVETTE C. et LEVRAT P. - 1994 - Protozoan interactions with the soil microflora and possibilities for biocontrol of plant pathogens. In *Soil Protozoa*, J. F. Darbyshire Ed., CAB International, Wallingford, 123 - 146.

PUSSARD M., ALABOUVETTE C. et PONS R. - 1979 - Etude préliminaire d'une amibe mycophage *Thecamoeba granifera* s. sp. *minor (Thecamoebidae, Amoebida). Protistologica* 15, 139 - 149.

RAO J.R., FENTON M. et JARVIS B.D.W. - 1994 - Symbiotic plasmid transfer in *Rhizobium leguminosarum* biovar *trifolii* and competition between the inoculant strain ICMP 2163 and transconjugant soil bacteria. *Soil Biol. Biochem* 26, 339 - 351.

REID C.P.P. - 1974 - Assimilation, distribution, and root exudation of ^{14}C by ponderosa pine seedlings under induced water stress. *Plant Physiol.* 54, 44 - 49.

REIS E.M., COOK R.J. et MCNEAL B.L. - 1983 - Elevated pH and associated reduced trace-nutrient availability as factors contributing to take-all upon soil liming. *Phytopathology* 73, 411-413.

RENNER E.D. et BECKER G.E. - 1970 - Production of nitric oxide and nitrous oxide during denitrification by *Corynebacterium nephridii. J. Bacteriol.* 101, 821 - 826.

REUVENI R., KRIKUN J. et SHANI U. - 1983 - The role of *Monosporascus eutypoides* in a collapse of melon plants in an arid area of Israel. *Phytopathology* 73, 1223 - 1226.

REVELLIN C., LETERME P. et CATROUX G. - 1993 - Effect of some fungicide seed treatments on the survival of *Bradyrhizobium japonicum* and on the nodulation and yield of soybean (*Glycine max* (L.) Merr.). *Biol. Fertil. Soils* 16, 211 - 214.

REYNOLDS K.M., BENSON D.M. et BRUCK R.I. - 1985 - Epidemiology of *Phytophthora* root rot of Fraser fir : rhizosphere width and inoculum efficiency. *Phytopathology* 75, 1010 - 1014.

RICCI P. - 1972 - Moyens d'étude de l'inoculum du *Phytophthora nicotianae* f. sp. *parasitica* (Dastur) Waterh., parasite de l'oeillet, dans le sol. *Ann. Phytopathol.* 4, 257 - 276.

RICCI P. - 1974 - Mesure de la densité d'inoculum d'un agent pathogène dans le sol à l'aide d'une technique d'isolement par «tout ou rien». *Ann. Phytopathol.* 6, 441 - 453.

RICCI P., BONNET P. et BLEIN J.P. - 1994 - Induction d'une réponse hypersensible et de résistance acquise : l'exemple des élicitines. Rapport interne INRA, 10 p.

RICE E.L. - 1968 - Inhibition of nodulation of inoculated legumes by pioneer plant species from abandoned fields. *Bull. Torrey bot. Club* 95, 346 - 358.

RICE W.A., OLSEN P.E. et LEGGETT M.E. - 1995 - Co-culture of *Rhizobium meliloti* and a phosphorus-solubilizing fungus (*Penicillium bilaii*) in sterile peat. *Soil Biol. Biochem.* 27, 703 - 705.

RICHARD - MOLARD M. - 1983 - La fatigue des terres à betteraves, in *La fatigue des sols - Diagnostic de la fertilité dans les systèmes culturaux*, INRA, « les Colloques » 17, 23 - 28.

RITTENHOUSE C.M. et GRIFFIN G.J. - 1985 - Pattern of *Thielaviopsis basicola* in tobacco field soil. *Can. J. Plant Pathol.* 7, 377 - 381.

RIVIERE J. - 1960 - Etude de la rhizosphère du blé. *Ann. Agron.* 11, 397 - 440.

RIVIERE J. et CHAUSSAT R. - 1966 - Destruction de la coumarine dans la rhizosphère. *Ann. Inst. Pasteur* 111, 155 - 167.

RIZZO D.M., BLANCHETTE R.A. et PALMER M.A. - 1992 - Biosorption of metal ions by *Armillaria* rhizomorphs. *Can. J. Bot.* 70, 1515 - 1520.

ROBERT M. et SCHMIT J. - 1982 - Rôle d'un exopolysaccharide (le xanthane) dans les associations organo - minérales. *C. R. Acad. Sci.*, Paris, 294, série II, 1031 - 1036.

ROBINSON R.K. - 1972 - The production by roots of *Calluna vulgaris* of a factor inhibitory to growth of some mycorrhizal fungi. *J. Ecol.* 60, 219 - 224.

ROGER P.A. et REYNAUD P.A. - 1976 - Dynamique de la population algale au cours d'un cycle de culture dans une rizière sahélienne. *Rev. Ecol. Biol. Sol* 13, 545 - 560.

ROLFE B.G. et GRESSHOFF P.M. - 1988 - Genetic analysis of Legume nodule initiation. *Annu. Rev. Plant Physiol. Plant Mol. Biol.* 39, 297 - 319.

ROMIG W.R. et SASSER M. - 1972 - Herbicide predisposition of snapbeans to *Rhizoctonia solani*. *Phytopathology* 62, 785 - 786.

ROMINE M. et BAKER R. - 1973 - Soil fungistasis : evidence for an inhibiting factor. *Phytopathology* 63, 756 - 759.

ROUSSEAU J.V.D., REID C.P.P. et ENGLISH R.J. - 1992 - Relationship between biomass of the mycorrhizal fungus *Pisolithus tinctorius* and phosphorus uptake in loblolly pine seedlings. *Soil Biol. Biochem.* 24, 183 - 184.

ROUXEL F. - 1991 - Natural suppressiveness of soils to plant diseases. In *Biotic interactions and soil - borne diseases*, A. B. R. Beemster, G. J. Bollen, M. Gerlagh, M. A. Ruissen, B. Schippers et A. Tempel Ed., Elsevier, Amsterdam, 287 - 296.

ROUXEL F. et BOUHOT D. - 1971 - Recherches sur l'écologie des champignons parasites dans le sol. IV. Nouvelles mises au point concernant l'analyse sélective et quantitative des *Fusarium oxysporum* et *Fusarium solani* dans le sol. *Ann. Phytopathol.* 3, 171 - 188.

ROVIRA A.D., NEWMAN E.I., BOWEN H.J. et CAMPBELL R. - 1974 - Quantitative assessment of the rhizoplane microflora by direct microscopy. *Soil Biol. Biochem.* 6, 211 - 216.

ROWLAND C.Y., KURTBÖKE D.I., SHANKAR M. et SIVASITHAMPARAM K. - 1994 - Nutritional and biological activities of a sterile red fungus which promotes plant growth and supresses take-all. *Mycol. Res.* 98, 1453 - 1457.

RUNIA W.T., VAN OS E.A. et BOLLEN G.J. - 1988 - Disinfection of drainwater from soilless cultures by heat treatment. *Neth. J. Agric. Sci.* 36, 231 - 238.

SACKS L.E. , KING JR. A.D. et SCHADE - 1986 - A note on pH gradient plates for fungal growth studies. *J. appl. Bacteriol.* 61, 235 - 238.

SAFIR G.R. - 1994 - Involvement of cropping systems, plant produced compounds and inoculum production in the functioning of VAM fungi. In *Mycorrhizae and plant health*, F.L. Pfleger et R.G. Linderman Ed., Am. phytopathol. Soc., Saint Paul, 239 - 259.

SALAMANCA C.P., HERRERA M.A. et BAREA J.M. - 1992 - Mycorrhizal inoculation of micropropagated woody legumes used in revegetation programmes for desertified Mediterranean ecosystems. *Agronomie* 12, 869 - 872.

SARIG S., BLUM A., OKON Y. - 1988 - Improvement of the water status and yield of field-grown sorghum (*Sorghum bicolor*) by inoculation with *Azospirillum brasilense*. *J. Agric. Sci.*, Camb., 110, 271 - 277.

SARIG S., OKON Y. et BLUM A. - 1990 - Promotion of leaf area development and yield in *Sorghum bicolor* inoculated with *Azospirillum brasilense*. *Symbiosis* 9, 235 - 245.

SCHENCK S. et STOTZKY G. - 1975 - Effect on microorganisms of volatile compounds released from germinating seeds. *Can. J. Microbiol.* 21, 1622 - 1634.

SCHILLER C.T., ELLIS M.A., TENNE F. et SINCLAIR J. - 1977 - Effect of *Bacillus subtilis* on soybean seed decay, germination, and stand inhibition. *Plant Dis. Rep.* 61, 213 - 217.

SCHIPPERS B., BAKKER A.W. et BAKKER P.A.H.M. - 1987 - Interactions of deleterious and beneficial rhizosphere microorganisms and the effect of cropping practices. *Annu. Rev. Phytopathol.* 25, 339 - 358.

SCHIPPERS B., MEIJER J.W. et LIEM J.I. - 1982 - Effect of ammonia and other soil volatiles on germination and growth of soil fungi. *Trans. Br. mycol. Soc.* 79, 253 - 259.

SCHISLER D.A. et LINDERMAN R.G. - 1989 - Selective influence of volatiles purged from coniferous forest and nursery soils on microbes of a nursery soil. *Soil Biol. Biochem.* 21, 389 - 396.

SCHMIT J., PRIOR P., QUIQUAMPOIX H. et ROBERT M. - 1990 - Studies on survival and localization of *Pseudomonas solanacearum* in clays extracted from vertisols. In *Plant Pathogenic Bacteria*, Z. Klement Ed., Akadémiai Kiado, Budapest, 1001 - 1009.

SCHROTH M.N. et HENDRIX F.F. - 1962 - Influence of non-susceptible plants on the survival of *Fusarium solani* f. *phaseoli* in soil. *Phytopathology* 52, 906 - 909.

SCHROTH M.N., WEINHOLD A.R. et HAYMAN D.S. - 1966 - The effect of temperature on quantitative differences in exudates from germinating seeds of bean, pea, and cotton. *Can. J. Bot.* 44, 1429 - 1432.

SCHUMANN G.L. - 1991 - *Plant diseases : their biology and social impact*. Am. phytopathol. Soc., Saint Paul, Minnesota.

SHEW H.D. et BEUTE M.K. - 1979 - Evidence for the involvement of soilborne mites in *Pythium* pod rot of peanut. *Phytopathology* 69, 204 - 207.

SIEGEL M.R., LATCH G.C.M. et JOHNSON M.C. - 1987 - Fungal endophytes of grasses. *Annu. Rev. Phytopathol.* 25, 293 - 315.

SIMON A. et SIVASITHAMPARAM K. - 1989 - Pathogen suppression : a case study in biological suppression of *Gaeumannomyces graminis* var. *tritici* in soil. *Soil Biol. Biochem.* 21, 331 - 337.

SKUJINS J.J. et MC LAREN A.D. - 1969 - Persistance of enzymatic activities in stored and geologically preserved soils. *Enzymologia* 34, 213 - 225.

SMILEY R.W. et COOK R.J. - 1972 - Use and abuse of the soil pH measurement. *Phytopathology* 62, 193 - 194.

SMILEY R.W. et COOK R.J. - 1973 - Relationship between take-all of wheat and rhizosphere pH in soils fertilized with ammonium vs. nitrate-nitrogen. *Phytopathology* 63, 882 - 890.

SMIT G., KIJNE J.W. et LUGTENBERG B.J.J. - 1987 - Involvement of both cellulose fibrils and a Ca^{2+}- dependent adhesin in the attachment of *Rhizobium leguminosarum* to pea root hair tips. *J. Bacteriol.* 169, 4294 - 4301.

SMITH S.E., WALKER N.A. et TESTER M.A. - 1986 - The apparent width of the rhizosphere of *Trifolium subterraneum* for vesicular - arbuscular mycorrhizal infection : effets of time and other factors. *New Phytol.* 104, 547 - 558.

SNEH B., ICHIELEVICH - AUSTER M. et PLAUT Z. - 1989 - Mechanism of seedling protection induced by a hypovirulent isolate of *Rhizoctonia solani. Can. J. Bot.* 67, 2135 - 2141.

SPARLING G.P. et SEARLE P.L. - 1993 - Dimethyl sulphoxide reduction as a sensitive indicator of microbial activity in soil : the relationship with microbial biomass and mineralization of nitrogen and sulphur. *Soil Biol. Biochem.* 25, 251 - 256.

STACEY G., SANJUAN J., LUKA S., DOCKENDORFF T. et CARLSON R.W. - 1995 - Signal exchange in the *Bradyrhizobium* - soybean symbiosis. *Soil Biol. Biochem.* 27, 473 - 483.

STANGHELLINI M.E. et RASMUSSEN S.L. - 1994 - Hydroponics : a solution for zoosporic pathogens. *Plant Dis.* 78, 1129 - 1138.

STAPHORST J.L. et STRIJDOM B.W. - 1976 - Effects on Rhizobia of fungicides applied to legume seed. *Phytophylactica* 8, 47 - 54.

STEINBERG C. - 1987 - Dynamique d'une population bactérienne introduite dans le sol : régulation par les protozoaires et modélisation mathématique de la relation de prédation *Bradyrhizobium japonicum* - amibes indigènes. Thèse, Université de Lyon I.

STEINBERG C., MOULIN F., GAILLARD P., GAUTHERON N., STAWIECKI K., BREMEERSCH P. et ALABOUVETTE C. - 1994 - Disinfection of drain water in greenhouses using a wet condensation heater. *Agronomie* 14, 627 - 635.

STEINBERG R.A. - 1951 - Occurrence of *Bacillus cereus* in Maryland soils with frenched tobacco. *Plant Physiol.* 26, 807 - 811.

STOTZKY G. - 1974 - Activity, ecology, and population dynamics of microorganisms in soil. In *Microbial Ecology*, A. Laskin et H. Lechevalier Ed., CRC Press, Cleveland, Ohio, 231 - 247.

STOTZKY G. - 1980 - Surface interactions between clay minerals and microbes, viruses and soluble organics, and the probable importance of these interactions to the ecology of microbes in soil. In *Microbial adhesion to surfaces*, R.C.W. Berkeley, J.M. Lynch, J. Melling, P.R. Rutter et B. Vincent Ed., Ellis, Horwood, 231 - 247.

STOUT J.D. et HEAL O.W. - 1967 - Protozoa. In *Soil biology*, A. Burges et F. Raw Ed., Academic Press, New York, 149 - 195.

STOVER R.H. - 1962 - Fusarial wilt (Panama disease) of bananas and other *Musa* species. Paper n°4, CMI, Kew, Surrey.

STRULLU D.G. - 1991 - *Les mycorhizes des arbres et plantes cultivées.* « Technique et Documentation », Lavoisier, Paris.

SUSLOW T.V. et SCHROTH M.N. - 1982 - Role of deleterious rhizobacteria as minor pathogens in reducing crop growth. *Phytopathology* 72, 111 - 115.

TABAK H.H. et COOKE W.B. - 1968 - Growth and metabolism of fungi in an atmosphere of nitrogen. *Mycologia* 60, 115 - 140.

TAYLOR C.E. - 1980 - Nematodes. In *Vectors of plant pathogens*, K.F. Harris et K. Maramorosch Ed., Academic Press, New York, 375 - 416.

TAYLOR G.S. et PARKINSON D. - 1961 - The growth of saprophytic fungi on root surfaces. *Plant Soil* 15, 261 - 267.

TEAKLE D.S. - 1983 - Zoosporic fungi and viruses. Double trouble. In *Zoosporic plant pathogens, a modern perspective*, S.T. Buczacki Ed., Academic Press, London, 233 - 248.

THIES J.E., SINGLETON P.W. et BOHLOOL B.B. - 1991 - Influence of the size of indigenous rhizobial populations on establishment and symbiotic performance of introduced rhizobia on field - grown legumes. *Appl. environ. Microbiol.* 57, 19 - 28.

THOMASHOW L.S., WELLER D.M., BONSALL R.F. et PIERSON L.S. - 1990 - Production of the antibiotic phenazine-1-carboxylic acid by fluorescent *Pseudomonas* species in the rhizosphere of wheat. *Appl. environ. Microbiol.* 56, 908 - 912.

TIEN T.M., GASKINS M.H. et HUBBELL D.H. - 1979 - Plant growth substances produced by *Azospirillum brasilense* and their effect on the growth of pearl millet (*Pennisetum americanum* L.). *Appl. environ. Microbiol.* 37, 1016 - 1024.

TISDALL J. M. - 1991 - Fungal hyphae and structural stability of soil. *Aust. J. Soil Res.* 29, 729 - 743.

TIVOLI B., CORBIERE R. et LEMARCHAND E. - 1990 - Relations entre le pH des sols et leur niveau de réceptivité à *Fusarium solani* var. *coeruleum* et *Fusarium roseum* var. *sambucinum*, agents de la pourriture sèche des tubercules de pomme de terre. *Agronomie* 10, 63 - 68.

TJEPKEMA J.D., SCHWINTZER C.R. et BENSON D.R. - 1986 - Physiology of actinorhizal nodules. *Annu. Rev. Plant Physiol.* 37, 209 - 232.

TOMIMATSU G.S. et GRIFFIN G.J. - 1982 - Inoculum potential of *Cylindrocladium crotalariae* : infection rates and microsclerotial density - root infection relationships on peanut. *Phytopathology* 72, 511 - 517.

TOUSSOUN T.A. - 1970 - Nutrition and pathogenesis of *Fusarium solani* f. sp. *phaseoli*. In *Root diseases and soil - borne pathogens*, T.A. Toussoun, R.V. Bega et P.E. Nelson Ed., University of California Press, Berkeley, 95 - 98.

TOUSSOUN T.A. et PATRICK Z.A. - 1963 - Effect of phytotoxic substances from decomposing plant residues on root rot of bean. *Phytopathology* 53, 265 - 270.

TRAPPE J.M. - 1977 - Selection of fungi for ectomycorrhizal inoculation in nurseries. *Annu. Rev. Phytopathol.* 15, 203 - 222.

TREVORS J.T. - 1984 - Dehydrogenase activity in soil : a comparison between the INT and TTC assay. *Soil Biol. Biochem.* 16, 673 - 674.

TRIGALET A. - 1994 - Advances in biological control of bacterial wilt caused by *Pseudomonas solanacearum.*, in *Plant Pathogenic Bactevia*, M. Lemattre, S. Fraigoun, K. Rudolph et J.G. Swings Ed., INRA, « les Colloques », 66, 885 - 890.

TURLIER M.F., EPARVIER A. et ALABOUVETTE C. - 1995 - Early dynamic interactions between *Fusarium oxysporum* f. sp. *lini* and the roots of *Linum usitatissimum* as revealed by transgenic Gus-marked hyphae. *Can. J. Bot.*, 72, 1605 - 1612.

UTKHEDE R.S. et LI T.S.C. - 1989 - Chemical and biological treatments for control of apple replant disease in British Columbia. *Can. J. Plant Pathol.* 11, 143 - 147.

VAARTAJA O. - 1977 - Responses of *Pythium ultimum* and other fungi to a soil extract containing an inhibitor with low molecular weight. *Phytopathology* 67, 67 - 71.

VAN BRUGGEN A.H.C., GROGAN R.G., BOGDANOFF C.P. et WATERS C.M. - 1988 - Corky root of lettuce in California caused by a gram-negative bacterium. *Phytopathology* 78, 1139 - 1145.

VAN BRUSSEL A.A.N., RECOURT K., PEES E., SPAINK H.P., TAK T., WIJFFELMAN C.A., KIJNE J.W. et LUGTENBERG B.J.J. - 1990 - A biovar-specific signal of *Rhizobium leguminosarum* bv. *viciae* induces increased nodulation gene-inducing activity in root exudate of *Vicia sativa* subsp. *nigra*. *J. Bacteriol.* 172, 5394 - 5401.

VAN GESTEL M., MERCKX R. et VLASSAK K. - 1993 - Microbial biomass responses to soil drying and rewetting : the fate of fast- and slow- growing microorganisms in soils from different climates. *Soil Biol. Biochem.* 25, 109 - 123.

VAN GUNDY S.D., BIRD A.F. et WALLACE H.R. - 1967 - Aging and starvation in larvae of *Meloidogyne javanica* and *Tylenchulus semipenetrans*. *Phytopathology* 57, 559 - 571.

VAN PEER R. et SCHIPPERS B. - 1992 - Lipopolysaccharides of plant - growth promoting *Pseudomonas* sp. strain WCS 417 r induce resistance in carnation to fusarium wilt. *Neth. J. Plant Pathol.* 98, 129 - 139.

VAN PEER R., NIEMANN G.J. et SCHIPPERS B. - 1991 - Induced resistance and phytoalexin accumulation in biological control of Fusarium wilt of carnation by *Pseudomonas* sp. strain WCS 417 r. *Phytopathology* 81, 728 - 734.

VAUGHAN D., SPARLING G.P. et ORD B.G. - 1983 - Amelioration of the phytotoxicity of phenolic acids by some soil microbes. *Soil Biol. Biochem.* 15, 613 - 614.

VIERHEILIG H. et OCAMPO J.A. - 1990 - Role of root extract and volatile substances of non - host plants on vesicular - arbuscular mycorrhizal spore germination. *Symbiosis* 9, 199 - 202.

VOISARD C., KEEL C., HAAS D. et DEFAGO G. - 1989 - Cyanide production by *Pseudomonas fluorescens* helps suppress black root rot of tobacco under gnotobiotic conditions, *EMBO J.* 8, 351 - 358.

VOLAND R.P. et EPSTEIN A.H. - 1994 - Development of suppressiveness to diseases caused by *Rhizoctonia solani* in soils amended with composted and noncomposted manure. *Plant Dis.* 78, 461 - 466.

WAINWRIGHT M. - 1988 - Metabolic diversity of fungi in relation to growth and mineral cycling in soil - A review. *Trans. Br. mycol. Soc.* 90, 159 - 170.

WALTON B.T. et ANDERSON T.A. - 1990 - Microbial degradation of trichloroethylene in the rhizosphere : potential application to biological remediation of waste sites. *Appl. environ. Microbiol.* 56, 1012 - 1016.

WAREMBOURG F.R. et BILLES G. - 1979 - Estimating carbon transfers in the plant rhizosphere. In *The soil-root interface*, J.L. Harley et R.S. Russel Ed., Academic Press, London, 183 - 196.

WAREMBOURG F.R., ESTERLICH D.H. et LAFONT F. - 1990 - Carbon partitioning in the rhizosphere of an annual and a perennial species of bromegrass. *Symbiosis* 9, 29 - 36.

WATANABE I. et FURUSAKA C. - 1980 - Microbial ecology of flooded rice soils. In *Advances in Microbial Ecology*, vol. 4, M. Alexander Ed., Plenum Press, New York, 125 - 168.

WESTE G. - 1984 - Damage and loss caused by *Phytophthora* species in forest crops. In *Plant diseases. Infection, damage and loss*, R.K.S. Wood et G.J. Jellis Ed., Blackwell Scientific Publications, Oxford, 273 - 284.

WHIPPS J.M. - 1990 - Carbon economy. In *The Rhizosphere*, J.M. Lynch Ed., John Wiley and Sons, Chichester, 59 - 97.

WHITTAKER R.H. - 1969 - New concepts of kingdoms of organisms. *Science* 163, 150 - 160.

WICKLOW D.T. - 1992 - Interference competition. In *The fungal community : its organization and role in the ecosystem*, G.C. Carroll et D.T. Wicklow Ed., Marcel Dekker, New York, 265 - 274.

WILHELM S. - 1959 - Parasitism and pathogenesis of root-disease fungi. In *Plant Pathology, Problems and Progress, 1908 - 1958*, C.S. Holton, G.W. Fischer, R.W. Fulton, H. Hart et S.E.A. McCallan Ed., the University of Wisconsin Press, Madison, 356 - 366.

WILKINSON H.T., ALLDREDGE J.R. et COOK R.J. - 1985 - Estimated distances for infection of wheat roots by *Gaeumannomyces graminis* var. *tritici* in soils suppressive and conductive to take-all. *Phytopathology* 75, 557 - 559.

WILKINSON T.G., TOPIWALA H.H. et HAMER G. - 1974 - Interactions in a mixed bacterial population growing on methane in continuous culture. *Biotechnol. Bioeng.* 16, 41 - 47.

WILLIAMS P.M. - 1979 - Vegetable crop protection in the People's Republic of China. *Annu. Rev. Phytopathol.* 17, 311 - 324.

WINOGRADSKI S. - 1890 - Recherches sur les organismes de la nitrification. *Ann. Inst. Pasteur* 4, 213-231 et 257-275.

WOLTZ S.S. - 1978 - Nonparasitic plant pathogens. *Annu. Rev. Phytopathol.* 16, 403 - 430.

WORKNEH F. et VAN BRUGGEN A.H.C. - 1994 - Suppression of corky root of tomatoes in soils from organic farms associated with soil microbial activity and nitrogen status of soil and tomato tissue. *Phytopathology* 84, 688 - 694.

WORKNEH F., VAN BRUGGEN A.H.C., DRINKWATER L.E. et SHENNAN C. - 1993 - Variables associated with corky root and *Phytophthora* root rot of tomatoes in organic and conventional farms. *Phytopathology* 83, 581 - 589.

WU J., JOERGENSEN R.G., POMMERENING B., CHAUSSOD R. et BROOKES P.C. - 1990 - Measurement of soil microbial biomass C by fumigation-extraction. An automated procedure. *Soil Biol. Biochem.* 22, 1167 - 1169.

YEOH H.T., BUNGAY H.R. et KRIEG N.R. - 1968 - A microbial interaction involving a combined mutualism and inhibition. *Can. J. Microbiol.* 14, 491 - 492.

YOUNG C.C. et CHOU T.C. - 1985 - Autointoxication in residues of *Asparagus officinalis* L. *Plant Soil* 85, 385 - 393.

ZANTUA M.I. et BREMNER J.M. - 1977 - Stability of urease in soils. *Soil Biol. Biochem.* 9, 135 - 140.

ZELLES L., BAI Q.Y., BECK T. et BEESE F. - 1992 - Signature fatty acids in phospholipids and lipopolysaccharides as indicators of microbial biomass and community structure in agricultural soils. *Soil Biol. Biochem.* 24, 317 - 323.

ZHANG L., MITRA A., FRENCH R.C. et LANGENBERG W.G. - 1994 - Fungal zoospore-mediated delivery of a foreign gene to wheat roots. *Phytopathology* 84, 684 - 687.

ZIMMERMAN W.J. - 1993 - Microalgal biotechnology and applications in agriculture. In *Soil microbial ecology*, F.B. Metting Ed., Marcel Dekker Inc., New York, 457 - 479.

Index

rapport N/S 163
translocation 191
Azotobacter 46-101-105-148-149-249
Azotobacter chroococcum 147
Azotobacter paspali 249
Azotobacter vinelandii 147-186

B

ß-galactosidase 93-95
ß-1-3 glucanase 183
ß-glucuronidase 93-195-261
Bacillus 42-47-104-149-163-210-249-302-317-335-336
Bacillus cereus 224
Bacillus megaterium 161-162-222
Bacillus polymyxa 173-185-216-284
Bacillus subtilis 204-227-290
Bacillus thermophilus 43
Bacteridium anthracis 39
Bactéries pernicieuses 224-226-227-290
Bactéries sulfato-réductrices 222
Bactériocines 220-321
Bactériophages 79-181
Bactéroïdes 152-154
Bananier (bananeraies) 102-117-122-281-305
Bdellovibrio 181
Beidellite 22
Beijerinckia 46-105-148-149-249
Bentonite 114
Betterave 247-250-251-256-258-278-281-287-312-337-339
Biodégradation 144-145-165-167-168-202-204-221-291-301
Biodégradation accélérée 168-169-301-305
Biomasse
    biomasse végétale 13-86-156-249-283
    dans la rhizosphère 208-221-240-283
    dans les agrégats 29-134
    définition 89
    estimation 50-59-60-63-67-71-76-77-78-86-194
    immobilisant des éléments minéraux 135-158-161-163-195-201-317
    méthodes de dosage 89 à 93
    minéralisation 111-135-145-296
    production industrielle 317-336 à 338
    variations sous l'effet de facteurs extérieurs 29-99-113-190-267-296-318
Blé
    amélioration 287-326-332
    développement 85-287
    effet rhizosphère 209-211-212-216
    nutrition 162-180
    piétin - échaudage : voir *Gaeumannomyces graminis* var. *tritici*

autres maladies 202-250-253-258-279-281-309-311
Pseudomonas rhizosphérique 107-176-197-198-223-224-283-316-321-334
autres microorganismes associés 216-229-248
semis sur chaumes 202-307
Botrytis cinerea 55-111-125
Bouleau 241
Brachiaria decumbens 314
Bradyrhizobium 47-151-152-154-217-239
Bradyrhizobium japonicum 118-147-222-284-298-334-335
Bradysia impatiens 259
Brassica campestris 290
Bromure de méthyle 197-295-296-297-313-343
Bromus japonicus 217
Burkholderia cepacia : voir *Pseudomonas cepacia*
Bymovirus 256

C

Calcium (Ca, Ca^{2+})
    absorption par les plantes 214
    dans la solution du sol 25-27-107-215
    dans les réserves cellulaires 242
    effet sur l'adhésivité 233-234
    effet sur le pH 106-301
    effet sur les maladies 107-316
    facteur d'insolubilisation 143-161-215-338-340
    ponts métalliques 108-133
Calluna vulgaris 217
Caloglyphus 177
Canne à sucre 157-247-337
Capacité d'échange 22-23-26-113-316
Capacité de rétention 30-33-135-265-316
Capside 78-79-323
Capsule
    définition 42
    des Algues et des Cyanobactéries 48-61-135
    effet sur la structure du sol 27-133-135
    rôle dans l'agglutination 229-249
    rôle protecteur 100-125
Carbone
    carbone organique 13-43-55-90-91-137-138-141-201-216
    compétition pour ... 194-196-228-320-334
    dans l'atmosphère 112-137-161
    dans la rhizodéposition 207-208
    immobilisation 139
    minéralisation 91-101-137-140-141-165-221

www.ingramcontent.com/pod-product-compliance
Lightning Source LLC
LaVergne TN
LVHW020943200726
843508LV00004B/1345